高职高专室内设计专业系列教材

AutoCAD 室内装饰施工图教程

张付花　主　编

孙克亮　易　欣　副主编

张付花　孙克亮　易　欣　宗广功
杨　煜　张丽莉　姜　新　李　杨　编　著

中国轻工业出版社

图书在版编目（CIP）数据

AutoCAD 室内装饰施工图教程/张付花主编．—北京：中国轻工业出版社，2022.8

全国高职高专室内设计规划教材

ISBN 978－7－5184－0822－1

Ⅰ.①A…　Ⅱ.①张…　Ⅲ.①室内装饰设计—计算机辅助设计—AutoCAD 软件—高等职业教育—教材　Ⅳ.①TU238－39

中国版本图书馆 CIP 数据核字（2015）第 321011 号

责任编辑：陈　萍

策划编辑：陈　萍　　责任终审：劳国强　　封面设计：锋尚设计

版式设计：宋振全　　责任校对：燕　杰　　责任监印：张　可

出版发行：中国轻工业出版社（北京东长安街 6 号，邮编：100740）

印　　刷：北京君升印刷有限公司

经　　销：各地新华书店

版　　次：2022 年 8 月第 1 版第 6 次印刷

开　　本：787×1092　　1/16　　印张：19.5

字　　数：470 千字

书　　号：ISBN 978－7－5184－0822－1　　定价：49.80 元

邮购电话：010－65241695

发行电话：010－85119835　传真：85113293

网　　址：http：//www.chlip.com.cn

Email：club@chlip.com.cn

221105J2C106ZBW

前　言

本书是室内设计技术专业、环境艺术专业主干课 AutoCAD 的指导性教材。以 AutoCAD2016 版本为例进行示范操作，主要内容包括基础理论篇、实践应用篇、案例欣赏篇和电子资源四大部分，结合实际案例，系统介绍室内设计概论、AutoCAD 基础知识以及室内设计制图的相关规范及标准，针对住宅空间、别墅空间、办公空间、商业空间、休闲空间等典型案例进行细致解说，分析了具体的操作步骤，同时讲解了施工图纸的方案设计思路及图纸的打印与输出。电子资源内除了随堂作业和大量的练习题之外，还分享了 100 套设计师设计过程中的真实经典案例，供同学们在设计过程中参考。

将室内设计的基本理论、AutoCAD 绘图基础知识与室内空间专题设计融合在一起，使本教材既具有系统针对性，又具有实用性。内容由浅入深，难度适中，适合室内设计技术专业、环境艺术专业和相关专业的教材或教学参考书，也可以作为环境设计、室内设计人员的自学读物和普通大众装修时的参考。

本书特点之一是十分重视理论的实际应用和操作。与以往传统教材相比，无论编排方式还是学习方法都有很大不同，特别是采取以项目为学习模块，分成几个大课题阶段，课题由分项设计渐入专题设计，在每个课题中加入实际案例，并结合实训任务，将理论融进每个具有代表性的工程实例中，把理论与实践操作有机结合起来，着重培养学生的实际应用和操作能力，体现了高等职业教育“工学结合”的特色。

本书特点之二是引入装饰行业真实案例进课堂，学生直接参与装饰公司的设计项目，教师在安排教学时可根据学生的掌握程度进行相应的课题选择。

本书特点之三是丰富的练习题，本书编者根据多年经验总结，对常用的 AutoCAD 命令安排针对性练习。

教材附配套电子内容，包括每个任务的习题、教师授课讲义、大量的 CAD 素材、100 套 AutoCAD 室内设计施工图纸、AutoCAD 经典案例作品及对应效果图。如有需要请扫描下方二维码。

本书由江西环境工程职业学院张付花主编，江西环境工程职业学院孙克亮、东北林业大学易欣副主编，由自由职业者张丽莉，辽宁林业职业技术学院杨煜、姜新，东北林业大学宗广功、江西环境工程职业学院李扬参编。在本书编写过程中，还得到了华浔品味装饰赣州公司和江西美和家居公司的大力支持。在此一并表示衷心感谢。

本书在编写过程中参考了有关文献资料，在此谨向其作者致以衷心的谢意。

由于编著水平有限，疏漏在所难免，不足之处敬请专家、学者及各位读者批评指正，以便在教学实践中或修订版中加以改正。

张付花

2015 年 8 月 18 日

目　录

基础理论篇 …… 1
模块一　初识 AutoCAD 2016 …… 2
模块二　AutoCAD 2016 基本操作 …… 26
模块三　室内设计施工图规范 …… 79
实践应用篇 …… 92
任务　绘图前设置 AutoCAD 绘图环境 …… 92
模块一　普通居室施工图绘制 …… 100
任务一　普通居室平面图的绘制 …… 101
任务二　普通居室立面图的绘制 …… 113
任务三　普通居室结构详图的绘制 …… 118
模块二　别墅空间施工图绘制 …… 122
任务一　绘制别墅空间平面图 …… 124
任务二　绘制别墅空间立面图 …… 135
任务三　绘制别墅空间节点图 …… 143
模块三　办公空间方案设计 …… 163
任务一　绘制办公空间平面图 …… 164
任务二　绘制办公空间立面图 …… 176
任务三　绘制办公空间剖面图 …… 178
模块四　商业空间施工图绘制 …… 181
项目一　售楼处施工图绘制 …… 181
任务一　布置售楼处空间平面 …… 182
任务二　布置售楼处空间主要立面 …… 213
任务三　绘制售楼处剖面、详图 …… 221
项目二　专卖店的设计 …… 227
任务一　专卖店平面图的绘制 …… 229
任务二　专卖店立面图的绘制 …… 235
模块五　休闲娱乐空间施工图绘制 …… 240
任务一　休闲空间平面布置图的绘制 …… 241
任务二　休闲空间立面图的绘制 …… 262
模块六　图纸的输出与打印 …… 271
任务一　配置绘图设备 …… 271

任务二　布局设置…………………………………………………………………………………… 273
任务三　打印图纸…………………………………………………………………………………… 276
任务四　输出其他格式文件………………………………………………………………………… 279
案例欣赏篇………………………………………………………………………………………… 280
附录一　AutoCAD 快捷键………………………………………………………………………… 297
附录二　AutoCAD 常见问题及解决办法………………………………………………………… 301
参考文献…………………………………………………………………………………………… 305

基础理论篇

知识目标：能够阅读分析各类平面图；能够熟练应用常用的绘图和编辑命令，并熟记快捷键。

技能目标：掌握基本线、圆弧等操作，学会文字与表格、尺寸标注、图块使用等命令，能够按照要求绘制出任意的二维图形。

重点：二维图形的绘制与编辑。

难点：快捷命令的使用。

AutoCAD 室内装饰设计施工图纸是工人在施工中所依据的图样，通常要求比较详细和精确，它应该包括建筑物的外部形状、内部布置、结构构造、材料做法及设备等。施工图具有图纸齐全、表达准确、要求具体的特点，是进行工程施工、编制施工图预算和施工组织的重要依据。

施工图设计图纸应包括平面图、顶棚平面图、立面图、剖面图、详图和节点图。本篇内容从普通居室、别墅、酒店、办公空间等实际案例入手，讲解施工图绘制方法，理论结合实际、循序渐进，让读者对室内设计施工图的绘制有一个全面清晰的了解。

模块一　初识 AutoCAD 2016

学习目标：初步认识 AutoCAD 软件，了解 AutoCAD 的工作界面。

相关理论：AutoCAD 绘图环境。

必备技能：掌握 AutoCAD 绘图前的准备工作。

本节涉及的快捷命令见表 1-1-1。

表 1-1-1　　本节涉及的快捷命令

序号	命令说明	快 捷 键	序号	命令说明	快 捷 键
1	新建	Ctrl + N	6	图层	LA
2	打开	Ctrl + O	7	后退	U
3	保存	Ctrl + S	8	实时平移	P
4	另存为	Ctrl + Shift + S	9	实施缩放	Z + 空格
5	图形界限	Limits	10	窗口缩放	Z + W

AutoCAD 2016 特点

AutoCAD 2016 对优化界面、新标签页、功能区库、命令预览、帮助窗口、地理位置、实景计算、Exchange 应用程序、计划提要、线平滑进行了升级。新增暗黑色调界面，以利于工作。底部状态栏整体优化更实用便捷。硬件加速效果明显。

AutoCAD 2016 新功能：

（1）全新革命性的 dim 命令！DIM 这一标注命令非常古老，以前是个命令组，有许多子命令但 R14 以后这个命令几乎就废弃了。2016 重新设计了它，可以理解为智能标注，几乎一个命令搞定日常的标注，非常实用。

（2）可在不改变当前图层前提下固定某个图层进行标注。（标注时无需切换图层）

（3）新增各封闭图形的中点捕捉。这个用处不大，同时对线条有要求，必须是连续的封闭图形才可以。

（4）云线功能增强，可以直接绘制矩形和多边形云线。

（5）AutoCAD 2015 的 newtabmode 命令取消，通过 startmode = 0，可以取消开始界面。

（6）增加各系统变量监视器（SYSVARMONITOR 命令），比如 filedia 和 pickadd 这些变量，如果不是默认可就害苦了新手。监视器可以监测这些变量的变化，并可以恢复默认状态。

一、AutoCAD 2016 工作界面

AutoCAD 2016 的安装方式与之前的安装方式基本一致（安装界面见图 1-1-1），在此不再赘述。成功安装 AutoCAD 2016 后，系统会在桌面创建 AutoCAD 2016 的快捷启动图标，并在程序文件夹中创建 AutoCAD 程序组，用户可以通过下列方式启动 AutoCAD。

图 1－1－1　AutoCAD 2016 安装界面

◆单击“开始 > 程序 > Autodesk > AutoCAD 2016－Simplified Chinese > AutoCAD 2016”命令。

◆双击桌面上的 AutoCAD 快捷启动图标。

◆双击一个 AutoCAD 图形文件。

启动 AutoCAD 2016 后，系统将显示 AutoCAD 2016 的工作界面，它由标题栏、菜单栏、工具栏、绘图窗口、光标、命令窗口、状态栏、坐标系图标、模型/布局选项卡和菜单浏览器等组成，如图 1－1－2 所示。

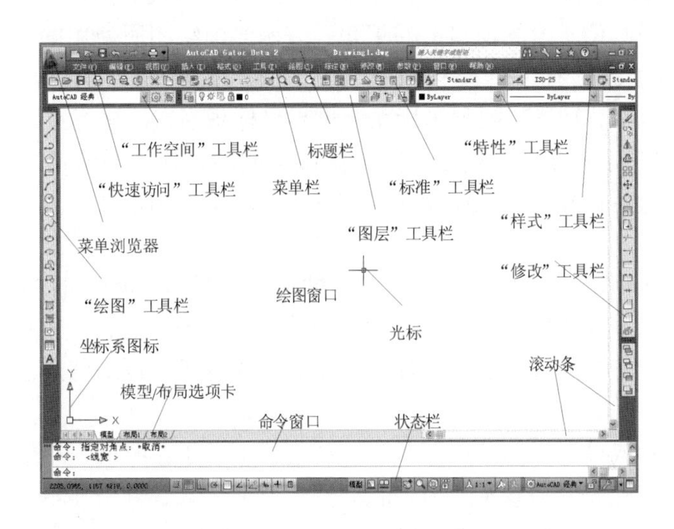

图 1－1－2　AutoCAD 2016 工作界面

1. 标题栏

标题栏与其他 Windows 应用程序类似，用于显示 AutoCAD 2016 的程序图标以及当前所操作图形文件的名称。

2. 菜单栏

菜单栏是主菜单，可利用其执行 AutoCAD 的大部分命令。单击菜单栏中的某一项，会弹出相应的下拉菜单。图 1－1－3 为“视图”下拉菜单。下拉菜单中，右侧有小三角的菜单项，表示还有子菜单。右图显示出了“缩放”子菜单；右侧有三个小点的菜单项，表示单击该菜单项后要显示出一个对话框；右侧没有内容的菜单项，单击它后会执行对应的 AutoCAD 命令。

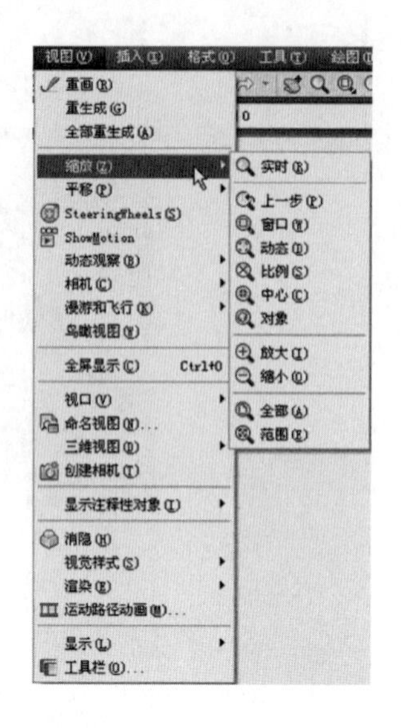

图 1－1－3　AutoCAD 2016 “视图”下拉菜单

3. 工具栏

AutoCAD 2016 提供了 40 多个工具栏，每一个工具栏上均有形象化的按钮。单击某一按钮，可以启动 AutoCAD 的对应命令。用户可以根据需要打开或关闭任一个工具栏。方法是：在已有工具栏上右击，AutoCAD 弹出工具栏快捷菜单，通过其可实现工具栏的打开与关闭。此外，通过选择与下拉菜单“工具”＞“工具栏”＞“AutoCAD”对应的子菜单命令，也可以打开 AutoCAD 的各工具栏。

4. 绘图窗口

绘图窗口类似于手工绘图时的图纸，是用户用 AutoCAD 2016 绘图并显示所绘图形的区域。

◆当光标位于 AutoCAD 的绘图窗口时为十字形状，所以又称其为十字光标。十字线的交点为光标的当前位置。AutoCAD 的光标用于绘图、选择对象等操作。

◆坐标系图标通常位于绘图窗口的左下角，表示当前绘图所使用的坐标系的形式以及坐标方向等。AutoCAD 提供有世界坐标系（World Coordinate System，WCS）和用户坐标系（User Coordinate System，UCS）两种坐标系。世界坐标系为默认坐标系。

◆模型/布局选项卡用于实现模型空间与图纸空间的切换，通常情况下，先在模型空间创建和设计图形，然后创建布局以绘制和打印图纸空间中的图形。

5. 命令窗口

命令窗口是 AutoCAD 显示用户从键盘键入的命令和显示 AutoCAD 提示信息的地方。默认时，AutoCAD 在命令窗口保留最后三行所执行的命令或提示信息。用户可以通过拖动窗口边框的方式改变命令窗口的大小，使其显示多于 3 行或少于 3 行的信息。

6. 状态栏

状态栏用于显示或设置当前的绘图状态。状态栏上位于左侧的一组数字反映当前光标的坐标，其余按钮从左到右分别表示当前是否启用了捕捉模式、栅格显示、正交模式、极轴追踪、对象捕捉、对象捕捉追踪、动态 UCS（用鼠标左键双击，可打开或关闭。）、动态输入等功能以及是否显示线宽、当前的绘图空间等信息。

7. 滚动条

利用水平和垂直滚动条，可以使图纸沿水平或垂直方向移动，即平移绘图窗口中显示的内容。

8. 菜单浏览器

单击菜单浏览器，AutoCAD 会将浏览器展开，如图 1－1－4 所示。用户可通过菜单浏览器执行相应的操作。

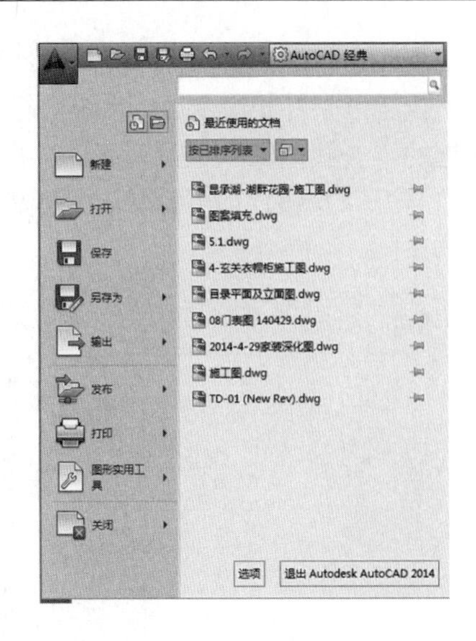

图 1－1－4　菜单浏览器

二、图形文件管理

AutoCAD 2016 提供了二维绘图和三维建模两种绘图环境，有多种样板供用户选择使用，用户可以根据实际工作需要选择样板。

(一) 创建新的图形文件

启动 AutoCAD 后，系统会自动新建一个名为 Drawing1. dwg 的空白文件。除此之外，可以通过下列方式创建新的图形文件。

◆在菜单栏中选择“文件 > 新建”命令。

◆单击菜单浏览器，选择“新建 > 图形”命令。

◆单击标准工具栏中的“新建”按钮。

◆在命令行键入 New，按回车键或直接输入快捷键组合 Ctrl + N。

执行以上创建命令后，系统将打开如图 1－1－5 所示的“选择样板”对话框，从文件列表中选择所需的样板，然后单击“打开”按钮，即可创建一个基于该样板的新图形文件。

图 1－1－5　“选择样板”对话框

点石成金

创建新的图形文件快捷键“ Ctrl + N”。

(二) 打开已有的图形文件

启动 AutoCAD 后，可以通过下列方式打开已有的图形文件。

◆在菜单栏中选择“文件 > 打开”命令。

◆单击菜单浏览器，选择“打开 > 图形”命令。

◆单击标准工具栏中的“打开”按钮。

◆在命令行中键入 Open，按回车键或直接输入快捷键组合“Ctrl + O”。

执行以上打开命令后，系统会打开如图 1 - 1 - 6 所示的“选择文件”对话框。在该对话框的“查找范围”下拉列表中选择要打开的图形所在的文件夹，选择图形文件，然后单击“打开”按钮，即可打开该图形文件，或者双击文件名打开图形文件。

图 1 - 1 - 6 “选择文件”对话框

（三）图形文件保存

对图形进行编辑后，要对图形文件进行保存。可以直接保存，也可以更改名称后另存一个文件。

1. 保存新建的图形

可以通过下列方式保存新建的图形文件：

◆单击菜单浏览器，选择保存命令。

◆单击标准工具栏中的“保存”按钮 。

◆在命令行键入 Save，按回车键或直接输入快捷键组合“Ctrl + S”。

执行以上保存命令后，系统将打开如图 1 - 1 - 7 所示的“图形另存为”对话框，在“保存于”下拉列表中指定文件保存的文件夹，在“文件名”文本框中输入图形文件的名称，在“文件类型”下拉列表中选择“保存”文件的类型，然后单击“保存”按钮即可，一般建议选择保存较低的版本进行保存。

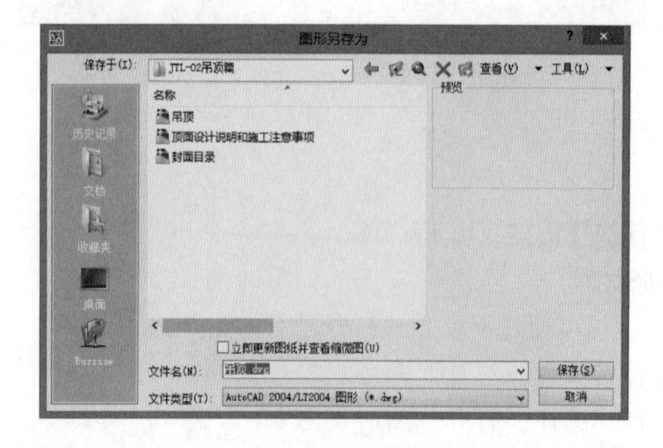

图 1 - 1 - 7 “图形另存为”对话框

2. 图形换名保存

对于已保存的图形，可以更改名称保存为另一个图形文件。先打开该图形文件，然后通过下列方式换名保存。

◆在菜单栏中选择“文件 > 另存为”命令。

◆单击菜单浏览器，选择“另存为”命令。

◆在命令行键入 Save，按回车键直接输入快捷键组合“Ctrl + Shift + S”。

执行以上另存为命令后，系统将打开如图 1 - 1 - 7 所示的“图形另存为”对话框，设置需要的名称及其他选项后保存即可。

（四）图形文件加密

如果用户想要对图纸进行加密，则可以通过下面的步骤进行操作：

（1）打开需要加密的 AutoCAD 文件，执行“Ctrl + Shift + S”，打开文件另存为对话框。

（2）单击右上角“工具”按钮，选择“安全选项”，打开相应对话框。如图 1 - 1 - 8 所示。

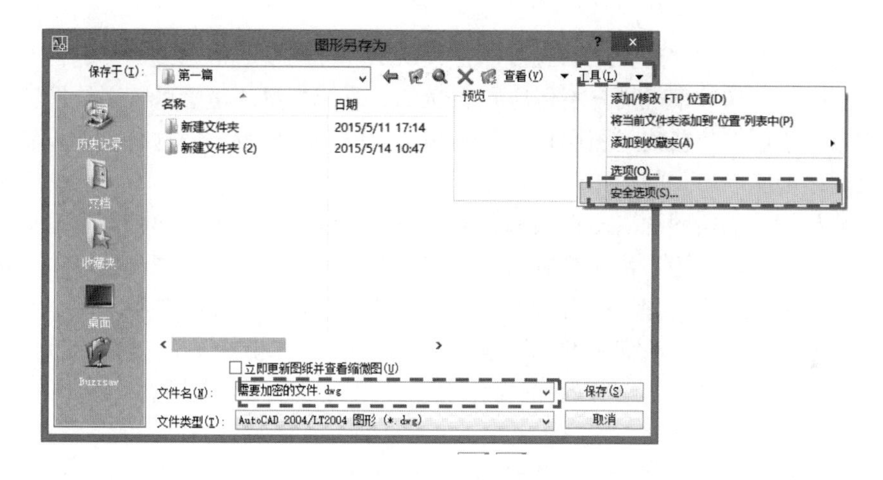

图 1 - 1 - 8　工具下点击安全选项

（3）在安全选项对话框的“密码”选项卡中，输入密码或者短语。输入完成后，单击“确定”按钮。如图 1 - 1 - 9 所示。

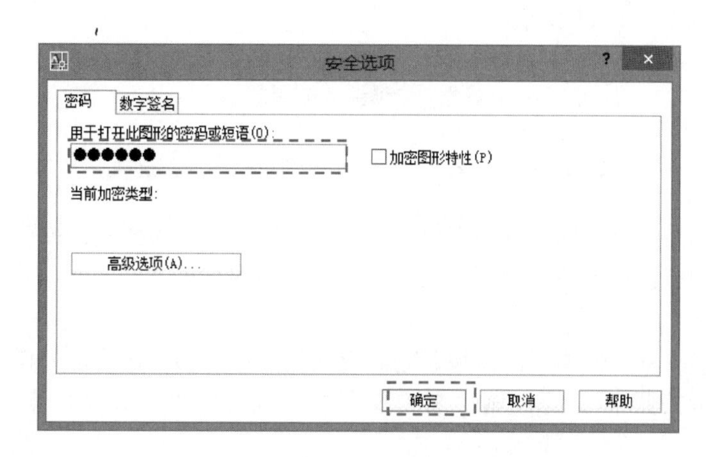

图 1 - 1 - 9　输入密码

(4) 在“确认密码”对话框中，再次输入密码，单击“确定”按钮，即可完成对文件的加密。

(五) 退出 AutoCAD

操作结束后，可以通过以下方式退出 AutoCAD。

◆在菜单栏中选择“文件>退出”命令。

◆单击菜单浏览器，选择“退出 AutoCAD”命令。

◆单击标题栏中“关闭”按钮。

◆在命令行键入 Quit（或 Exit），按回车键。

如果图形文件已经被修改，系统将会弹出如图 1－1－10 所示的提示框。

图 1－1－10　改动提示框

三、绘图基本设置与操作

通常情况下，AutoCAD 运行之后就可以在其默认环境的设置下绘制图形，但是为了规范绘图，提高绘图的工作效率，用户不但应熟悉命令、系统变量、坐标系统、绘图方法，还应掌握图形界限、绘图单位格式、图层特性等绘制图形的环境设置，而这些功能设置已成为设计人员在绘图之前必不可少的绘图环境预设。

绘图环境是指影响绘图的诸多选项和设置，一般在绘制新图形之前要配置好。对绘图环境合理的设置，是能够准确、快速绘制图形的基本条件和保障。要想精准提高个人的绘图速度和质量，必须配置一个合理、适合自己工作习惯的绘图环境及相应参数。

在学习后面知识之前，我们必须先了解几个基本概念，“坐标系”“模型空间”“图纸空间”“图层”和“图形界限”，在以后的操作中会经常用到这几个名词。

(一) 模型空间和图纸空间

AutoCAD 窗口提供两种并行的工作环境，即“模型”选项卡和“布局”选项卡。可以理解为：模型选项卡就处于模型空间下，图纸选项卡就处于图纸空间下，这只不过是一样东西的两种叫法。

运行 AutoCAD 软件后，默认情况下，图形窗口底部有一个“模型”选项卡和两个“布局”选项卡，如图 1－1－11 所示。

模型 / 布局1 / 布局2 /

图 1－1－11　“模型”选项卡和两个“布局”选项卡

一般默认状态是模型空间，如果需要转换到图纸空间，只需要点击相应布局的选项卡即可。通过点击选项卡可以方便实现模型空间和图纸空间的切换。

1. 模型空间

模型空间就是平常绘制图形的区域，它具有无限大的图形区域，就好像一张无限放大的绘图纸，我们可以按照 1∶1 的比例绘制主要图形，也可以采用大比例来绘制图形的局部详图。

2. 图纸空间

在图纸空间内，可以布置模型选项卡上绘制平面图形或者三维图形的多个“快照”，即“视口”。并调用 AutoCAD 自带的所有尺寸图纸和已有的各种图框。一个布局就代表一张虚拟的图纸。这个布局环境就是图纸空间，如图 1 –1 –12 所示。

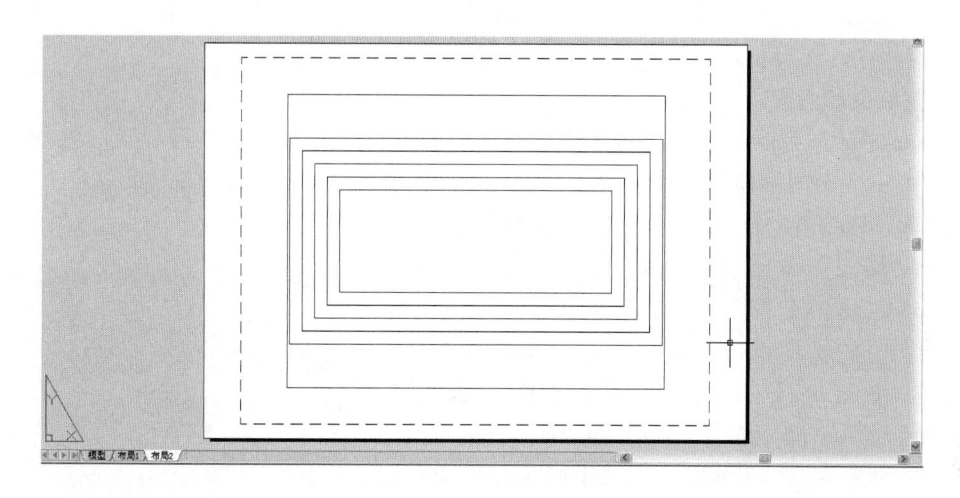

图 1 –1 –12　图纸空间

在布局空间中还可以创建并放置多个“视口”，还可以另外再添加标注、标题栏或者其他几何图形，通过视口来显示模型空间下绘制的图形。每个视口都可以指定比例显示模型空间的图形。

点石成金

什么是科学的制图步骤？

(1) 在“模型”选项卡中创建图形。

(2) 配置打印设备。

(3) 创建布局向选项卡。

(4) 制定布局页面设置，如打印设备、图纸尺寸、打印区域、打印比例和图纸方向等。

(5) 将标题栏插入布局之中。

(6) 创建布局视口并将其置于布局中。

(7) 设置布局视口的试图比例。

(8) 根据需要，在布局中添加标注、注释或者几何图形。

(9) 打印布局。

在实际的室内设计施工图的绘制过程中，在不涉及三维制图、三维标注和出图的情况下，不需要打印多个视口，这样，创建和编辑图形的大部分工作都在模型空间中完成。并且可以从“模型”选项卡中直接打印出图。

(二) 图形界限

“图形界限”可以理解为模型空间中一个看不见的矩形框，在 *XY* 平面内表示能够绘图的区域范围。但值得注意的是图形不能够在 *Z* 轴方向上定义界限。

我们一般通过以下方法调用“图形界限”命令：

◆单击“格式>图形界限”命令。

◆在命令行直接输入“Limits”命令。

运行命令后，命令行提示：

指定左下角点或［开（ON）/关（OFF）］ <0.0000，0.0000>：（指定图形 界限的左下角位置，直接按 Enter 键或 Space 键采用默认值）

指定右上角点：（指定图形界限的右上角位置）

（三）设置单位和角度

在 AutoCAD 中可以按照 1∶1 的比例绘制主要图形，因此就需要在绘制图形之前选择正确的单位。一般国内习惯使用公制，在室内与家具行业，精确到 1 毫米。

在 AutoCAD 2016 中，设置单位格式与精度的步骤如下：

单击“格式” > “单位”命令或者执行 UNITS 命令，AutoCAD 弹出“图形单位”对话框，可以用来设置绘图时的长度单位、角度单位以及单位的格式和精度，如图 1-1-13 所示。对话框中，“长度”选项组确定长度单位与精度，室内设计中，我们一般选择小数，精度为 0；“角度”选项组确定角度单位与精度以及方向。

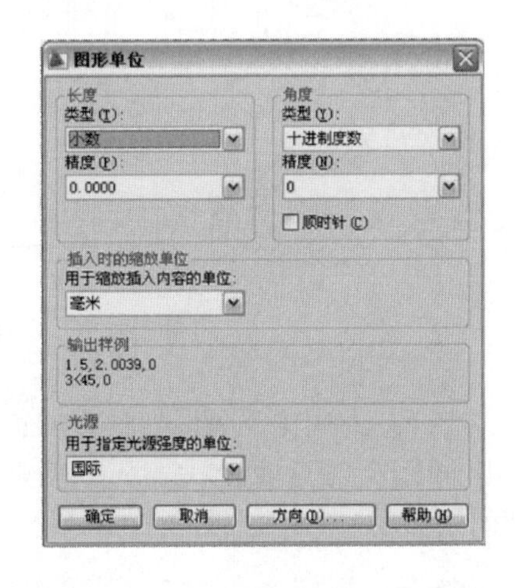

图 1-1-13 “图形单位”对话框

（四）坐标系

利用 AutoCAD 来绘制图形，首先要了解图形对象所处的环境。如同我们在现实生活中所看到的一样，AutoCAD 提供了一个三维的空间，通常我们的建模工作都是在这样一个空间中进行的。AutoCAD 系统为这个三维空间提供了一个绝对的坐标系，称为世界坐标系（WCS），还有一个用户坐标系（UCS），前者存在于任何一个图形之中，并且不可更改，后者通过修改坐标系的原点和方向，可将世界坐标系转换为用户坐标系。

1. 世界坐标系（WCS）

AutoCAD 系统为用户提供了一个绝对的坐标系，即世界坐标系（WCS）。通常，AutoCAD 构造新图形时将自动使用 WCS。虽然 WCS 不可更改，但可以从任意角度、任意方向观察或旋转。在 WCS 中，原点是图形左下角 X 轴和 Y 轴的交点（0，0），X 轴为水平轴，Y 轴为垂直轴，Z 轴垂直于 XY 平面，指向显示屏的外面。如图 1-1-14 所示。

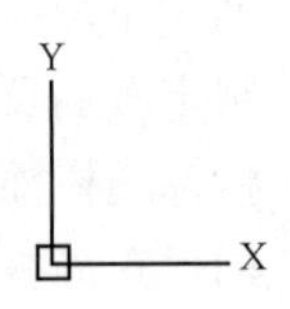

图 1-1-14 世界坐标系

2. 用户坐标系（UCS）

UCS 是可以移动和旋转的坐标系。我们通常通过修改世界坐标系的原点和方向，把世界坐标系转换为用户坐标系。实际上所有的坐标输入都使用了当前的 UCS，或者说，只要是用户正在使用的坐标系，都可以称为用户坐标系。

进行用户坐标系设置的操作可通过以下方法来完成：

单击“工具” > “新建 UCS” “命名 UCS” “移动 UCS”等或者直接在命令行输入：UCS。

（五）坐标的输入

在 AutoCAD 中，坐标的输入分为绝对坐标输入和相对坐标输入两种方式。

1. 直角坐标系中绝对坐标和相对坐标的输入

（1）绝对坐标　表示的是一个固定点的位置，绝对坐标以原点（0，0，0）为基点来定义其他点的位置，输入某点的坐标值时，需要指示沿 *X*、*Y*、*Z* 轴相对于原点的距离及方向（以正负表示），各轴向上的距离值用“，”隔开，在二维平面中 *Z* 轴的值为 0，可以省略。如 *A* 点的绝对坐标是（10，5）。

（2）相对坐标　是以上一次输入的坐标为坐标原点来定义某个点的位置，在表示方式上，相对坐标比绝对坐标在坐标前多了一个“@”符号，如 *B* 点的相对坐标（@12，5）。

随堂练习：绝对直角坐标输入法和相对直角坐标输入法的操作练习

实践目的：掌握直角坐标输入法和相对直角坐标输入法，分析比较哪一种输入法更快捷。

实践内容：通过所学内容练习绝对直角坐标输入法和相对直角坐标输入法。

实践步骤：分别用绝对直角坐标和相对直角坐标绘制直线、矩形，体会哪种方法更方便。

（1）打开练习题 \ 基础理论篇 \ 输入法练习 . DWG 文件，如图 1－1－15 和图 1－1－16 所示。

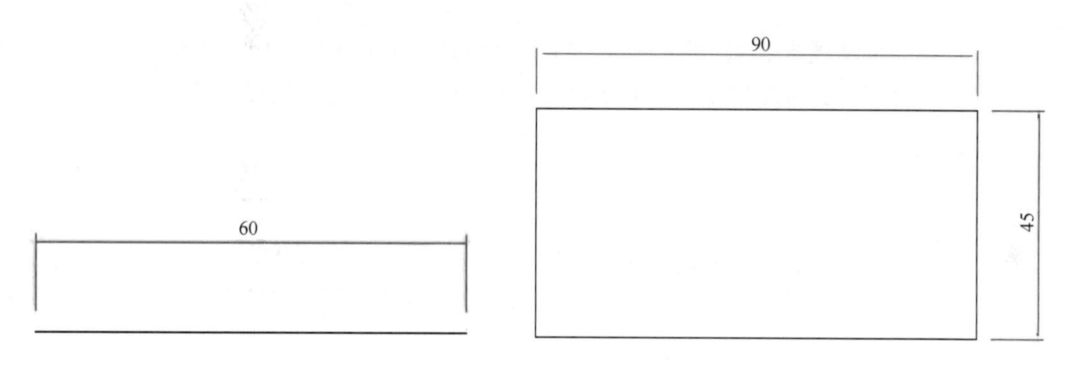

图 1－1－15　输入法练习 1　　　图 1－1－16　输入法练习 2

（2）按照前面所述方法和步骤，结合“L”直线命令、“REC”矩形命令，分别利用直角坐标输入法和相对直角坐标输入法绘制出上面的直线和矩形，仔细体会并分析比较哪一种输入法更快捷。

2. 极坐标的输入

（1）绝对极坐标　以相对于坐标原点的距离和角度来定位其他点的位置，距离与角度之间用“<”分开，如 20<30，表示某点到原点的距离为 20 个单位，与 *X* 轴正半轴的夹角为 30°。

（2）相对极坐标　是以上一操作点为原点，用距离和角度来表示某点的位置，表示方法：@20<30。

随堂练习：绝对极坐标输入法和相对极坐标输入法的操作练习

实践目的：掌握极坐标输入法和相对极坐标输入法，分析比较哪一种输入法更快捷。

实践内容：通过所学内容练习绝对极坐标输入法和相对极坐标输入法。

实践步骤：分别用绝对坐标和相对坐标绘制图形，体会哪种方法更方便。

（1）打开练习题\基础理论篇\输入法练习.DWG 文件，如图 1－1－17 和图 1－1－18 所示。

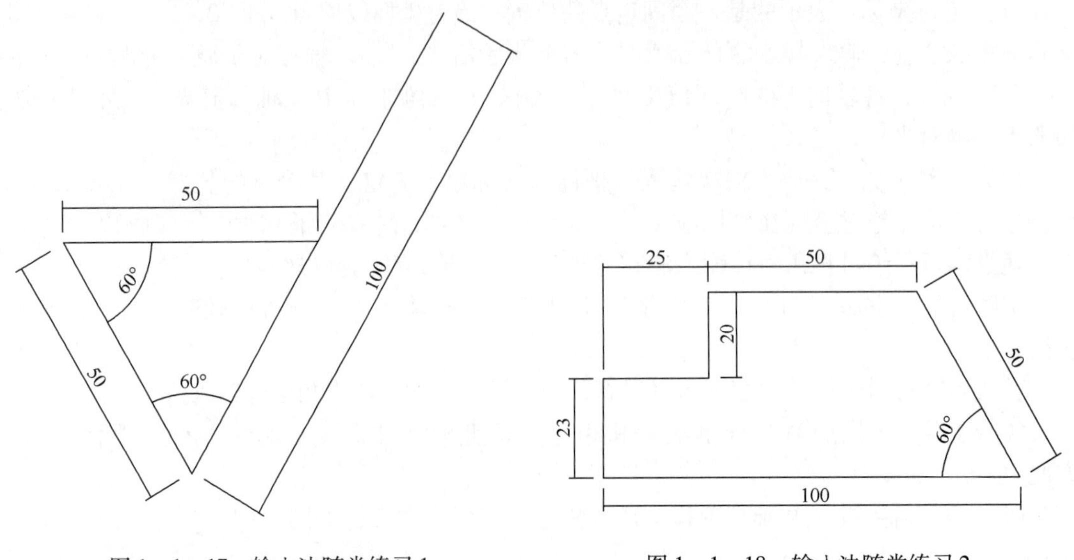

图 1－1－17 输入法随堂练习 1

图 1－1－18 输入法随堂练习 2

（2）按照前面所述方法和步骤，结合“L”直线命令分别利用绝对极坐标输入法和相对极坐标输入法绘制出上面的图形，仔细体会并分析比较哪一种输入法更快捷。

点石成金

如何新建坐标原点？

作图时有时需要新建坐标原点，这样在接下来的绘制时就可以从新建坐标原点开始，使计算简单化，是一种方便绘图的方法。新建坐标原点可以通过移动 UCS 或者新建原点来实现。

（1）单击“工具”>“移动 UCS”，此时鼠标会变成十字，捕捉图形上你所需要变成新原点的点，该点就成了新坐标系的原点。

（2）单击“工具”>“新建 UCS——原点”，此时鼠标会变成十字，捕捉图形上你所需要变成新原点的点，该点就成了新坐标系的原点。

（六）绘图区域背景颜色的定义

AutoCAD 系统默认的绘图窗口颜色为黑色，命令行的字体为 Courier，用户可以根据自己的习惯将窗口颜色和命令行的字体进行重新设置。如用户一般习惯在黑屏状态下绘制图形，可以通过选项对话框更改绘图区域的背景颜色。

自定义应用程序窗口元素中的颜色的步骤如下：

（1）选择主菜单，选择选项，如图 1－1－19 所示。或在绘图区域单击鼠标右键选择选项，如图 1－1－19 右图所示。

（2）在选项对话框的显示选项卡中，单击颜色，如图 1－1－20 所示。

（3）在图形窗口颜色对话框中，选择要更改的上下文，然后选择要更改的界面元素。

（4）要指定自定义颜色，请从颜色列表中选择颜色，即打开了颜色列表，选择一种所需的颜色确定即可。如图 1－1－20 所示。

图 1－1－19　选项对话框的打开方式

图 1－1－20　图形窗口颜色更改

（5）如果要恢复为默认颜色，则选择恢复当前元素、恢复当前上下文或恢复所有上下文。

（6）选择“应用并关闭”将当前选项设置记录到系统注册表中并关闭该对话框。

随堂练习：背景颜色修改练习

实践目的：掌握修改背景颜色的方法和步骤。

实践内容：通过所学内容练习修改背景颜色。

实践步骤：请根据前面所述图形窗口颜色更该方法，将绘图区域背景颜色修改为白色或者绿色。

（七）拾取框和十字光标

屏幕上的光标将随着鼠标的移动而移动。在绘图区域内使用光标选择点或对象。光标的形状随着执行的操作和光标的移动位置不同而变化。如图 1－1－21 所示，在不执行命令时光标是一个十字线的小框，十字线的交叉点是光标的实际位置。小框被称为拾取框，用于选择对象。如图 1－1－22 所示，在选项对话框中，将光标大小由系统默认值 5 改为 25。光标大小为 5 时绘图区域如图 1－1－23 所示，光标大小为 25 时绘图区域如图 1－1－24 所示。

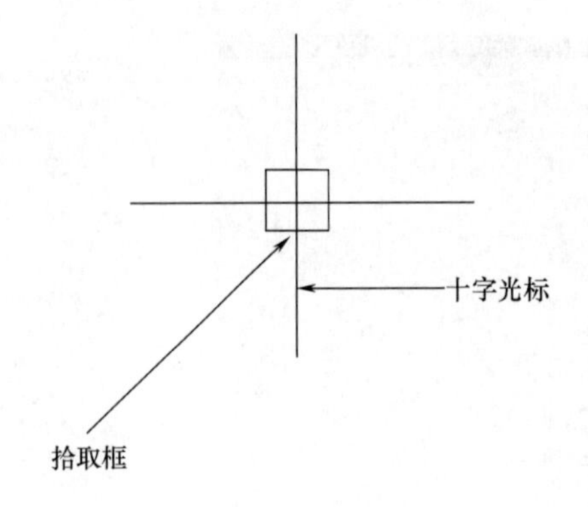

图 1－1－21　光标

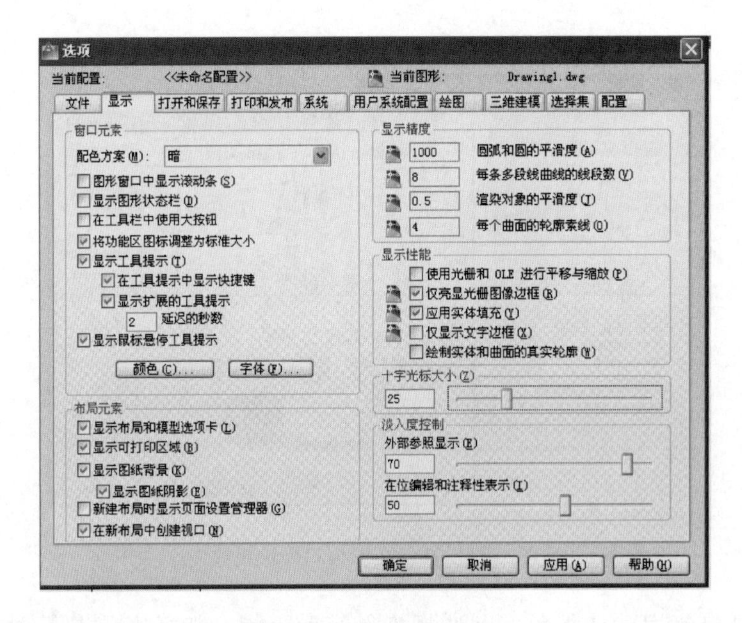

图 1－1－22　更改光标大小

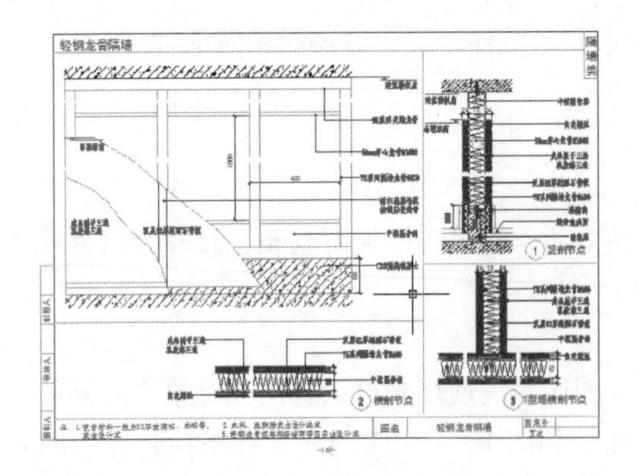

图 1－1－23　十字光标为 5

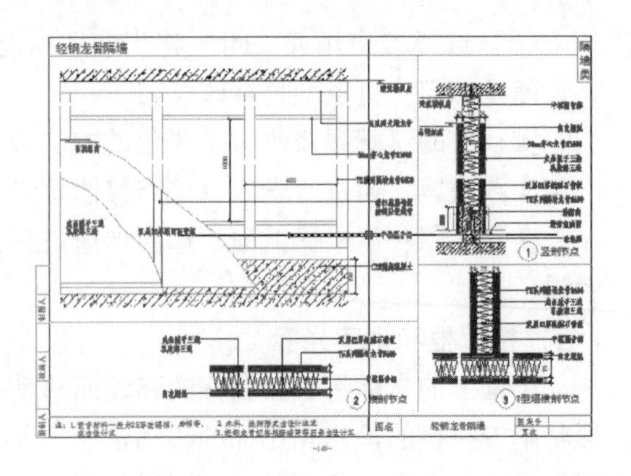

图 1－1－24　十字光标为 25

在执行绘图命令操作时，光标上的拾取框将会从十字线上消失，系统等待键盘输入参数或单击十字光标输入数据。当进行对象选择操作时，十字光标消失，仅显示拾取框。

如果将光标移出绘图区域，光标将会变成一种标准的窗口指针。例如，当光标移到工具栏时，光标将会变成箭头形状。此时可以从工具栏上或菜单中选择要执行的选项。

（八）图层

使用图层绘图相当于在几张透明的纸上分别绘出一张图纸的不同部分，比如不同的图层可以设置不同的线宽、线型和颜色，也可以把尺寸标注、文字注释等设置到单独的图层以便于编辑。然后再将所有透明的纸叠在一起，看出整体的效果。使用图层进行绘图，可以使工作更加容易，图形更易于绘制和编辑，因此设置图层这也是绘图之前必须要做的前期准备工作。

AutoCAD 2016 通过“图层特性管理器”来管理图层和图层特性。可以通过以下几种办法来打开“图层特性管理器”：

◆单击“图层”工具栏上的（图层特性管理器）按钮。

◆选择“格式” > “图层”命令，即执行 LAYER 命令。

◆在命令行直接输入 layer 或直接输入快捷命令“LA”。

AutoCAD 弹出如图 1－1－25 所示的图层特性管理器。

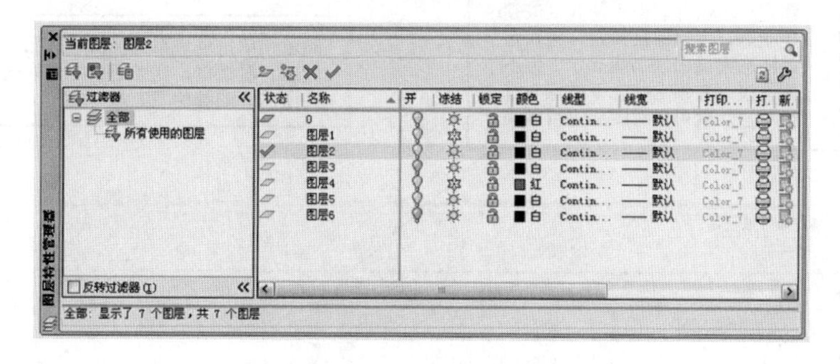

图 1－1－25　图层特性管理器

在图层管理器中，我们可以很方便地对图层进行编辑。其中常用到的命令主要有：新建图层、设置当前图层、删除图层、开关图层、冻结和解冻图层、锁定和解锁图层、打印控制、设置图层颜色、设置图层线形、设置图层线宽等，如图 1－1－26 至图 1－1－34 所示。

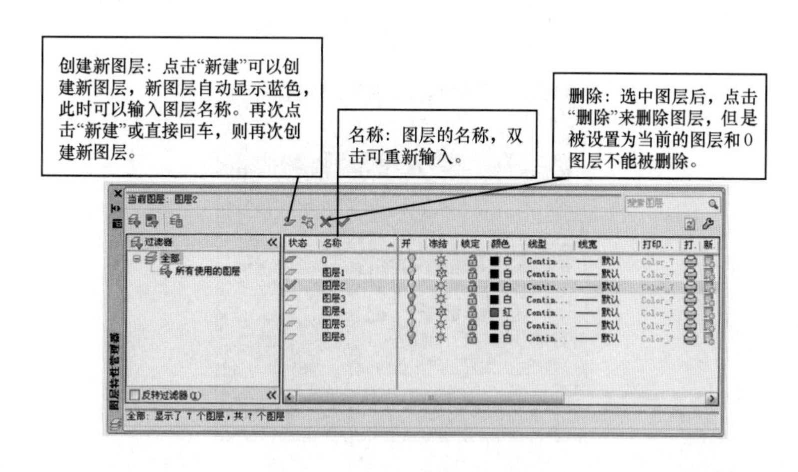

图 1－1－26　删除与名称

冻结：单击太阳小图标使其变成霜冻状态，图层便处于冻结状态。图层被冻结后图形不在显示在绘图区，也不能参与打印输出，并且被冻结的对象不能参与图形处理过程中的运算，这样可以加快系统重新生成的速度。注意：不能冻结当前图层，也不能将冻结图层设为当前图层。

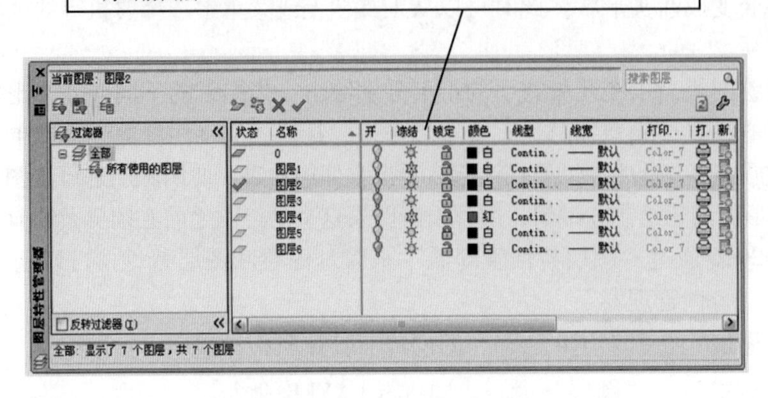

图 1－1－27　冻结与解冻

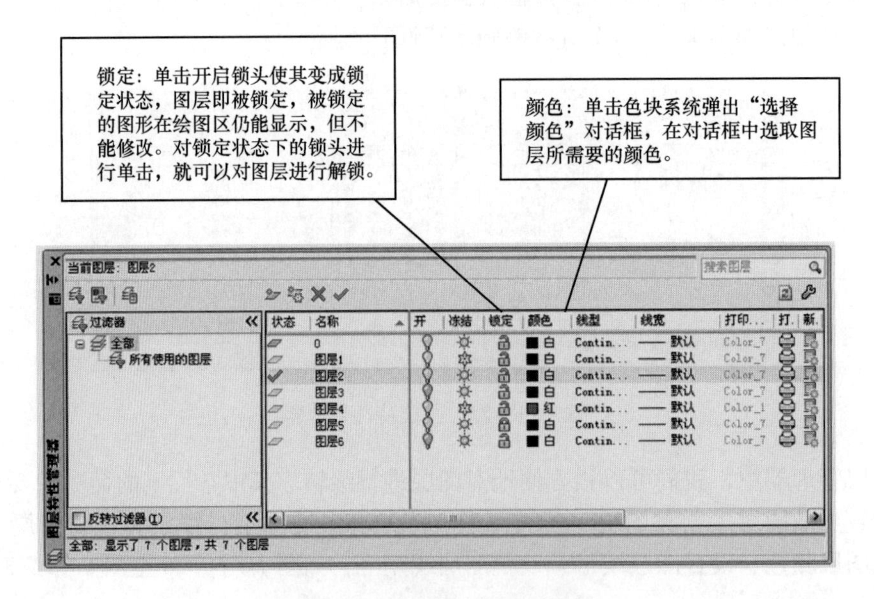

图 1－1－28　锁定、解锁、颜色

图 1－1－29　“选择颜色”对话框

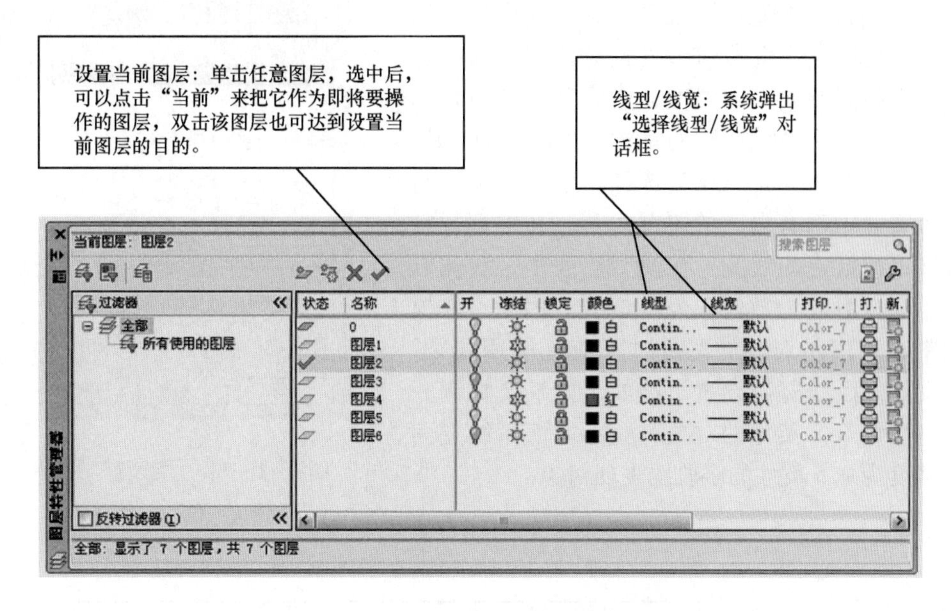

图 1－1－30　设置当前图层及线宽、线型

在选择颜色对话框中选择本图层所对应的颜色后，单击确定即可。

线型是由线、点和空格组成的图样。可以通过图层指定对象的线型，也可以不依赖图层为对象指定其他线型。注意：这里所说的线型不包括以下对象的线型，如文字、点、视口、图案填充和块。

在“图层特性管理器”中的默认线型“Continuous”上点击，就可以弹出“选择线型”对话框，在对话框中默认只有“Continuous”（实线）一种线型，如果需要虚线、中心线等其他线型则需要额外“加载”。在选择线型对话框中选择此图层多需要的线型使其显示为蓝色，然后确定。如图 1－1－31 所示。

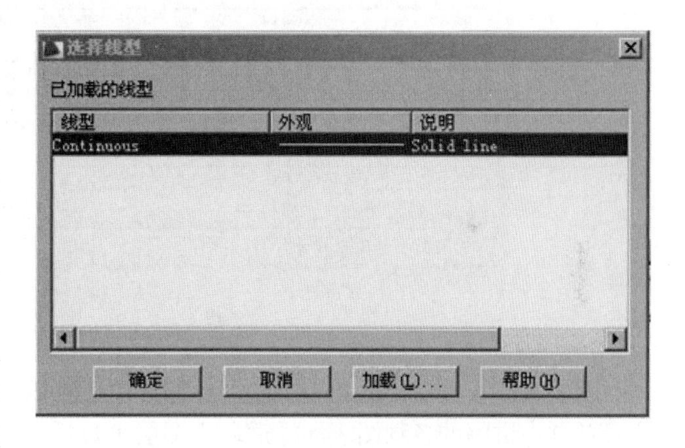

图 1－1－31　“选择线型”对话框

点击“选择线型”对话框右下角“加载”弹出“加载或重载线型”对话框，用户可以选择需要的线型。选择时可以配合 Ctrl 或者 Shift 键实线多种线型的一次性选择。如图 1－1－32 所示。

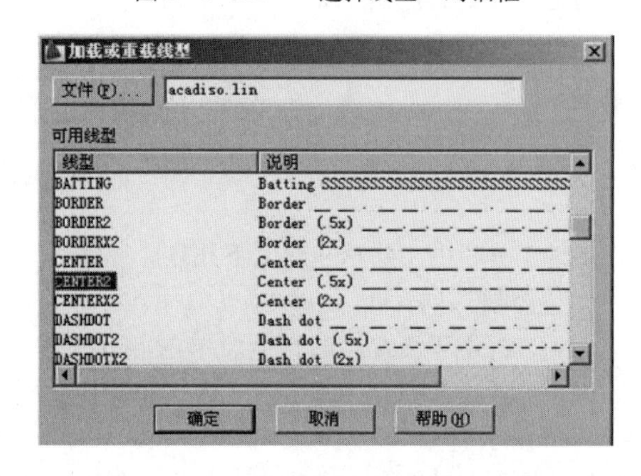

图 1－1－32　“加载或重载线型”对话框

在“图层特性管理器”的“线宽”列中单击某一图层对应的线宽，就会弹出线宽对话框。在线宽对话框中选择需要使用的线宽，然后确定即可，如图1－1－33所示“线宽”对话框。AutoCAD 2016支持从0.00～2.11mm的线宽选择。建筑、室内与家具设计行业中都有自己的制图规范，其中都规定了各种线形所指定的线宽。在模型空间中，线宽以像素显示，并且在缩放时不发生变化。因此，在模型空间中精确表示对象的宽度时不应该使用线宽，而应该使用多段线宽度设置。例如，如果要控制一个实际宽度为0.5英寸的对象，就不能使用线宽而应该用宽度为0.5英寸的多段线表现对象。

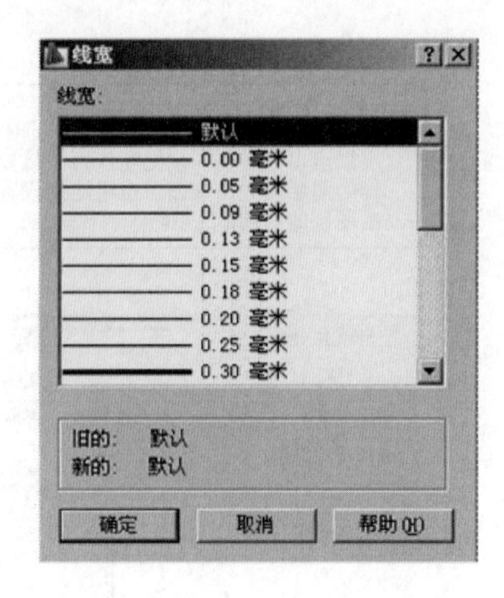

图1－1－33 “线宽”对话框

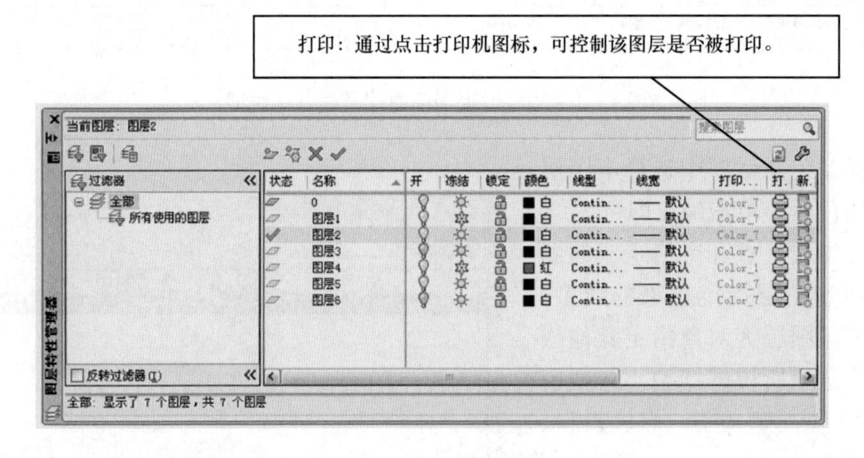

图1－1－34 打印按钮

图层特性管理器中的各个图层属性的修改也可以在图层特性工具栏简单实现。在图层特性管理器中讲解的各种图表同样适用于图层工具栏。

图层特性工具栏如图1－1－35所示。

图1－1－35 图层特性工具栏

特性工具栏的主要功能有以下几点。

1. “颜色控制”列表框

该列表框用于设置绘图颜色。单击此列表框，AutoCAD弹出下拉列表，如后面的图所示。用户可通过该列表设置绘图颜色（一般应选择“随层”）或修改当前图形的颜色。如图1－1－36所示。

修改图形对象颜色的方法是：首先选择图形，然后在如图1－1－36所示的颜色控制列表中选择对应的颜色。如果单击列表中的“选择颜色”项，AutoCAD会弹出“选择颜色”

对话框，供用户选择。

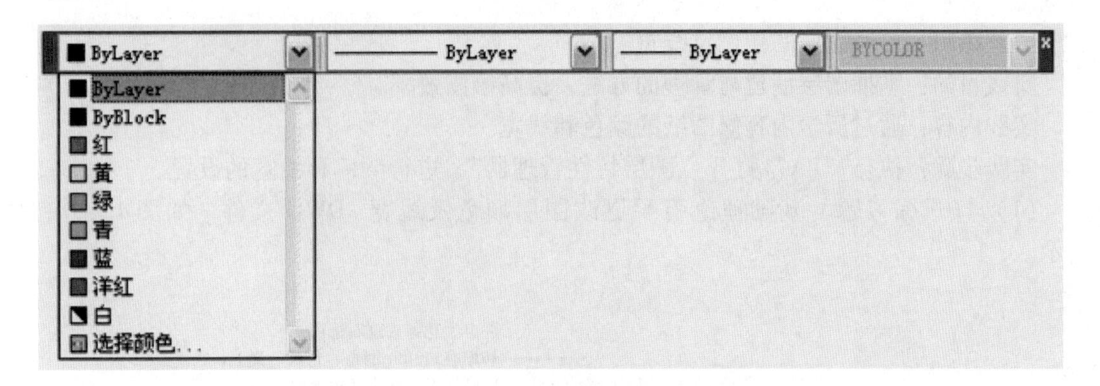

图 1－1－36 “颜色控制”列表框

2. “线型控制”下拉列表框

该列表框用于设置绘图线型。单击此列表框，AutoCAD 弹出下拉列表，如图 1－1－37 所示。用户可通过该列表设置绘图线型（一般应选择“随层”）或修改当前图形的线型。

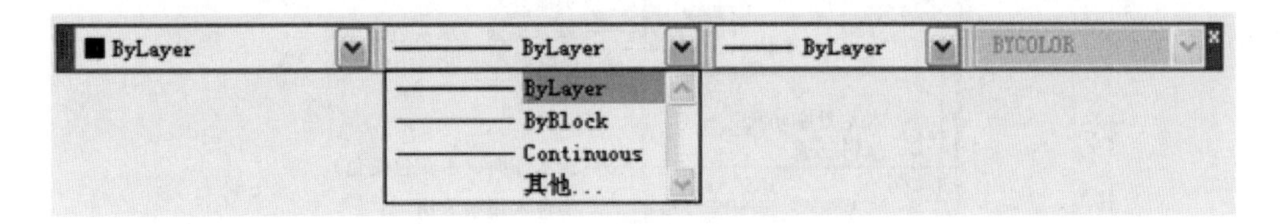

图 1－1－37 “线型控制”下拉列表框

修改图形对象线型的方法是：选择对应的图形，然后在如上图所示的线型控制列表中选择对应的线型。如果单击列表中的“其他”选项，AutoCAD 会弹出“线型管理器”对话框，供用户选择。

3. “线宽控制”列表框

该列表框用于设置绘图线宽。单击此列表框，AutoCAD 弹出下拉列表，如图 1－1－38 所示。用户可通过该列表设置绘图线宽（一般应选择“随层”）或修改当前图形的线宽。

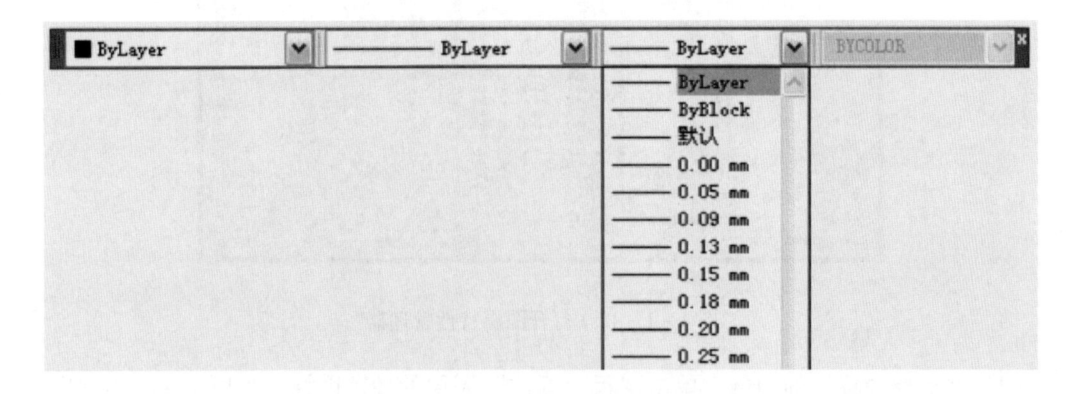

图 1－1－38 “线宽控制”列表框

修改图形对象线宽的方法是：选择对应的图形，然后在线宽控制列表中选择对应的线宽。

随堂练习：更改图层的颜色及线宽

实践目的：掌握图层创建与管理的方法，提高绘图效率。

实践内容：通过所学内容修图纸的颜色和线宽。

实践步骤：执行“LA”打开“图层特性管理器”，进行颜色和线宽的设置。

（1）打开练习题\基础理论篇\更改图层颜色及线宽.DWG 文件，如图 1－1－39 所示。

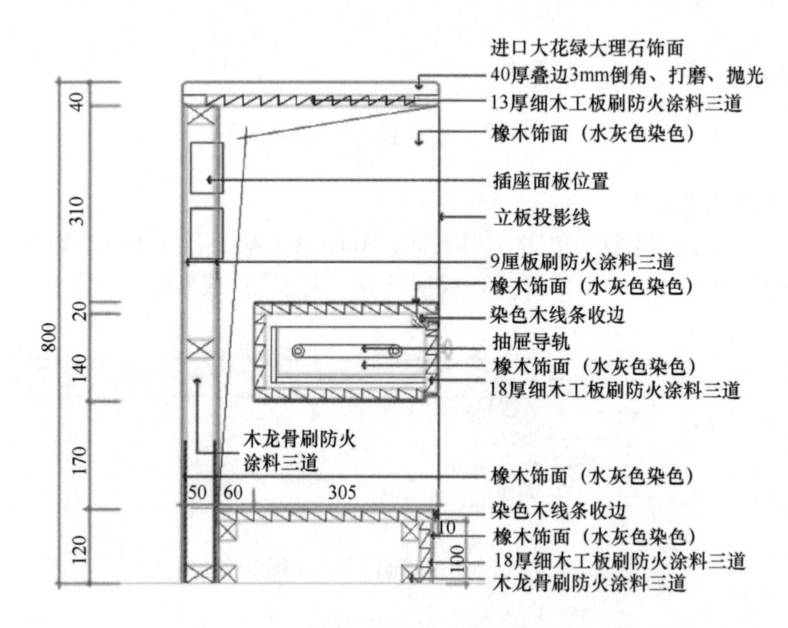

图 1－1－39　打开文件

（2）执行“LA”打开“图层特性管理器”，如图 1－1－40 所示。

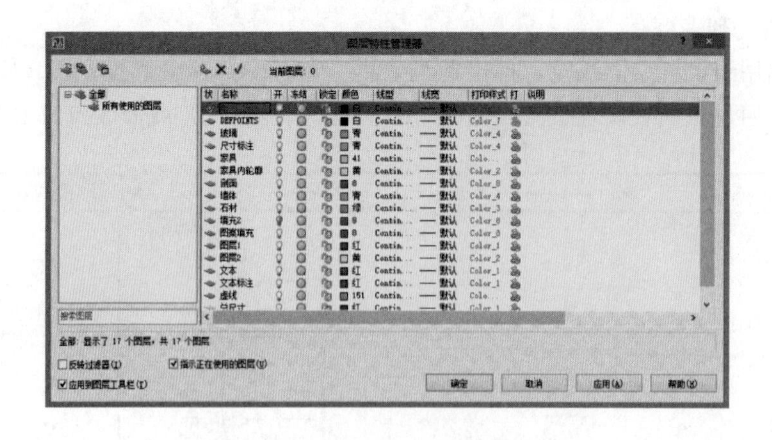

图 1－1－40　打开图层特性管理器

（3）在此修改标注的颜色。单击“尺寸标注”图层的颜色图标，如图 1－1－41 所示。

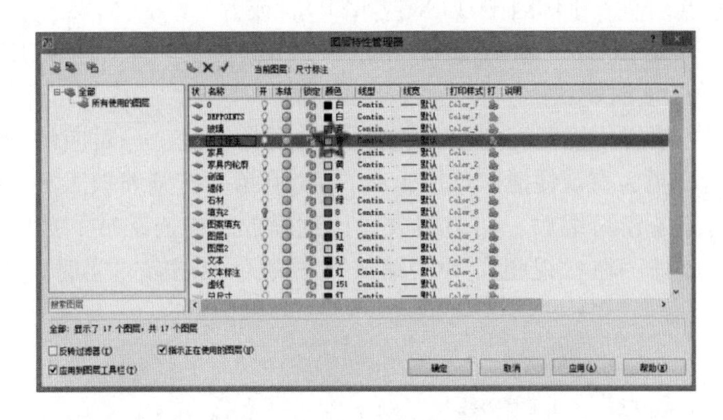

图 1－1－41　单击颜色图标

（4）打开“选择颜色”对话框，选择颜色为“红色”，如图 1－1－42 所示，单击确定按钮。

（5）“尺寸标注”图层颜色被更改为红色后，返回绘图区域即可看到设置效果（此处黑白显示）。如图 1－1－43 所示。若要更改图层的颜色，可以按照上述方法进行更改。

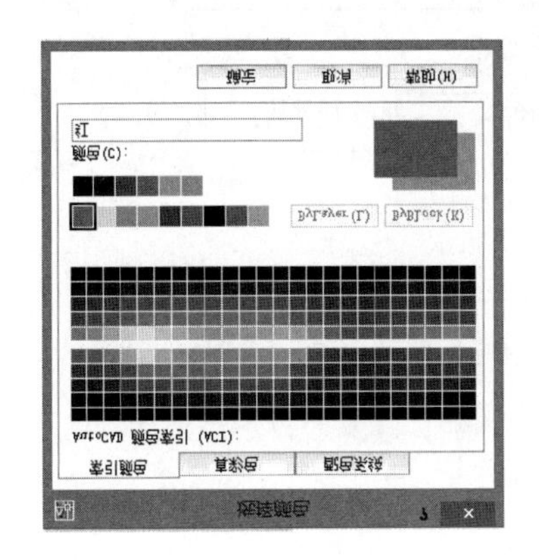

图 1－1－42　选择颜色

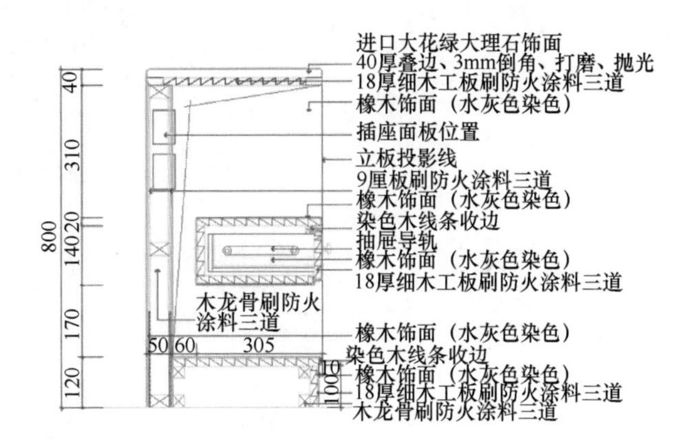

图 1－1－43　绘图区已显示更改效果

（6）若要更改图层的线宽，同样执行“LA”打开“图层特性管理器”，选择要修改的图层线宽进行单击即可。

（九）图形的缩放与平移

1. 图形的缩放

图形显示缩放只是将屏幕上的对象放大或缩小其视觉尺寸，就像用放大镜观看图形一样，从而可以放大图形的局部细节或缩小图形观看全貌。执行显示缩放后，对象的实际尺寸仍保持不变。我们可以通过以下办法来实现：

◆使用“缩放”工具栏；

◆单击“视图”＞“缩放”，使用其中子命令；

◆在命令行输入 ZOOM 或直接输入快捷命令“Z”

命令行提示：

命令：zoom

指定窗口的角点，输入比例因子（nX 或 nXP），或者

[全部（A）/中心（C）/动态（D）/范围（E）/上一个（P）/比例（S）/窗口（W）/对象（O）] <实时>：

命令行提示的各项与“视图” > “缩放”中的子命令是一一对应的，我们更习惯使用“缩放工具栏”，这样更为直观便捷。如图 1－1－44 所示，打开缩放工具栏后，各种类型的放大镜图标分别对应了窗口缩放、动态缩放、比例缩放、中心缩放、放大、缩小、范围缩放、全部缩放等。此外，在“视图” > “缩放”子命令中还有“实时”“上一步”，如图 1－1－45 所示。

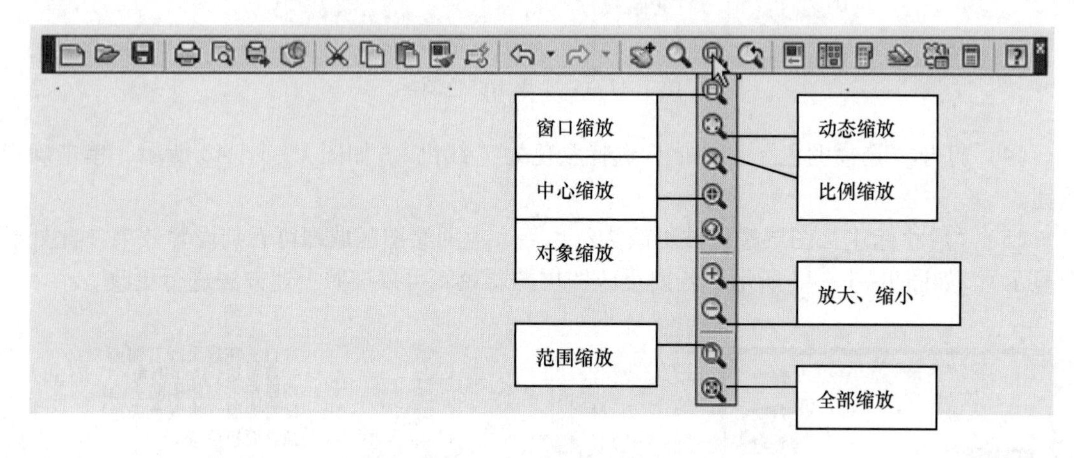

图 1－1－44　缩放工具栏

图 1－1－45　“视图”菜单栏下的缩放按钮

（1）“全部”缩放　该按钮主要用于将图形界限区域最大化显示。如果绘制的图形超出了图形界限，那么系统将最大化显示由图形界限和图形范围所定义的区域。

（2）“范围”缩放　在屏幕上尽可能最大化地显示所有图形对象，所采用的显示边界是图形范围，而不是图形界限。

（3）“放大”命令　单击该按钮一次，侧视图放大一倍，其默认的比例因子为 2。

（4）“缩小”命令　单击该按钮一次，侧视图缩小一倍，其默认的比例因子为 0.5。

（5）“上一步”命令　单击该工具按钮可以依次返回前一屏幕的显示，最多可返回10次。

（6）“中心”缩放　在图形中指定一点作为新视图的中心点，然后指定一个缩放比例因子或指定高度来显示新的视图。

（7）“动态”缩放　用于缩放显示在视图框中的部分图形，视图框表示视口，用户可以改变它的大小或在图形中移动。移动视图框或者调整它的大小，将其中的图像平移或者缩放，以充满整个视口。

（8）“比例”缩放　以一定的比例来缩放图形，当单击该工具按钮时，命令行会提示输入比例因子：

指定窗口的角点，输入比例因子（nX 或 nXP），或者

［全部（A）/中心（C）/动态（D）/范围（E）/上一个（P）/比例（S）/窗口（W）/对象（O）］ <实时>：_ s

当输入的数字大于1时放大图形，等于1时显示整个图形，小于1时则缩小图形。

（9）“窗口”缩放　通过在屏幕上失去两个对角点来确定一个矩形窗口，被选中的矩形窗口内的图形会被放大到整个屏幕，如图1-1-46所示。在图形右上角利用“窗口”缩放先选择一个矩形区域，单击鼠标左键确定，则刚才选中的矩形区域内的图形被放大到整个屏幕，如图1-1-47所示。

图1-1-46　选择放大区域

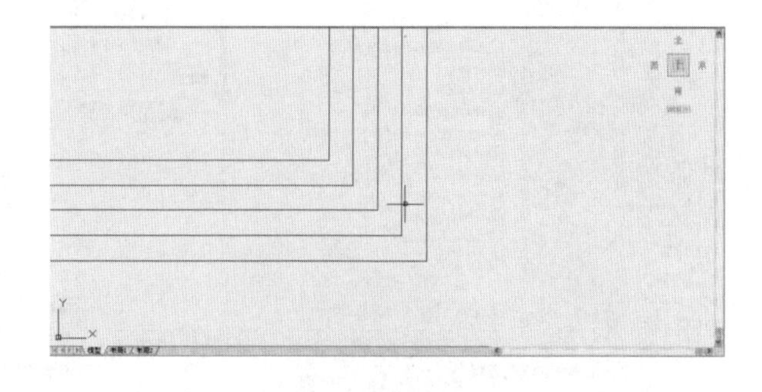

图1-1-47　图形被放大

2. 图形的平移

图形显示移动是指移动整个图形，就像是移动整个图纸，以便使图纸的特定部分显示在绘图窗口。执行显示移动后，图形相对于图纸的实际位置并不发生变化。使用“平移”可以

将视图重新定位，以便能看清需要观察或者修改的地方。

使用“平移”有以下方法：

◆直接摁住鼠标中间滑轮；

◆单击“视图”菜单下“平移”子命令；

◆命令行输入 PAN 命令用于实现图形的实时移动。

执行该命令，AutoCAD 在屏幕上出现一个小手光标，并提示：

按 Esc 或 Enter 键退出，或单击右键显示快捷菜单。

同时在状态栏上提示：“按住拾取键并拖动进行平移”。此时按下拾取键并向某一方向拖动鼠标，就会使图形向该方向移动；按 Esc 键或 Enter 键可结束 PAN 命令的执行；如果右击，AutoCAD 会弹出快捷菜单供用户选择。

点石成金

AutoCAD 样板文件是扩展名为 . dwt 的文件，通常包括一些通用图形对象，如图幅框和标题栏等，还有一些与绘图相关的标准或通用设置，如图层、文字标注样式及尺寸标注样式的设置等。

通过样板创建新图形，可以避免一些重复性操作，如绘图环境的设置等。这样不仅能够提高绘图效率，而且还保证了图形的一致性。

当用户基于某一样板文件绘制新图形并以 . dwg 格式（AutoCAD 图形文件格式）保存后，所绘图形对原样板文件没有影响。

图形样板的制作方法为：

◆单击“文件 > 另存为”命令。

◆在命令行直接输入“Ctrl + Shift + S”组合命令。

运行命令后弹出如图 1 - 1 - 48 所示对话框，选择文件类型为 AutoCAD 图形样板文件（ *. dwt)，输入文件名称即可保存。

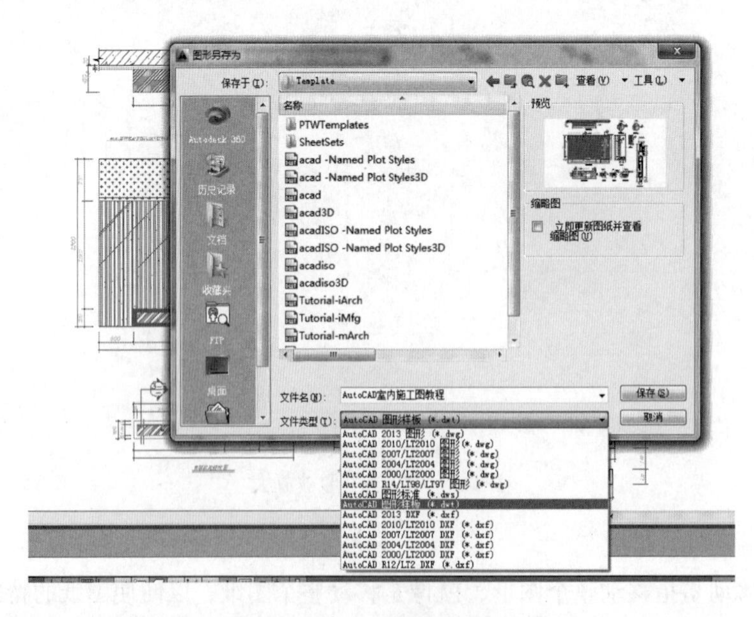

图 1 - 1 - 48　图形样板的保存

综合练习

实践目的：了解 AutoCAD 的基本功能与作用。

实践内容：掌握如何在 AutoCAD 中设置绘图环境，掌握 AutoCAD 的基本绘图命令。

实践步骤：请参照以下提纲进行操作。

1. 基础操作

（1）创建新的 CAD 文件、一般启动后自动生成。

（2）打开已有文件。

（3）保存文件和文件另存。

（4）给文件加密。

（5）退出。

2. 常见系统配置

（1）修改背景颜色及十字光标的大小。

工具→选项→显示→改变背景颜色/十字光标大小

（2）修改自动保存时间和默认保存格式。

工具→选项→打开和保存→另存为 dwg 格式/修改自动保存时间

3. BAK 文件的用法（修改名称及后缀）

（1）建立一个新的 . dwg 文件。

（2）给 AutoCAD 文件加上密码并保存为 2004 之前的版本。

（3）改变文件背景颜色为白色。

（4）设置自动保存时间为 3min。

（5）打开 . BAK 自动备份文件。

4. 图形操作练习

（1）启动 AutoCAD 退出 AutoCAD 的操作与练习。

（2）文件保存，加密练习。

（3）常用系统配置练习。

（4）自动备份文件的应用练习。

（5）选取工具集常用工具条使用。

（6）常用文件操作快捷命令操作使用。

5. 思考

（1）安装 AutoCAD 2016，系统需求的注意事项有哪些？

（2）启动 AutoCAD 2016，熟悉显示选项卡和状态栏的使用方法。

（3）AutoCAD 2016 中如何显示或隐藏命令行窗口？

（4）在 AutoCAD 2016 中文件的格式有哪些？

模块二　AutoCAD 2016 基本操作

学习目标： 了解 AutoCAD 软件的平面绘图和图形编辑命令，掌握这些命令的用法。

相关理论： AutoCAD 平面绘图与图形编辑命令。

必备技能： 能够熟练应用 AutoCAD 软件的常用的平面绘图命令进行绘图，利用修改命令进行图形的编辑。

一、绘制二维图形

在室内与家具设计中，基本图形的绘制、编辑、缩放、尺寸标注、文字注释等操作非常重要，也是设计制图人员所必须掌握的。本章将重点介绍室内与家具设计人员必须掌握的基本绘图技能。在本节要求我们掌握绘制直线对象，如绘制线段、射线、构造线；绘制矩形和等边多边形；绘制曲线对象，如绘制圆、圆环、圆弧、椭圆及椭圆弧；设置点的样式并绘制点对象，工具栏绘图工具如图 1－2－1 所示。一般绘图快捷命令见表 1－2－1。

图 1－2－1　工具栏绘图工具

表 1－2－1　　本节任务涉及平面绘图快捷命令

序号	命令说明	快 捷 键	序号	命令说明	快 捷 键
1	直线	L	9	射线	RAY
2	构造线	XL	10	多段线	PL
3	多线	ML	11	正多边形	POL
4	矩形	REC	12	圆形	C
5	圆弧	A	13	椭圆	EL
6	单点	PO	14	定数等分	DIV
7	定距等分	ME	15	图案填充	H
8	圆弧	A	16	椭圆	EL

（一）绘制点

在 AutoCAD 2016 中，点对象可以作为捕捉或者偏移对象的节点或参考点。可以通过单点、多点、定数等分、定距等分四种方式创建点对象。在创建点对象之前，可以根据实际需求设置点的样式和大小。

1. 设置点的样式与大小

选择“格式” > “点样式”命令，即执行 DDPTYPE 命令，AutoCAD 弹出图 1－2－2 所示的“点样式”对话框，用户可通过该对话框选择自己需要的点样式。此外，还可以利用

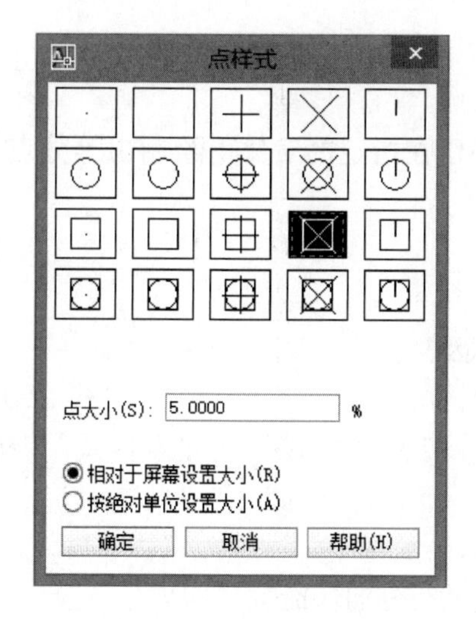

图 1-2-2　点样式

对话框中的"点大小"编辑框确定点的大小。

2. 绘制单点

执行 POINT 命令或直接输入快捷命令"PO"，AutoCAD 提示：

指定点：

在该提示下确定点的位置，AutoCAD 就会在该位置绘制出相应的点。则绘制的单点如图 1-2-3 所示。

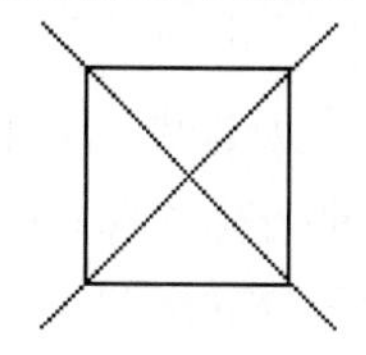

图 1-2-3　单点绘制

3. 绘制多点

绘制多点就是在输入命令后，能一次制定多个点，在"常用"选项卡的"绘图"面板中点击"多点"按钮，如图 1-2-4 所示，然后在绘图区指定位置多次点击，即可完成多个点的绘制。AutoCAD 提示：

当前点模式：PDMODE =67　PDSIZE =0.0000。

则绘制的多点如图 1-2-5 所示。

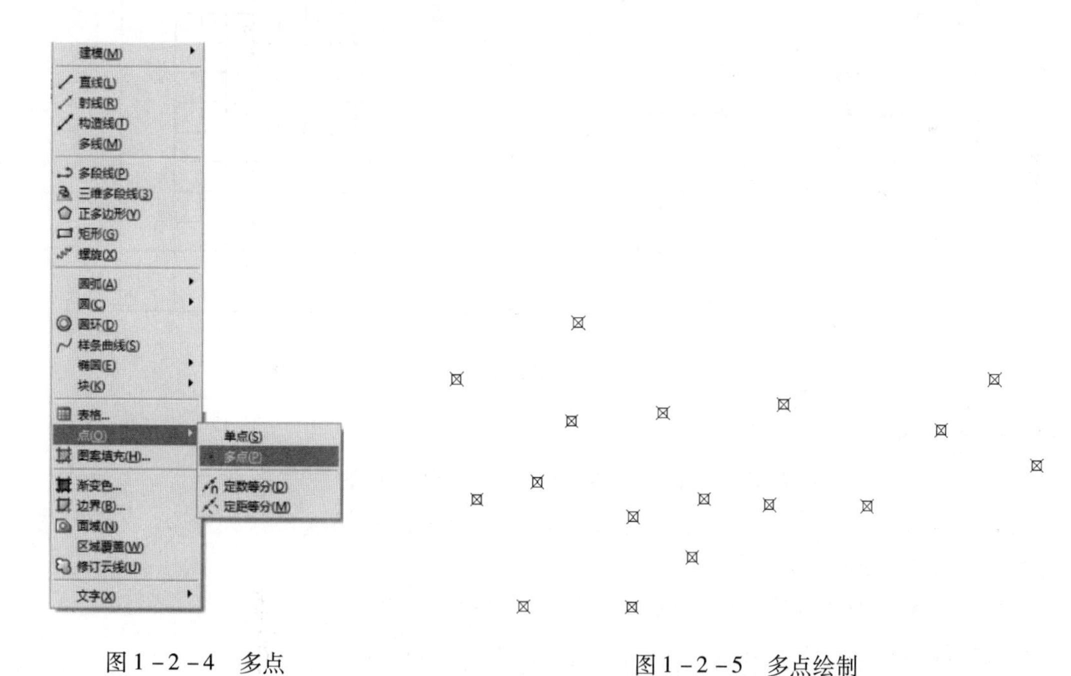

图 1-2-4　多点　　　　图 1-2-5　多点绘制

4. 绘制定数等分点

指将点对象沿对象的长度或周长等间隔排列。

选择"绘图" >"点" >"定数等分"命令，即执行 DIVIDE 命令或直接输入快捷命令"DIV"，AutoCAD 提示：

选择要定数等分的对象：(选择对应的对象)

输入线段数目或［块（B)］:

在此提示下直接输入等分数，即响应默认项，AutoCAD 在指定的对象上绘制出等分点。另外，利用“块（B)”选项可以在等分点处插入块。

点石成金

当对一条线段进行等分时，等分点总是无法显示的原因？

解决方法：

打开“草图设置”对话框，选择“象限点”后确定，打开“格式” > “点样式”，在点样式对话框换取一种点样式即可。

随堂练习：定数等分的练习

实践目的：了解定数等分的基本功能与作用，掌握定数等分的快捷键“DIV”。

实践内容：掌握如何在 AutoCAD 灵活运动定数等分命令。

实践步骤：请使用“DIV”定数等分命令，并结合“F3”“L”等命令，绘制出图 1－2－6 所示的图形。

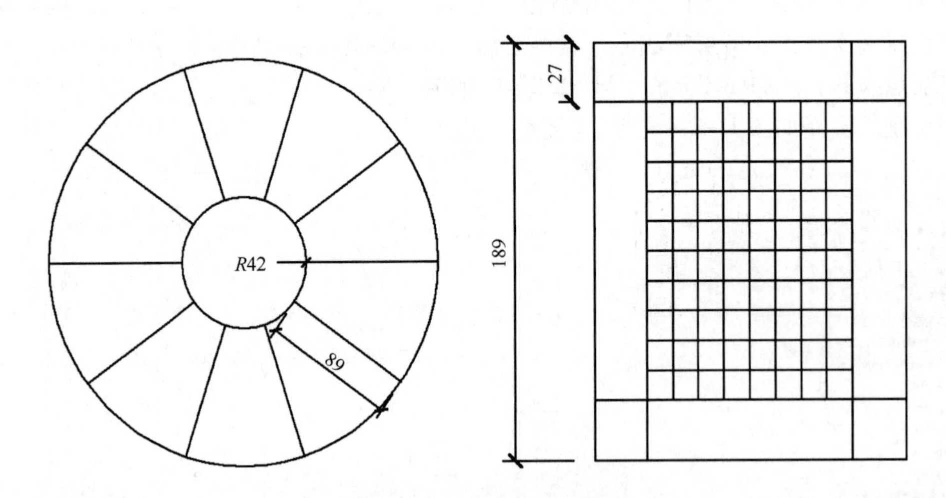

图 1－2－6　定数等分示例

5. 绘制定距等分点

定距等分点是指将点对象在指定的对象上按指定的间隔放置。

选择“绘图” > “点” > “定距等分”命令，即执行 MEASURE 命令，A 或直接输入快捷命令“ME”，AutoCAD 提示：

选择要定距等分的对象：(选择对象)

指定线段长度或［块（B)］:

在此提示下直接输入长度值，即执行默认项，AutoCAD 在对象上的对应位置绘制出点。同样，可以利用“点样式”对话框设置所绘制点的样式。如果在“指定线段长度或［块（B)］:”提示下执行“块（B)”选项，则表示将在对象上按指定的长度插入块。

随堂练习：定距等分的练习

实践目的：了解定数等分的基本功能与作用，掌握定数等分的快捷键“ME”。

实践内容：掌握如何在 AutoCAD 灵活运动定距等分命令。

实践步骤：请使用“ME”命令，并结合“F3”“L”等命令，绘制出图 1－2－7 所示的图形。

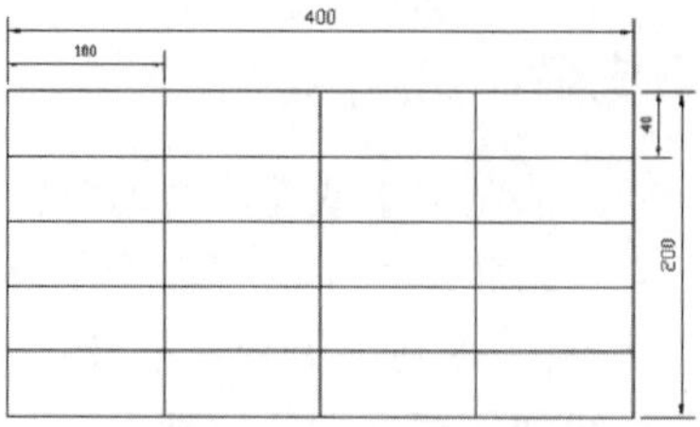

图 1－2－7　定距等分练习

（二）绘制线

1. 绘制直线

根据指定的端点绘制一系列直线段。

◆命令行输入：LINE；

◆单击“绘图”工具栏上的（直线）按钮；

◆选择“绘图” > “直线”命令。

AutoCAD 提示：

第一点：（确定直线段的起始点）

指定下一点或［放弃（U）］：［确定直线段的另一端点位置，或执行“放弃（U）”选项重新确定起始点］

指定下一点或［放弃（U）］：［可直接按 Enter 键或 Space 键结束命令，或确定直线段的另一端点位置，或执行“放弃（U）”选项取消前一次操作］

指定下一点或［闭合（C）/放弃（U）］：［可直接按 Enter 键或 Space 键结束命令，或确定直线段的另一端点位置，或执行“放弃（U）”选项取消前一次操作，或执行“闭合（C）”选项创建封闭多边形］

指定下一点或［闭合（C）/放弃（U）］：↙［也可以继续确定端点位置、执行“放弃（U）”选项、执行“闭合（C）”选项］

执行结果：AutoCAD 绘制出连接相邻点的一系列直线段。值得注意的是用 LINE 命令绘制出的一系列直线段中的每一条线段均是独立的对象。

举例：使用直线命令绘制边长为 200 的等边三角形。如图 1－2－8 所示。

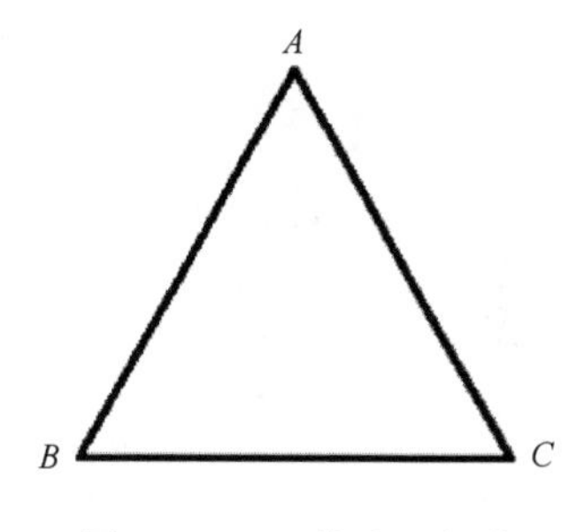

图 1－2－8　等边三角形

方法：

（1）状态栏中开启“极轴”功能（极轴追踪）；

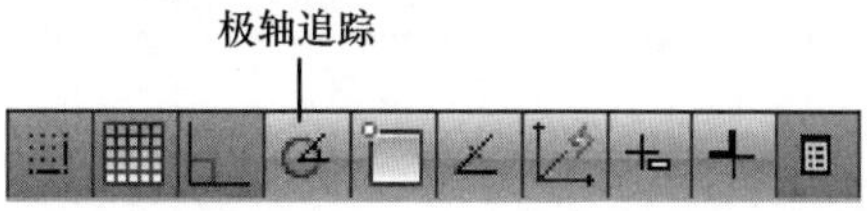

（2）单击按钮，在绘图区某点单击鼠标左键，将鼠标水平右移，在命令行输入 200，绘制直线 *BC*；

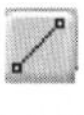

（3）状态栏中开启“对象捕捉追踪”功能（对象捕捉追踪）；

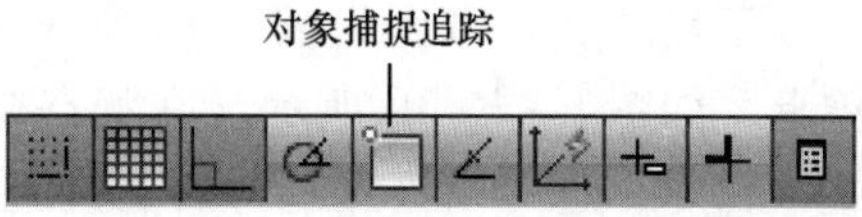

（4）单击按钮，捕捉 *B* 点，在命令行输入@200<60 回车，完成直线 *AB* 的绘制；

（5）单击“空格”按键，再次执行直线命令，捕捉 *A* 点和 *C* 点，完成直线 *AC* 的绘制。

点石成金

如何绘制水平或者垂直的线？

◆点击状态栏中的“正交”按钮，开启“正交”功能；

◆点击 F8 键，开启“正交”功能。

直线如何精确地拾取到点？

绘制直线时，常常需要将起点或者终点定在特殊点上，这时就需要开启“对象捕捉”功能。利用“对象捕捉”功能，在绘图过程中可以快速、准确地确定一些特殊点，如圆心、端点、中点、切点、交点、垂足等。

可以通过“对象捕捉”工具栏和对象捕捉菜单（如图 1 - 2 - 9 所示，按下 Shift 键后右击可弹出此快捷菜单）启动对象捕捉功能。

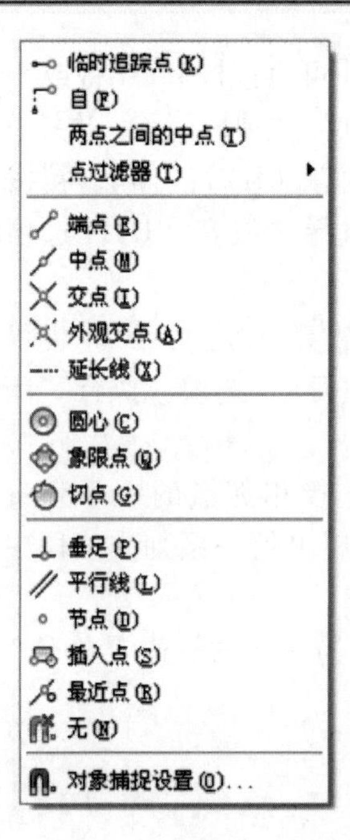

图 1 - 2 - 9　对象捕捉工具栏和菜单

当然，在 AutoCAD 2016 中我们还可以通过对象自动捕捉（简称自动捕捉，又称为隐含对象捕捉），利用此捕捉模式可以使 AutoCAD 自动捕捉到某些特殊点。

选择“工具” > “草图设置”命令，从弹出的“草图设置”对话框中选择“对象捕捉”选项卡，如图 1 - 2 - 10 所示（在状态栏上的“对象捕捉”按钮上右击，从快捷菜单选择“设置”命令，也可以打开此对话框）。在草图设置对话框中可以很方便的根据绘图需要选取对象捕捉的模式，然后单击确定即可。在此，需要注意的是草图设置常常配套 F3 键来实现对象捕捉开与关的功能。

如何确定直线的长度？

当绘制直线的时候，往往要确定直线的一个长度，这时可以先确定直线的一个点的位置，然后将光标向需要延伸的方向拉，从键盘输入确定的数据，然后按确定键，再输入另一个方向的数值，再按确定键，若想终止，再次按下确定键即可。

随堂练习：直线的练习

实践目的：了解直线的基本功能与作用，掌握直线的快捷键“L”。

实践内容：掌握如何在 AutoCAD 灵活运动直线命令。

实践步骤：请使用“L”直线命令，并结合“F3”对象捕捉，绘制出图 1－2－11 所示的图形。

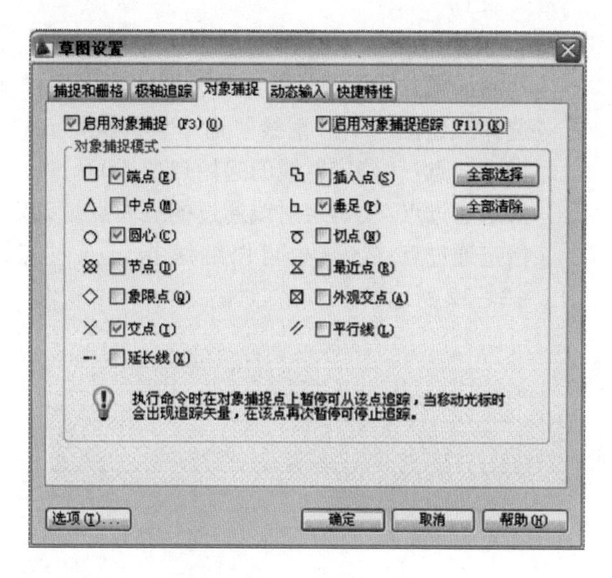

图 1－2－10　草图设置

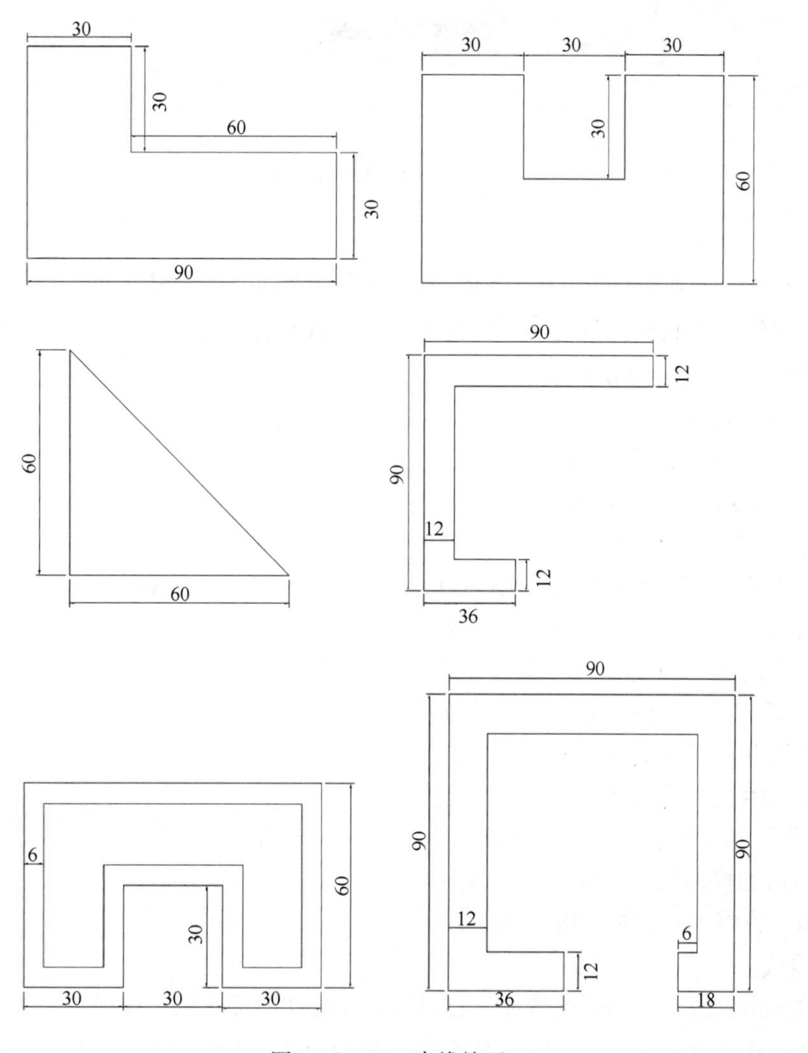

图 1－2－11　直线练习

2. 绘制射线

绘制沿单方向无限长的直线，射线一般用作辅助线。

选择“绘图” > “射线” 命令，即执行 RAY 命令，AutoCAD 提示：

指定起点：(确定射线的起始点位置)

指定通过点：(确定射线通过的任一点。确定后 AutoCAD 绘制出过起点与该点的射线)

指定通过点：↙（也可以继续指定通过点，绘制过同一起始点的一系列射线，如图 1－2－12 所示）

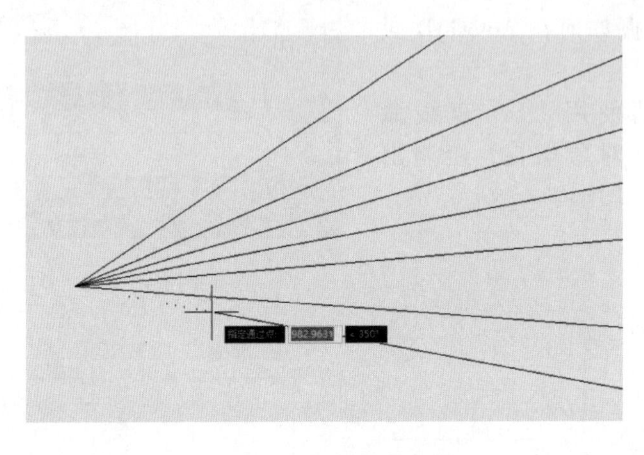

图 1－2－13 射线的绘制

3. 绘制构造线

绘制沿两个方向无限长的直线，构造线一般用作辅助线。快捷命令“XL”

单击“绘图”工具栏上的 （构造线）按钮或选择“绘图” > “构造线” 命令，即执行“XL” 命令，AutoCAD 提示：

指定点或［水平（H）/垂直（V）/角度（A）/二等分（B）/偏移（O）］：

根据命令提示行提示进行操作，即可得到构造线，如图 1－2－13 所示。

其中，“指定点”选项用于绘制通过指定两点的构造线。“水平”选项用于绘制通过指定点的水平构造线。“垂直”选项用于绘制通过指定点的绘制垂直构造线。“角度”选项用于绘制沿指定方向或与指定直线之间的夹角为指定角度的构造线。“二等分”选项用于绘制平分由指定 3 点所确定的角的构造线。“偏移”选项用于绘制与指定直线平行的构造线。

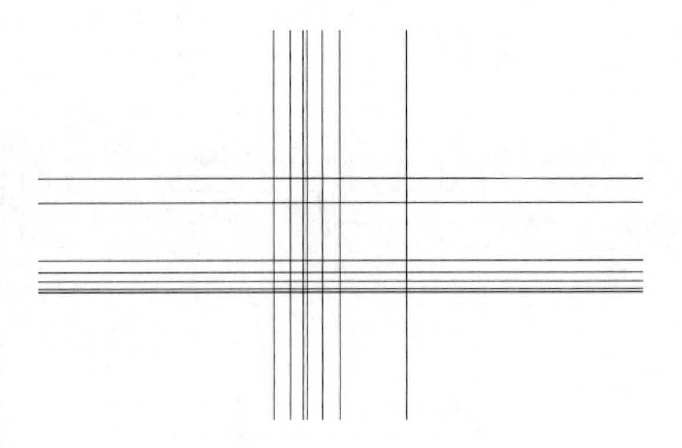

图 1－2－13 构造线绘制

4. 绘制多段线

多段线是由直线段、圆弧段构成，且可以有宽度的图形对象。快捷命令：“PL”

单击“绘图”工具栏上的 （多段线）按钮或选择“绘图” > “多段线” 命令，即执行 PLINE 命令，AutoCAD 提示：

指定起点：（确定多段线的起始点）

当前线宽为 0.0000（说明当前的绘图线宽）

指定下一个点或［圆弧（A）/半宽（H）/长度（L）/放弃（U）/宽度（W）]：

其中，“圆弧”选项用于绘制圆弧。“半宽”选项用于多段线的半宽。“长度”选项用于指定所绘多段线的长度。“宽度”选项用于确定多段线的宽度。

多段线有直线的区别在于：直线是一个单一的对象，每两个点确定一条直线，就算连在一起画每条也是单一的。而多段线又称多义线，表示一起画的都是连在一起的复合对象，可以是直线，也可以是圆弧并且他们还可以加不同的宽度。如图 1－2－14 所示，绘制一段多段线。

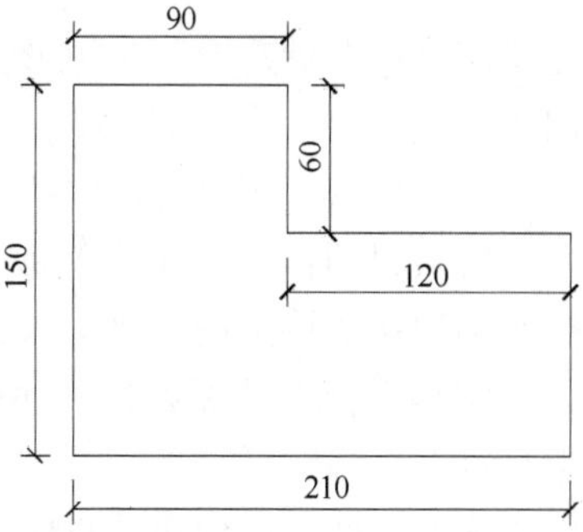

图 1－2－14　多段线

（三）绘制正多边形

用于绘制正多边形，快捷命令：“POL”。

单击“绘图”工具栏上的（正多边形）按钮，或选择“绘图”>“正多边形”命令，即执行 POLYGON 命令，AutoCAD 提示：

指定正多边形的中心点或［边（E）]：

（1）中心点　此默认选项要求用户确定正多边形的中心点，指定后将利用多边形的假想外接圆或内切圆绘制等边多边形。执行该选项，即确定多边形的中心点后，AutoCAD 提示：

输入选项［内接于圆（I）/外切于圆（C）]：

其中，“内接于圆”选项表示所绘制多边形将内接于假想的圆。“外切于圆”选项表示所绘制多边形将外切于假想的圆。

（2）边　根据多边形某一条边的两个端点绘制多边形。

举例：

使用正多边形命令绘制图 1－2－15 所示正多边形，其中（a）、（b）圆的半径均为 60，（c）边长为 60。

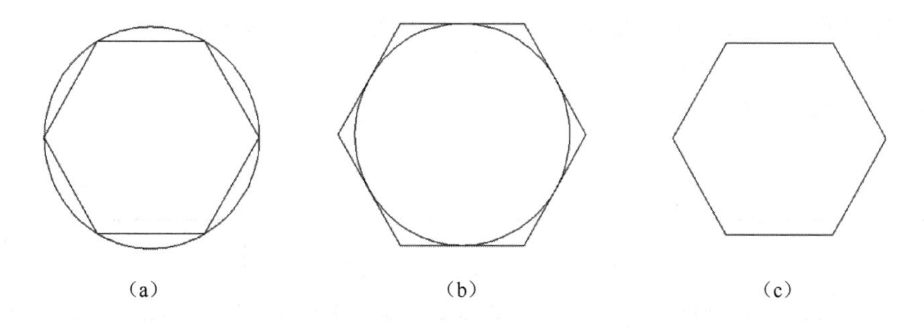

（a）　（b）　（c）

图 1－2－15　正多边形

（a）内接于圆　（b）外切于圆　（c）指定边长

方法：

（1）单击按钮，在命令行输入边数 6，回车；在绘图区某处单击鼠标左键选定正多边形的中心位置；选取内接于圆，输入圆的半径60，回车，完成图1－2－15（a）所示的正六边形绘制。

（2）图1－2－15（b）所示的正六边形的绘制方法与图1－2－15（a）的方法一样，只是内接于圆改为外切于圆即可。

（3）单击⬠按钮，在命令行输入边数6，回车；在命令行输入E，回车；在绘图区某处单击鼠标左键选定正多边形指定边的第一端点；将鼠标水平向右拖动，在命令行输入60，回车，完成图1－2－15（c）所示的正六边形绘制。

随堂练习：正多边形的练习

实践目的：了解正多边形的基本功能与作用，掌握正多边形的快捷键“POL”。

实践内容：掌握如何在AutoCAD灵活运动正多边形命令。

实践步骤：请使用“POL”正多边形命令，并结合“L”命令，绘制出图1－2－16所示图形。

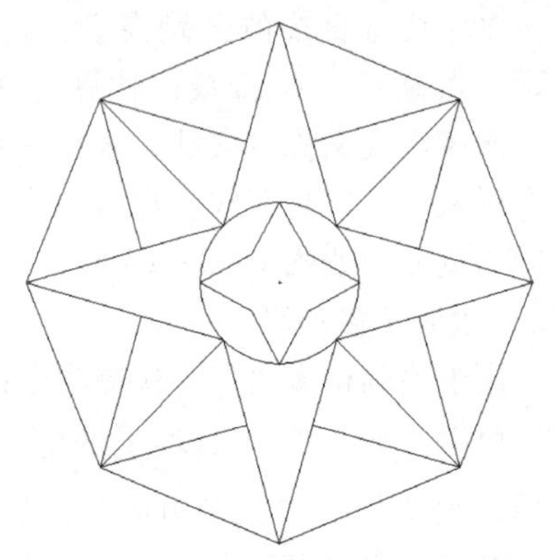
图1－2－16　正多边形练习

（四）绘制矩形

根据指定的尺寸或条件绘制矩形。快捷命令：REC

单击“绘图”工具栏上的▭（矩形）按钮，或选择“绘图”>“矩形”命令，即执行RECTANG命令，AutoCAD提示：

指定第一个角点或[倒角（C）/标高（E）/圆角（F）/厚度（T）/宽度（W）]：

其中，“指定第一个角点”选项要求指定矩形的一角点。执行该选项，AutoCAD提示：

指定另一个角点或[面积（A）/尺寸（D）/旋转（R）]：

此时可通过指定另一角点绘制矩形，通过“面积”选项根据面积绘制矩形，通过“尺寸”选项根据矩形的长和宽绘制矩形，通过“旋转”选项表示绘制按指定角度放置的矩形。

执行RECTANG命令时，“倒角”选项表示绘制在各角点处有倒角的矩形。“标高”选项用于确定矩形的绘图高度，即绘图面与*XY*面之间的距离。“圆角”选项确定矩形角点处的圆角半径，使所绘制矩形在各角点处按此半径绘制出圆角。“厚度”选项确定矩形的绘图厚度，使所绘制矩形具有一定的厚度。“宽度”选项确定矩形的线宽。

举例：

使用矩形命令绘制的三个图形，如图1－2－17所示。

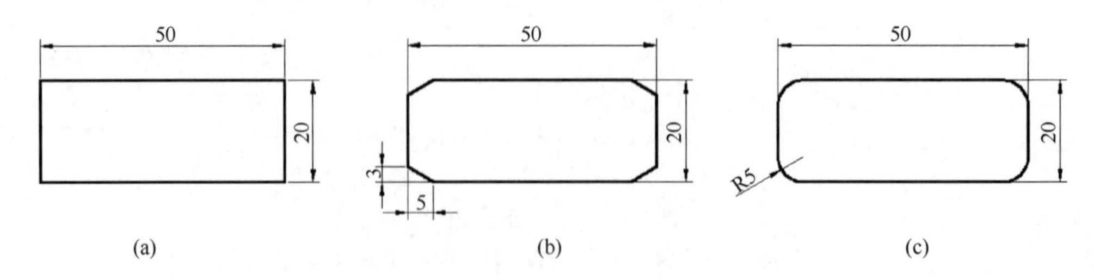

图1－2－17　绘制矩形
（a）矩形　（b）切角矩形　（c）圆角矩形

方法：

（1）单击 按钮；

①在绘图区单击鼠标左键选定矩形的第一个顶点位置；

②输入@50，20 回车，完成图 1－2－17（a）的绘制。

（2）单击 按钮；

①指定第一个角点或［倒角（C）/标高（E）/圆角（F）/厚度（T）/宽度（W）］：c，回车；

②指定矩形的第一个倒角距离 <0.00>：5，回车；

③指定矩形的第一个倒角距离 <5.00>：3，回车；

④在绘图区单击鼠标左键选定矩形的第一个顶点位置；

⑤输入@50，20 回车，完成图 1－2－17（b）的绘制。

（3）单击 按钮；

①指定第一个角点或［倒角（C）/标高（E）/圆角（F）/厚度（T）/宽度（W）］：f，回车；

②指定矩形的圆角半径 <0.00>：5，回车；

③在绘图区单击鼠标左键选定矩形的第一个顶点位置；

④输入@50，20 回车，完成图 1－2－17（c）的绘制。

随堂练习：矩形的练习

实践目的：了解矩形的基本功能与作用，掌握矩形的快捷键“REC”

实践内容：掌握如何在 AutoCAD 灵活运动矩形命令。

实践步骤：请使用“REC”矩形命令，并结合“F3”对象捕捉，绘制图 1－2－18 所示图形。

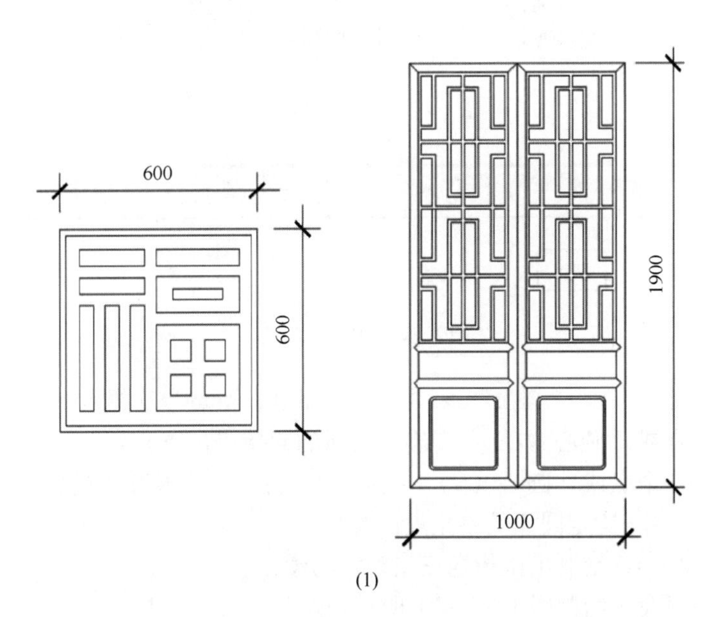

(1)

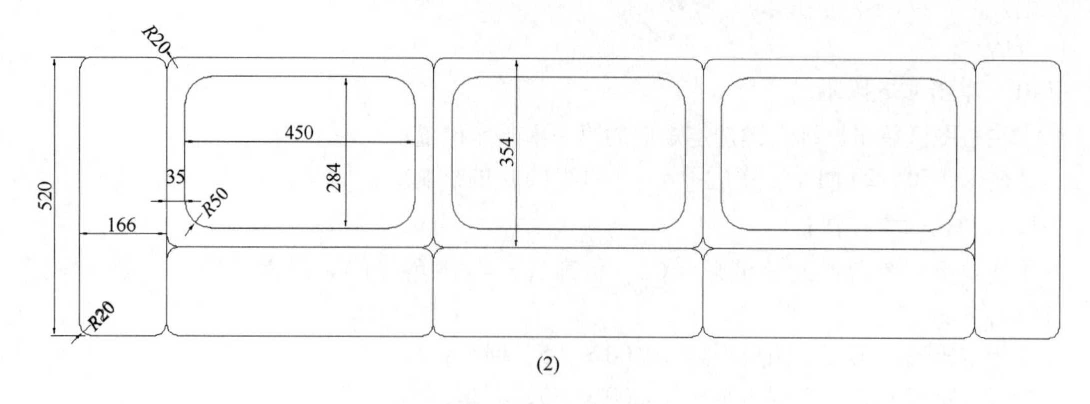

图 1－2－18　矩形练习

（五）绘制圆弧

AutoCAD 提供了多种绘制圆弧的方法，可通过图 1－2－19 所示的“圆弧”子菜单执行绘制圆弧操作或者图 1－2－20 所示工具栏圆弧图标来完成。

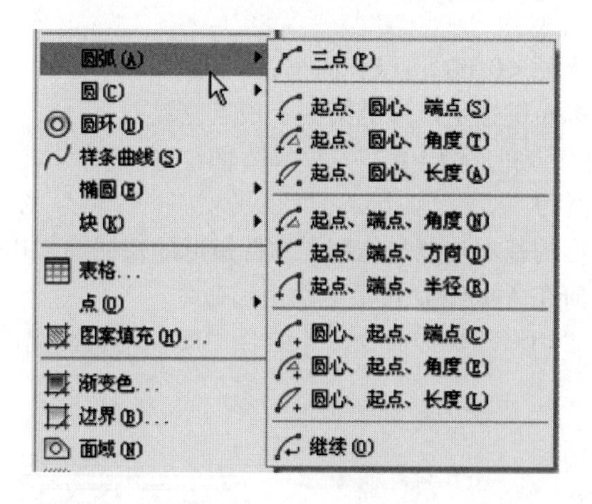

图 1－2－19　绘制圆弧

图 1－2－20　工具栏

例如，选择“绘图” > “圆弧” > “三点”命令，AutoCAD 提示：

指定圆弧的起点或［圆心（C）］：（确定圆弧的起始点位置）

指定圆弧的第二个点或［圆心（C）/端点（E）］：（确定圆弧上的任一点）

指定圆弧的端点：（确定圆弧的终止点位置）

执行结果：AutoCAD 绘制出由指定三点确定的圆弧。

举例：使用圆弧命令绘制图 1－2－21 所示圆弧。

方法：

（1）单击 ⌒ 按钮；

①选取起点；

②选取第二点；

③选取端点，完成左图圆弧绘制。

（2）单击 按钮；

①输入 c，回车；

②选取圆心；

③选取起点；

④选定端点，完成右图圆弧绘制。

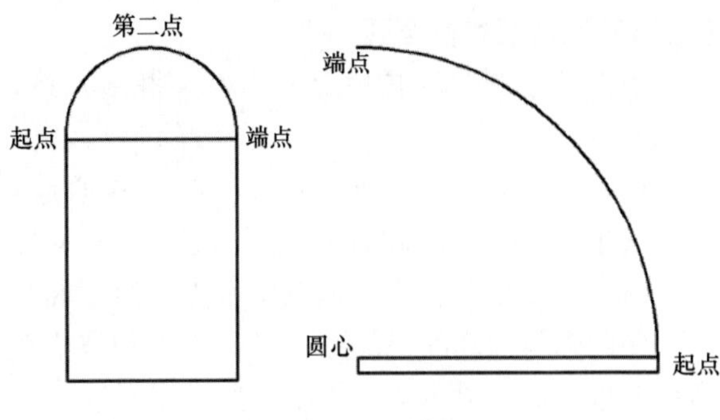

图 1－2－21　圆弧

（六）绘制圆

单击“绘图”工具栏上的 （圆）按钮，即执行 CIRCLE 命令，AutoCAD 提示：

指定圆的圆心或［三点（3P）/两点（2P）/相切、相切、半径（T）］

其中，“指定圆的圆心”选项用于根据指定的圆心以及半径或直径绘制圆弧。“三点”选项根据指定的三点绘制圆。“两点”选项根据指定两点绘制圆。“相切、相切、半径”选项用于绘制与已有两对象相切，且半径为给定值的圆。

随堂练习：圆和圆弧的练习

实践目的：了解圆和圆弧的基本功能与作用，掌握圆的快捷键“C”，圆弧的快捷命令“A”

实践内容：掌握如何在 AutoCAD 灵活运用圆和圆弧命令。

实践步骤：请使用“DIV”定数等分命令，并结合“F3”对象捕捉，绘制图 1－2－22 所示的图形。

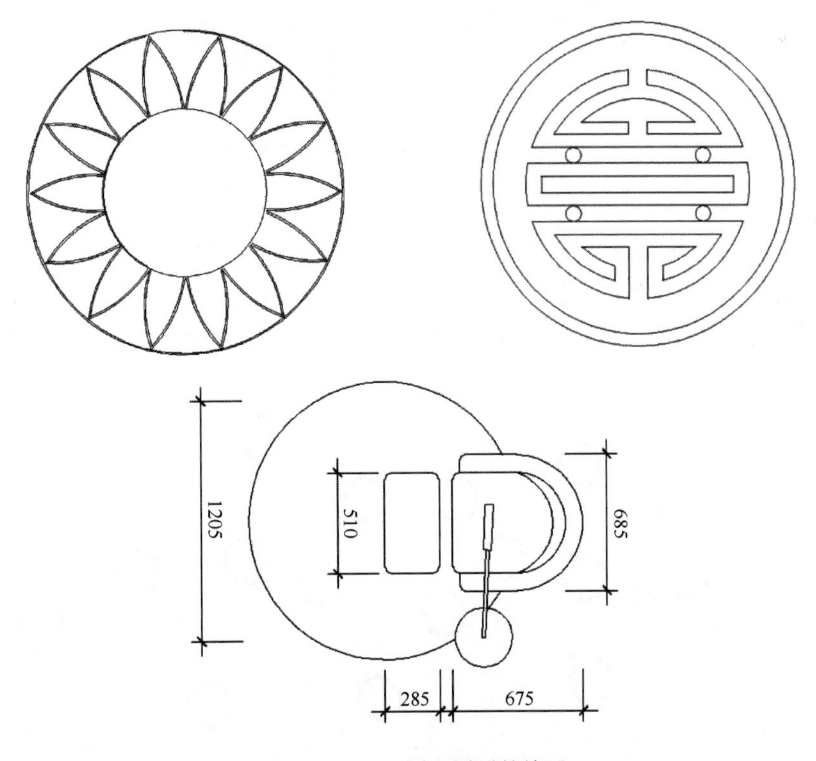

图 1－2－22　圆和圆弧的练习

（七）绘制椭圆和椭圆弧

单击“绘图”工具栏上的 （椭圆）按钮，即执行快捷命令“EL”命令，AutoCAD 提示：

指定椭圆的轴端点或［圆弧（A）/中心点（C）］：

其中，“指定椭圆的轴端点”选项用于根据一轴上的两个端点位置等绘制椭圆。“中心点”选项用于根据指定的椭圆中心点等绘制椭圆。“圆弧”选项用于绘制椭圆弧。

椭圆弧是椭圆的一部分，只是起点和终点没有闭合。执行“绘图 > 椭圆 > 圆弧”菜单命令，根据命令提示进行绘制，如下图所示。

随堂练习：椭圆和椭圆弧的练习

实践目的：了解椭圆和椭圆弧的基本功能与作用，掌握椭圆的快捷键“EL”。

实践内容：掌握如何在 AutoCAD 灵活运用椭圆和椭圆弧命令。

实践步骤：请使用“EL”椭圆命令，并结合“C”圆形命令，绘制出图 1－2－23 所示图形。

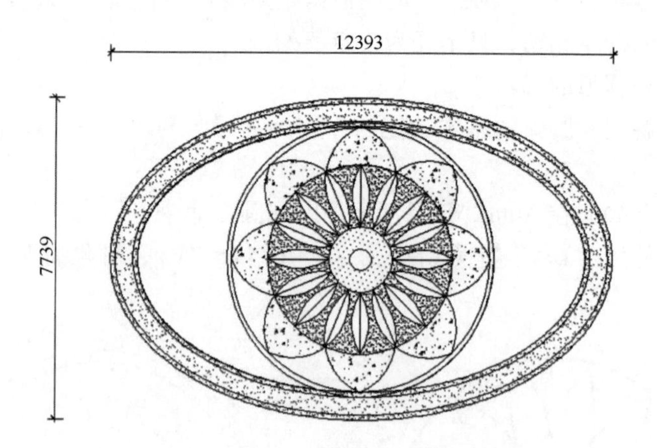

图 1－2－23　利用椭圆绘制地面拼花

（八）绘制圆环

圆环是进行填充了的环形，即带有宽度的闭合多段线。创建圆环，要指定它的内外直径和圆心。通过制定不同的中心点，可以继续创建相同大小的多个圆环。要想创建实体填充圆，将内径值指定为 0 即可。我们下面设置圆环内径为 200，外径 260，随机绘制一些圆环，如图 1－2－24 所示。

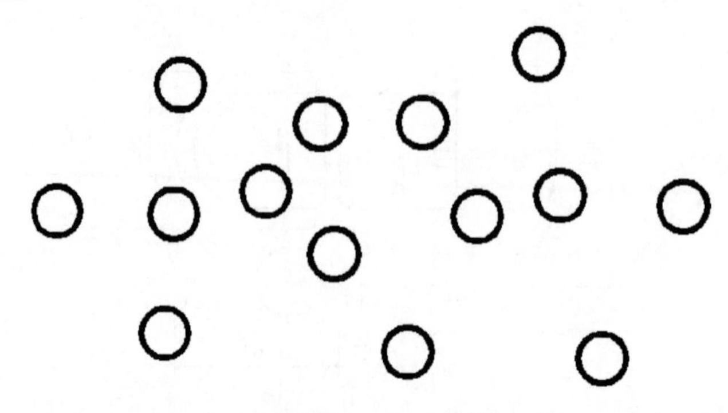

图 1－2－24　圆环

(九) 图案填充

用指定的图案填充指定的区域。命令：BHATCH。快捷命令“H”。

单击“绘图”工具栏上的图案填充按钮 ，或选择“绘图” > “图案填充”命令，即执行 BHATCH 命令，AutoCAD 弹出图 1 - 2 - 25 所示的“图案填充和渐变色”对话框。

图 1 - 2 - 25 “图案填充和渐变色”对话框中“图案填充”界面

对话框中有“图案填充”和“渐变色”两个选项卡。

1. “图案填充”选项卡

此选项卡用于设置填充图案以及相关的填充参数。其中，“类型和图案”选项组用于设置填充图案以及相关的填充参数。可通过“类型和图案”选项组确定填充类型与图案，通过“角度和比例”选项组设置填充图案时的图案旋转角度和缩放比例，“图案填充原点”选项组控制生成填充图案时的起始位置，“添加：拾取点”按钮和“添加：选择对象”用于确定填充区域。

2. “渐变色”选项卡

单击“图案填充和渐变色”对话框中的“渐变色”标签，AutoCAD 切换到“渐变色”选项卡，如图 1 - 2 - 26 所示。

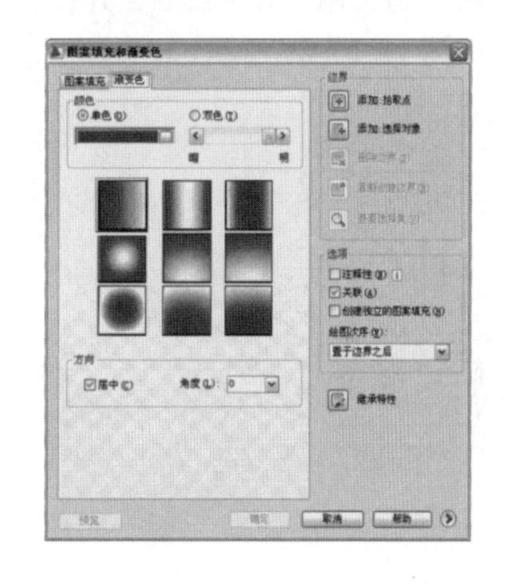

图 1 - 2 - 26 “图案填充和渐变色”对话框中“渐变色”界面

该选项卡用于以渐变方式实现填充。其中，“单色”和“双色”两个单选按钮用于确定是以一种颜色填充，还是以两种颜色填充。当以一种颜色填充时，可利用位于“双色”单选按钮下方的滑块调整所填充颜色的浓淡度。当以两种颜色填充时（选中“双色”单选按钮），位于“双色”单选按钮下方的滑块变成与其左侧相同的颜色框和按钮，用于确定另一种颜色。位于选项卡中间位置的 9 个图像按钮用于确定填充方式。

此外，还可以通过“角度”下拉列表框确定以渐变方式填充时的旋转角度，通过“居中”复选框指定对称的渐变配置。如果没有选定此选项，渐变填充将朝左上方变化，可创建出光源在对象左边的图案。

如果单击“边界图案填充和渐变色”对话框中位于右下角位置的小箭头，对话框则为下图所示形式，通过其可进行对应的设置。其中，“孤岛检测”复选框确定是否进行孤岛检测以及孤岛检测的方式。“边界保留”选项组选项组用于指定是否将填充边界保留为对象，并确定其对象类型，如图 1 - 2 - 27 所示。

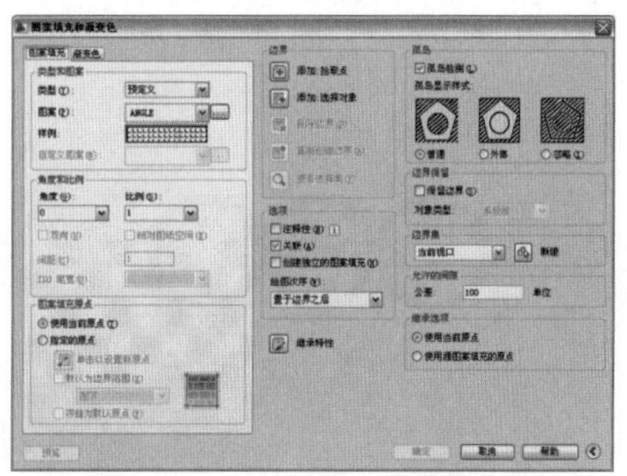

图 1 - 2 - 27 孤岛检测及类型

AutoCAD 2016 允许将实际上并没有完全封闭的边界用作填充边界。如果在“允许的间隙”文本框中指定了值，该值就是 AutoCAD 确定填充边界时可以忽略的最大间隙，即如果边界有间隙，且各间隙均小于或等于设置的允许值，那么这些间隙均会被忽略，AutoCAD 将对应的边界视为封闭边界。

如果在“允许的间隙”编辑框中指定了值，当通过“拾取点”按钮指定的填充边界为非封闭边界且边界间隙小于或等于设定的值时，AutoCAD 会打开如右图所示的“图案填充－开放边界警告”窗口，如果单击“继续填充此区域”行，AutoCAD 将对非封闭图形进行图案填充，如图 1－2－28 所示。

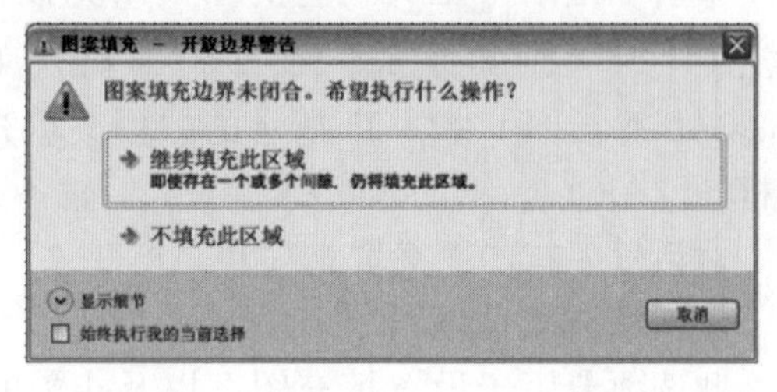

图 1－2－28 “图案填充－开放边界警告”窗口

随堂练习：图案填充的练习

实践目的：了解图案填充的基本功能与作用，掌握图案填充的快捷键“H”

实践内容：掌握如何在 AutoCAD 灵活运用“H”命令。

实践步骤：请根据操作步骤绘制图 1－2－29 所示图形。

（1）请使用“H”命令，并结合“C”等命令，绘制图形，进行图案填充比例和角度练习，如图 1－2－29 所示。

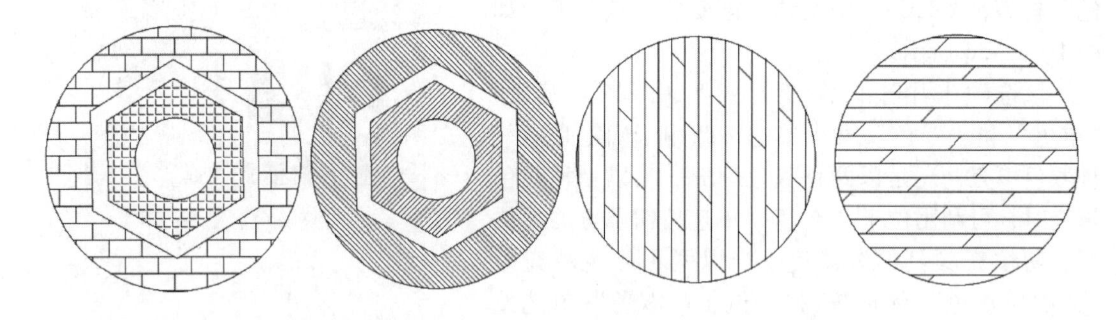

图 1－2－29 图案填充

（2）请使用“H”命令进行颜色的填充练习，绘制图形，如图 1－2－30 所示。

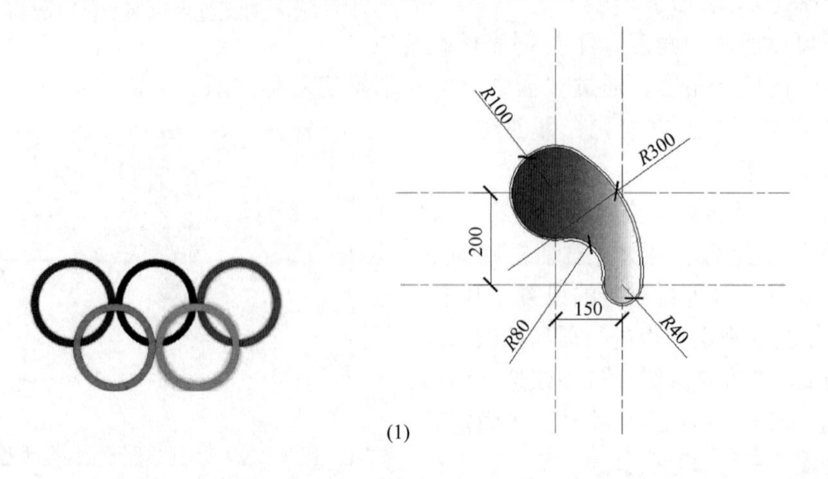

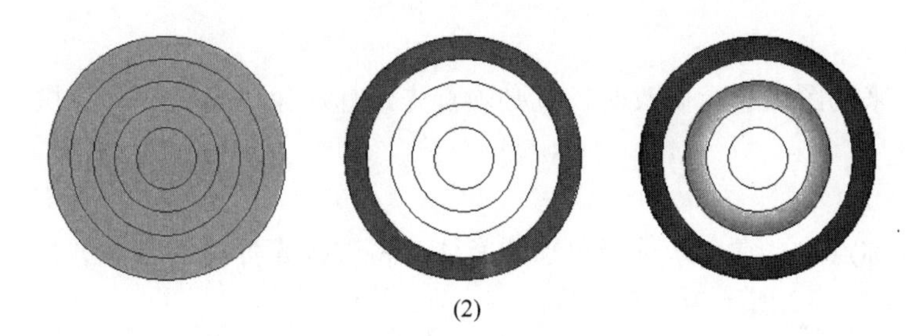

图 1－2－30　颜色填充

（3）请使用“H”命令并结合“L”“DIV”绘制图形，如图 1－2－31 所示。

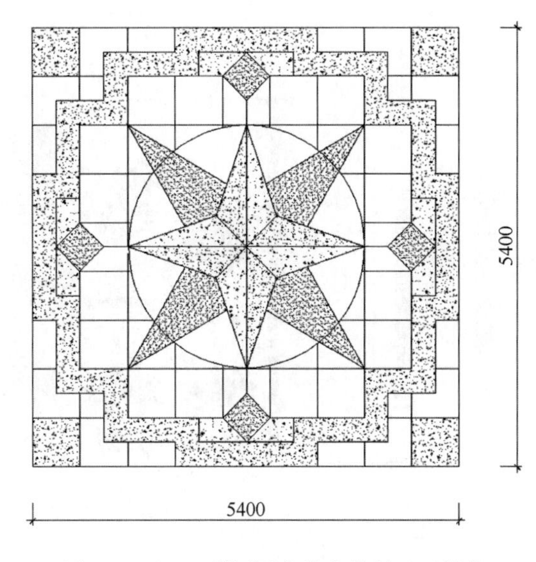

图 1－2－31　利用图案填充绘制地面拼花

二、编辑图形

图形绘制出来后，难免要进行编辑，AutoCAD 2016 提供了多种编辑命令。利用这些命令可以省时省力地完成绘图。一般情况下，编辑命令的使用频率占整套图纸工作量的60% ~ 80%，是绘图命令的两倍之多。本节任务涉及快捷命令见表 1－2－2。

表 1－2－2　　本节任务涉及图形编辑快捷命令

序号	命令说明	快捷键	序号	命令说明	快捷键
1	删除	E	9	复制	CO
2	镜像	MI	10	偏移	O
3	阵列	AR	11	移动	M
4	旋转	RO	12	缩放	SC
5	拉伸	S	13	修剪	TR
6	延伸	EX	14	打断	BR
7	倒角	CHA	15	圆角	F
8	分解	X			

（一）选择

当对绘制出来的图纸进行修改时，就必须首先选择对象，AutoCAD 提供了多种选择对象的方法。

1. 逐个选取

逐个选取也称点选：常用来选择单独的实体，将选择光标对准实体进行单击，使其呈虚线状即可。图 1－2－32 所示为逐个选取。

2. 全部选择

全部选择：如果要使用一个编辑命令，当执行命令时，命令提示行提示："选择对象"，这时输入"all"，便可以选择所有实体。执行"Ctrl + A"组合命令，同样可以实现全部选择。图 1－2－33 所示为全部选择。

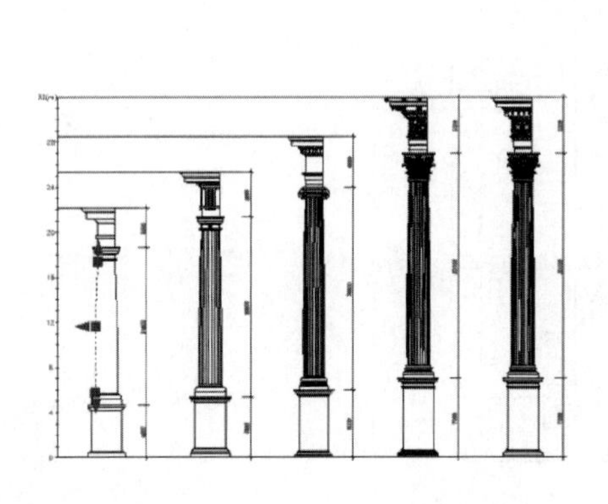

图 1－2－32　逐个选取

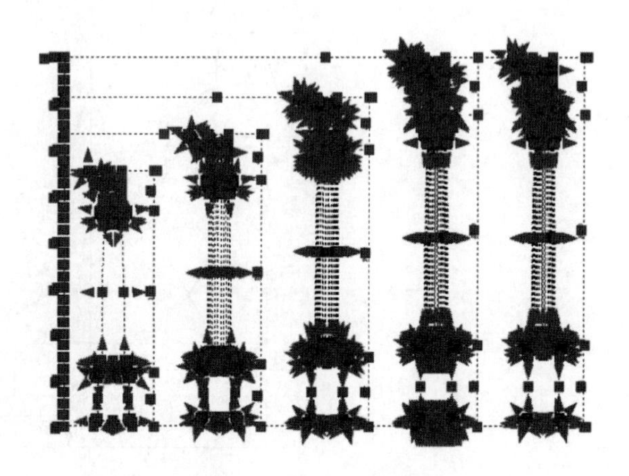

图 1－2－33　全部选择

3. 窗口选择

窗选是最常用的一种选择方法，从左边和右边都可以拉出矩形的选框，但是选择的性质不同，可以分为正选和反选：

（1）正选　从右上角或右下角拉出的矩形选框，则包括在矩形选框中的实体以及框边所触及的实体都会被选中。如图 1－2－34 所示。

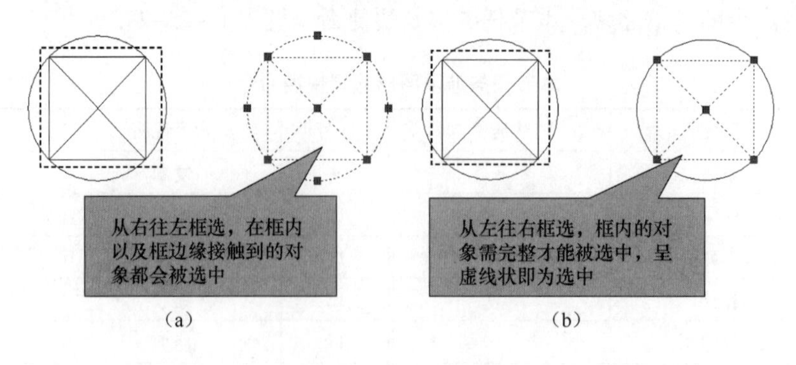

图 1－2－34　正选

（a）从右向左正选　（b）从右向左正选结果

（2）反选　从左上角或者左下角拉出的矩形选框，则完全包含在矩形选框中的实体才会被选中（选中的物体呈虚线状）。如图 1－2－35 所示。

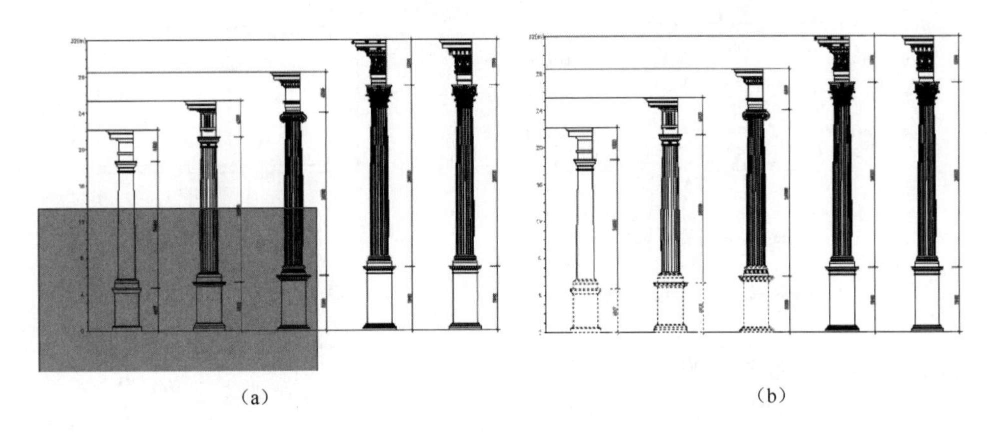

（a）　　（b）

图 1－2－35　反选

（a）从左向右反选　（b）从左向右反选结果

随堂练习：选择命令的练习

实践目的：了解选择的基本功能与作用，掌握正选与反选的区别。

实践内容：掌握如何在 AutoCAD 灵活运用“E”命令和“Delete”功能键正选、反选功能。

（二）删除

删除指定的对象就像是用橡皮擦除图纸上不需要的内容。快捷命令：E。

单击“修改”工具栏上的 （删除）按钮，或选择“修改”>“删除”命令，即执行 ERASE 命令，AutoCAD 提示：

选择对象：（选择要删除的对象，可以用点石成金介绍的各种方法进行选择）

选择对象：↙（也可以继续选择对象或者点击回车完成对实体的删除）

点石成金

在 AutoCAD 中使用电脑键盘上的“Delete”同样可以实现图形删除的功能。

随堂练习：删除功能的练习

实践目的：了解删除的基本功能与作用，掌握删除的快捷键“E”和“Delete”功能键。

实践内容：掌握如何在 AutoCAD 灵活运用“E”命令和“Delete”功能键。

实践步骤：请根据操作步骤绘制图形。

（1）请打开源文件，将要删除的部分进行反向选择，如图 1－2－36 所示。

（2）执行“E”或“Delete”功能键将选中的部分删除。删除后效果如图 1－2－37 所示。

（三）复制

复制对象指将选定的对象复制到指定位置。快捷命令：“CO”。

单击“修改”工具栏上的 （复制）按钮，或选择“修改”>“复制”命令，即执行 COPY 命令，AutoCAD 提示：

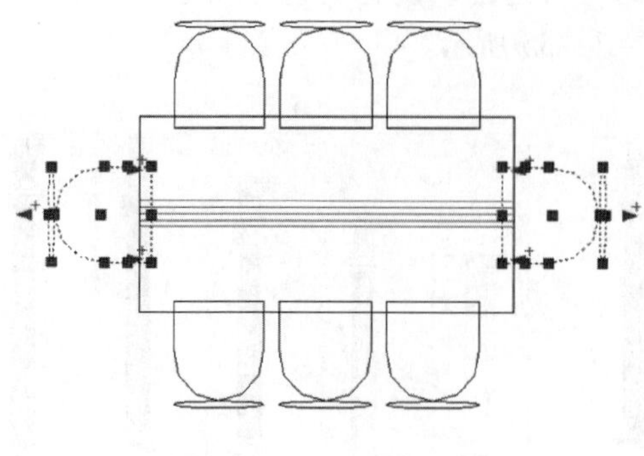

图 1-2-36　反向选择

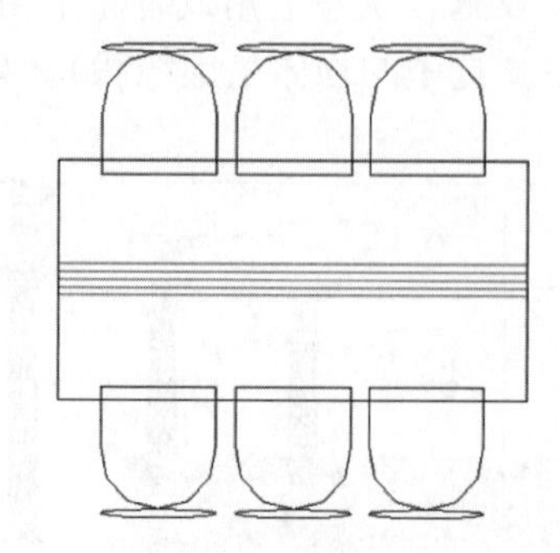

图 1-2-37　删除后效果

选择对象：(选择要复制的对象)

选择对象：↙ (也可以继续选择对象)

指定基点或［位移（D）/模式（O）］<位移>：

（1）指定基点　确定复制基点，为默认项。执行该默认项，即指定复制基点后，AutoCAD 提示：

指定第二个点或 <使用第一个点作为位移>：

在此提示下再确定一点，AutoCAD 将所选择对象按由两定确定的位移矢量复制到指定位置；如果在该提示下直接按 Enter 键或 Space 键，AutoCAD 将第一点的各坐标分量作为位移量复制对象。

（2）位移（D）　根据位移量复制对象。执行该选项，AutoCAD 提示：

指定位移：

如果在此提示下输入坐标值（直角坐标或极坐标），AutoCAD 将所选择对象按与各坐标值对应的坐标分量作为位移量复制对象。

（3）模式（O）　确定复制模式。执行该选项，AutoCAD 提示：

输入复制模式选项［单个（S）/多个（M）］<多个>：

其中，“单个（S）”选项表示执行 COPY 命令后只能对选择的对象执行一次复制，而“多个（M）”选项表示可以多次复制，AutoCAD 默认为“多个（M）”。

举例：

如图 1-2-38 所示，将左侧的图形沿水平方向每隔 100 个单位复制 1 个，共复制 2 个（用键盘输入法）。

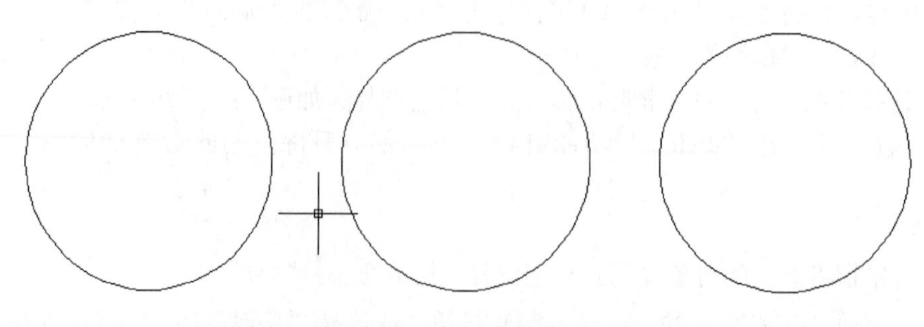

图 1-2-38　复制举例

命令：co↙选择对象：选择左边的圆 指定对角点：找到 5 个选择对象：按 Enter 键或鼠标右键确认

指定基点或［位移（D）］ <位移>：选用任意点 指定第二个点或 <使用第一个点作为位移>：@100，0↙

指定第二个点或［退出（E）/放弃（U）］ <退出>：@200，0↙

指定第二个点或［退出（E）/放弃（U）］ <退出>：@300，0↙

指定第二个点或［退出（E）/放弃（U）］ <退出>：↙

随堂练习：复制命令的练习

实践目的：了解复制的基本功能与作用，掌握复制的快捷键“CO”。

实践内容：掌握如何在 AutoCAD 灵活运用“CO”命令。

实践步骤：请根据命令提示进行操作。

（1）请使用“CO”命令，复制图 1－2－39 所示图形。

（2）复制后效果如图 1－2－40 所示。

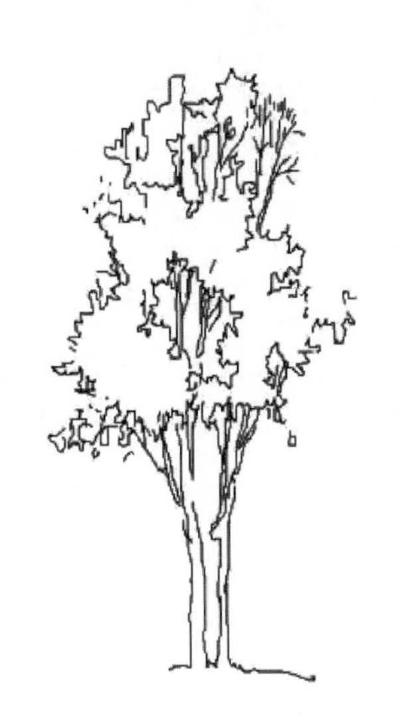

图 1－2－39　复制前

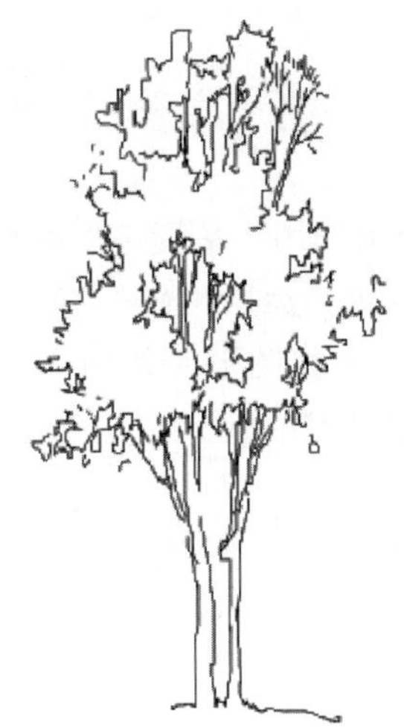

图 1－2－40　复制后

（四）镜像

将选中的对象相对于指定的镜像线进行镜像。快捷命令“MI”。

单击“修改”工具栏上的（镜像）按钮，或选择“修改” > “镜像”命令，即执行 MIRROR 命令，AutoCAD 提示：

选择对象：（选择要镜像的对象）

选择对象：↙（也可以继续选择对象）

指定镜像线的第一点：（确定镜像线上的一点）

指定镜像线的第二点：（确定镜像线上的另一点）

是否删除源对象？［是（Y）/否（N）］ <N>：（根据需要响应即可）

举例：

如图 1－2－41 所示，将椅子镜像到右方，保留源对象，则镜像后效果如图 1－2－42 所示。

命令：mirror↙

选择对象：选择椅子 找到 1 个

选择对象：按 Enter 键或鼠标右键确认指定镜像线的第一点：捕捉矩形上线的中点

指定镜像线的第二点：捕捉矩形下线的中点要删除源对象吗？［是（Y）/否（N）］ <N>：↙

注：当打开正交方式时，第二点可不用捕捉，直接在向下方向上任取一点。

图 1－2－41　镜像前效果

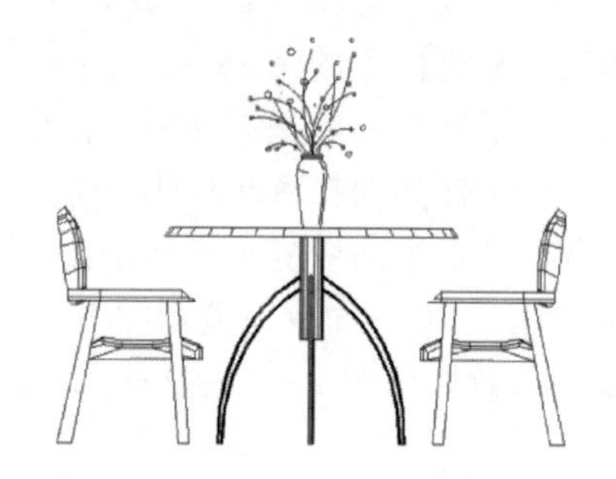

图 1－2－42　镜像后效果

随堂练习：镜像命令的练习

实践目的：了解镜像的基本功能与作用，掌握镜像的快捷键“MI”。

实践内容：掌握如何在 AutoCAD 灵活运用“MI”命令。

实践步骤：请使用“MI”命令，镜像图形，如图 1－2－43 所示。最终镜像效果如图 1－2－44 所示。本图例源文件详见本书附赠电子版文件：基础理论篇/修改命令练习。

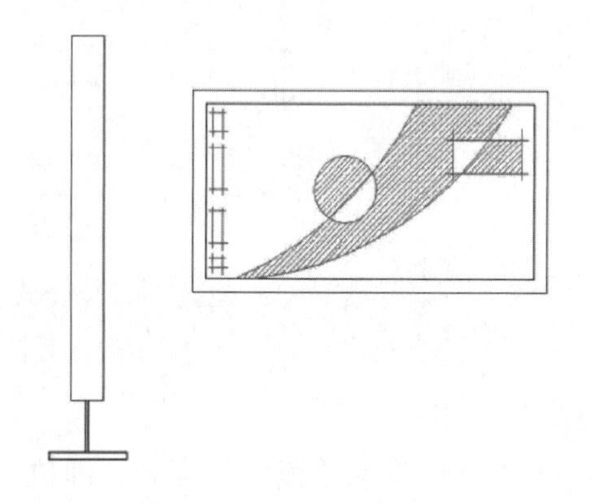

图 1－2－43　镜像前效果

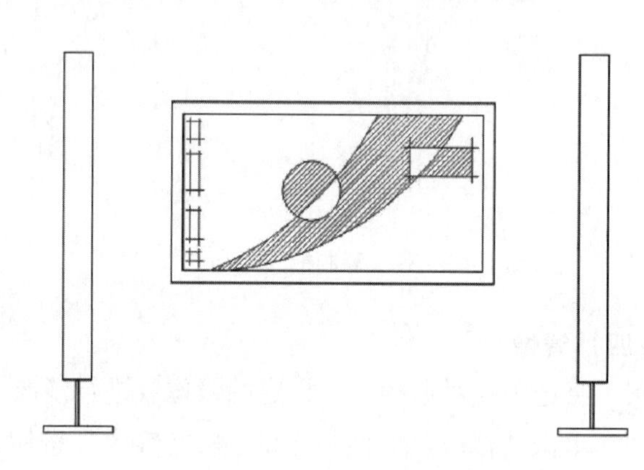

图 1－2－44　镜像后效果

（五）偏移

创建同心圆、平行线或等距曲线。偏移操作又称为偏移复制。命令：OFFSET。

单击“修改”工具栏上的 （偏移）按钮，或选择“修改”>“偏移”命令，即执行 OFFSET 命令，AutoCAD 提示：

指定偏移距离或［通过（T）/删除（E）/图层（L）］<通过>：

（1）指定偏移距离　根据偏移距离偏移复制对象。在“指定偏移距离或［通过（T）/删除（E）/图层（L）］：”提示下直接输入距离值，AutoCAD 提示：

选择要偏移的对象，或［退出（E）/放弃（U）］<退出>：（选择偏移对象）

指定要偏移的那一侧上的点，或［退出（E）/多个（M）/放弃（U）］<退出>：［在要复制到的一侧任意确定一点。“多个（M）”选项用于实现多次偏移复制］

选择要偏移的对象，或［退出（E）/放弃（U）］<退出>：↙（也可以继续选择对象进行偏移复制）

（2）通过　使偏移复制后得到的对象通过指定的点。

（3）删除　实现偏移源对象后删除源对象。

（4）图层　确定将偏移对象创建在当前图层上还是源对象所在的图层上。

举例：

将图1－2－45中“圆弧槽”的内圈用偏移画出。内、外圈的间距为5。

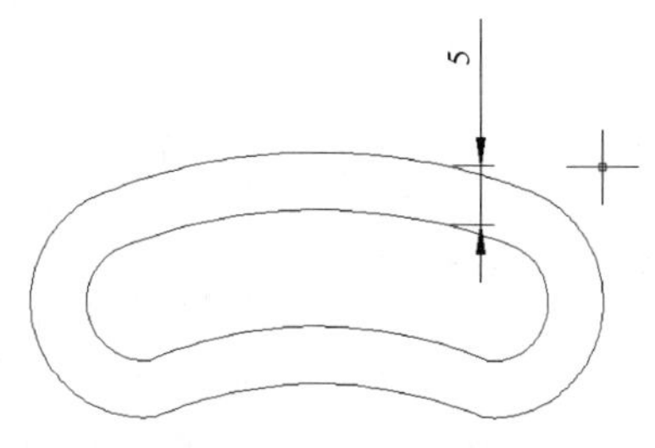

图1－2－45　偏移举例

命令：o↙OFFSET

当前设置：删除源＝否　图层＝源　OFFSETGAPTYPE＝0

指定偏移距离或［通过（T）/删除（E）/图层（L）］<5.0000>：5↙

选择要偏移的对象，或［退出（E）/放弃（U）］<退出>：选择第一条弧线

指定要偏移的那一侧上的点，或［退出（E）/多个（M）/放弃（U）］<退出>：在圆弧槽内侧点击

选择要偏移的对象，或［退出（E）/放弃（U）］<退出>：选择第二条弧线

指定要偏移的那一侧上的点，或［退出（E）/多个（M）/放弃（U）］<退出>：在圆弧槽内侧点击

选择要偏移的对象，或［退出（E）/放弃（U）］<退出>：选择第三条弧线

指定要偏移的那一侧上的点，或［退出（E）/多个（M）/放弃（U）］<退出>：在圆弧槽内侧点击

选择要偏移的对象，或［退出（E）/放弃（U）］<退出>：选择第四条弧线

指定要偏移的那一侧上的点，或［退出（E）/多个（M）/放弃（U）］<退出>：在圆弧槽内侧点击

选择要偏移的对象，或［退出（E）/放弃（U）］<退出>：↙

随堂练习：偏移命令的练习

实践目的：了解偏移的基本功能与作用，掌握镜像的快捷键“O”。

实践内容：掌握如何在AutoCAD灵活运用“O”命令。

实践步骤：请使用“O”命令，绘制出以下两个图形，如图1－2－46和图1－2－47所示。

（六）阵列

将选中的对象进行矩形或环形多重复制。命令：ARRAY。

单击“修改”工具栏上的　（阵列）按钮，或选择“修改”＞“阵列”命令，即执行ARRAY命令，AutoCAD弹出“阵列”对话框，如图1－2－48所示。

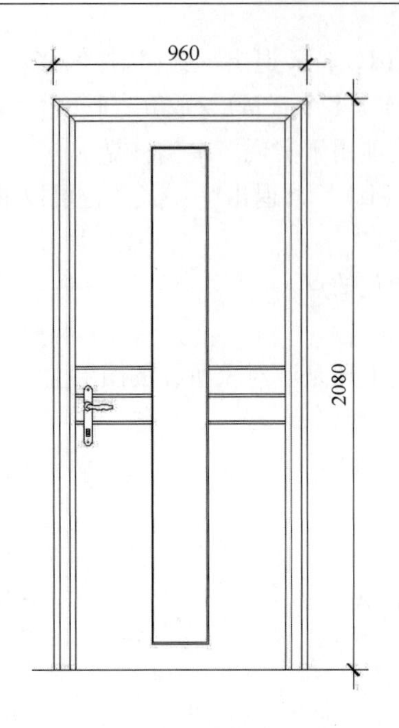

图 1－2－46　偏移举例 1

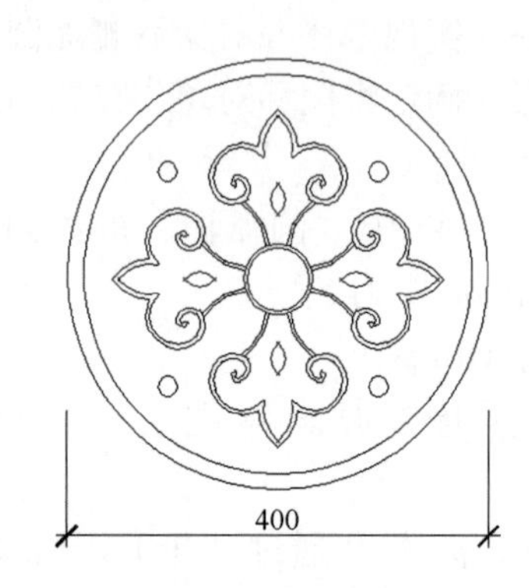

图 1－2－47　偏移举例 2

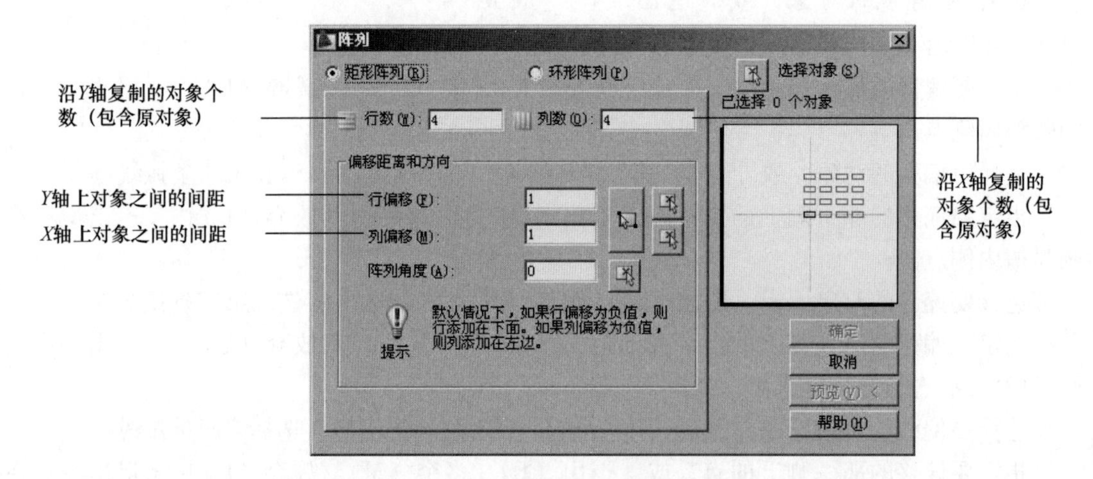

图 1－2－48　阵列对话框

1. 矩形阵列

前文中图 1－2－48 为矩形阵列对话框（即选中了对话框中的“矩形阵列”单选按钮）。利用其选择阵列对象，并设置阵列行数、列数、行间距、列间距等参数后，即可实现阵列。

举例：

绘制一个图案，如图 1－2－49 所示。

绘制步骤：

在绘图区画一任意圆。

打开阵列对话框。

图 1－2－49　阵列图案

选择对象，在行的右侧输入“5”，列的右侧输入“5”，阵列角度右侧输入“45”。

点击“拾取行偏移”按钮，阵列对话框暂时消失，命令行提示：“指定行间距:”，用鼠标捕捉圆的圆心和上象限点，阵列对话框又恢复。

点击“拾取列偏移”按钮，阵列对话框又暂时消失，命令行提示：“指定列间距:”，用鼠标捕捉圆的圆心和右象限点。

阵列对话框又恢复，点击“确定”按钮。

2. 环形阵列

图 1－2－50 是环形阵列对话框（即选中了对话框中的“环形阵列”单选按钮）。利用其选择阵列对象，并设置了阵列中心点、填充角度等参数后，即可实现阵列。

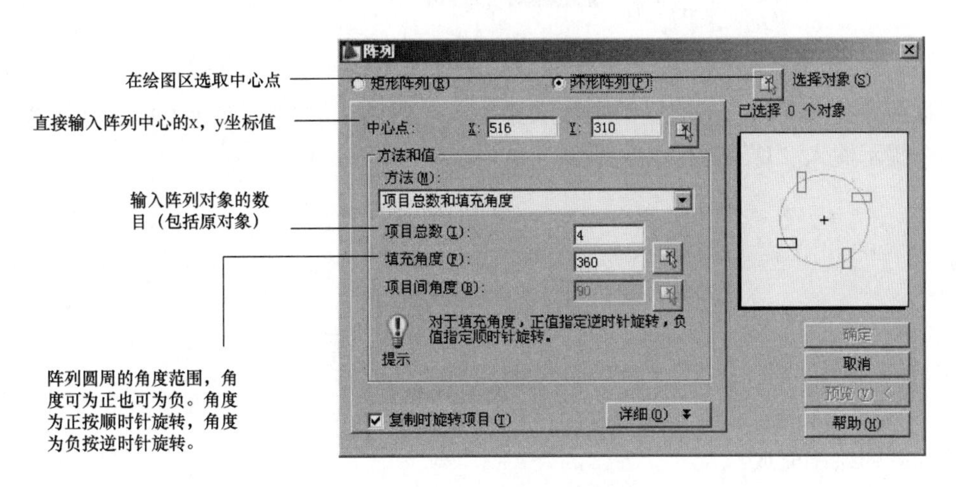

图 1－2－50　环形阵列对话框

3. 路径阵列

路径阵列是指沿路径平均分布对象副本，路径可以是曲线、弧线、折线等所有开放性线段。执行“修改 > 阵列 > 路径阵列”菜单命令，按照命令提示行的提示信息进行操作。

让人按照样条曲线的路径进行阵列。

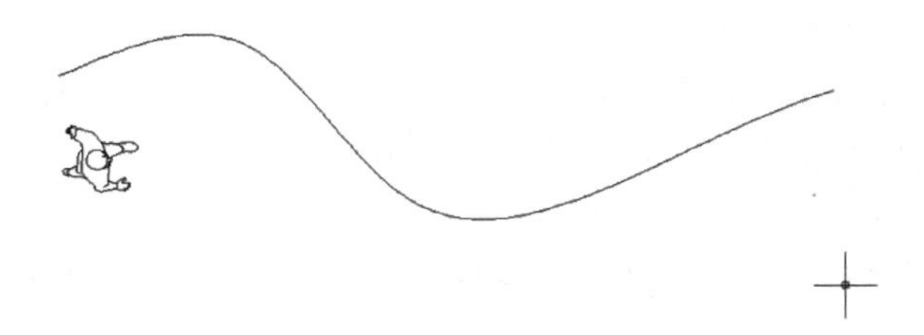

输入阵列的快捷命令“AR”，选择路径阵列。

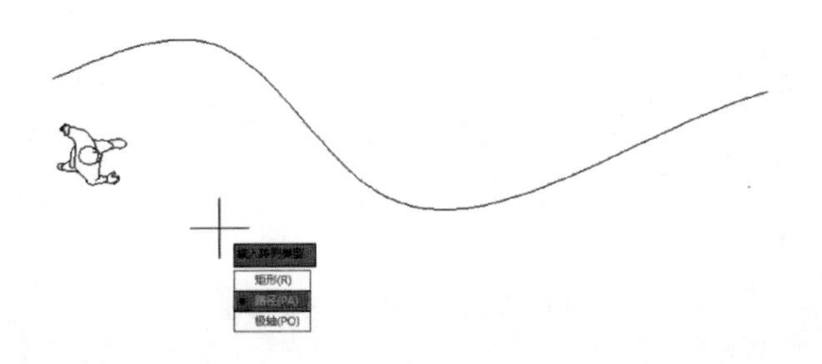

根据命令提示先选择对象，再选择路径曲线。

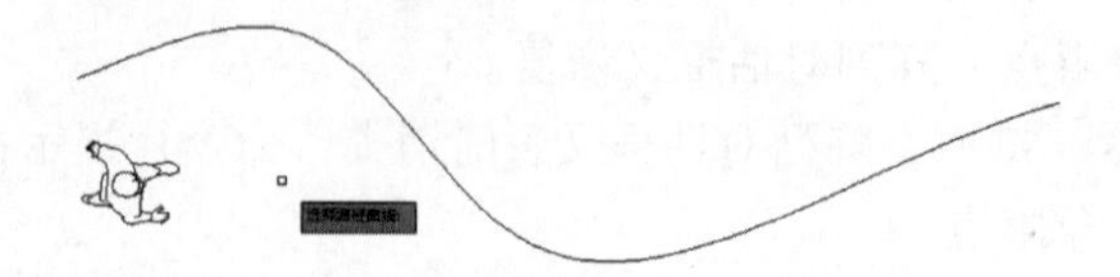

根据命令提示先选择对象，再选择路径曲线。

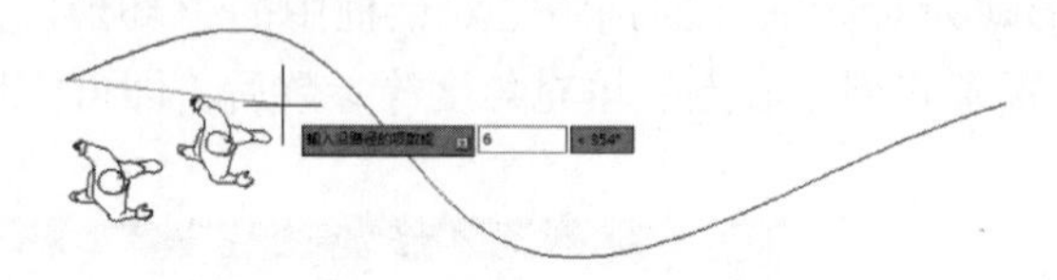

根据命令提示先输入沿路径的项数和距离。项数输入“6”，如果不能确定距离，可以根据命令提示输入“D”进行定数等分。

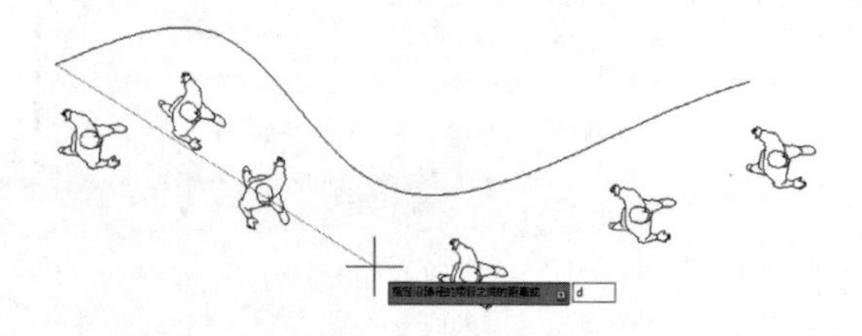

路径阵列绘制完成。

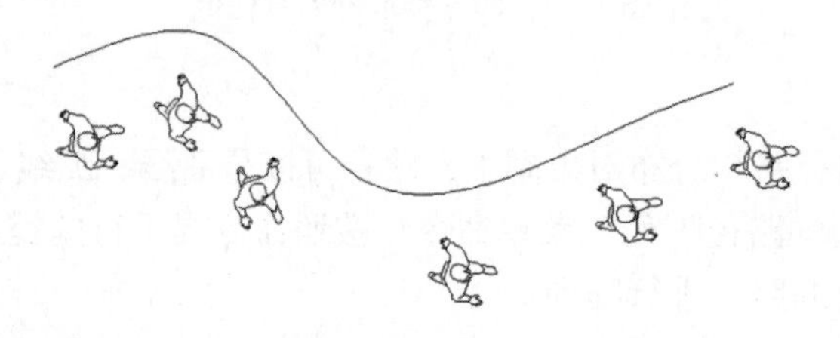

随堂练习：阵列命令的练习

实践目的：了解阵列的基本功能与作用，掌握阵列的快捷键“AR”。

实践内容：掌握如何在 AutoCAD 灵活运用“AR” 命令。

实践步骤：请使用“AR” 命令，阵列出图 1－2－51 所示图形。

（1）执行“AR”阵列命令，选择环形阵列，绘制图 1－2－51 所示图形。

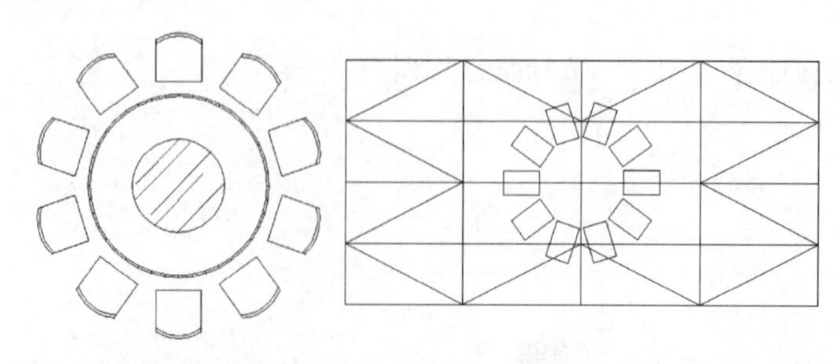

图 1－2－51　环形阵列练习

（2）执行“AR”阵列命令，选择矩形阵列，绘制图 1－2－52 所示图形。

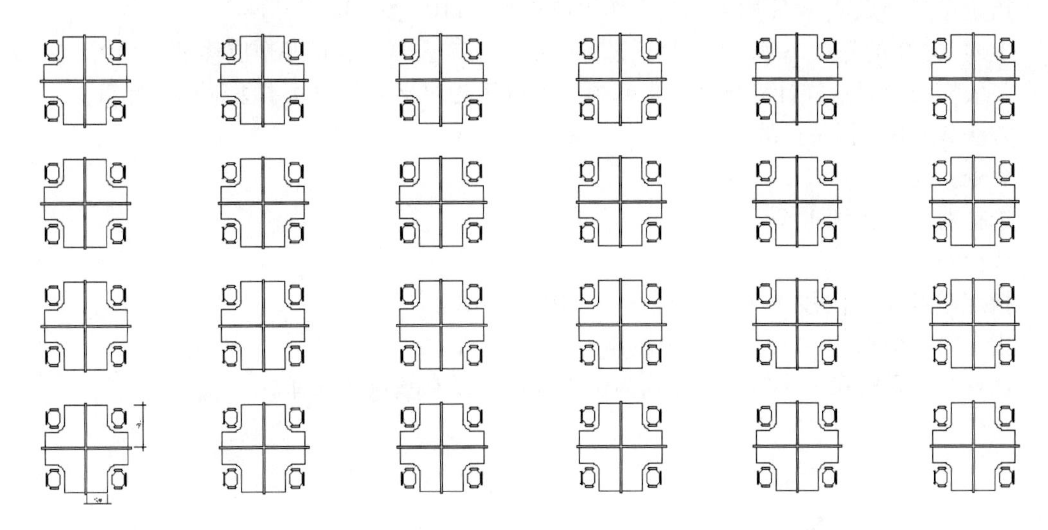

图 1－2－52　矩形阵列练习

（七）移动

将选中的对象从当前位置移到另一位置，即更改图形在图纸上的位置。

命令：MOVE　快捷命令：M

单击“修改”工具栏上的 （移动）按钮，或选择“修改” > “移动”命令，即执行 MOVE 命令，AutoCAD 提示：

选择对象：（选择要移动位置的对象）

选择对象：↙（也可以继续选择对象）

指定基点或［位移（D）］<位移>：

（1）指定基点　确定移动基点，为默认项。执行该默认项，即指定移动基点后，AutoCAD 提示：

指定第二个点或 <使用第一个点作为位移>：

在此提示下指定一点作为位移第二点，或直接按 Enter 键或 Space 键，将第一点的各坐标分量（也可以看成为位移量）作为移动位移量移动对象。

（2）位移　根据位移量移动对象。执行该选项，AutoCAD 提示：

指定位移：

如果在此提示下输入坐标值（直角坐标或极坐标），AutoCAD 将所选择对象按与各坐标值对应的坐标分量作为移动位移量移动对象。

举例：

如图 1－2－53 所示，现有一个圆，要将它向右移动 100 个单位，向下移动 50 个单位。有两种方法：

方法 1：选择基点的位移。

命令：m↙

选择对象：找到 1 个

选择对象：↙

指定基点或［位移（D）］<位移>：10，10↙

指定第二个点或 <使用第一个点作为位移>：110，－40↙

上述方法中的基点（10，10）是任意的，第二点减去第一点正好是位移量：（100，－50）。但在一般实践中要这样计算显然非常麻烦。可以用相对坐标的方法省去繁琐的计算。

方法 2：不选择基点的位移

命令：m↙

选择对象：找到 1 个

选择对象：↙

指定基点或［位移（D）］<位移>：100，－50↙

指定第二个点或 <使用第一个点作为位移>：↙

这种方法是将第一个输入的点作为位移处理，没有基点的选择。

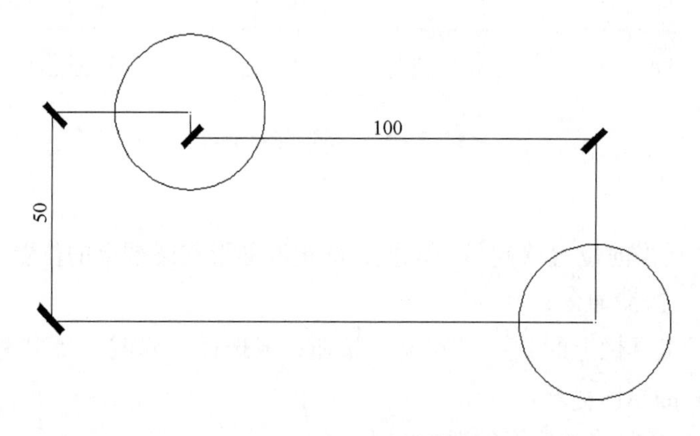

图 1－2－53　移动举例

随堂练习：移动命令的练习

实践目的：了解移动的基本功能与作用，掌握移动的快捷键"M"。

实践内容：掌握如何在 AutoCAD 灵活运用"M"命令。

实践步骤：请使用"M"命令，将图 1－2－54 中左图的装饰画移动到旁边的茶室墙体立面图上，最终效果如图 1－2－55 所示。

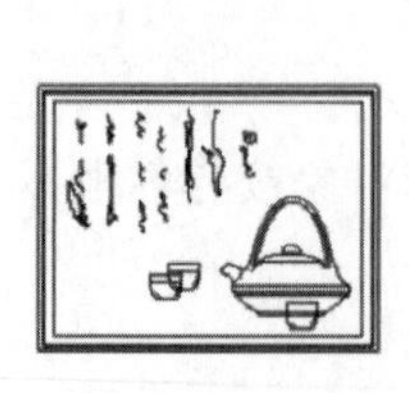

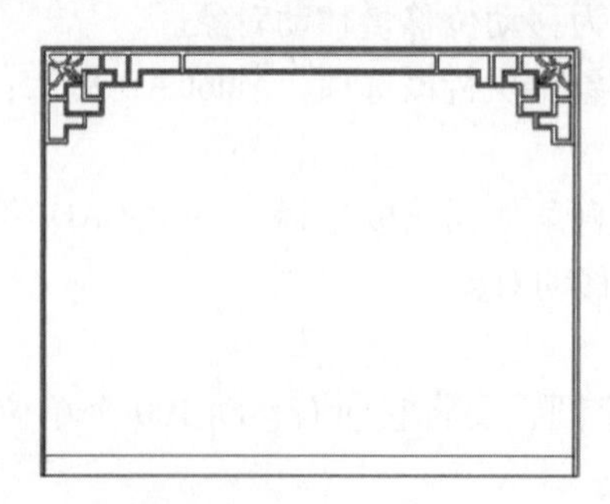

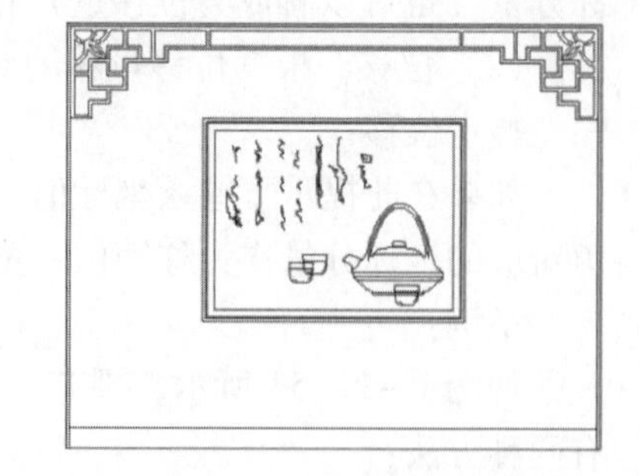

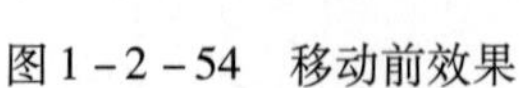

图 1－2－54　移动前效果

图 1－2－55　移动后效果

（八）旋转

旋转对象指将指定的对象绕指定点（称其为基点）旋转指定的角度。

快捷命令：RO

单击“修改”工具栏上的（旋转）按钮，或选择“修改” > “旋转”命令，即执行 ROTATE 命令，AutoCAD 提示：

选择对象：（选择要旋转的对象）

选择对象：↙（也可以继续选择对象）

指定基点：（确定旋转基点）

指定旋转角度，或［复制（C）/参照（R）］：

（1）指定旋转角度　输入角度值，AutoCAD 会将对象绕基点转动该角度。在默认设置下，角度为正时沿逆时针方向旋转，反之沿顺时针方向旋转。

（2）复制　创建出旋转对象后仍保留原对象。

（3）参照（R）　以参照方式旋转对象。执行该选项，AutoCAD 提示：

指定参照角：（输入参照角度值）

指定新角度或［点（P）］ <0>：［输入新角度值，或通过“点（P）”选项指定两点来确定新角度］

执行结果：AutoCAD 根据参照角度与新角度的值自动计算旋转角度（旋转角度 = 新角度 - 参照角度），然后将对象绕基点旋转该角度。

举例：

将原来任意位置的矩形放置在斜坡上，如图 1-2-56 所示。

矩形和三角形的角度都不知，此类问题必须按参照方式进行旋转。

命令：rotate↙

U C S 当前的正角方向：A NGD I R = 逆时针 ANGBASE = 0

选择对象：选择矩形 找到 1 个

选择对象：按 Enter 键键或鼠标右键确认

指定基点：指定矩形下边与三角形斜边的交点为基点

指定旋转角度，或［复制（C）/参照（R）］ <28>：r↙

指定参照角 <0>：再次用鼠标指定基点 指定第二点：指定矩形的右下角点

指定新角度或［点（P）］ <0>：鼠标点击三角形右上顶点。

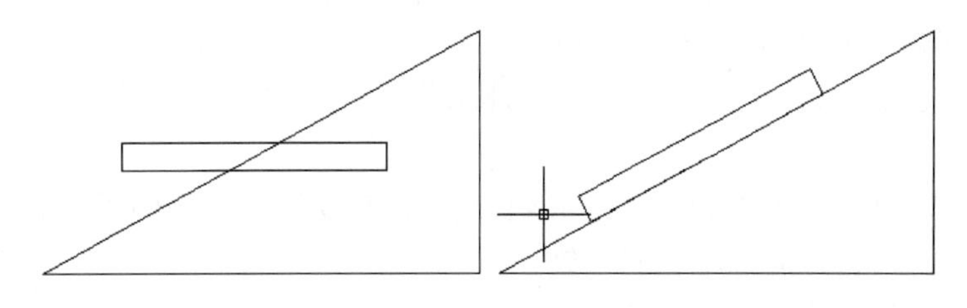

图 1-2-56　旋转举例

随堂练习：旋转命令的练习

实践目的：了解旋转的基本功能与作用，掌握旋转的快捷键“RO”。

实践内容：掌握如何在 AutoCAD 灵活运用“RO”命令。

实践步骤：请使用“RO”命令，将双人床图形旋转 90°，如图 1-2-57 所示。

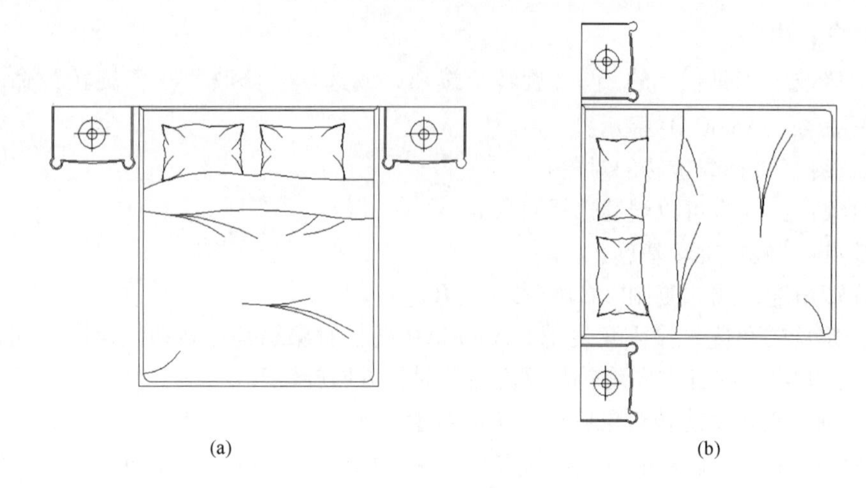

图 1 - 2 - 57　旋转

（a）双人床旋转前　（b）双人床旋转后

（九）缩放

缩放对象指放大或缩小指定的对象。命令：SCALE。

单击“修改”工具栏上的 ▣（缩放）按钮，或选择“修改” > “缩放” 命令，即执行 SCALE 命令，AutoCAD 提示：

选择对象：(选择要缩放的对象)

选择对象：↙（也可以继续选择对象）

指定基点：(确定基点位置)

指定比例因子或［复制（C）/参照（R）］：

（1）指定比例因子　确定缩放比例因子，为默认项。执行该默认项，即输入比例因子后按 Enter 键或 Space 键，AutoCAD 将所选择对象根据该比例因子相对于基点缩放，且 0 < 比例因子 <1 时缩小对象，比例因子 >1 时放大对象。

（2）复制（C）　创建出缩小或放大的对象后仍保留原对象。执行该选项后，根据提示指定缩放比例因子即可。

（3）参照（R）　将对象按参照方式缩放。执行该选项，AutoCAD 提示：

指定参照长度：(输入参照长度的值)

指定新的长度或［点（P）]：［输入新的长度值或通过“点（P）”选项通过指定两点来确定长度值］

执行结果：AutoCAD 根据参照长度与新长度的值自动计算比例因子（比例因子 = 新长度值 ÷ 参照长度值)，并进行对应的缩放。

举例：

将图 1 - 2 - 58 中左边小门放大一倍，成为右边的大门。

命令：scale↙

选择对象：使用窗口方式指定对角点：找到 25 个

选择对象：↙

指定基点：捕捉小门的左下角点

指定比例因子或［复制（C）/参照（R）］ <0.5000 >：2↙

可以得到图 1 –2 –58 中的右图。

随堂练习：缩放命令的练习

实践目的：了解缩放的基本功能与作用，掌握缩放的快捷键“SC”。

实践内容：掌握如何在 AutoCAD 灵活运用“SC”命令。

实践步骤：请使用“SC”命令，将窗户装饰图案分别缩放 0.5 倍、2 倍，如图 1 –2 –59 所示。

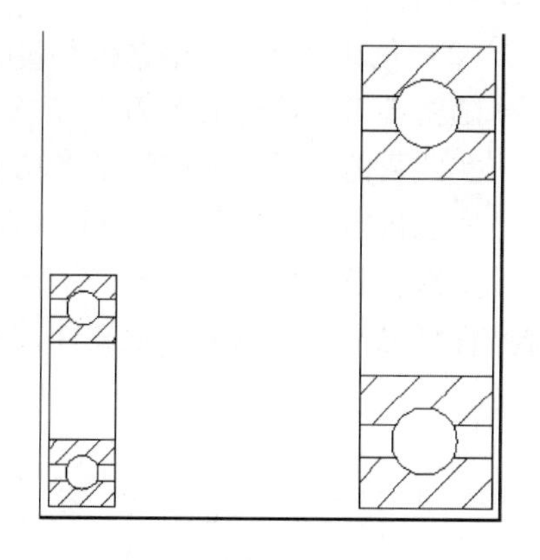

图 1 –2 –58　缩放命令

(a)

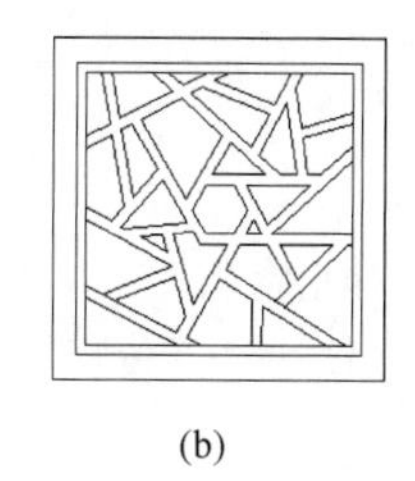

(b)

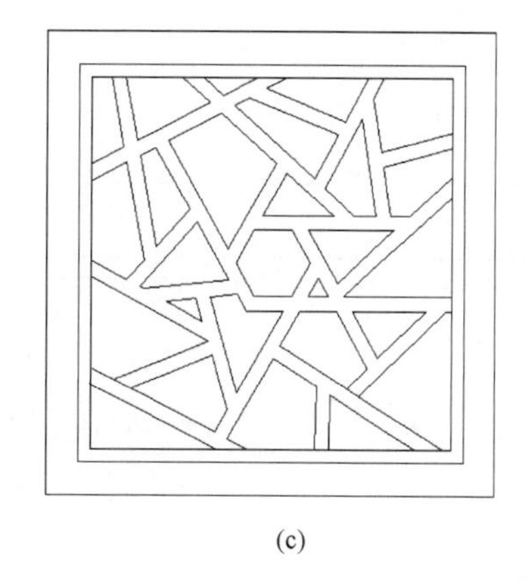

(c)

图 1 –2 –59　缩放练习

（a）缩放 0.5 倍效果　（b）原图　（c）缩放 2 倍后效果

（十）拉伸

拉伸与移动（MOVE）命令的功能有类似之处，可移动图形，但拉伸通常用于使对象拉长或压缩。命令：STRETCH。拉伸示例如图 1 –2 –60 所示。

单击“修改”工具栏上的 [按钮图标]（拉伸）按钮，或选择“修改” > “拉伸”命令，即执行 STRETCH 命令，AutoCAD 提示：

以交叉窗口或交叉多边形选择要拉伸的对象...

选择对象：C↙［或用 CP 响应。第一行提示说明用户只能以交叉窗口方式（即交叉矩形窗口，用 C 响应）或交叉多边形方式（即不规则交叉窗口方式，用 CP 响应）选择对象］

选择对象：(可以继续选择拉伸对象)

选择对象：↙

指定基点或［位移（D)］ <位移>：

（1）指定基点　确定拉伸或移动的基点。

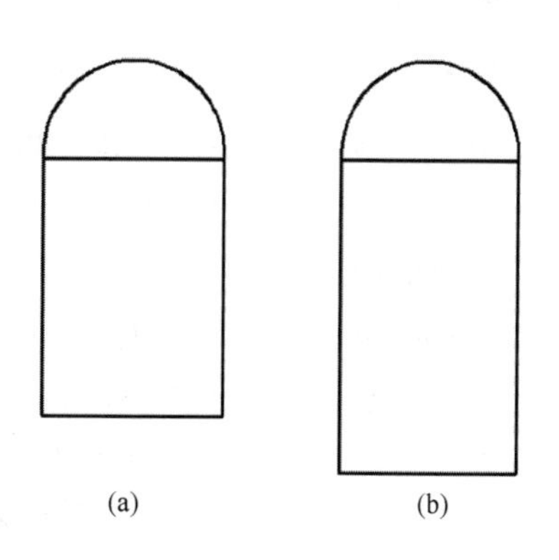

图 1 –2 –60　拉伸

（a）拉伸前　（b）拉伸后

（2）位移（D） 根据位移量移动对象。

随堂练习：拉伸命令的练习

实践目的：了解缩放的基本功能与作用，掌握缩放的快捷键“S”。

实践内容：掌握如何在 AutoCAD 灵活运用“S”命令。

实践步骤：请使用“S”命令，将桌面宽度拉伸 300mm，如图 1－2－61 所示。本图例源文件详见本书附赠电子版文件：基础理论篇/修改命令练习。

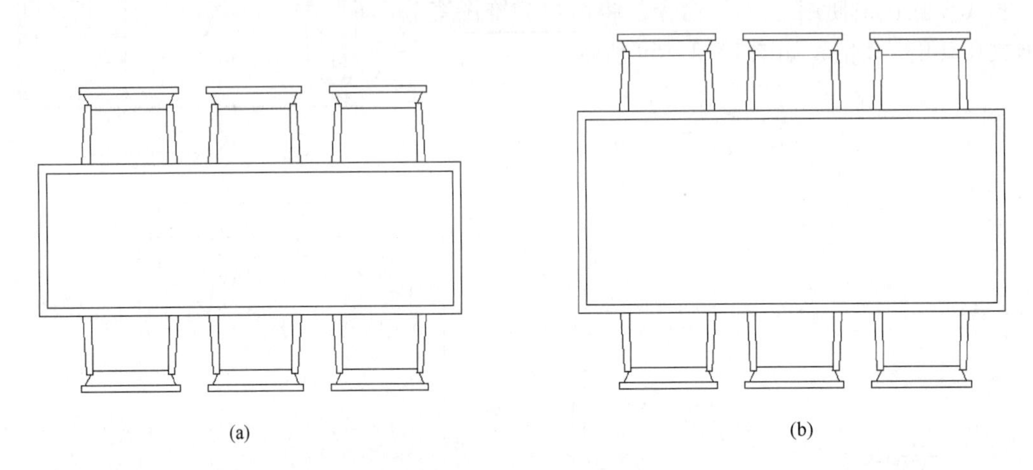

图 1－2－61 拉伸桌宽

（a）餐桌宽度拉伸前 （b）餐桌宽度拉伸后

（十一）修剪

用作为剪切边的对象修剪指定的对象（称后者为被剪边），即将被修剪对象沿修剪边界（即剪切边）断开，并删除位于剪切边一侧或位于两条剪切边之间的部分。修剪示例如图 1－2－62 所示。

命令：TRIM 快捷命令：TR

单击“修改”工具栏上的（修剪）按钮，或选择“修改” > “修剪”命令，即执行 TRIM 命令，AutoCAD 提示：

选择剪切边...

选择对象或 <全部选择>：（选择作为剪切边的对象，按 Enter 键选择全部对象）

选择对象↙（还可以继续选择对象）

选择要修剪的对象，或按住 Shift 键选择要延伸的对象，或

[栏选（F）/窗交（C）/投影（P）/边（E）/删除（R）/放弃（U）]：

（1）选择要修剪的对象，或按住 Shift 键选择要延伸的对象 在该提示下选择被修剪对象，AutoCAD 会以剪切边为边界，将被修剪对象上位于拾取点一侧的多余部分或将位于两条剪切边之间的部分剪切掉。如果被修剪对象没有与剪切边相交，在该提示下按下 Shift 键后选择对应的对象，AutoCAD 则会将其延伸到剪切边。

（2）栏选（F） 以栏选方式确定被修剪对象。

（3）窗交（C） 使与选择窗口边界相交的对象作为被修剪对象。

（4）投影（P） 确定执行修剪操作的空间。

（5）边（E） 确定剪切边的隐含延伸模式。

（6）删除（R） 删除指定的对象。

（7）放弃（U） 取消上一次的操作。

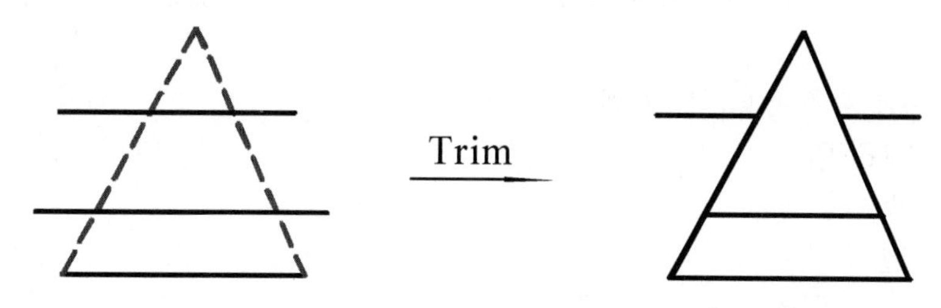

图 1－2－62 修剪示例

随堂练习：修剪命令的练习

实践目的：了解修剪的基本功能与作用，掌握缩放的快捷键“TR”。

实践内容：掌握如何在 AutoCAD 灵活运用“TR”命令。

实践步骤：请使用“TR”命令对图像进行修剪，如图 1－2－63 所示。

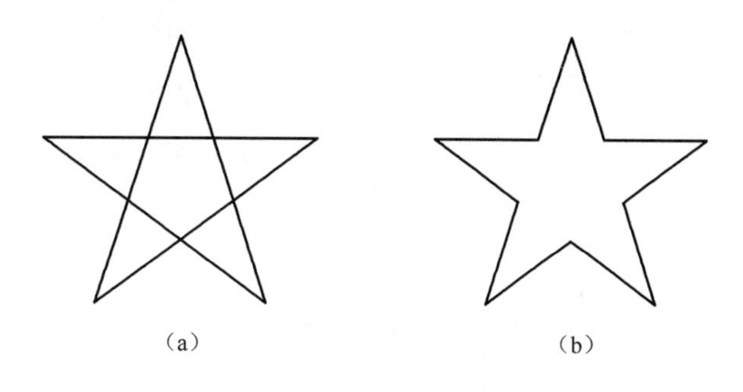

图 1－2－63 修剪

（a）修剪前 （b）修剪后

（十二）延伸

将指定的对象延伸到指定边界。命令：EXTEND 快捷命令：EX

单击“修改”工具栏上的 （延伸）按钮，或选择“修改” > “延伸”命令，即执行 EXTEND 命令，AutoCAD 提示：

选择边界的边...

选择对象或 <全部选择>：（选择作为边界边的对象，按 Enter 键则选择全部对象）

选择对象：↙（也可以继续选择对象）

选择要延伸的对象，或按住 Shift 键选择要修剪的对象，或

[栏选（F）/窗交（C）/投影（P）/边（E）/放弃（U）]：

（1）选择要延伸的对象，或按住 Shift 键选择要修剪的对象 选择对象进行延伸或修剪，为默认项。用户在该提示下选择要延伸的对象，AutoCAD 把该对象延长到指定的边界对象。如果延伸对象与边界交叉，在该提示下按下 Shift 键，然后选择对应的对象，那么 AutoCAD 会修剪它，即将位于拾取点一侧的对象用边界对象将其修剪掉。

（2）栏选（F） 以栏选方式确定被延伸对象。

（3）窗交（C）　使与选择窗口边界相交的对象作为被延伸对象。

（4）投影（P）　确定执行延伸操作的空间。

（5）边（E）　确定延伸的模式。

（6）放弃（U）　取消上一次的操作。

举例：

将图 1-2-64 两条线上延伸至相交。

命令：ex EXTEND↙

当前设置：投影 = UCS，边 = 无

选择边界的边...

选择对象或 <全部选择>：　找到 1 个

选择对象：↙

选择要延伸的对象，或按住 Shift 键选择要修剪的对象，或

[栏选（F）/窗交（C）/投影（P）/边（E）/放弃（U）]：

选择要延伸的对象，或按住 Shift 键选择要修剪的对象，或

[栏选（F）/窗交（C）/投影（P）/边（E）/放弃（U）]：

图 1-2-64　延伸举例

随堂练习： 延伸命令的练习

实践目的：了解延伸的基本功能与作用，掌握缩放的快捷键“EX”。

实践内容：掌握如何在 AutoCAD 灵活运用“TEX”命令。

实践步骤：请使用“EX”命令，对图像进行延伸，如图 1-2-65 所示。

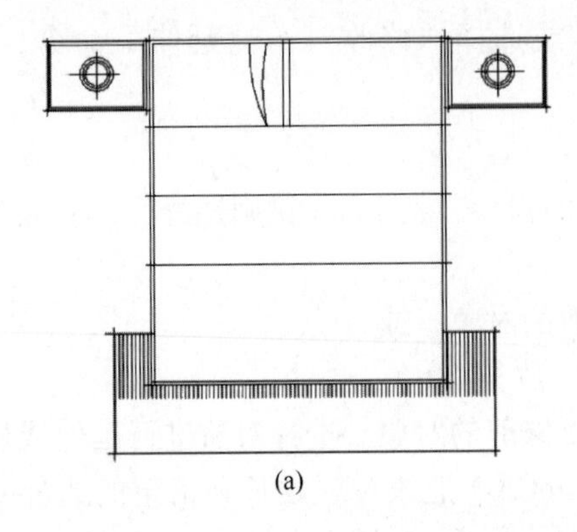

(a)

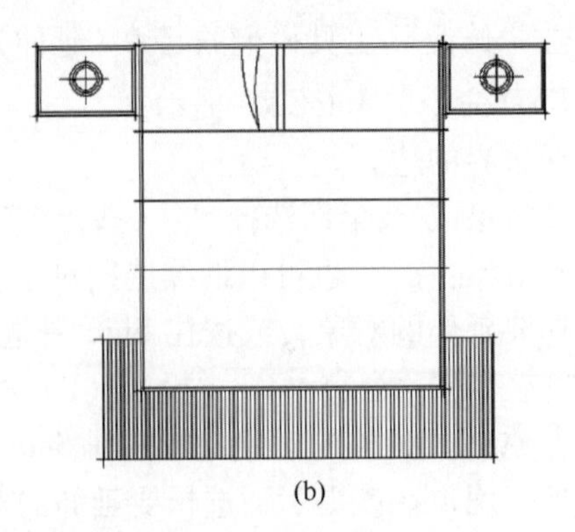

(b)

图 1-2-65　延伸举例

（a）延伸前　（b）延伸后

（十三）打断

从指定点处将对象分成两部分，或删除对象上所指定两点之间的部分。快捷命令：BR。

选择“修改”|“打断”命令，即执行BREAK命令，AutoCAD提示：

选择对象：（选择要断开的对象。此时只能选择一个对象）

指定第二个打断点或［第一点（F）］：

（1）指定第二个打断点　此时AutoCAD以用户选择对象时的拾取点作为第一断点，并要求确定第二断点。用户可以有以下选择：

如果直接在对象上的另一点处单击拾取键，AutoCAD将对象上位于两拾取点之间的对象删除掉。如果输入符号“@”后按Enter键或Space键，AutoCAD在选择对象时的拾取点处将对象一分为二。如果在对象的一端之外任意拾取一点，AutoCAD将位于两拾取点之间的那段对象删除掉。

（2）第一点（F）　重新确定第一断点。执行该选项，AutoCAD提示：

指定第一个打断点：（重新确定第一断点）

指定第二个打断点：

在此提示下，可以按前面介绍的三种方法确定第二断点。

随堂练习：打断命令的练习

实践目的：了解打断的基本功能与作用，掌握打断的快捷键“BR”。

实践内容：掌握如何在AutoCAD灵活运用“BR”命令。

实践步骤：请任意绘制一条直线，使用“BR”命令，将直线打断。

（十四）倒角

在两条直线之间创建倒角。快捷命令：“CHA”，倒角示例如图1-2-66所示。

单击“修改”工具栏上的（倒角）按钮，或选择“修改”>“倒角”命令，即执行CHAMFER命令，AutoCAD提示：

（“修剪”模式）当前倒角距离1 = 0.0000，距离2 = 0.0000

选择第一条直线或［放弃（U）/多段线（P）/距离（D）/角度（A）/修剪（T）/方式（E）/多个（M）］：

提示的第一行说明当前的倒角操作属于“修剪”模式，且第一、第二倒角距离分别为1和2。

（1）选择第一条直线　要求选择进行倒角的第一条线段，为默认项。选择某一线段，即执行默认项后，AutoCAD提示：

选择第二条直线，或按住Shift键选择要应用角点的直线：

在该提示下选择相邻的另一条线段即可。

（2）多段线（P）　对整条多段线倒角。

（3）距离（D）　设置倒角距离。

（4）角度（A）　根据倒角距离和角度设置倒角尺寸。

（5）修剪（T）　确定倒角后是否对相应的倒角边进行修剪。

（6）方式（E）　确定将以什么方式倒角，即根据已设置的两倒角距离倒角，还是根据距离和角度设置倒角。

（7）多个（M）　如果执行该选项，当用户选择了两条直线进行倒角后，可以继续对其他直线倒角，不必重新执行 CHAMFER 命令。

（8）放弃（U） 放弃已进行的设置或操作。

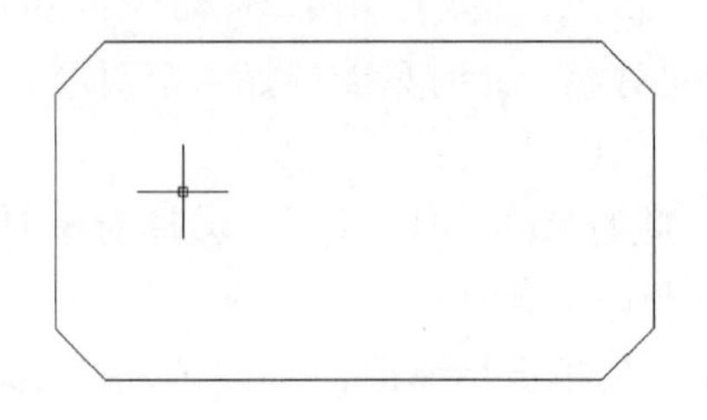

图 1－2－66 倒角图例

随堂练习：倒角命令的练习

实践目的：了解倒角的基本功能与作用，掌握缩放的快捷键“CHA”。

实践内容：掌握如何在 AutoCAD 灵活运用“CHA” 命令。

实践步骤：请使用“CHA” 命令，对图形进行倒角，如图 1－2－67 所示。

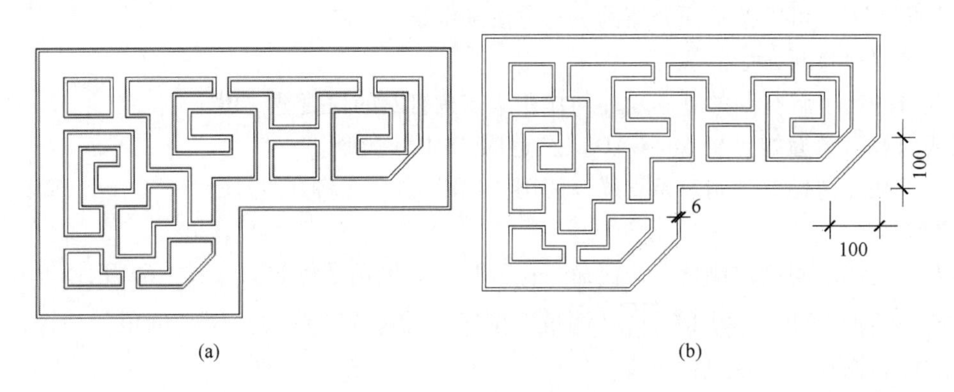

图 1－2－67 倒角
（a）倒角前 （b）倒角后

（十五）圆角

为对象创建圆角。快捷命令：F

单击“修改” 工具栏上的 （圆角）按钮，或选择“修改” > “圆角” 命令，即执行 FILLET 命令，AutoCAD 提示：

当前设置：模式 ＝ 修剪，半径 ＝ 0.0000

选择第一个对象或［放弃（U）/多段线（P）/半径（R）/修剪（T）/多个（M）］：

提示中，第一行说明当前的创建圆角操作采用了“修剪” 模式，且圆角半径为 0。第二行的含义如下：

（1）选择第一个对象 此提示要求选择创建圆角的第一个对象，为默认项。用户选择后，AutoCAD 提示：

选择第二个对象，或按住 Shift 键选择要应用角点的对象：

在此提示下选择另一个对象，AutoCAD 按当前的圆角半径设置对它们创建圆角。如果按住 Shift 键选择相邻的另一对象，则可以使两对象准确相交。

（2）多段线（P） 对二维多段线创建圆角。

（3）半径（R） 设置圆角半径。

（4）修剪（T） 确定创建圆角操作的修剪模式。

（5）多个（M） 执行该选项且用户选择两个对象创建出圆角后，可以继续对其他对象创建圆角，不必重新执行 FILLET 命令。

举例：

综合运用圆角命令，画出图 1－2－68 所示图形。

启动圆角命令。

“当前设置：模式＝修剪，半径＝0．0000，选择第一个对象或［放弃（U）/多段线（P）/半径（R）/修剪（T）/多个（M）：”，与倒角需要设置距离一样，首次使用圆角命令需设置圆角半径。输入“R”，↙。

“指定圆角半径<0．0000>”，输入“20”，↙。

“选择第一个对象或［放弃（U）/多段线（P）/半径（R）/修剪（T）/多个（M）］：”，在视图中分别点击两条直线；即可创建两条直线之间的圆角，如图 1－2－68 所示。圆角命令其他选项的含义与倒角命令选项的含义相同。

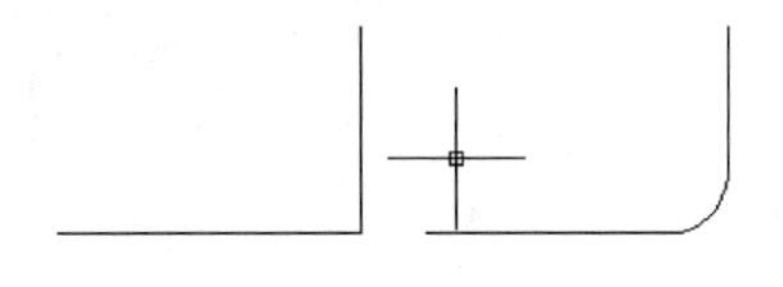

图 1－2－68 圆角命令

随堂练习：圆角命令的练习

实践目的：了解圆角的基本功能与作用，掌握缩放的快捷键“F”。

实践内容：掌握如何在 AutoCAD 灵活运用“F”命令。

实践步骤：请使用“F”命令，对图形进行圆角操作，如图 1－2－69 所示。

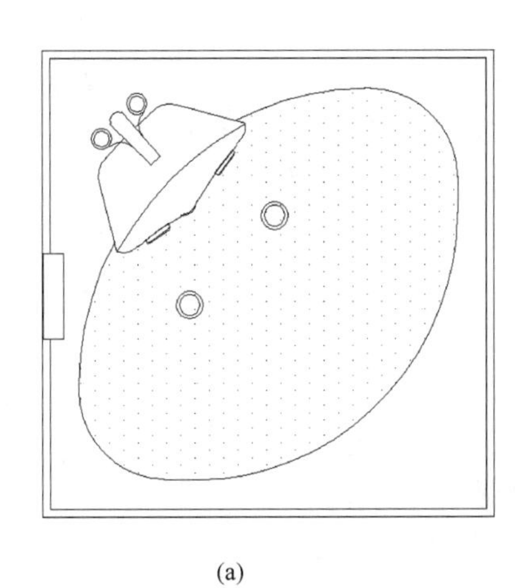

(a)

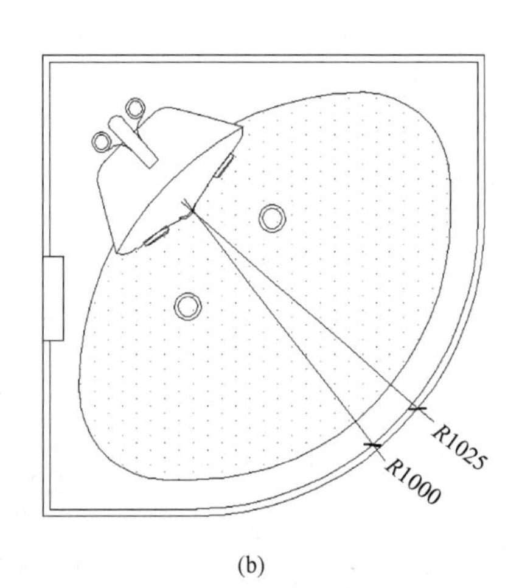

(b)

图 1－2－69 圆角

（a）圆角操作前 （b）圆角操作后

（十六）分解

分解命令也称炸开命令，可以将多段线、块、标注和面域等合成对象分解成他的部件对象。

在命令行输入快捷命令“X”；

在“修改”菜单中选择“分解”命令；

命令提示行：“选择对象”，选择想要炸开的图形，全部选定后，单击鼠标右键或者回车，即完成炸开命令。图形被分解后，往往变成多个小个体。

随堂练习：分解命令的练习

实践目的：了解分解的基本功能与作用，掌握分解的快捷键“X”。

实践内容：掌握如何在 AutoCAD 灵活运用“X”命令。

实践步骤：请使用“X”命令，对图块进行分解操作。分解后尝试选择分解图形，如图 1-2-70 所示。

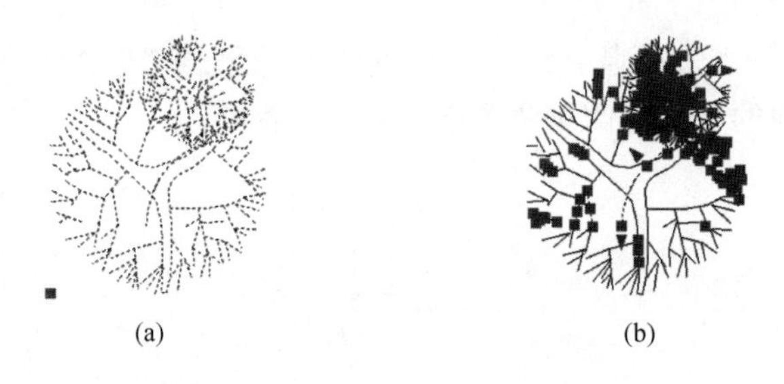

(a) (b)

图 1-2-70 分解

（a）分解前进行选择 （b）分解后进行选择

（十七）使用夹点编辑对象

夹点是一些小方框，是对象上的控制点。利用夹点功能，用户可以比较方便地编辑对象。要使用夹点编辑对象，必须启用 AutoCAD 夹点功能。

AutoCAD 默认情况下启用夹点。点击对象时，对象关键点上将出现蓝色的夹点。点击其中一个夹点作为操作点，该夹点呈红色显示，此时用户可以拖曳夹点直接移动其位置，如图 1-2-71 所示。圆弧夹点还多了蓝色的箭头，选中箭头操作，改变圆弧的半径或周长，但圆心不动。选中蓝色方块操作，则改变此点的位置。读者可自行操作。

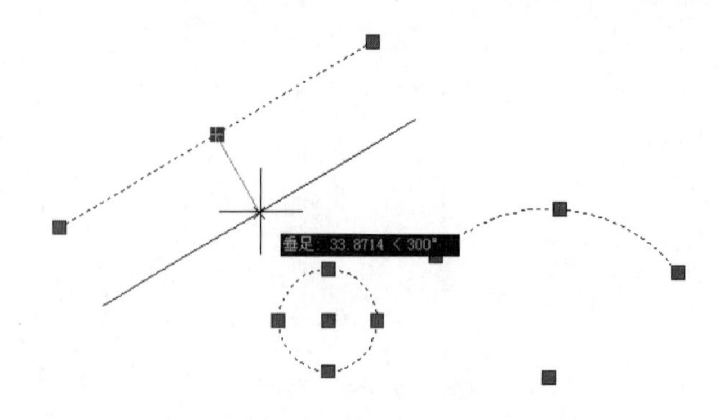

图 1-2-71 夹点操作

当显示夹点之后，点击鼠标右键，弹出快捷菜单，如图 1 – 2 – 72 所示，可从中选择命令进行编辑操作。也可以在显示夹点之后直接在命令行中输入相应的命令或点击所需命令按钮。

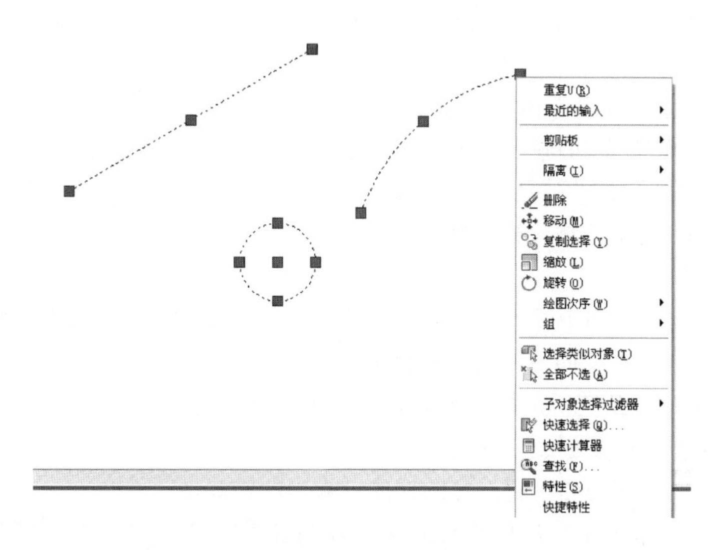

图 1 – 2 – 72　右键快捷菜单

随堂练习：使用夹点编辑对象的练习

实践目的：了解夹点的基本功能与作用，掌握夹点编辑的使用方法。

实践内容：掌握如何在 AutoCAD 灵活运用夹点进行编辑。

实践步骤：请使用夹点对任意图形进行编辑练习，熟练操作。

三、文字注释

完整的图纸可能包含复杂的技术要求、标题栏信息、标签等诸多文字注释。AutoCAD 2016 提供了多种文字标准方法。对简短的文字输入可以使用单行文字工具；对带有某种格式的较长的文字输入可以使用多种文字工具；也可以输入带有引线的多行文字。

所有输入的文字都应用文字样式，包括相应字体和格式的设置以及文字外观的定义。用户还可以利用系统提供的工具方便地更改文字的比例、对齐文字、查找和替换文字以及检查拼写错误等。

（一）文字样式

AutoCAD 图形中的文字根据当前文字样式标注。文字样式说明所标注文字使用的字体以及其他设置，如字高、颜色、文字标注方向等。AutoCAD 2016 为用户提供了默认文字样式 STANDARD。当在 AutoCAD 中标注文字时，如果系统提供的文字样式不能满足国家制图标准或用户的要求，则应首先定义文字样式。

命令：STYLE

单击对应的工具栏按钮 A，或选择“格式” > “文字样式”命令，即执行 STYLE 命令，AutoCAD 弹出如图 1 – 2 – 73 所示的“文字样式”对话框。

（1）“样式”列表框中列有当前已定义的文字样式，用户可从中选择对应的样式作为当前样式或进行样式修改，也可以通过点击“新建”按钮来打开“新建文字样式”对话框，

图 1－2－73　文字样式对话框

创建新的文字样式，制定个人习惯的字体和效果或者引用公司统一的形式。

（2）“字体”选项组用于确定所采用的字体。使用“大字体”选项，往往应用于大字体的文件。

（3）“大小”选项组用于指定文字的高度，在高度一栏，如果设置为 0.00，那么再输入文字时，将会再次提示输入文字高度，如果在此预先设置好高度，那么文字的输入就会默认按照这里的高度。

（4）“效果”选项组用于设置字体的某些特征，如字的宽高比（即宽度比例）、倾斜角度、是否倒置显示、是否反向显示以及是否垂直显示等。

（5）预览框组用于预览所选择或所定义文字样式的标注效果。

（6）“新建”按钮用于创建新样式。

（7）“置为当前”按钮用于将选定的样式设为当前样式。

（8）“应用”按钮用于确认用户对文字样式的设置。单击“确定”按钮，AutoCAD 关闭“文字样式”对话框。

（二）单行文字

单行文字适用于字体单一、内容简单，一行就可以容纳的注释文字。如室内装饰中表面材料的标注。其优点在于，使用单行文字命令输入的文字，每一行都是一个编辑对象，可以方便移动、旋转和删除。

可以通过如下命令调用单行文字命令：

选择“绘图” > “文字” > “单行文字”命令

或工具栏：“文字”—— “（单行文字）”，即执行 DTEXT 命令，AutoCAD 提示：

当前文字样式：　文字 35　当前文字高度：　2.5000

指定文字的起点或 [对正（J）/样式（S）]：

第一行提示信息说明当前文字样式以及字高度。

第二行中，“指定文字的起点”选项用于确定文字行的起点位置。用户响应后，AutoCAD 提示：

指定高度：（输入文字的高度值）

指定文字的旋转角度 <0>：（输入文字行的旋转角度）

而后，AutoCAD 在绘图屏幕上显示出一个表示文字位置的方框，用户在其中输入要标注的文字后，按两次 Enter 键，即可完成文字的标注。

（三）多行文字

多行文字适用于字体复杂、字数多，甚至整段的文字。使用多行文字输入后，文字可以由任意数目的文字行或段落组成，在制定的宽度内布满，可以沿垂直方向无限延伸。

不论行数多少，单个编辑任务创建的段落将构成单个对象。用户可对其进行移动、旋转、删除、复制、镜像或者缩放操作。

多行文字的编辑选项要比单行文字多，例如，可以对段落中的单个字符、词语或者短语添加下划线、更改字体、变换颜色和调整文字高度等。可以通过以下方法调用多行文字命令：

菜单："绘图" > "文字" > "多行文字"

工具栏："绘图" > "A（多行文字）"，即执行 MTEXT 命令，AutoCAD 提示：

指定第一角点：

在此提示下指定一点作为第一角点后，AutoCAD 继续提示：

指定对角点或［高度（H）/对正（J）/行距（L）/旋转（R）/样式（S）/宽度（W）］：

如果响应默认项，即指定另一角点的位置，AutoCAD 弹出图 1-2-74 所示的文字编辑器。

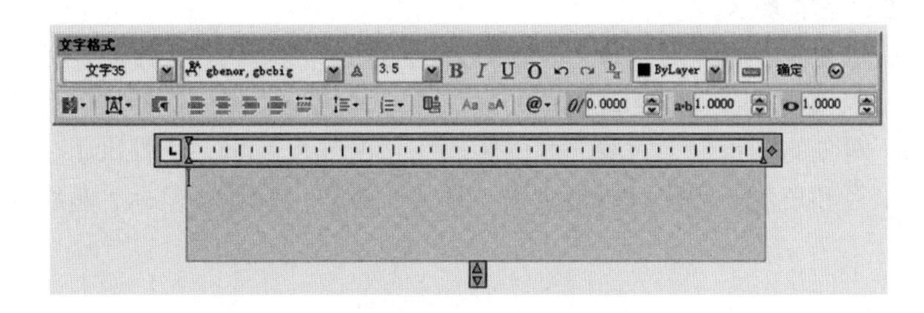

图 1-2-74　文字编辑器

文字编辑器由"文字格式"工具栏和水平标尺组成，工具栏上有一些下拉列表框、按钮等。用户可通过该编辑器输入要标注的文字，并进行相关标注设置。

点石成金

特殊符号输入方法：

输入"%%d"表示度数；

输入"%%c"表示直径符号；

输入"%%p"表示正负号；

输入"/"垂直堆叠文字，并用水平线分隔；

输入"#"对角堆叠文字，由对角线分隔；

输入"^"公差堆叠，不用直线分隔。

随堂练习：文本标注的练习

实践目的：了解文本标注的基本功能与作用，掌握文本样式的设置方法。

实践内容：掌握如何在 AutoCAD 灵活运用"ST"、"T""DT"等命令，掌握特殊符号输入方法。

实践步骤：请设置三种不同的文本样式，并在 AutoCAD 图纸中输入不同大小和字体的文字。

四、尺寸标注

不论是建筑还是家具，完整的图纸都必须包括尺寸标注。AutoCAD 中，一个完整的尺寸一般由尺寸线、延伸线（即尺寸界线）、尺寸文字（即尺寸数字）和尺寸箭头 4 部分组成，如图 1－2－75 所示。请注意：这里的“箭头”是一个广义的概念，也可以用短划线、点或其他标记代替。

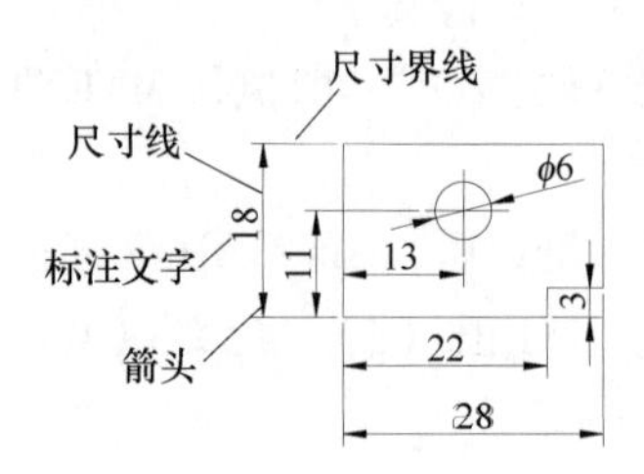

图 1－2－75　尺寸组成

（一）尺寸标注的基本概念

AutoCAD 提供对各种标注对象设置标注格式的方法。可以在各个方向、各个角度对对象进行标注。也可以创建符合行业标准规范的标注样式，从而达到快速标注图形的目的。

标注显示了对象的测量值、对象之间的距离、角度等。AutoCAD 提供了三种基本的标注类型：线性、半径和角度。标注可以是水平、垂直、对齐、旋转、坐标、基线或连续。如图 1－2－76 所示。

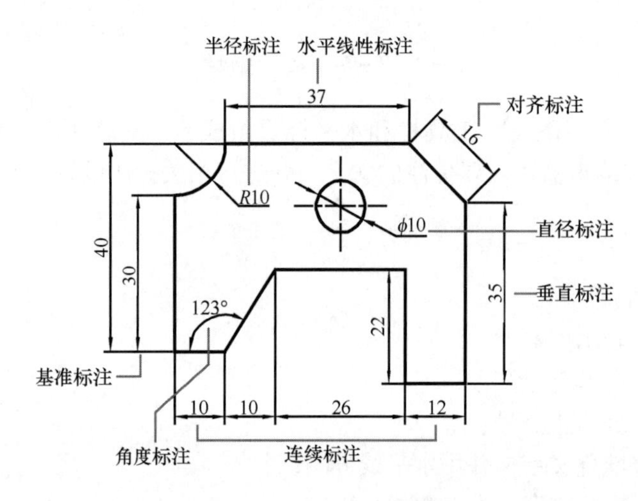

图 1－2－76　标注类型

（二）尺寸标注的步骤

在 AutoCAD 室内装饰施工图的绘制过程中，进行尺寸标注应遵循以下步骤。

1. 创建用于尺寸标注的图层

在 AutoCAD 中编辑、修改图纸时，由于各种图线与尺寸混杂在一起，操作非常不方便。为了便于控制尺寸标注对象的显示与隐藏，在 AutoCAD 中要为尺寸标注创建独立的图层，并运用图层技术使其与图形的其他信息分开，以便操作。

2. 创建用于尺寸标注的文字样式

为了方便尺寸标注时修改所标注的各种文字，应建立专门用于尺寸标注的文字样式。在建立尺寸标注文字样式时，应将文字高度设置为 0，如果文字类型的默认高度不为 0，则修改标注样式对话框中的文字选项卡中的文字高度编辑框将不起作用。建立用于尺寸标注的文字样式，样式名为标注尺寸文字。

3. 依据图形的大小和复杂程度配合将选用的图幅规格，确定比例

在 AutoCAD 中，一般按 1∶1 尺寸绘图，在图形上要进行标注，必须要考虑相应的文字和箭头等因素，以确保按比例输出后的图纸符合国家标准。因此，必须首先确定比例，并由这个比例指导标注样式中的标注特征比例的填写。

4. 设置尺寸标注样式

标注样式是尺寸标注对象的组成方式。诸如标注文字的位置和大小、箭头的形状等。设置尺寸标注样式可以控制尺寸标注的格式和外观，有利于执行相关的绘图标准。

5. 捕捉标注对象并进行尺寸标注

（三）标注样式

尺寸标注样式（简称标注样式）用于设置尺寸标注的具体格式，如尺寸文字采用的样式，尺寸线、尺寸界线以及尺寸箭头的标注设置等，以满足不同行业或不同国家的尺寸标注要求。

定义、管理标注样式的命令是 DIMSTYLE，此外，还可以调用“格式” > “标注样式”或者“标注” > “标注样式”。执行 DIMSTYLE 命令，AutoCAD 弹出图 1－2－77 所示的“标注样式管理器”对话框。

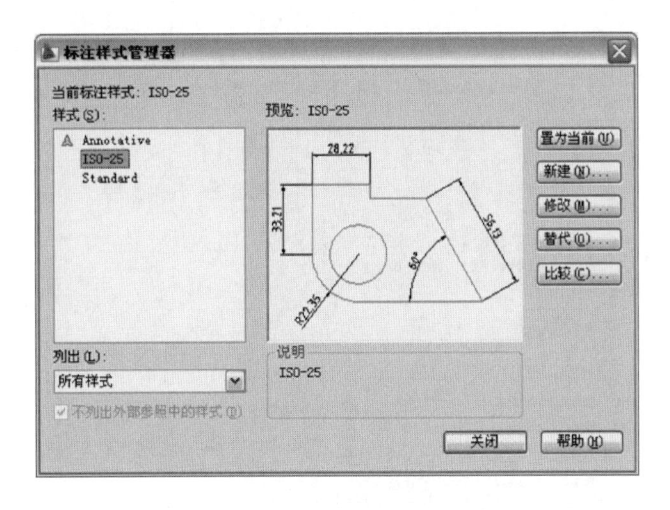

图 1－2－77　标注样式管理器

（1）“当前标注样式”标签显示出当前标注样式的名称。

（2）“样式”列表框用于列出已有标注样式的名称。

（3）“列出”下拉列表框确定要在“样式”列表框中列出哪些标注样式。

（4）“预览”图片框用于预览在“样式”列表框中所选中标注样式的标注效果。

（5）“说明”标签框用于显示在“样式”列表框中所选定标注样式的说明。

（6）“置为当前”按钮把指定的标注样式置为当前样式。

（7）“新建”按钮用于创建新标注样式。

（8）“修改”按钮则用于修改已有标注样式。

（9）“替代”按钮用于设置当前样式的替代样式。

（10）“比较”按钮用于对两个标注样式进行比较或了解某一样式的全部特性。

在家具设计中，一般需要结合行业标准与自己的标注习惯对标注样式进行重新设定，那么就需要创建新的标注样式。

在“标注样式管理器”对话框中单击“新建”按钮，AutoCAD 弹出图 1－2－78 所示“创建新标注样式”对话框。

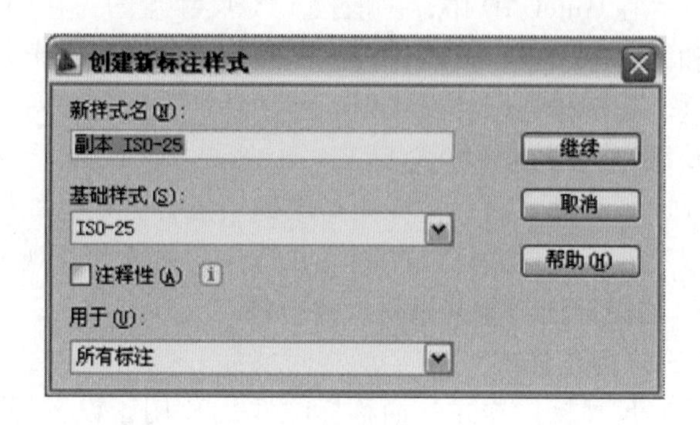

图 1－2－78　“创建新标注样式”对话框

（1）可通过该对话框中的“新样式名”文本框指定新样式的名称。

（2）通过“基础样式”下拉列表框确定基础用来创建新样式的基础样式。

（3）通过“用于”下拉列表框，可确定新建标注样式的适用范围。下拉列表中有“所有标注”、“线性标注”、“角度标注”、“半径标注”、“直径标注”、“坐标标注”和“引线和公差”等选择项，分别用于使新样式适于对应的标注。

（4）确定新样式的名称和有关设置后，单击“继续”按钮，AutoCAD 弹出“新建标注样式”对话框，如图 1－2－79 所示。

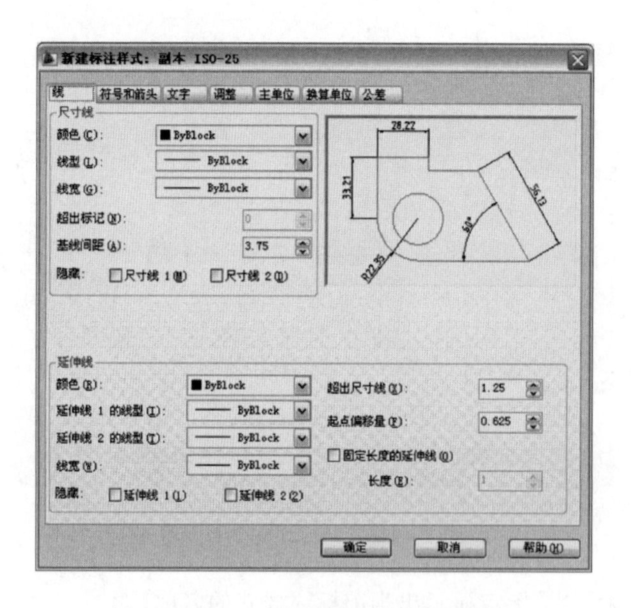

图 1－2－79　“新建标注样式”对话框

对话框中有“线”、“符号和箭头”、“文字”、“调整”、“主单位”、“换算单位”和“公差”7 个选项卡，下面分别给予介绍。

①“线”选项卡：设置尺寸线和尺寸界线的格式与属性。图 1－2－79 为与“直线”选项卡对应的对话框。选项卡中，“尺寸线”选项组用于设置尺寸线的样式；“延伸线”选项组用于设置尺寸界线的样式；预览窗口可根据当前的样式设置显示出对应的标注效果示例。详细说明见图 1－2－80。

②“符号和箭头”选项卡：“符号和箭头”选项卡用于设置尺寸箭头、圆心标记、弧长符号以及半径标注折弯方面的格式。图 1－2－81 为对应的对话框。

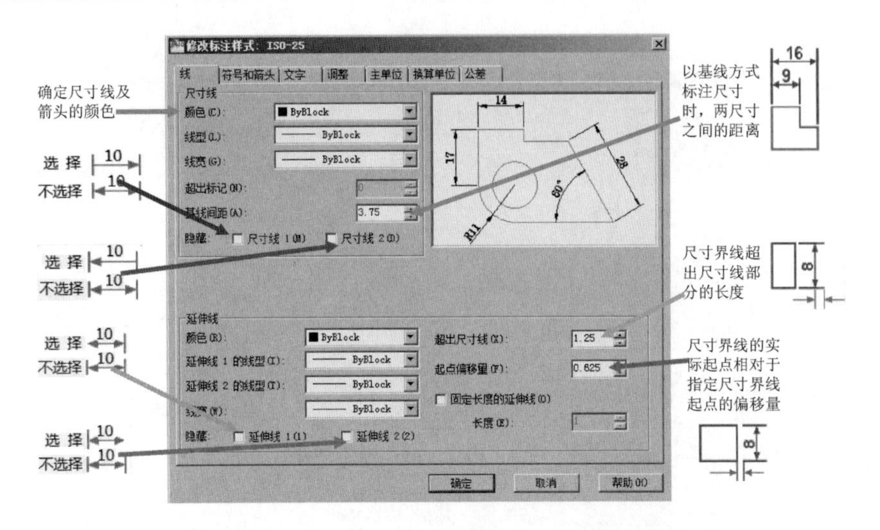

图 1－2－80　“修改标注样式”对话框

“符号和箭头”选项卡中，“箭头”选项组用于确定尺寸线两端的箭头样式；“圆心标记”选项组用于确定当对圆或圆弧执行标注圆心标记操作时，圆心标记的类型与大小；“折断标注”选项确定在尺寸线或延伸线与其他线重叠处打断尺寸线或延伸线时的尺寸；“弧长符号”选项组用于为圆弧标注长度尺寸时的设置；“半径标注折弯”选项设置通常用于标注尺寸的圆弧的中心点位于较远位置时；“线性折弯标注”选项用于线性折弯标注设置。

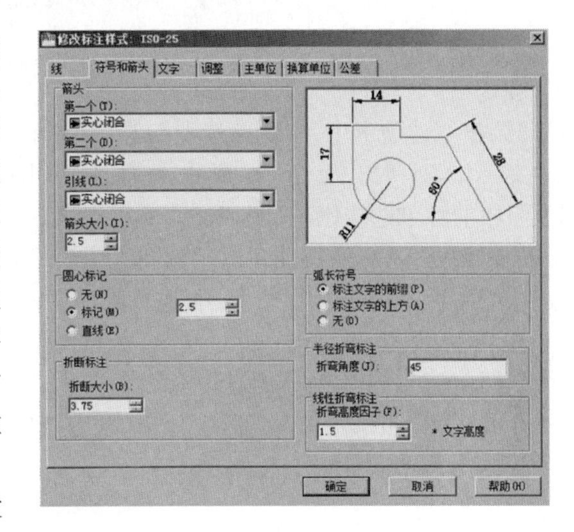

图 1－2－81　“符号和箭头”选项卡

③“文字”选项卡：此选项卡用于设置尺寸文字的外观、位置以及对齐方式等，图 1－2－82 为对应的对话框。“文字”选项卡中，“文字外观”选项组用于设置尺寸文字的样式等；“文字位置”选项组用于设置尺寸文字的位置。“文字对齐”选项组则用于确定尺寸文字的对齐方式。

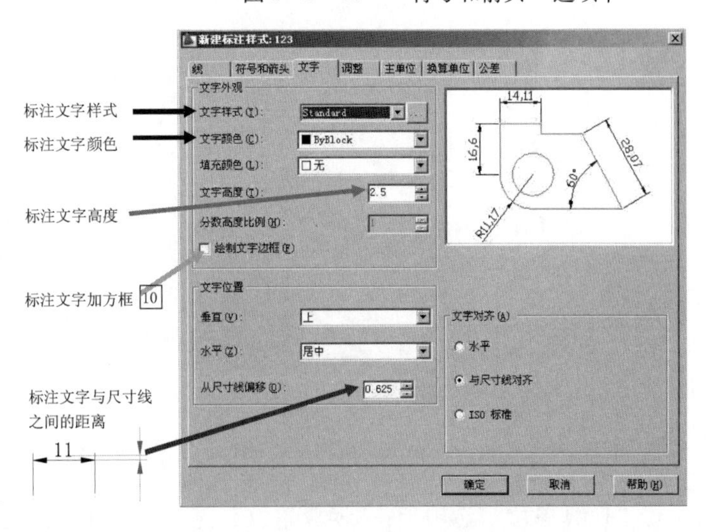

图 1－2－82　“文字”选项卡

④“调整”选项卡：此选项卡用于控制尺寸文字、尺寸线以及尺寸箭头等的位置和其他一些特征。图 1－2－83 是对应的对话框。

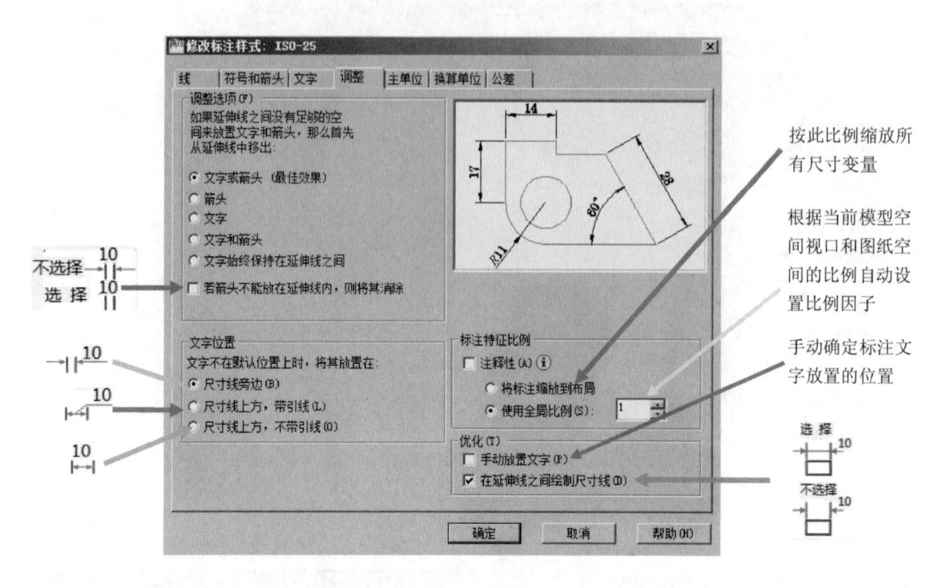

图 1-2-83　“调整”选项卡

“调整”选项卡中，“调整选项”选项组确定当尺寸界线之间没有足够的空间同时放置尺寸文字和箭头时，应首先从尺寸界线之间移出尺寸文字和箭头的哪一部分，用户可通过该选项组中的各单选按钮进行选择；“文字位置”选项组确定当尺寸文字不在默认位置时，应将其放在何处；“标注特征比例”选项组用于设置所标注尺寸的缩放关系；“优化”选项组该选项组用于设置标注尺寸时是否进行附加调整。

⑤“主单位”选项卡：此选项卡用于设置主单位的格式、精度以及尺寸文字的前缀和后缀。图 1-2-84 为对应的对话框。“主单位”选项卡中，“线性标注”选项组用于设置线性标注的格式与精度；“角度标注”选项组确定标注角度尺寸时的单位、精度以及消零否。

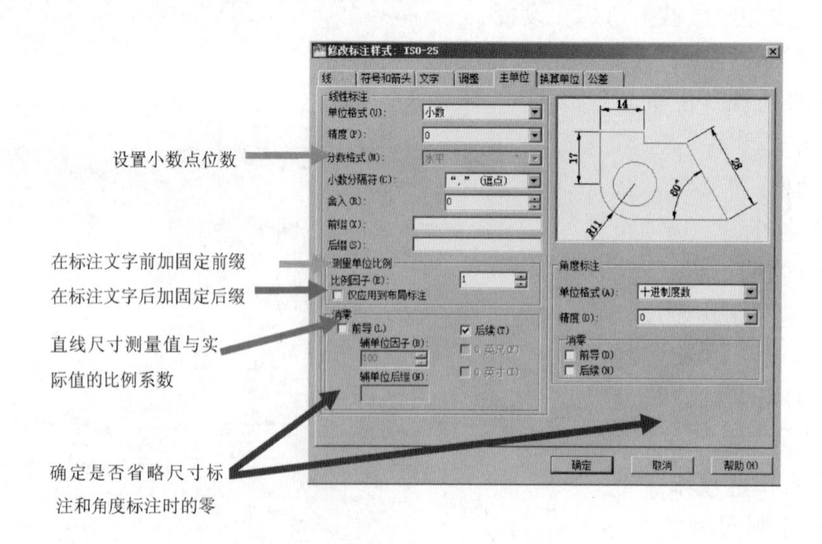

图 1-2-84　“主单位”选项卡

⑥“换算单位”选项卡：“换算单位”选项卡用于确定是否使用换算单位以及换算单位

的格式。“换算单位”选项卡中，“显示换算单位”复选框用于确定是否在标注的尺寸中显示换算单位；“换算单位”选项组确定换算单位的单位格式、精度等设置；“消零”选项组确定是否消除换算单位的前导或后续零；“位置”选项组则用于确定换算单位的位置。用户可在“主值后”与“主值下”之间选择。如图 1 –2 –85 所示。

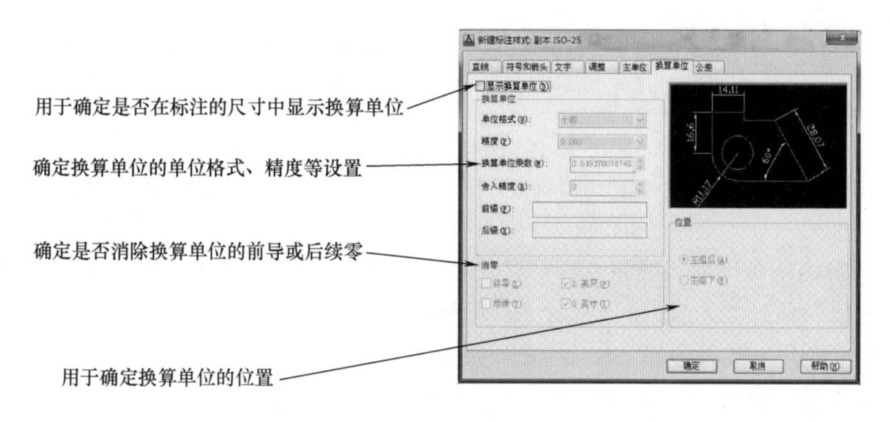

图 1 –2 –85　“换算单位”选项卡

⑦“公差”选项卡：“公差”选项卡用于确定是否标注公差，如果标注公差的话，以何种方式进行标注，图 1 –2 –86 为对应的选项卡。

“公差”选项卡中，“公差格式”选项组用于确定公差的标注格式；“换算单位公差”选项组确定当标注换算单位时换算单位公差的精度与消零否。

利用“新建标注样式”对话框设置样式后，单击对话框中的“确定”按钮，完成样式的设置，AutoCAD 返回到“标注样式管理器”对话框，单击对话框中的“关闭”按钮关闭对话框，完成尺寸标注样式的设置。

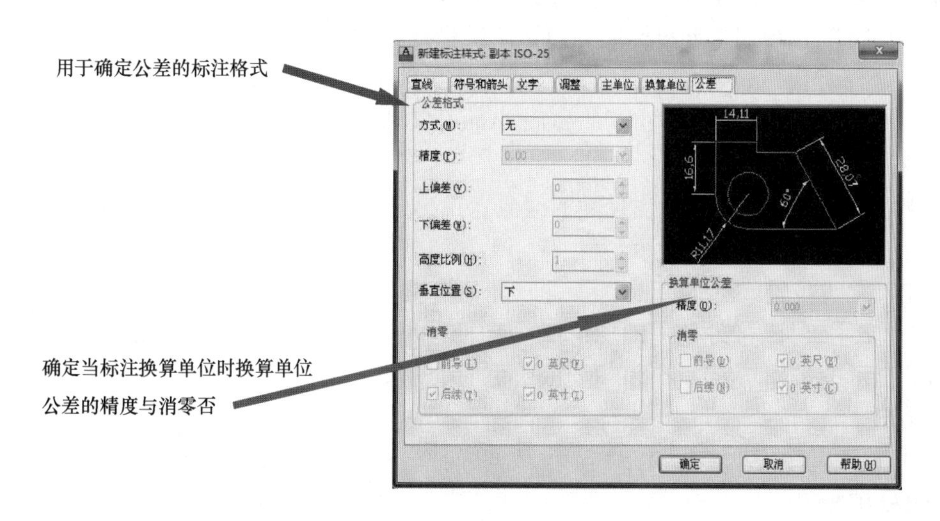

图 1 –2 –86　“公差”选项卡

(四) 尺寸标注

1. 线性标注

线性标注快捷命令：DLI

指标注图形对象在水平方向、垂直方向或指定方向的尺寸，又分为水平标注、垂直标注和旋转标注三种类型。命令：DIMLINEAR

水平标注用于标注对象在水平方向的尺寸，即尺寸线沿水平方向放置；垂直标注用于标注对象在垂直方向的尺寸，即尺寸线沿垂直方向放置；旋转标注则标注对象沿指定方向的尺寸。

单击“标注”工具栏上的 （线性）按钮，或选择“标注” > “线性”命令，即执行 DIMLINEAR 命令，AutoCAD 提示：

指定第一条尺寸界线原点或 <选择对象>：

在此提示下用户有两种选择，即确定一点作为第一条尺寸界线的起始点或直接按 Enter 键选择对象。

（1）指定第一条尺寸界线原点　如果在“指定第一条尺寸界线原点或 <选择对象>：”提示下指定第一条尺寸界线的起始点，AutoCAD 提示：

指定第二条尺寸界线原点：（确定另一条尺寸界线的起始点位置）

指定尺寸线位置或

[多行文字（M）/文字（T）/角度（A）/水平（H）/垂直（V）/旋转（R）]：

其中，“指定尺寸线位置”选项用于确定尺寸线的位置。通过拖动鼠标的方式确定尺寸线的位置后，单击拾取键，AutoCAD 根据自动测量出的两尺寸界线起始点间的对应距离值标注出尺寸。

①“多行文字”选项用于根据文字编辑器输入尺寸文字。

②“文字”选项用于输入尺寸文字。

③“角度”选项用于确定尺寸文字的旋转角度。

④“水平”选项用于标注水平尺寸，即沿水平方向的尺寸。

⑤“垂直”选项用于标注垂直尺寸，即沿垂直方向的尺寸。

⑥“旋转”选项用于旋转标注，即标注沿指定方向的尺寸。

（2）选择对象　如果在“指定第一条尺寸界线原点或 <选择对象>：”提示下直接按 Enter 键，即执行“<选择对象>”选项，AutoCAD 提示：

选择标注对象：

此提示要求用户选择要标注尺寸的对象。用户选择后，AutoCAD 将该对象的两端点作为两条尺寸界线的起始点，并提示：

指定尺寸线位置或

[多行文字（M）/文字（T）/角度（A）/水平（H）/垂直（V）/旋转（R）]：

对此提示的操作与前面介绍的操作相同，用户响应即可。

2. 对齐标注

对齐标注指所标注尺寸的尺寸线与两条尺寸界线起始点间的连线平行。命令：DIMALIGNED

单击“标注”工具栏上的 （对齐）按钮，或选择“标注” > “对齐”命令，即执行 DIMALIGNED 命令，AutoCAD 提示：

指定第一条尺寸界线原点或 <选择对象>：

在此提示下的操作与标注线性尺寸类似，不再介绍。

3. 角度标注

角度标注快捷命令：DAN

标注角度尺寸。命令：DIMANGULAR

单击“标注”工具栏上的 （角度）按钮，或选择“标注” > “角度”命令，即执行 DIMANGULAR 命令，AutoCAD 提示：

选择圆弧、圆、直线或 <指定顶点>：

4. 直径标注

直径标注快捷命令：DDI

为圆或圆弧标注直径尺寸。命令：DIMDIAMETER

单击“标注”工具栏上的 （直径）按钮，或选择“标注” > “直径”命令，即执行 DIMDIAMETER，AutoCAD 提示：

选择圆弧或圆：(选择要标注直径的圆或圆弧)

指定尺寸线位置或 [多行文字（M）/文字（T）/角度（A）]：

如果在该提示下直接确定尺寸线的位置，AutoCAD 按实际测量值标注出圆或圆弧的直径。也可以通过“多行文字（M）”、“文字（T）”以及“角度（A）”选项确定尺寸文字和尺寸文字的旋转角度。

5. 半径标注

半径标注快捷命令：DBA

为圆或圆弧标注半径尺寸。命令：DIMRADIUS

单击“标注”工具栏上的 （半径）按钮，或选择“标注” > “半径”命令，即执行 DIMRADIUS 命令，AutoCAD 提示：

选择圆弧或圆：(选择要标注半径的圆弧或圆)

指定尺寸线位置或 [多行文字（M）/文字（T）/角度（A）]：

根据需要响应即可。

6. 弧长标注

为圆弧标注长度尺寸。命令：DIMARC

单击“标注”工具栏上的 （弧长）按钮，或选择“标注” > “弧长”命令，即执行 DIMARC 命令，AutoCAD 提示：

选择弧线段或多段线弧线段：(选择圆弧段)

指定弧长标注位置或 [多行文字（M）/文字（T）/角度（A）/部分（P）/引线（L）]：

根据需要响应即可。

7. 折弯标注

为圆或圆弧创建折弯标注。命令：DIMJOGGED

单击“标注”工具栏上的 （折弯）按钮，或选择“标注” > “折弯”命令，即执行 DIMJOGGED 命令，AutoCAD 提示：

选择圆弧或圆：(选择要标注尺寸的圆弧或圆)

指定中心位置替代：(指定折弯半径标注的新中心点，以替代圆弧或圆的实际中心点)

指定尺寸线位置或［多行文字（M）/文字（T）/角度（A）]：（确定尺寸线的位置，或进行其他设置）

指定折弯位置：（指定折弯位置）

8. 连续标注

连续标注快捷命令：DCO

连续标注指在标注出的尺寸中，相邻两尺寸线共用同一条尺寸界线，如图 1 – 2 – 87 所示。命令：DIMCONTINUE。

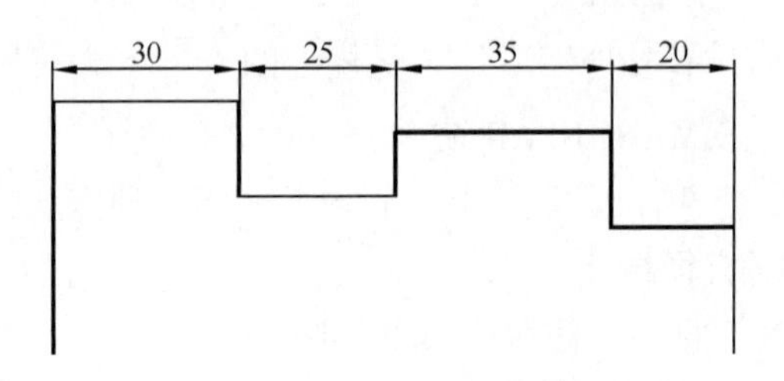

图 1 – 2 – 87　连续标注

单击“标注”工具栏上的（连续）按钮，或选择“标注” > “连续”命令，即执行 DIMCONTINUE 命令，AutoCAD 提示：

指定第二条尺寸界线原点或［放弃（U）/选择（S）] <选择>：

（1）指定第二条尺寸界线原点　确定下一个尺寸的第二条尺寸界线的起始点。用户响应后，AutoCAD 按连续标注方式标注出尺寸，即把上一个尺寸的第二条尺寸界线作为新尺寸标注的第一条尺寸界线标注尺寸，而后 AutoCAD 继续提示：

指定第二条尺寸界线原点或［放弃（U）/选择（S）] <选择>：

此时可再确定下一个尺寸的第二条尺寸界线的起点位置。当用此方式标注出全部尺寸后，在上述同样的提示下按 Enter 键或 Space 键，结束命令的执行。

（2）选择（S）　该选项用于指定连续标注将从哪一个尺寸的尺寸界线引出。执行该选项，AutoCAD 提示：

选择连续标注：

在该提示下选择尺寸界线后，AutoCAD 会继续提示：

指定第二条尺寸界线原点或［放弃（U）/选择（S）] <选择>：

在该提示下标注出的下一个尺寸会以指定的尺寸界线作为其第一条尺寸界线。执行连续尺寸标注时，有时需要先执行“选择（S）”选项来指定引出连续尺寸的尺寸界线。

9. 基线标注

基线标注指各尺寸线从同一条尺寸界线处引出。命令：DIMBASELINE

单击“标注”工具栏上的（基线）按钮，或选择“标注” > “基线”命令，即执行 DIMBASELINE 命令，AutoCAD 提示：

指定第二条尺寸界线原点或［放弃（U）/选择（S）] <选择>：

（1）指定第二条尺寸界线原点　确定下一个尺寸的第二条尺寸界线的起始点。确定后 AutoCAD 按基线标注方式标注出尺寸，而后继续提示：

指定第二条尺寸界线原点或［放弃（U）/选择（S）] <选择>：

此时可再确定下一个尺寸的第二条尺寸界线起点位置。用此方式标注出全部尺寸后，在同样的提示下按 Enter 键或 Space 键，结束命令的执行。

（2）选择（S）　该选项用于指定基线标注时作为基线的尺寸界线。执行该选项，AutoCAD 提示：

选择基准标注：

在该提示下选择尺寸界线后，AutoCAD 继续提示：

指定第二条尺寸界线原点或［放弃（U）/选择（S）］<选择>：

在该提示下标注出的各尺寸均从指定的基线引出。执行基线尺寸标注时，有时需要先执行“选择（S）”选项来指定引出基线尺寸的尺寸界线。

随堂练习：尺寸标注的练习

实践目的：了解尺寸标注的基本功能与作用，掌握尺寸标注样式的设置方法。

实践内容：掌握如何在 AutoCAD 灵活运用“D”、“DLI”、“DRA”等命令，掌握图形尺寸标注方法。

实践步骤：请设置三种以上不同的尺寸标注样式，并将前面绘制的图形一一进行标注。

综合练习

实践目的：了解并掌握 AutoCAD 常用的平面绘图命令和平面编辑命令的基本功能与作用。

实践内容：综合运用 AutoCAD 常用的平面绘图命令和平面编辑命令进行室内装饰常用图形的绘制与编辑。

实践步骤：请参照以下提纲进行操作。

1. 综合利用所学知识完成下面图形

（1）利用矩形、圆、椭圆、多边形、圆角等命令绘制洗手盆，如图 1－2－88 所示。

（2）利用矩形、镜像、偏移等命令绘制电冰箱的主视图和左视图，如图 1－2－89 所示。

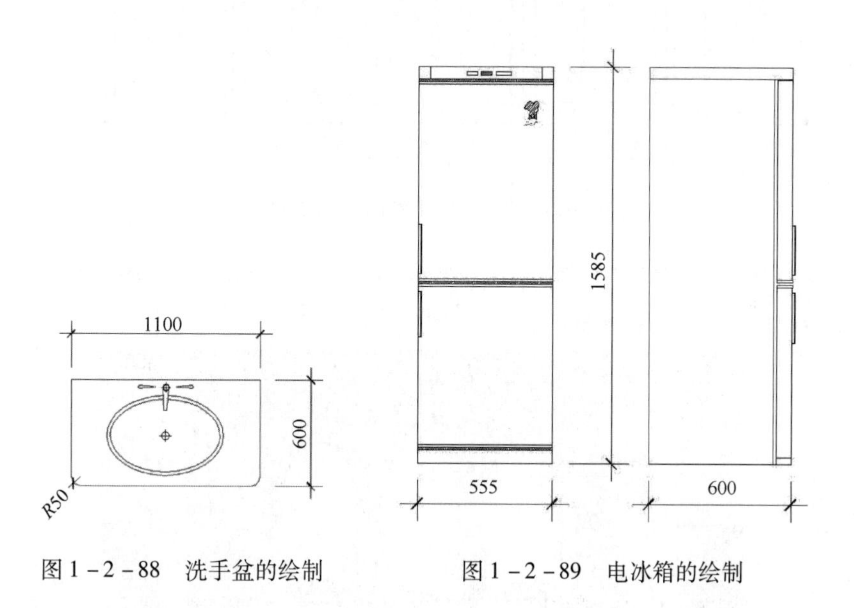

图 1－2－88　洗手盆的绘制　　　　图 1－2－89　电冰箱的绘制

（3）利用直线、矩形、复制、偏移、标注等命令绘制客厅沙发组合平面图，如图 1－2－90 所示。

（4）利用直线、矩形、复制、偏移、填充、标注等命令绘制客厅折叠门立面图，如图 1－2－91 所示。

（5）利用直线、矩形、复制、偏移、填充、标注等命令绘制洗手间立面图，如图 1－2－92 所示。

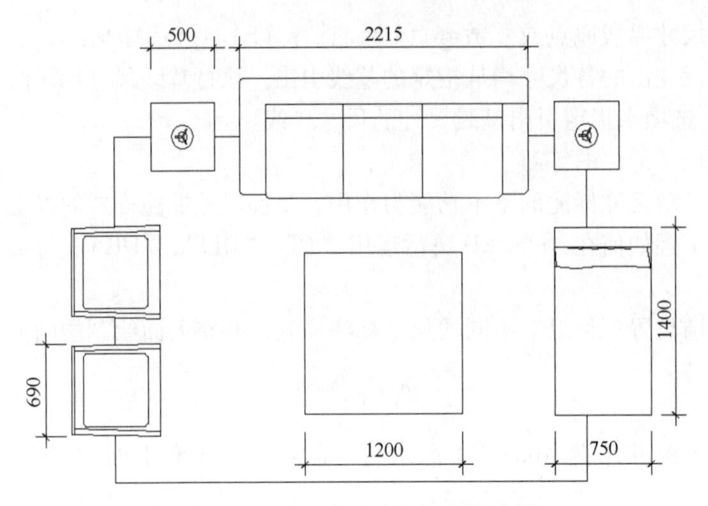

图 1－2－90　客厅沙发组合的绘制

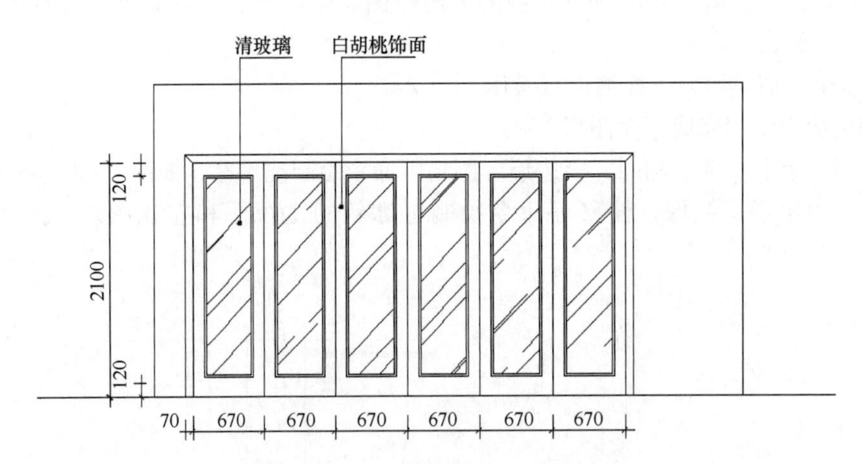

图 1－2－91　客厅折叠门立面图的绘制

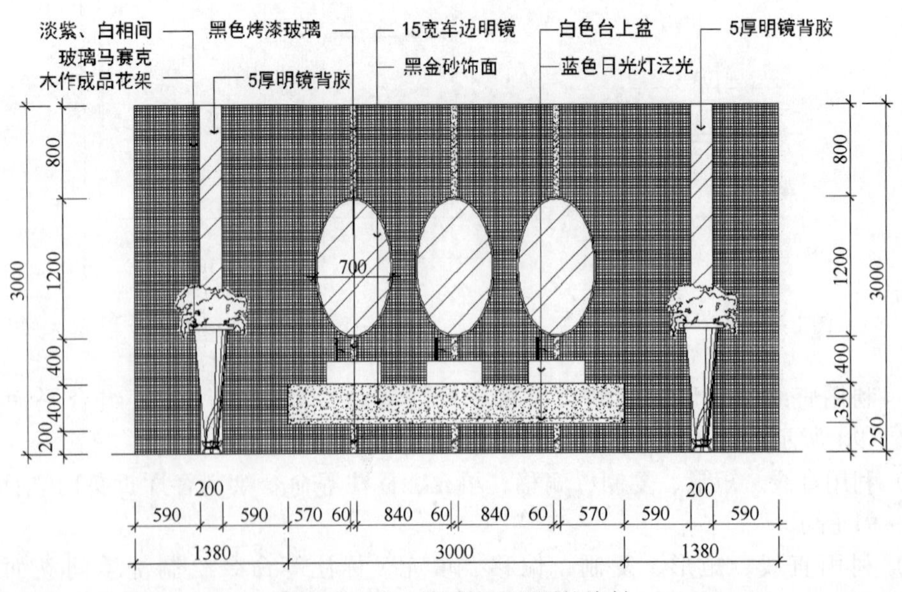

图 1－2－92　洗手间立面图的绘制

2. 平面绘图命令和平面编辑命令的综合运用

综合利用所学知识完成下面普通居室空间的绘制，并进行尺寸标注，图形的绘制及尺寸标注如图 1 -2 -93 所示。

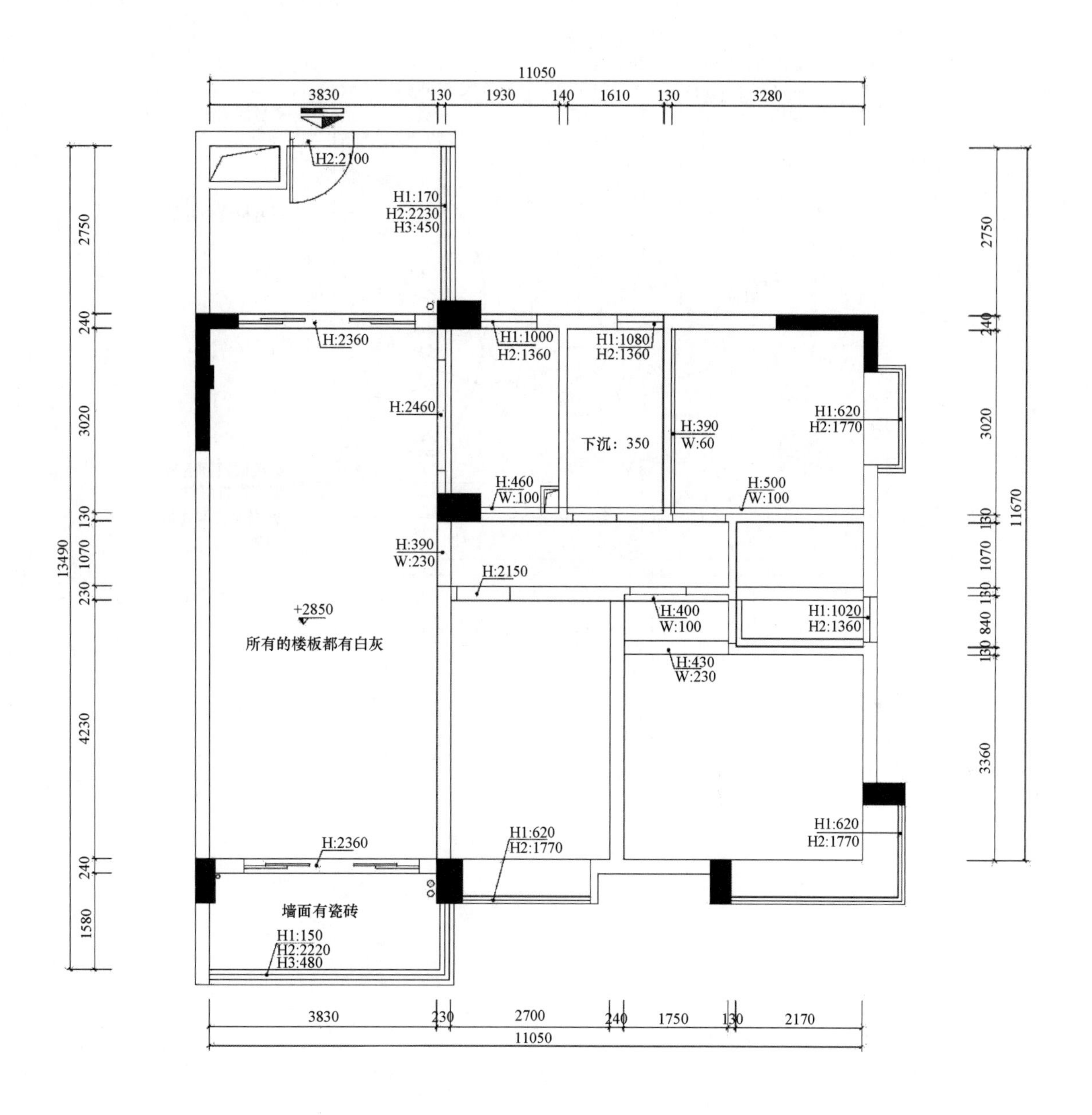

图 1 -2 -93　户型图绘制

3. 平面绘图命令和平面编辑命令的综合运用

综合利用所学知识完成下面迪厅天花布置图的绘制，并进行尺寸标注，图形的绘制及尺寸标注如图 1－2－94 所示。

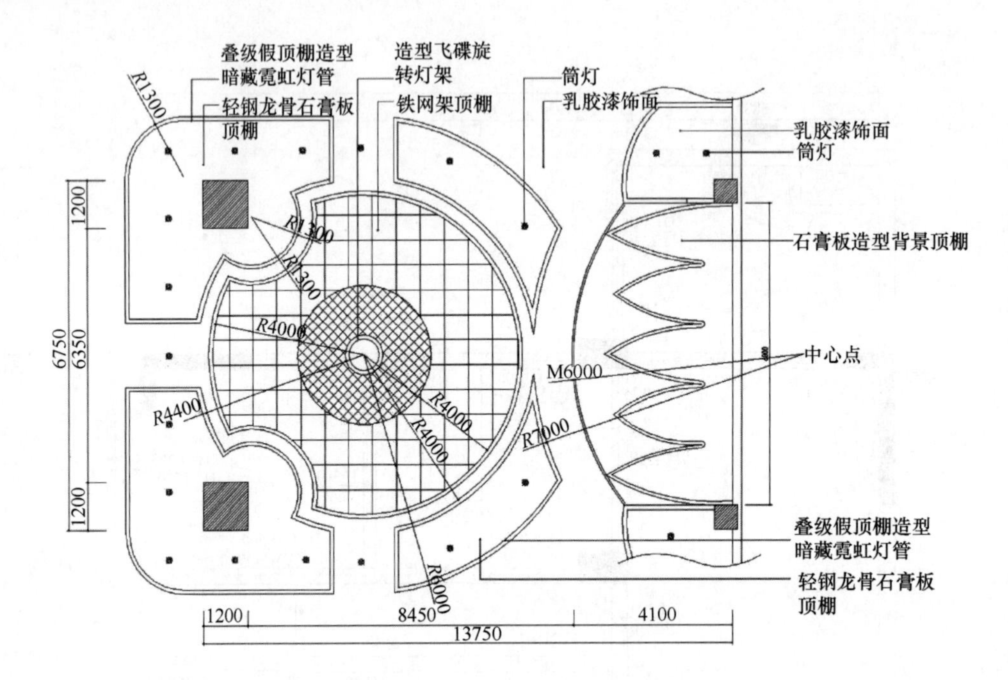

图 1－2－94　迪厅天花布置图

模块三　室内设计施工图规范

学习目标： 掌握AutoCAD室内设计制图的相关规范。

相关理论： 室内设计制图标准《JGJ/T 244—2011 房屋建筑室内装饰装修制图标准》

必备技能： 掌握AutoCAD绘图需要遵守的设计规范。

室内施工图是在建筑施工图的基础上绘制出来的，它是按照正投影的方法作图，用来表达装饰设计意图并与业主进行交流沟通与指导施工的图纸。因此，室内施工图是工程信息的载体，是进行室内工程施工的主要依据。

本书主要采用住房和城乡建设部在2012年3月1日颁布的《JGJ/T 244—2011 房屋建筑室内装饰装修制图标准》中的部分内容，介绍室内设计施工图的一般规定，其余部分将结合今后的绘图实例进行讲述。

一、建筑室内装饰装修设计图纸幅面规格、编排顺序、图例及符号

（一）图纸幅面与图纸编排顺序

房屋建筑室内装饰装修的图纸封面规格应符合现行国家标准《GB/T 50001—2010 房屋建筑制图统一标准》的规定。图纸幅面都应遵守标准规定的尺寸，所有图纸的幅面见表1－3－1。

表1－3－1　　**图纸幅面**　　单位：mm

尺寸＼幅面	A0	A1	A2	A3	A4
$B\times L$	841×1189	594×841	420×594	297×420	210×297
c	10			5	
a	25				

（二）图线

建筑室内装饰装修设计图可采用的线型包括实线、虚线、单点长划线、折断线、波浪线、点线、样条曲线、云线等，各线型应符合表1－3－2所示的规定。

表1－3－2　　**房屋建筑室内装饰装修图常用线型**

名称		线型	线宽	一般用途
实线	粗	▬▬▬	b	（1）平、剖面图中被剖切的房屋建筑和装饰装修构造的主要轮廓线 （2）建筑室内装饰装修立面图的外轮廓线 （3）建筑室内装饰装修构造详图中被剖切的轮廓线 （4）平、立、剖面图的剖切符号
	中粗	━━━	$0.7b$	（1）平、剖立面图中除被剖切的房屋建筑和室内装修构造的次要轮廓线 （2）房屋建筑室内装修详图中的轮廓线

续表

名称		线型	线宽	一般用途
实线	中		0.5b	(1) 房屋建筑装饰装修构造详图中的一般轮廓线 (2) 小与0.7b的图形线、家具线、尺寸线、尺寸界线、索引符号、标高符号、引出线、地面、墙面的高差分界线等
	细		0.25b	图形和图例的填充线
虚线	中粗		0.7b	(1) 表示被遮挡部分的轮廓线 (2) 表示被索引图样的范围 (3) 拟建、扩建房屋建筑室内装饰装修部分轮廓线
	中粗		0.5b	(1) 表示平面中上部的投影轮廓线 (2) 预想放置的房屋建筑或构件
	细		0.25b	表示内容与中虚线相同，适合小于0.5b的不可见轮廓线
单点长划线	中粗		0.7b	运动轨迹线
	细		0.25b	中心线、对称线、定位轴线
折断线	细		0.25b	不需要画全的断开界线
波浪线	细		0.25b	(1) 不需要画全的断开界线 (2) 构造层次的断开界线 (3) 曲线形构建断开界限
点线	细		0.25b	制图需要的辅助线
样条曲线	细		0.25b	(1) 不需要画全的断开界线 (2) 制图需要的引出线
云线	中		0.5b	(1) 圈出需要绘制详图的图样范围 (2) 标注材料的范围 (3) 标注需要强调、变更或改动的区域

(三) 线宽

房屋建筑室内装饰装修的图纸线宽宜符合现行国家标准《GB/T 50001—2010 房屋建筑制图统一标准》的规定。所有图纸的幅面见表1-3-3。

图线的宽度 b 宜从下列线宽系列中选取：1.0、0.7、0.5、0.35mm。各图样可根据复杂程度与比例大小，先选定基本线宽 b，再选用表1-3-3中相应的线宽组。

表1-3-3　房屋建筑室内装饰装修图常用线宽　　单位：mm

线宽比	线宽组			
b	1.0	0.7	0.5	0.35
0.75b	0.75	0.53	0.38	0.26
0.5b	0.5	0.35	0.25	0.18

续表

线宽比	线宽组			
0.3b	0.3	0.21	0.15	0.11
0.25b	0.25	0.18	0.13	0.09
0.2b	0.2	0.14	0.1	0.07

注：同一张图纸内，各个不同线宽组中的细线，可统一采用较细的线宽组的细线。

（四）比例

图样的比例表示及要求应符合现行国家标准《GB/T 50001—2010 房屋建筑制图统一标准》的规定。绘图采用的比例应根据图样内容及复杂程度选取。常用及可用比例应符合表1-3-4的规定。

表1-3-4　常用及可用的图纸比例

常用比例	1:1、1:2、1:5、1:10、1:20、1:25、1:50、1:75、1:100、1:150、1:200、1:250
可用比例	1:3、1:4、1:6、1:8、1:15、1:30、1:35、1:40、1:60、1:70、1:80、1:120、1:300、1:400、1:500

比例宜注写在图名的右侧或右侧下方，字的基准线应取平。比例的字高宜比图名的字高小一号或二号，如图1-3-1所示。

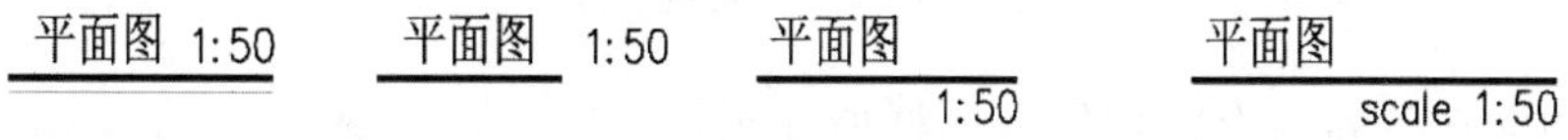

平面图 1:50　　平面图 1:50　　平面图 1:50　　平面图 scale 1:50

图1-3-1　比例的注写

根据建筑室内装饰装修设计的不同部位、不同阶段的图纸内容和要求，绘制的比例宜在表1-3-5中选用。

表1-3-5　各部位常用图纸比例表

比例	部位	图纸内容
1:200~1:100	总平面、总顶面	总平面布置图、总顶棚平面布置图
1:100~1:50	局部平面、局部顶棚平面	局部平面布置图、局部顶棚平面布置图
1:100~1:50	不复杂的立面	立面图、剖面图
1:50~1:30	较复杂的立面	立面图、剖面图
1:30~1:10	复杂的立面	立面放样图、剖面图
1:10~1:1	平面及立面中需要详细表示的部位	详图

二、建筑室内装饰装修设计工程中的各类符号

（一）剖切符号

建筑室内装饰装修设计工程中的剖切符号应符合现行国家标准《GB/T 50001—2010 房

屋建筑制图统一标准》的规定。断面的剖切符号应符合现行国家标准《GB/T 50001—2010 房屋建筑制图统一标准》的规定。剖切符号应该标注在需要表示装饰装修剖面内容的位置上。

(二) 索引符号

索引符号根据用途的不同，可以分为立面索引符号、剖切索引符号、详图索引符号、设备索引符号、部品部件索引符号。

表示室内立面在平面上的位置及立面图所在页码，应在平面图上使用立面索引符号，如图 1 -3 -2 所示。

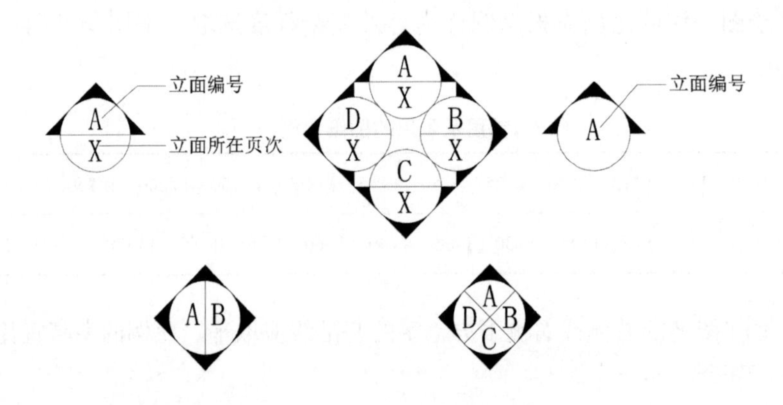

图 1 -3 -2　立面索引符号

表示剖切面在各界面上的位置及图样所在页码，应在被索引的界面图样上使用剖切索引符号，如图 1 -3 -3 所示。

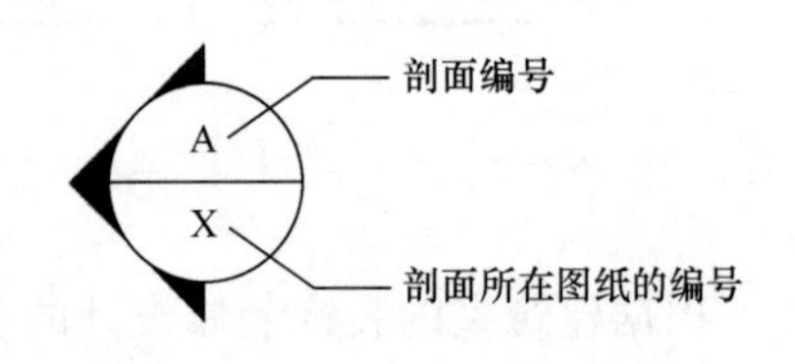

图 1 -3 -3　剖切索引符号

表示局部放大图样在原图上的位置及本图样所在页码，应在被索引图样上使用详图索引符号，如图 1 -3 -4 所示。

表示各类设备（含设备、设施、家具、灯具等）的品种及对应的编号，应在图样上使

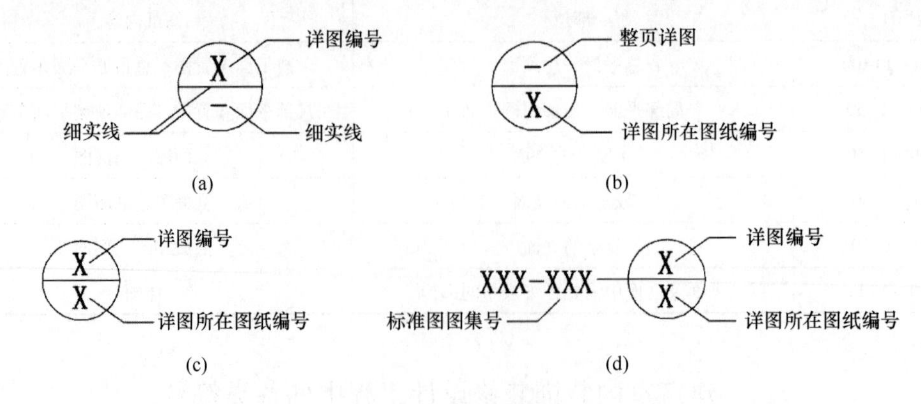

图 1 -3 -4　详图索引符号

（a）本页索引方式　（b）整页索引方式　（c）不同页索引方式　（d）标准图索引方式

用设备索引符号，如图 1－3－5 所示。

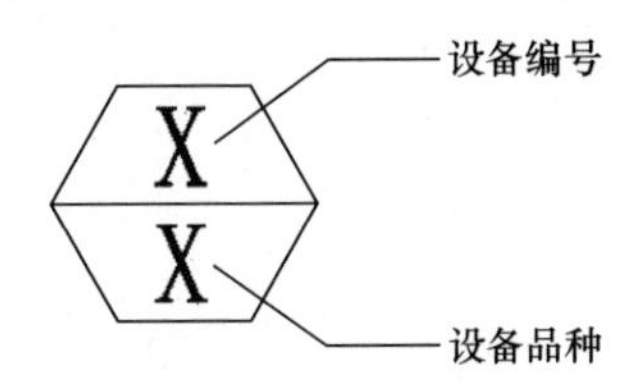

图 1－3－5　设备索引符号

（三）引出线

引出线起止符号可采用圆点绘制，也可采用箭头绘制，如图 1－3－6 所示。起止符号的大小应与本图样尺寸的比例相一致。多层构造或多个部位共用引出线，应通过被引出的各层或各部分，并以引出线起止符号指出相应位置，如图 1－3－7 所示。引出线上的文字说明应符合现行国家标准《GB/T 50001—2010 房屋建筑制图统一标准》。

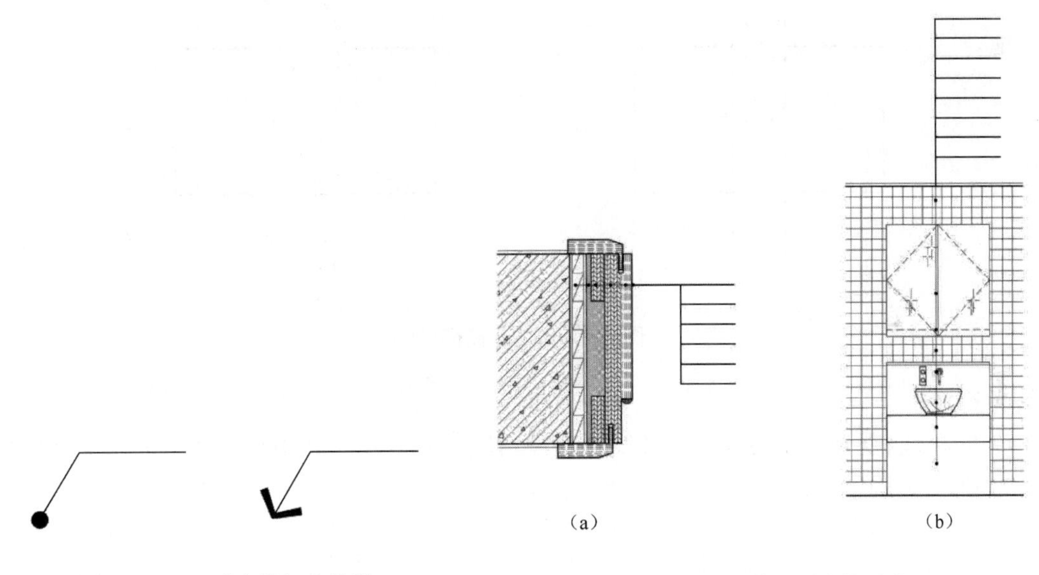

图 1－3－6　引出线起止符号

图 1－3－7　共用引出线示意

（a）多层构造共用引出线　（b）多个物象共用引出线

（四）其他符号

1. 对称符号

对称符号由对称线和分中符号组成。对称线用细单点长划线绘制；分中符号用细实线绘制。分中符号的表示可采用两对平行线、上端为三角形的十字交叉线或英文缩写。采用平行线为分中符号时，应符合现行国家标准《GB/T 50001—2010 房屋建筑制图统一标准》的规定；采用十字交叉线为分中符号时，交叉线长度宜为 25～35mm，对称线一端穿过交叉点，其端点与交叉线三角形上端平齐；采用英文缩写为分中符号时，大写英文 CL 置于对称线一端。如图 1－3－8 所示。

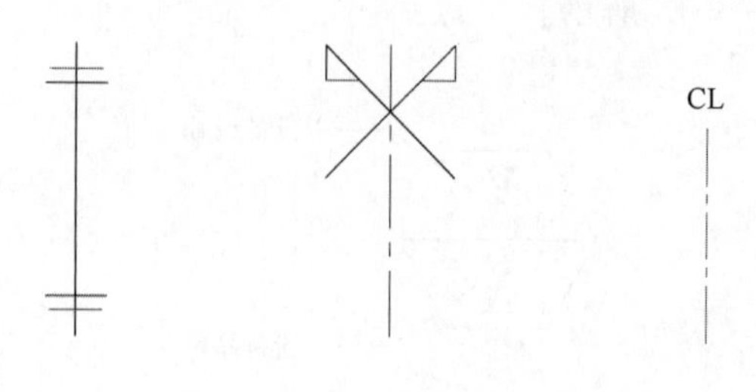

图 1－3－8　三类对称符号

2. 连接符号

连接符号应以折断线或波浪线表示需连接的位置。两部位相距过远时，连接符号两端靠图样一侧宜标注大写拉丁字母表示连接编号。两个被连接的图样必须用相同的字母编号。如图 1－3－9 所示。

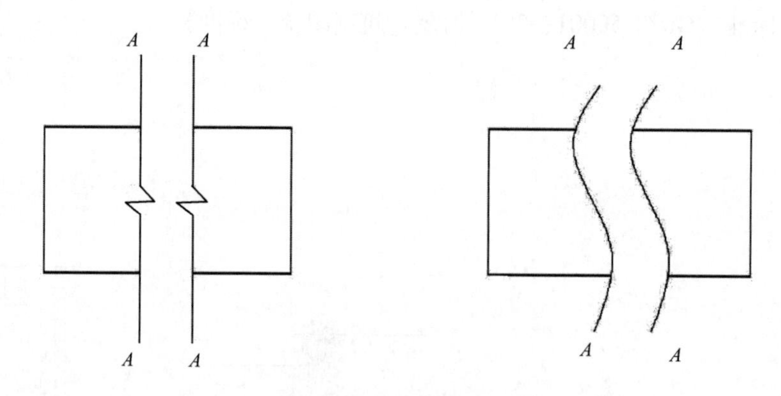

图 1－3－9　连接符号

3. 转角符号

转角符号以垂直线连接两端交叉线并加注角度符号表示。转角符号用于表示立面的转折。如图 1－3－10 所示。

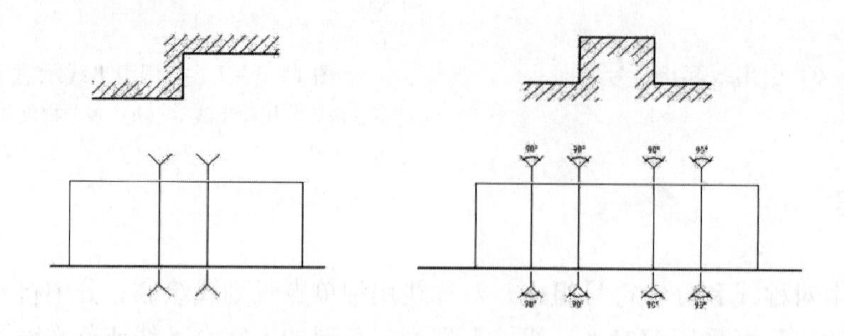

图 1－3－10　转角符号

（五）标高

建筑室内装饰装修设计的标高应标注该设计空间的相对标高，以楼地面装饰完成面为 ±0.00。标高符号可采用直角等腰三角形表示，也可采用涂黑的三角形或 90°对顶角的圆，如图 1－3－11 所示。

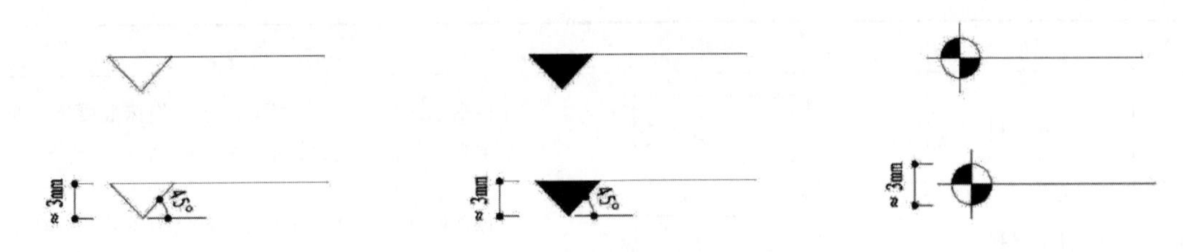

图 1－3－11　各类标高符号

三、常用建筑装饰材料和设备图例

常用房屋建筑室内材料、装饰装修材料应按表 1－3－6 所示图例画法绘制。建筑构造、装饰构造、配件图见表 1－3－7。给排水见表 1－3－8。灯光照明见表 1－3－9。消防、空调、弱电见表 1－3－10。开关、插座见表 1－3－11。

表 1－3－6　　常用建筑装饰装修材料图例表

序号	名称	图例	备注
1	夯实土壤		—
2	砂砾石、碎砖三合土		—
3	石材		注明厚度
4	毛石		必要时注明石料块面大小及品种
5	普通砖		包括实心砖、多孔砖、砌块等砌体。断面较窄不易绘出图例线时，可涂黑，并在备注中加注说明，画出该材料图例
6	轻质砌块砖		指非承重砖砌体
7	轻钢龙骨板材隔墙		注明材料品种
8	饰面砖		包括铺地砖、马赛克、陶瓷锦砖等
9	混凝土		（1）指能承重的混凝土及钢筋混凝土 （2）各种强度等级、骨料、添加剂的混凝土 （3）在剖面图上画出钢筋时，不画图例线 （4）断面图形小，不易画出图例线时，可涂黑
10	钢筋混凝土		

续表

序号	名称	图例	备注
11	多孔材料		包括水泥珍珠岩、沥青珍珠岩、泡沫混凝土、非承重加气混凝土、软木、蛭石制品等
12	纤维材料		包括矿棉、岩棉、玻璃棉、麻丝、木丝板、纤维板等
13	泡沫塑料材料		包括聚苯乙烯、聚乙烯、聚氨酯等多孔聚合物类材料
14	密度板		注明厚度
15	实木		为垫木、木砖或木龙骨
			表示木材横断面
			表示木材纵断面
16	胶合板		注明厚度或层数
17	多层板		注明厚度或层数
18	木工板		注明厚度
19	饰面板		注明厚度、材种
20	石膏板		（1）注明厚度 （2）注明石膏板品种名称
21	金属		（1）包括各种金属，注明材料名称 （2）图形小时，可涂黑
22	液体		注明液体具体名称
		（平面）	

续表

序号	名称	图例	备注
23	玻璃砖		注明厚度
24	普通玻璃	（立面）	注明材质、厚度
25	磨砂玻璃	（立面）	（1）注明材质、厚度 （2）本图例采用较均匀的点
26	夹层（夹绢、夹纸）玻璃	（立面）	注明材质、厚度
27	镜面	（立面）	注明材质、厚度
28	橡胶		
29	塑料		包括各种软、硬塑料及有机玻璃等，应注明厚度
30	地毯		为地毯剖面，应注明种类
31	防水材料	（小尺度比例） （小尺度比例）	标明材质、厚度
32	粉刷		本图例采用较稀的点
33	窗帘		箭头所示为开启方向

表 1-3-7　建筑构造、装饰构造、配件图例表

序号	名称	图例	备注
1	检查孔		左图为明装检查孔 右图为暗藏式检查孔
2	孔洞		——

续表

序号	名称	图例	备注
3	门洞	h = w =	h 为门洞高度 w 为门洞宽度

表 1-3-8　　给排水图例

序号	名称	图例	序号	名称	图例
1	生活给水管	—— J ——	9	方形地漏	
2	热水给水管	—— RJ ——	10	带洗衣机插口地漏	
3	热水回水管	—— RH ——	11	毛发聚集器	平面　系统
4	中水给水管	—— ZJ ——	12	存水湾	
5	排水明沟	坡向 →	13	闸阀	
6	排水暗沟	坡向 →	14	角阀	
7	通气帽	成品　铅丝球	15	截止闸	
8	圆形地漏		—	—	—

表 1-3-9　　灯光照明图例

序号	名称	图例	序号	名称	图例
1	艺术吊灯		8	格栅射灯	
2	吸顶灯		9	300×1200 日光灯盘 日光灯管以 虚线表示	
3	射墙灯		10	600×600 日光灯盘 日光灯管以 虚线表示	
4	冷光筒灯		11	暗灯槽	
5	暖光筒灯		12	壁灯	
6	射灯		13	水下灯	
7	轨道射灯		14	踏步灯	

表 1-3-10　　消防、空调、弱电图例

序号	名称	图例	序号	名称	图例
1	条形风口		3	出风口	
2	回风口		4	排气扇	

续表

序号	名称	图例	序号	名称	图例
5	消防出口	EXIT	17	卫星电视出线座	SV
6	消火栓	HR	18	音响出线盒	M
7	喷淋	⊙	19	音响系统分线盒	M
8	侧喷淋		20	电脑分线箱	HUB
9	烟感	S	21	红外双鉴探头	△
10	温感	W	22	扬声器	
11	监控头		23	吸顶式扬声器	
12	防火卷帘	F	24	音量控制器	
13	电脑接口	C	25	可视对讲室内主机	T
14	电话接口	T	26	可视对讲室外主机	
15	电视器件箱		27	弱电过路接线盒	R
16	电视接口	TV	—	—	—

表 1－3－11　　开关、插座图例

序号	名称	图例	序号	名称	图例
1	插座面板（正立面）		15	带开关防溅二三极插座	
2	电话接口（正立面）		16	三相四极插座	
3	电视接口（正立面）		17	单联单控翘板开关	
4	单联开关（正立面）		18	双联单控翘板开关	
5	双联开关（正立面）		19	三联单控翘板开关	
6	三联开关（正立面）		20	四联单控翘板开关	
7	四联开关（正立面）		21	声控开关	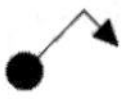
8	地插座（平面）	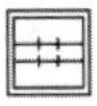	22	单联双控翘板开关	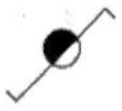
9	二极扁圆插座		23	双联双控翘板开关	
10	二三极扁圆插座		24	三联双控翘板开关	
11	二三极扁圆地插座		25	四联双控翘板开关	
12	带开关二三极插座		26	配电箱	
13	普通型三极插座		27	弱电综合分线箱	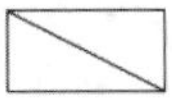
14	防溅二三极插座		28	电话分线箱	

实践应用篇

知识目标： 能够读懂室内工程图纸内容；了解室内工程图特点；通过图纸对项目有基本了解。

技能目标： 能进行室内原建筑结构图、平面布置图、拆墙砌墙图、地板布置图、天花布置图、开关布置图、插座布置图、水路布置图、电路配电系统、立面图及剖面图、节点图的绘制。能够按照设计意图绘制出符合规范的室内装饰施工图纸。

重点： 室内装饰设计工程图纸内容及特点。

难点： 室内剖面图

AutoCAD 室内装饰设计施工图纸是工人在施工中所依据的图样，这通常要求比较详细和精确，它应该包括了建筑物的外部形状、内部布置、结构构造、材料作法及设备等。施工图具有图纸齐全、表达准确、要求具体的特点，是进行工程施工、编制施工图预算和施工组织的重要依据。

施工图设计图纸应包括平面图、顶棚平面图、立面图、剖面图、详图和节点图。本篇内容从普通居室、别墅、酒店、办公空间等实际案例入手，讲解施工图绘制方法，理论结合实际、循序渐进，对室内设计施工图的绘制有一个全面清晰的了解。

任务　绘图前设置 AutoCAD 绘图环境

学习目标： 掌握绘图前 AutoCAD 绘图环境设置的方法。

应知理论： 图形界限、单位、图层、文字样式、标注样式、图形样板的设置方法。

应会技能： 能够掌握 AutoCAD 绘图环境设置的方法。

学习任务描述

设置绘图环境的主要内容有以下几点：

（1）设置图形界限　按所绘平面图的实际尺度和出图时的图纸幅面确定图形界限。建筑平面图的绘图比例常用的有 1∶20、1∶50、1∶100、1∶200。如：用 A3 图纸，1∶100 出图，故将图形界限的左下角确定为（0，0），右上角确定为（42000，29700）或者设置得更大一些。

（2）设置绘图单位　将长度单位的类型设置为小数，精度设置为 0，其他使用默认值。

（3）设置图层　为方便绘图，便于编辑、修改和输出，根据建筑平面图的实际情况，设置图层。

（4）设置文字样式。

（5）设置标注样式　设置绘图环境的执行方式有命令、工具栏选项或菜单。如图 2－0－1 所示利用格式菜单设置绘图环境。

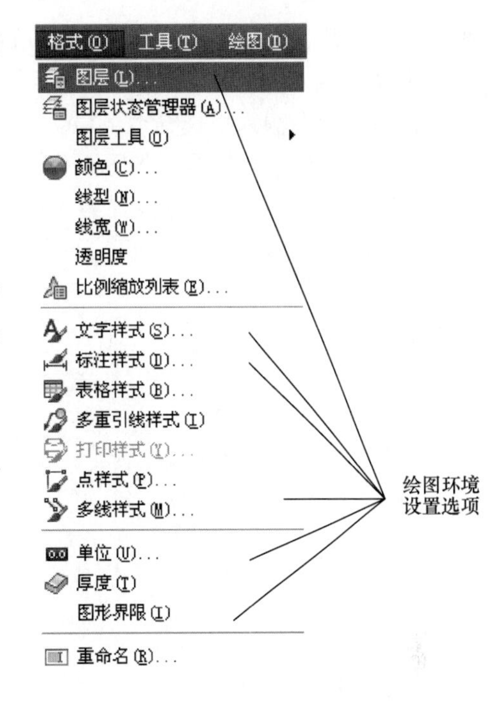

图 2－0－1　绘图环境的设置方式

一、设置图形界限

1. 功能

通过设置图形界限可调整模型空间绘图区域的大小。在绘制建筑施工图时，需要指定图形界限来确定图形环境的范围，并按照实际的单位绘制。

2. 执行方式

单击格式菜单中的图形界限或在命令行中输入命令：LIMITS。命令行提示信息如下：

命令：LIMITS。

重新设置模型空间界限：

指定左下角点或［开（ON）/关（OFF）］< 0，0 >：0，0

指定右上角点 <420，297 >：42000，29700。

命令：Z

指定窗口的角点，输入比例因子（nX 或 nXP），或者［全部（A）/中心（C）/动态（D）/范围（E）/上一个（P）/比例（S）/窗口（W）/对象（O）］<实时>：A

正在重生成模型。

二、设置绘图单位

1. 功能

我们绘制的所有图形对象都是根据图形单位景象测量的。在绘制图形之前，必须确定一个图形单位来表示实际图形的大小，并设置坐标、单位格式、精度等。

2. 执行方式

在命令行输入快捷命令 UN。将打开图形单位对话框，如图 2－0－2 所示。

在长度选项域类型中选择小数，精度为 0。在角度选项区域类型中选择十进制度数，在精度中选择 0。在插入比例中选项区域中选择毫米。

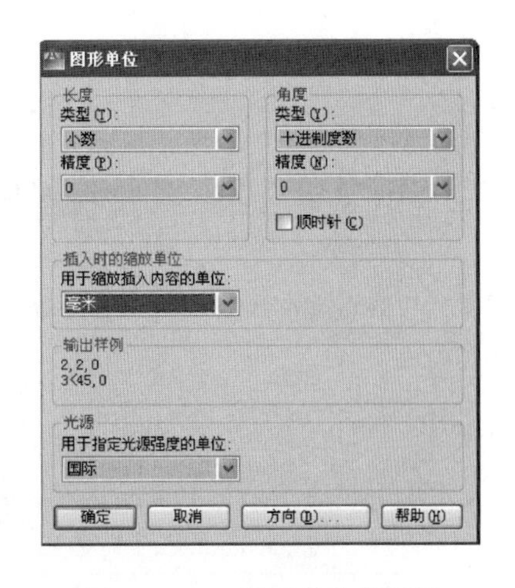

图 2－0－2　图形单位的设置

三、设置图层

1. 功能

根据图层中组织的信息以及执行线性、颜色等标准的设置而绘制图形。用户可在图层特性中编辑图形中的对象。通过创建图层，可将类型相似的图形对象制定给同一个图层并使其相关联。如，可以将构造线、轴线、门、窗、文字、标注等置于不同的图层上。

2. 执行方式

在命令行中输入快捷命令：LA。分别新建尺寸标注、窗、门、墙线、文字标注、编号标注、轴线、柱子等图层，如图 2-0-3 所示。其中轴线线型为 center，如图 2-0-4 和图 2-0-5 所示；墙线的线宽设置为 3.0，如图 2-0-6 所示。最终设置完成的图层管理器，如图 2-0-7 所示。

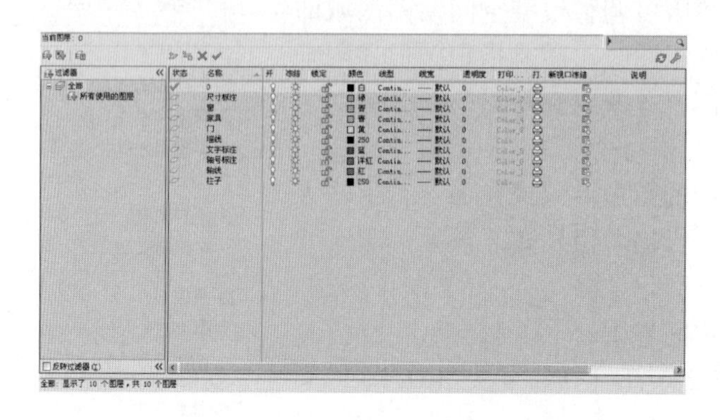

图 2-0-3　在图层特性管理器中新建图层

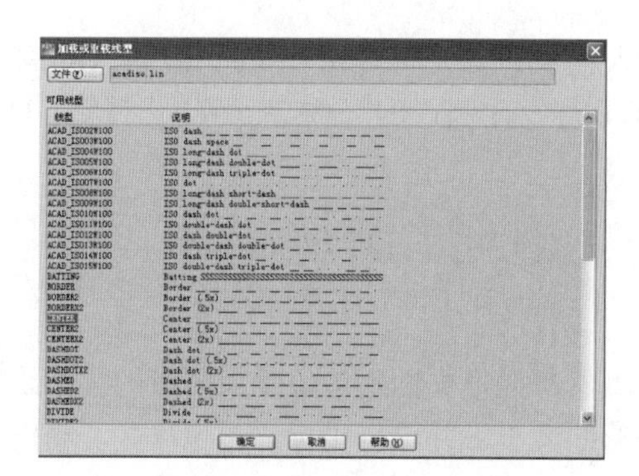

图 2-0-4　加载 center 线型

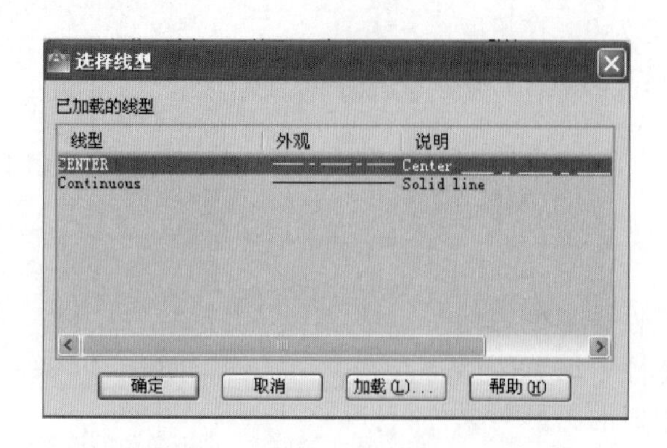

图 2-0-5　选择 center 线型为当前线型

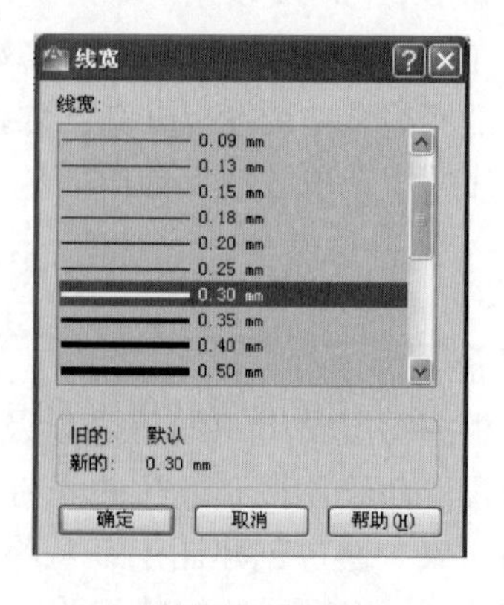

图 2-0-6　设置线宽

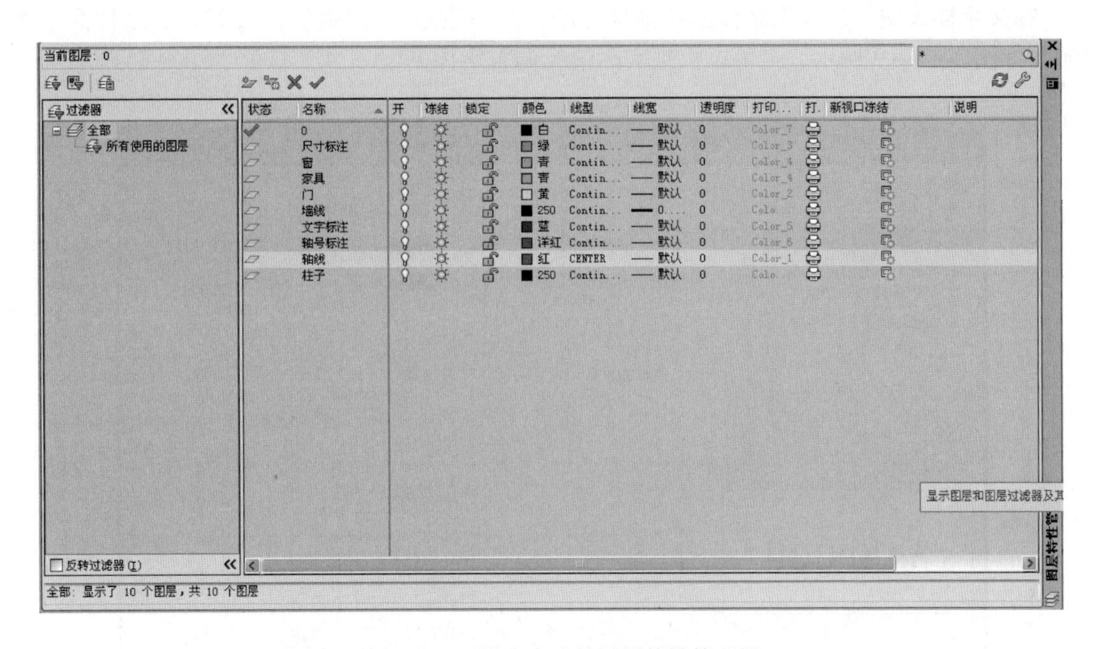

图 2-0-7　设置完成的图层特性管理器

四、设置文字样式

在系统中新建一个图形文件之后，系统将自动建立一个默认的 stands 文字样式，并且该样式会被自动引用。但是往往标准样式不能够满足需求，用户可使用文字样式命令来创建或修改其他的文字样式。

在命令行输入 ST，打开文字样式对话框并新建文字样式为文字标注。如图 2-0-8 所示。

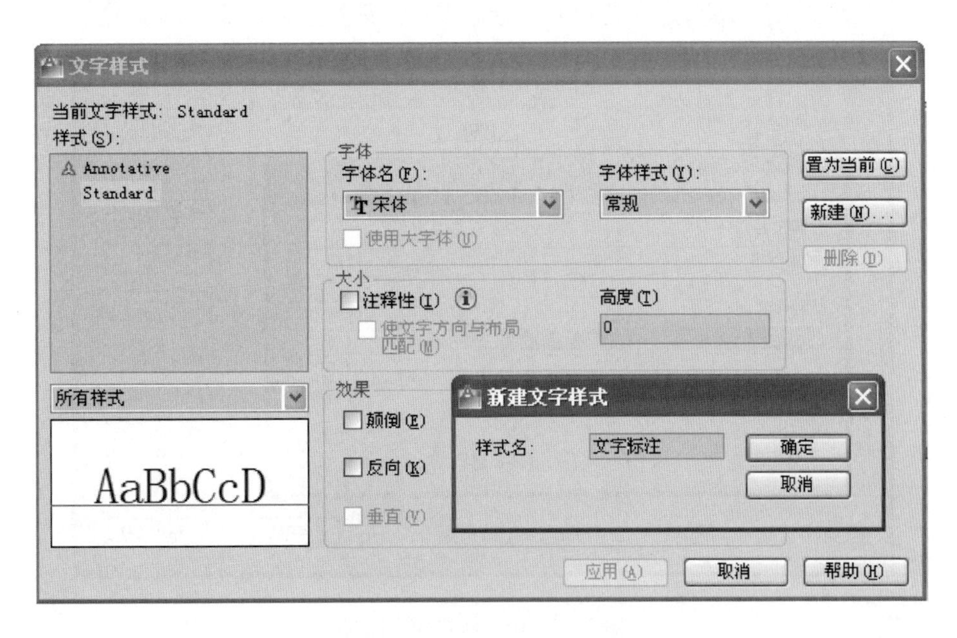

图 2-0-8　文字样式对话框

在文字样式中，建立文字标注和轴号标注样式。设置字体为仿体 GB2312、字体高度为 300，如图 2－0－9 所示。也可以根据实际情况调整字体高度。

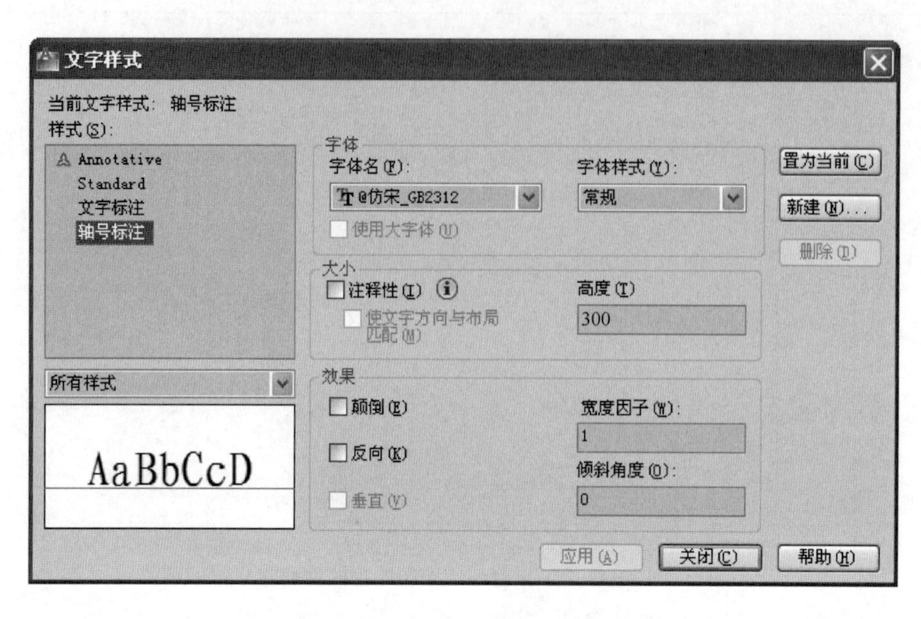

图 2－0－9　文字样式的设置

五、设置尺寸标注样式

输入快捷命令 D，打开标注样式管理器。新建基于 ISO－25 的标注样式，新样式名称为尺寸标注，如图 2－0－10 所示。

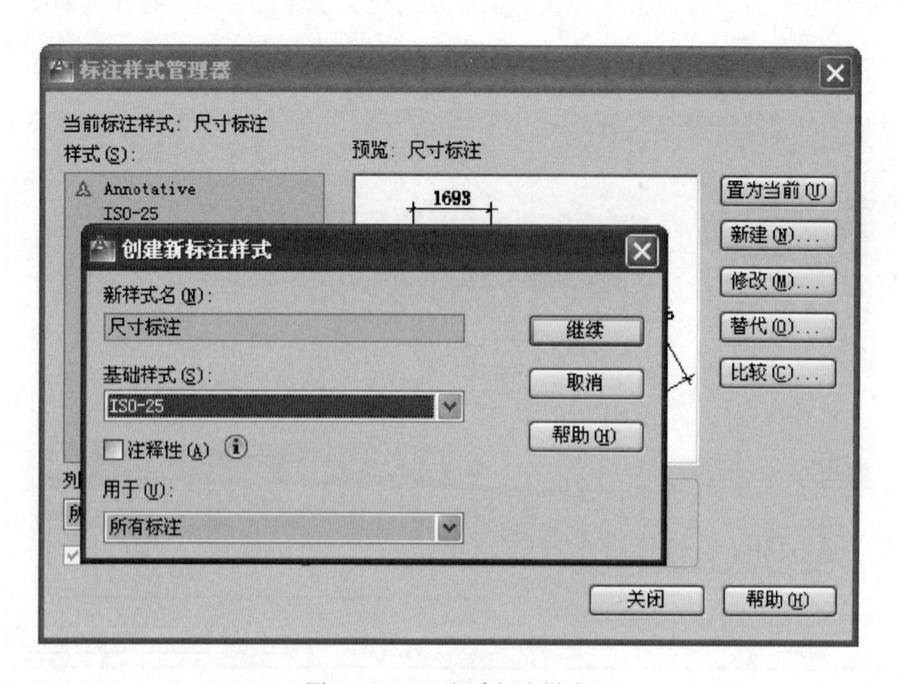

图 2－0－10　新建标注样式

在线的选项卡中，设置超出标记为150、超出尺寸线为150、起点偏移量为500，如图2-0-11所示。

在符号和箭头选项卡中，设置箭头的第一个和第二个都为建筑标记，箭头大小为150。如图2-0-12所示。

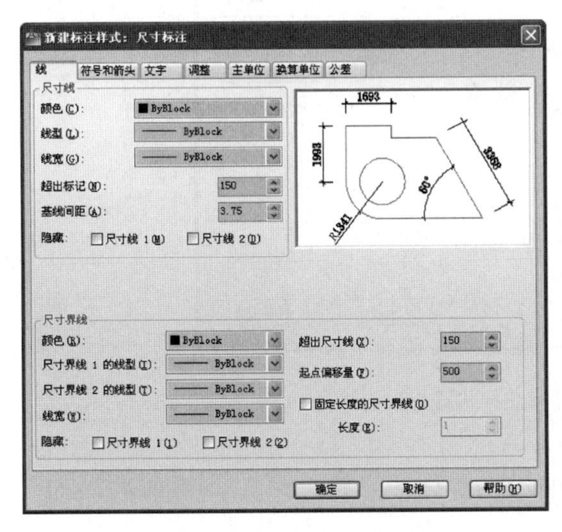

图2-0-11　线选项卡的设置

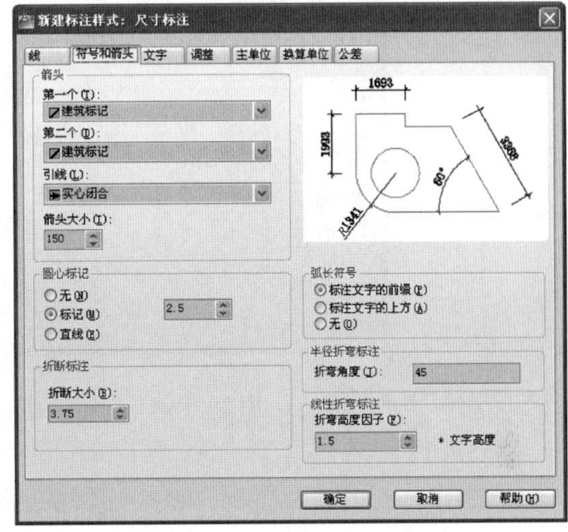

图2-0-12　符号和箭头选项卡的设置

在文字选项卡中，设置文字高度为300、从尺寸线偏移为100，如图2-0-13所示。

在主单位选项卡中，设置线性标注的单位格式为小数、精度为0，设置角度标注的单位格式为十进制度数、精度为0，如图2-0-14所示。

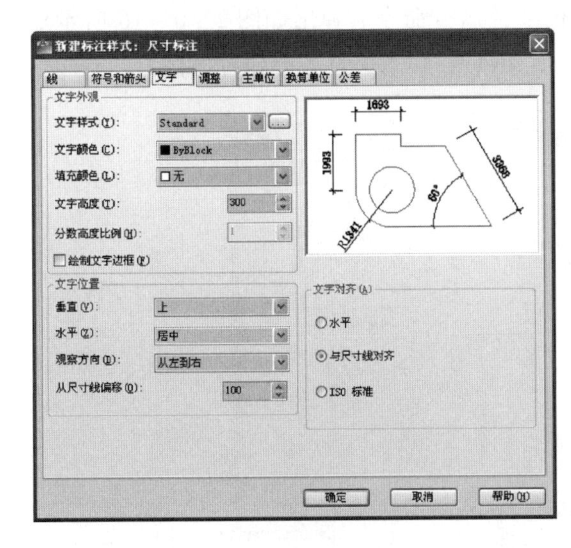

图2-0-13　文字选项卡的设置

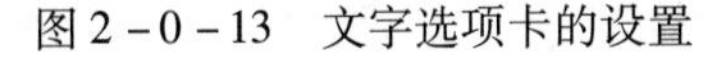

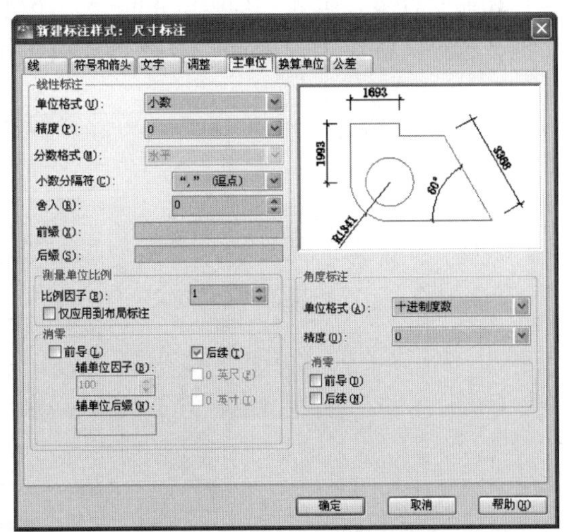

图2-0-14　主单位选项卡的设置

完成设置后将此标注样式，尺寸标注设置为当前并预览显示结果，如图2-0-15所示。同时，根据事实情况，可适当调整文字、箭头及尺寸线的大小。

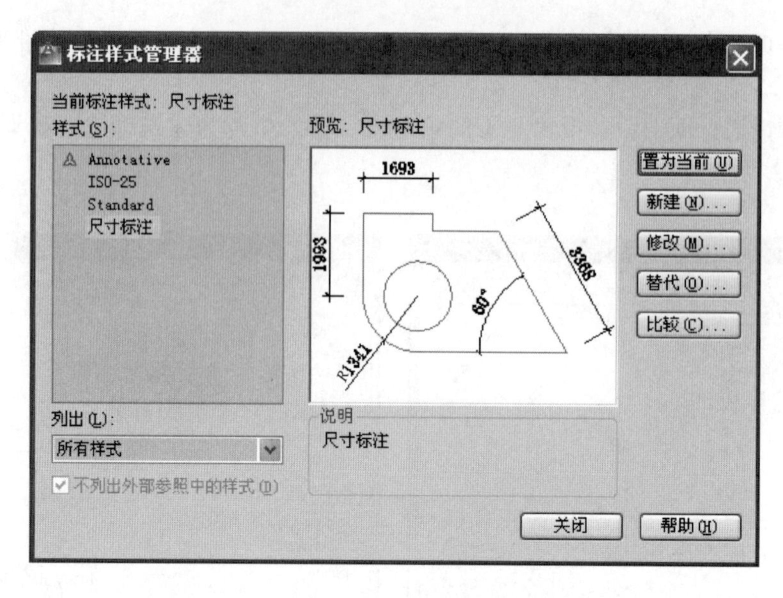

图 2-0-15　新建的尺寸标注样式置为当前样式

六、保存为图形样板文件

图形样板的创建方式在概述篇的内容中已经介绍过。通过样板创建新图形，可以避免一些重复性操作，如绘图环境的设置等。这样不仅能够提高绘图效率，还保证了图形的一致性。

当用户基于某一样板文件绘制新图形并以 . dwg 格式（AutoCAD 图形文件格式）保存后，所绘图形对原样板文件没有影响。

在命令行直接输入“Ctrl + Shift + S”组合命令，运行命令后弹出如图 2-0-16 所示对话框，选择文件类型为 AutoCAD 图形样板文件（* dwt），输入文件名称即可保存。

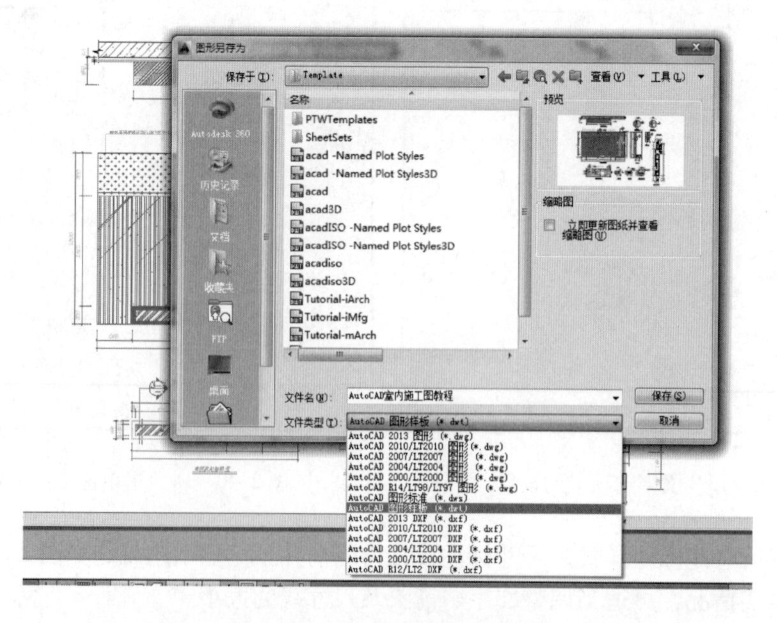

图 2-0-16　图形样板的保存

知识面拓展

图形样板的设置需要考虑哪些因素？

随堂练习：图形样板的设置练习

实践目的：了解图形样板的基本功能与作用，掌握图形样板设置的基本步骤和方法。

实践内容：图形样板的设置。

实践步骤：请使用设置一套适合自己作图习惯的图形样板，并进行保存，以备今后绘图使用。

模块一　普通居室施工图绘制

知识目标：能够读懂室内工程图纸内容；了解室内工程图特点；通过图纸对项目有基本了解。

技能目标：了解普通居室装修设计技巧，掌握室内基本户型图的绘制方法，掌握室内平面布置图的绘制方法，掌握室内顶棚图的绘制方法。

学习任务描述

案例分析

本案例所列举的是一套四室两厅一厨三卫的家装空间，装修面积约140m^2。该普通居室的设计委托方为某民营企业家，其喜欢中式传统文化，倾向于在设计中适当选择欧式元素。业主要求能够适合业主夫妻、父母以及孩子共同居住，还应当具有一定的办公和会客休闲区域。图2-1-1是设计师为委托方设计的欧式客厅。

图2-1-1　设计师为委托方设计的欧式客厅

室内住宅设计是根据住宅的使用性质、所处环境和相应标准，运用物质技术手段和设计原理，创造功能合理、舒适优美、满足人们物质和精神生活需要的居住环境，它是从建筑装饰设计中演变出来的，是对住宅内环境的再创造。主要针对人们居家环境做改造与设计。在设计原则上，用户注意遵循以下几点。

1. 功能性原则

对整套住宅进行设计的目的就是为了方便人们在这个空间中。自由舒适的活动，在进行空间布局时，其使用功能应与界面装饰，陈设和环境气氛相统一，在设计当中去除花哨的装饰，遵循功能至上的原则。

2. 整体性原则

住宅设计是基于建筑整体设计，对各种环境、空间要素的重整合和再创造，在这一过程中，个人意志的体现、个人风格的凸显以及个人创新的追求固然重要，但更重要的是将设计的艺术创造性和实用舒适性相结合，将创意构思的独特性和空间的完整性相结合，这是室内住宅设计最根本的要素。

3. 经济性原则

在对整套住宅进行设计时需考虑业主经济承受能力，要善于控制造价，并且还要创造出实用、安全、经济、美观的室内环境，这一点往往是一些入门设计师很难做到的。

4. 创新性原则

创新是设计的灵魂，这种创新不同于一般艺术创新的特点在于，只有将业主的意图与设计师的审美追求统一，并结合技术创新，将住宅空间的限制与空间创造的意图完美地统一起来，才是真正有价值的创新。

5. 环保性原则

尊重自然、关注环境、保护生态是生态环境原则的最基本内涵，使创造的室内环境与社会经济、自然生态、环境保护统一发展，使人与自然和谐、健康地发展是环保性原则的核心。

任务一　普通居室平面图的绘制

室内平面图是施工图纸中必不可少的一项内容，它能够反映出在当前户型中各空间布局以及家具摆放是否合理，并从中了解到各空间的功能和用途，下面将以四居室平面图为例，介绍如何绘制室内平面图的操作步骤。

一、绘制住宅原始户型图

在室内设计中，平面图分为几项，其中包括原始户型图、家具平面布置图、地面布置图、顶面布置图等。在进入制图程序时，首先要绘制原始户型图，因为只有了解原始户型图中的信息参数，才能够进行下一步制图操作，可以说原始户型图绘制的准确与否，会直接影响最终的效果。

（1）启动 AutoCAD 软件，点击“常用”选项卡的“图层特性”按钮，打开其相应的选项板，新建“轴线”图层，并设置其图层参数。如图 2－1－2 所示。

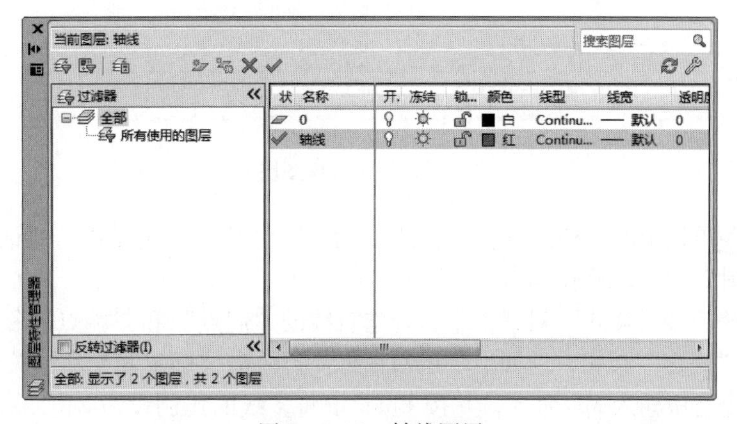

图 2－1－2　轴线图层

（2）双击该层，将其设置为当前层。执行“绘图 > 直线”菜单命令，按照现场测量的尺寸数据，绘制墙体轴线。如图 2 - 1 - 3 所示。

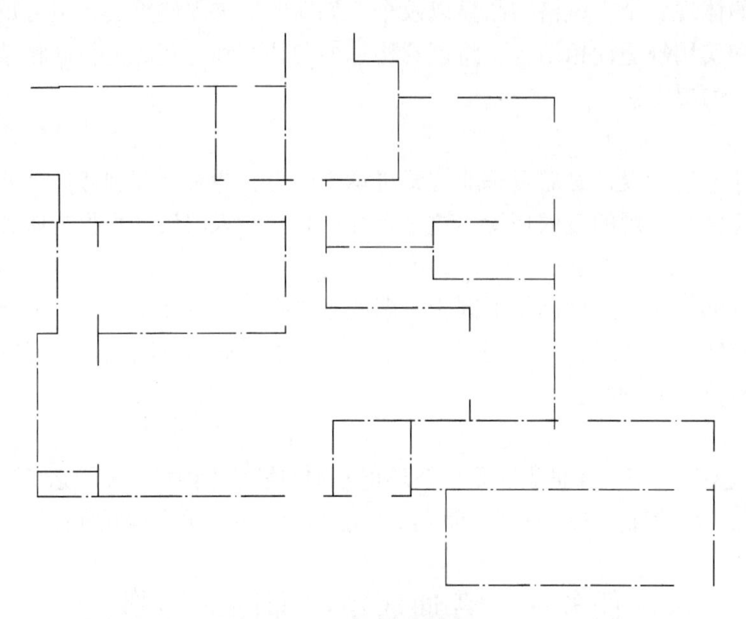

图 2 - 1 - 3　墙体轴线

（3）打开“图层特性”选项板，新建“墙体”图层，并设置其图层属性，双击该图层，将其设置为当前层。如图 2 - 1 - 4 所示。

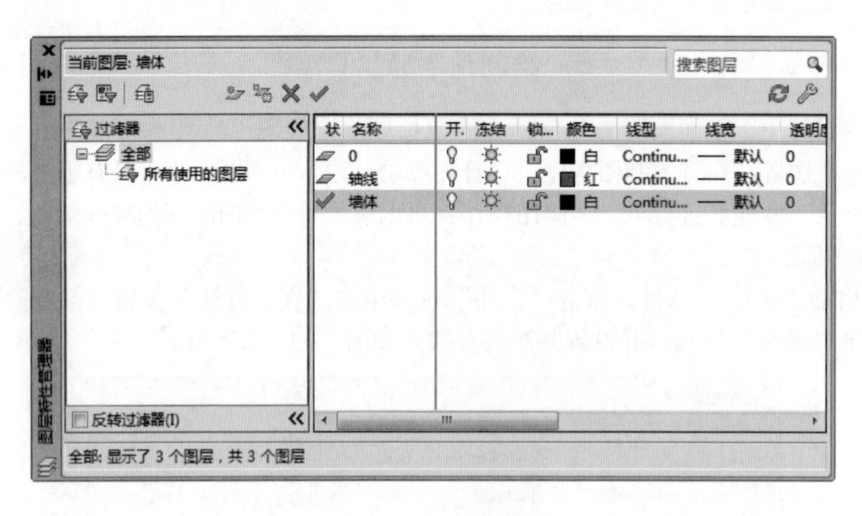

图 2 - 1 - 4　墙体图层

（4）执行菜单栏中的“格式 > 多线样式”命令，打开“多线样式”对话框，单击“修改”按钮。如图 2 - 1 - 5 所示。

（5）在“修改多线样式”对话框中，勾选直线的“起点”和“端点”复选框。

（6）单击“确定”按钮，返回上一层对话框。再单击“确定”按钮，关闭对话框。

（7）在命令行中输入 ML 命令，并按 Enter 键将多线的比例设为 240，对正设为无，然后沿着轴线方向，绘制外墙体线。如图 2-1-6 所示。

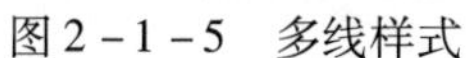

图 2-1-5　多线样式

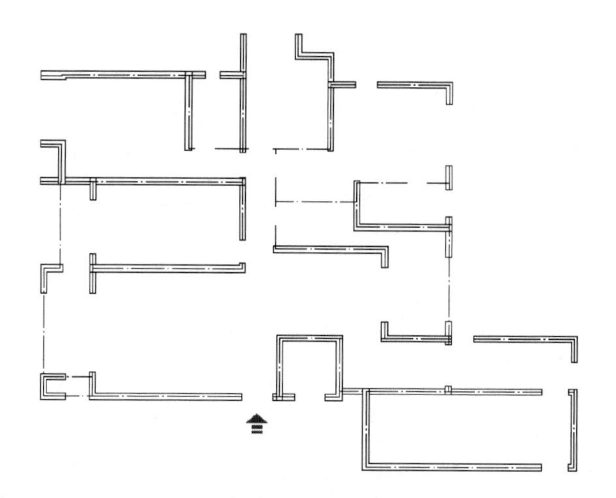

图 2-1-6　外墙体线

（8）双击两条多线相交点，打开“多线编辑工具”对话框，选择适合的修剪工具。如图 2-1-7 所示。

（9）选择完成后，在绘图区中选中两条相交的多线，即可将多线修剪。如图 2-1-8 所示。

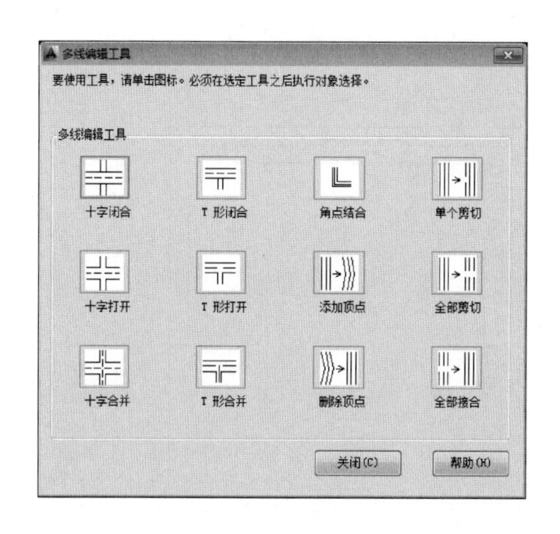

图 2-1-7　多线编辑工具

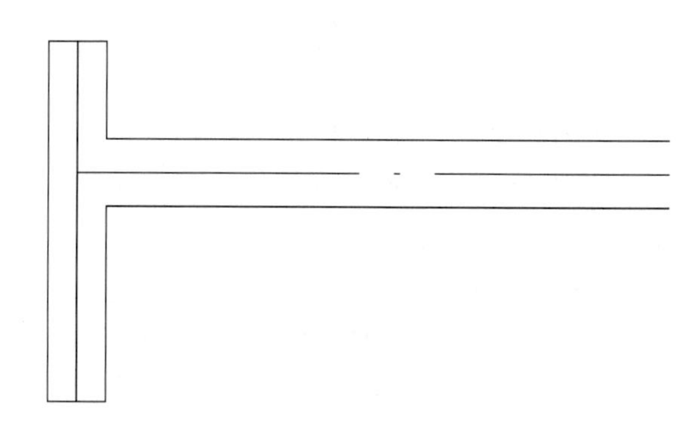

图 2-1-8　修剪多线

（10）按照同样的操作方法，对其余相交的多线进行修剪。

（11）再次运用“多线”命令，将多线比例设置为 140，对正为无，然后沿着内墙轴线绘制内墙体线。

（12）双击多线的相交点，在打开的“多线编辑工具”对话框中选择合适的修剪工具，对相交多线进行修剪。效果如图 2－1－9 所示。

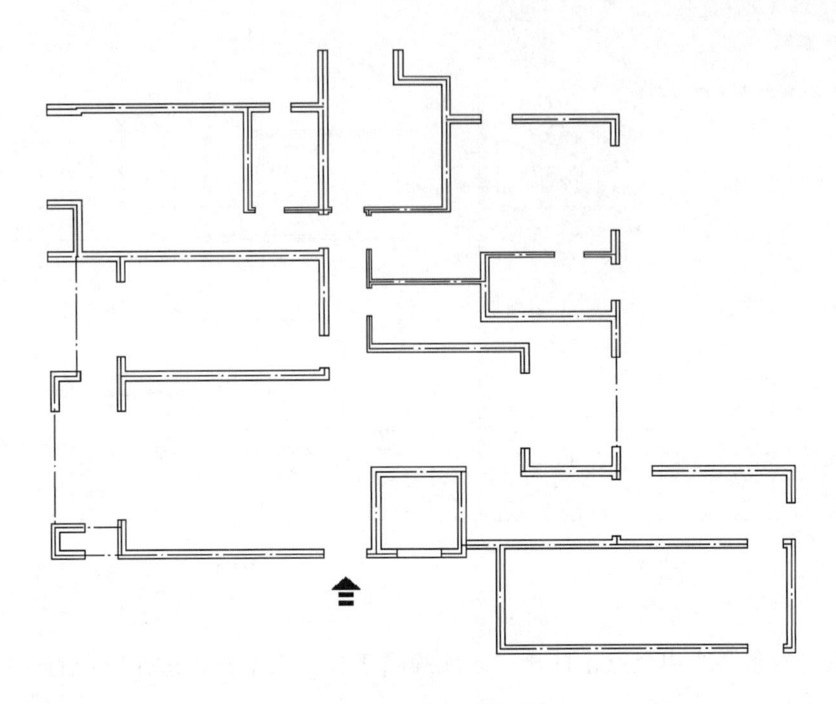

图 2－1－9　修剪多余线条

（13）单击“图层特性”按钮，新建“门窗”图层。设置其图层属性，双击该层，将其设置为当前层。

（14）执行“偏移”和“修剪”命令，绘制门口及窗户图形。

（15）执行“插入 > 块”菜单命令，将地漏、下水管、排污管等图块调入图形的合适位置。如图 2－1－10 所示。

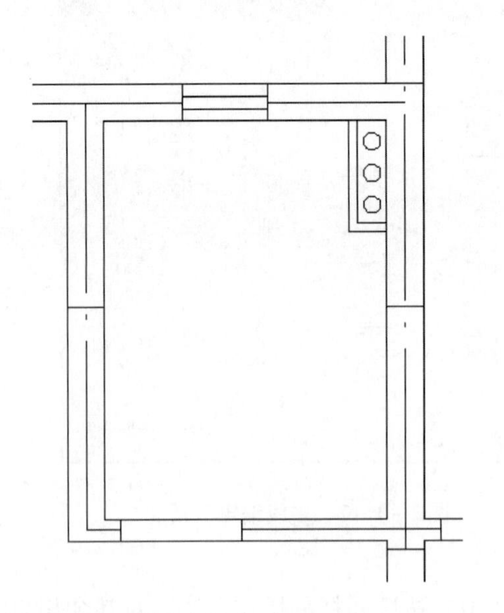

图 2－1－10　调入图块

（16）单击“图层特性”按钮，新建标注图层，并设置其图层属性。双击该图层，将其设置为当前层。

（17）执行“标注 > 标注样式”菜单命令，打开“标注样式管理器”对话框，单击“修改”按钮，根据需要对当前标注样式进行修改，如图 2－1－11 所示。修改完成后，单击“确定”按钮，返回上一层对话框。单击“置为当前”按钮，关闭对话框，完成标注样式的设置。

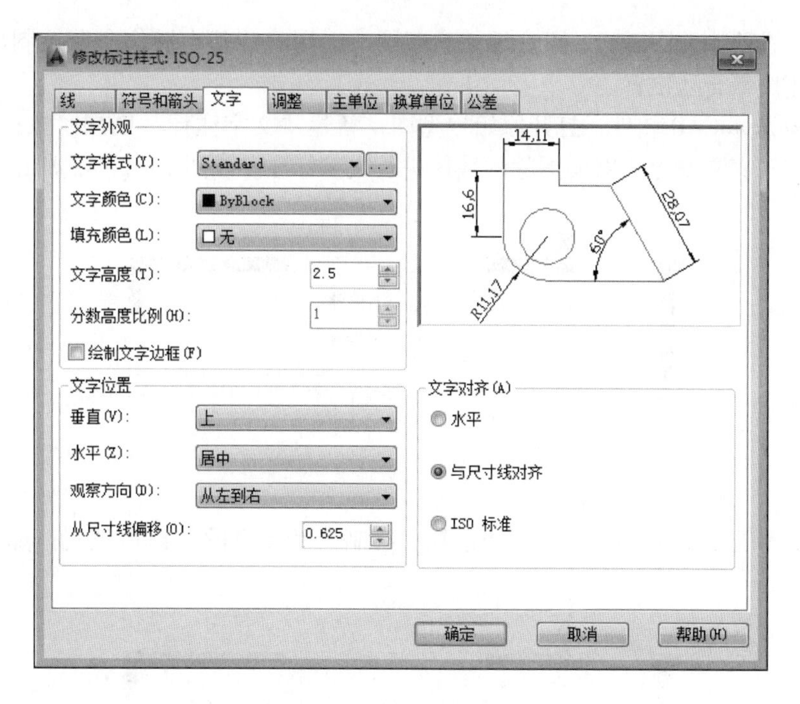

图 2－1－11　修改样注样式

（18）执行“标注 > 线性”菜单命令，以墙体轴线为标注基点，对当前户型图进行尺寸标注。至此，四居室原始户型图全部绘制完毕。如图 2－1－12 所示。

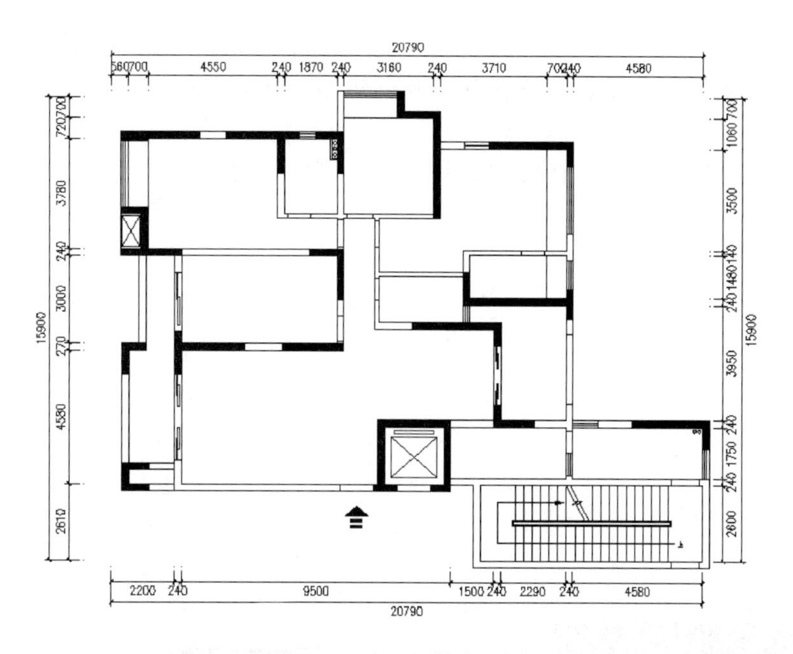

图 2－1－12　原始户型图

二、绘制住宅平面布置图

住宅的建筑平面图一般比较详细，通常采用较大的比例（如 1∶100，1∶50），并标实际的详细尺寸。在绘制该图纸时，可在原始户型图上运用一些基本操作命令绘制出家具图块，并合理放置于图纸合适位置。

（1）启动 AutoCAD 软件，打开原始户型图，新建“文字注释”图层，执行“绘图 > 文字 > 多行文字”菜单命令，对要拆除的墙体进行文字标注。如图 2－1－13 所示。

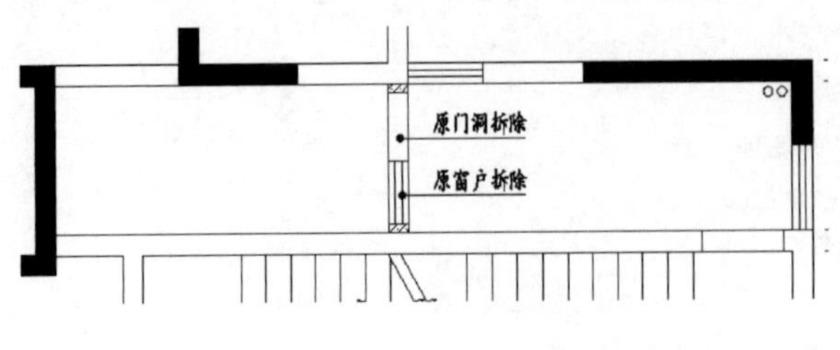

图 2－1－13　墙体文字标注

（2）双击该层，将其门窗设置为当前层，绘制出新建后的门窗口位置。如图 2－1－14 所示。

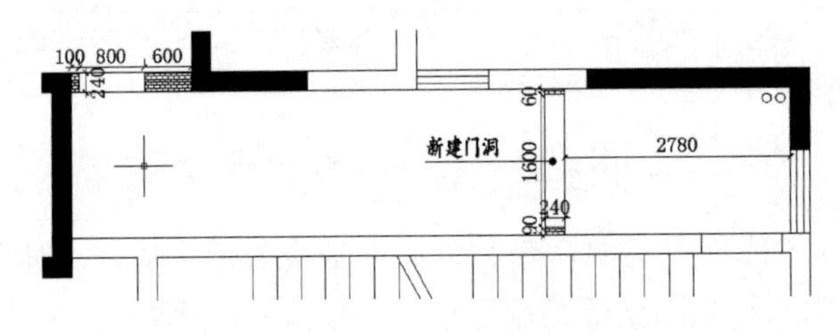

图 2－1－14　新建门窗

（3）执行“矩形”命令，绘制 800×40 的矩形，并放置在卧房门洞合适位置。如图 2－1－15 所示。

（4）执行“圆弧”命令，将卧房门图形进行旋转，绘制开门弧线。如图 2－1－16 所示。

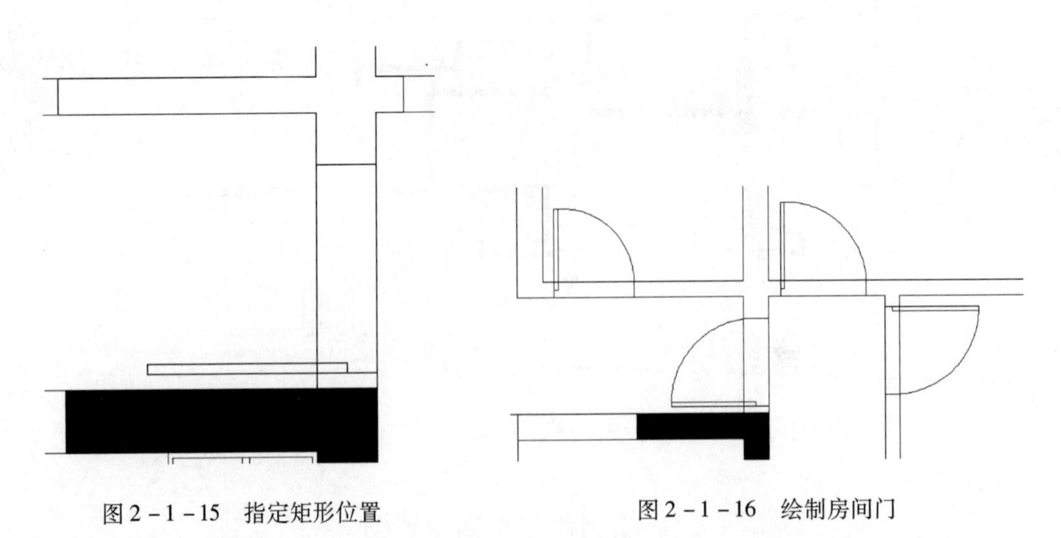

图 2－1－15　指定矩形位置　　　　图 2－1－16　绘制房间门

（5）执行“偏移”命令，将鞋柜轮廓向内偏移 20。执行“直线”命令，绘制鞋柜上的斜线。执行“插入>块”命令，将沙发，电视机图块放置在客厅合适位置。如图2－1－17所示。将桌椅、空调块调入到观景阳台合适位置。

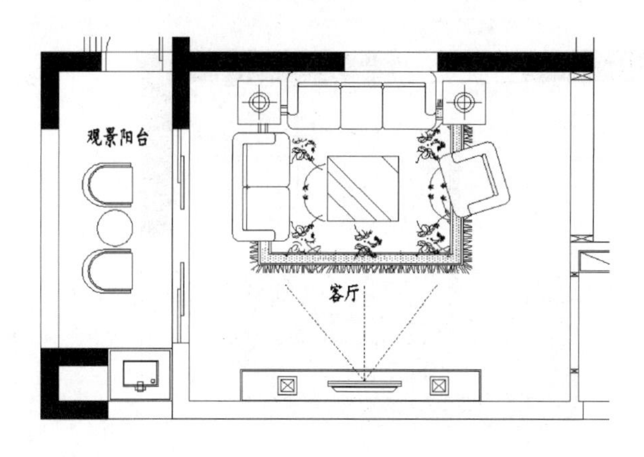

图2－1－17 插入块

（6）执行“矩形”和“偏移”命令，绘制如图2－1－18和图2－1－19所示书柜图形，并将其放置在合适位置。将书桌、电脑、椅子图块调入到茶室合适位置。将餐桌图块调入到餐厅合适位置，并执行“矩形”命令，绘制餐厅柜子。

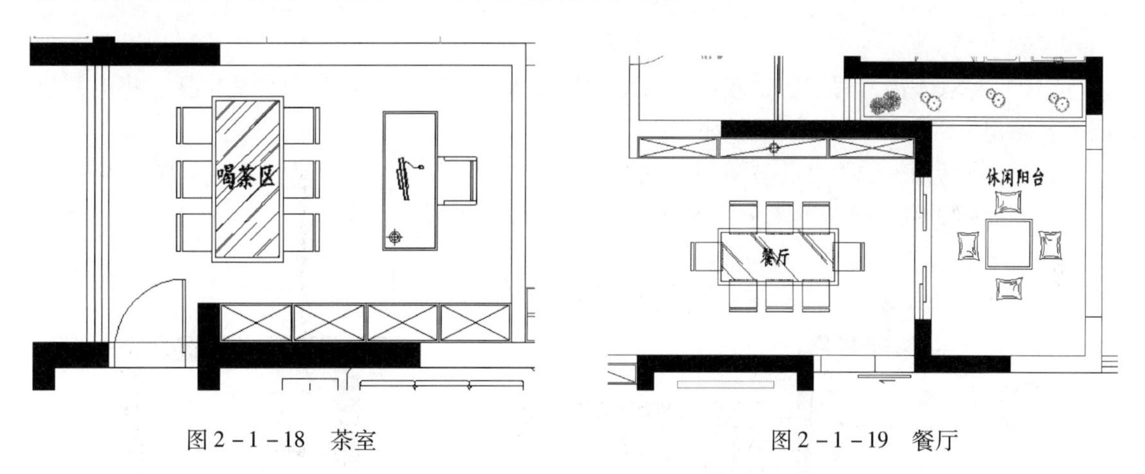

图2－1－18 茶室

图2－1－19 餐厅

（7）执行“直线”和“偏移”命令，绘制厨房橱柜图形，将洗菜池、燃气灶、冰箱等图块调入到厨房合适位置。如图2－1－20所示。

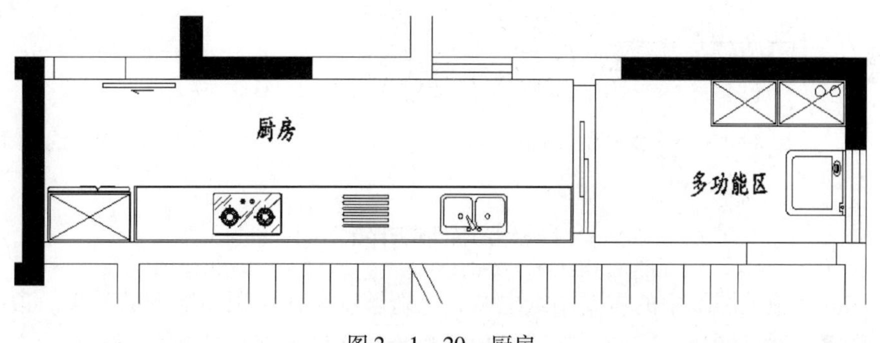

图2－1－20 厨房

（8）将双人床图块调入到卧室合适位置。如图 2－1－21 所示。

（9）将衣柜图块调入到衣帽间中。如图 2－1－22 所示。

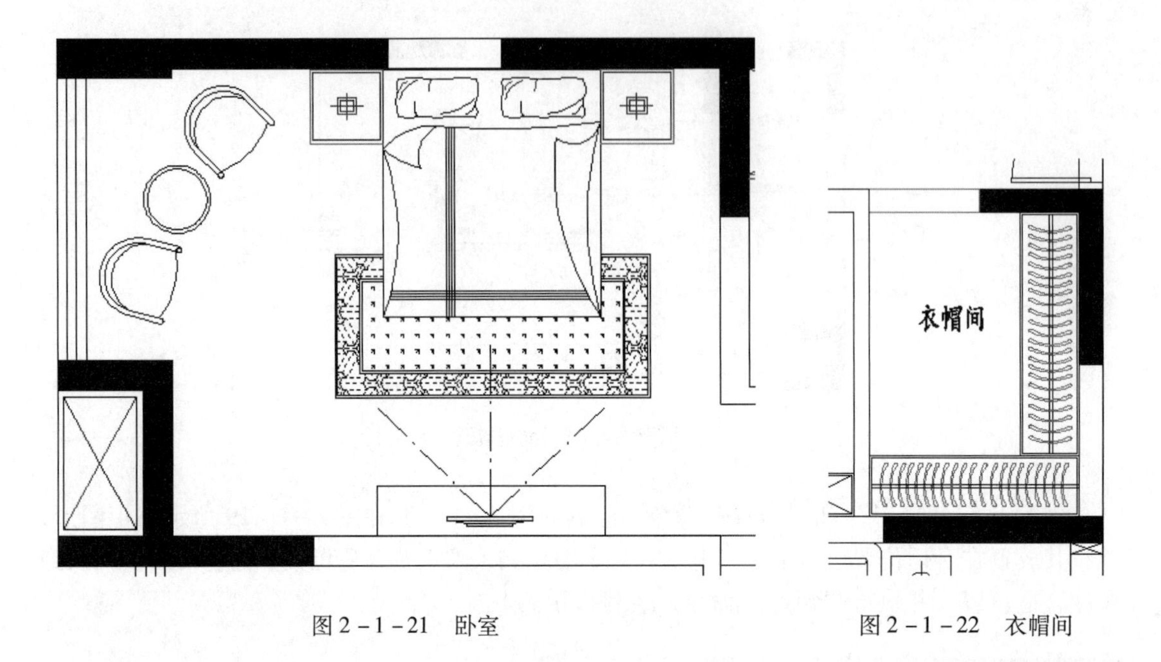

图 2－1－21　卧室　　图 2－1－22　衣帽间

（10）将双人床、写字台、座椅、衣柜图块调入到客卧与长辈房中合适位置。将电视机调入长辈房中。如图 2－1－23 所示。

（11）将马桶、洗手盆、淋浴柜、洗衣机等图块调入到洗手间合适位置。如图 2－1－24 所示。至此四居室平面布置图全部绘制完毕。如图 2－1－25 所示。

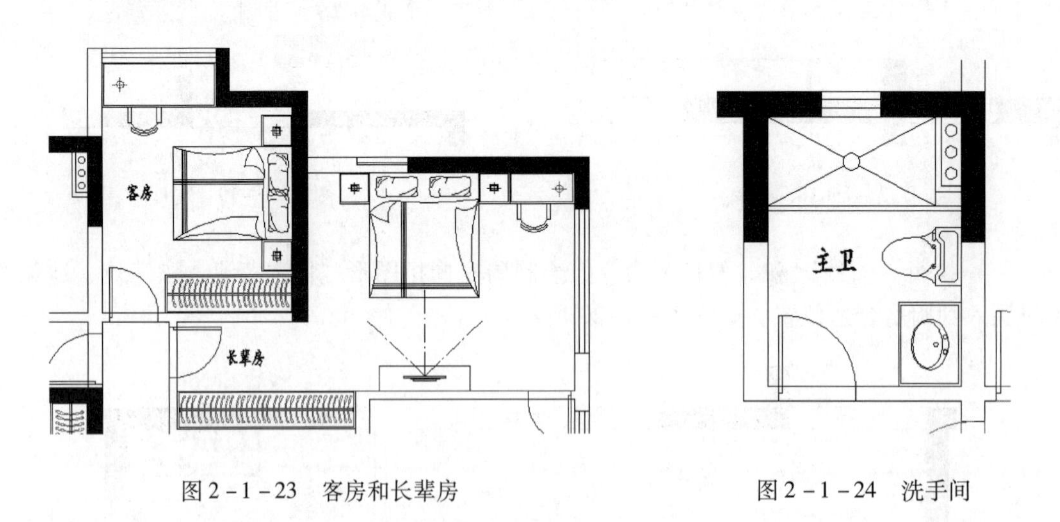

图 2－1－23　客房和长辈房　　图 2－1－24　洗手间

三、住宅顶棚图的设计

顶棚图也是施工图纸中的重要图纸之一，它能够反映住宅顶面造型的效果。顶面图通常由顶面造型线、灯具图块、顶面标高、吊顶材料注释及灯具列表等几种元素组成。

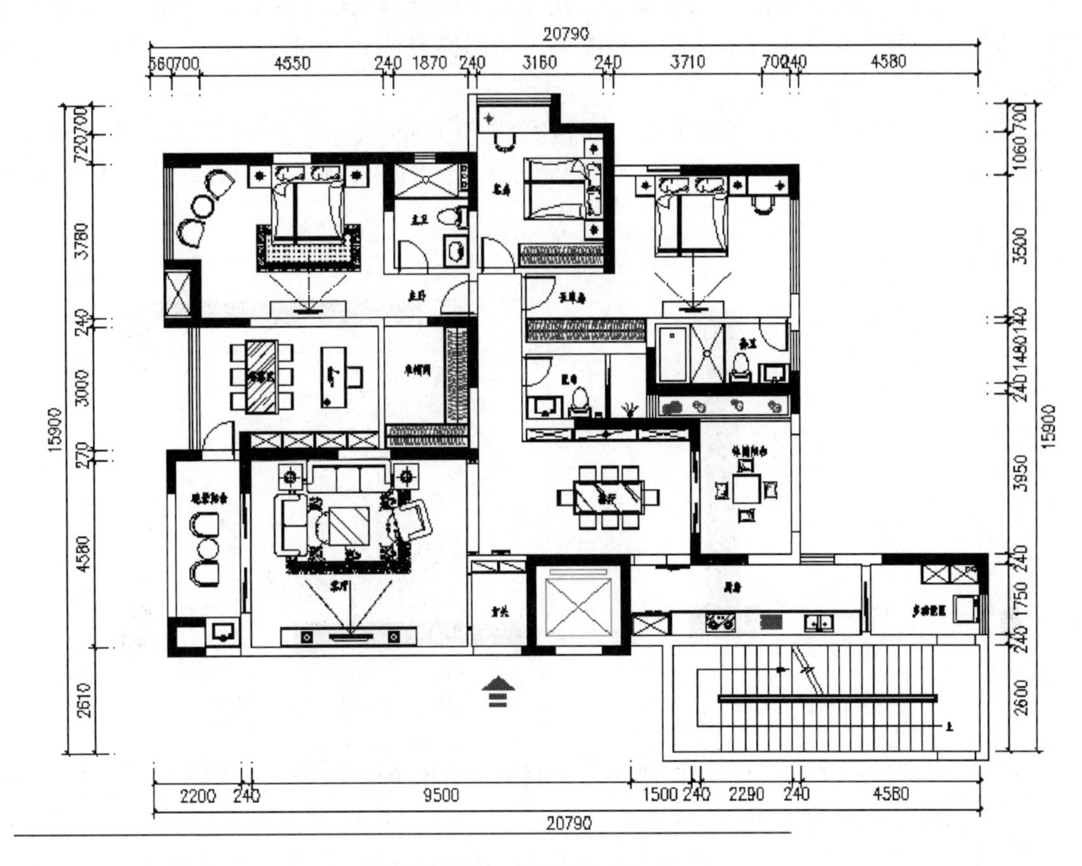

图 2-1-25　四居室平面布置图

(1) 对四居室平面图进行复制，并删除多余的家具图块。执行“绘图 > 直线”菜单命令，对门洞进行封闭。如图 2-1-26 所示。

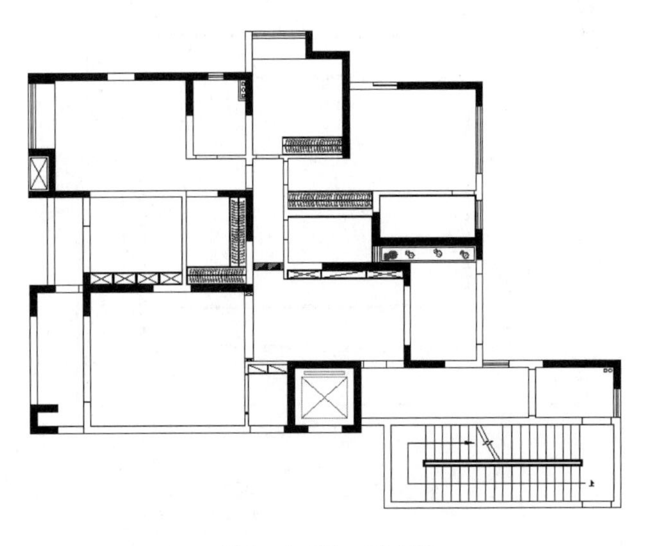

图 2-1-26　平面图

（2）执行“绘图 > 椭圆”菜单命令，在玄关顶面绘制长轴 1200mm、短轴 800mm 的椭圆。执行“偏移”命令，将偏移后的线段再向外偏移 50mm，绘制灯带线。如图 2－1－27 所示。

（3）选中灯带线，在命令行中输入 CH 命令并按 Enter 键。在“特性”选项板中将其线型设为虚线，颜色为红色。按照玄关顶棚绘制方法，绘制餐厅顶棚。如图 2－1－28 所示。

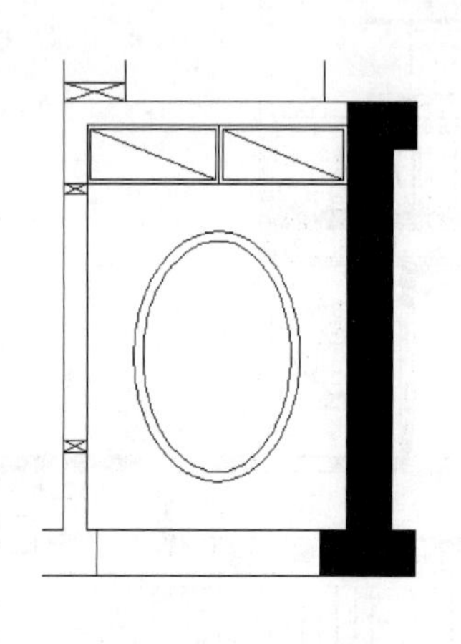

图 2－1－27　灯带

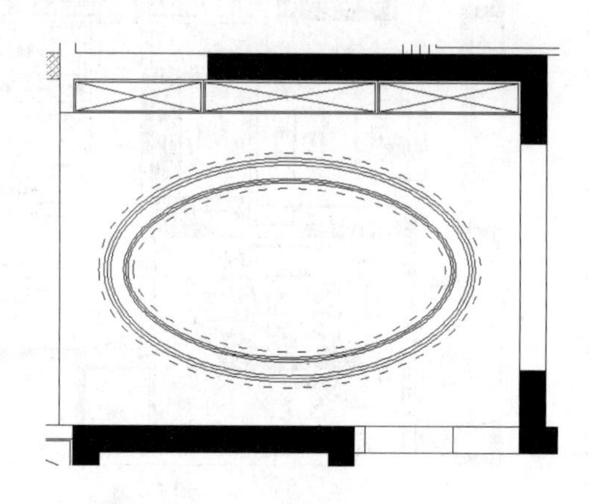

图 2－1－28　餐厅顶棚

（4）执行“直线”和“修剪”命令，绘制客厅吊顶轮廓线。执行“偏移”命令，将客厅吊顶线再次向内偏移 180mm，60mm，400mm，40mm。执行“修剪”命令，对其进行修剪。同样执行“偏移”命令，将吊顶轮廓线向内偏移 130mm，完成灯带线的绘制。执行“特性匹配”命令，更改客厅灯带线的线型。效果如图 2－1－29 所示。

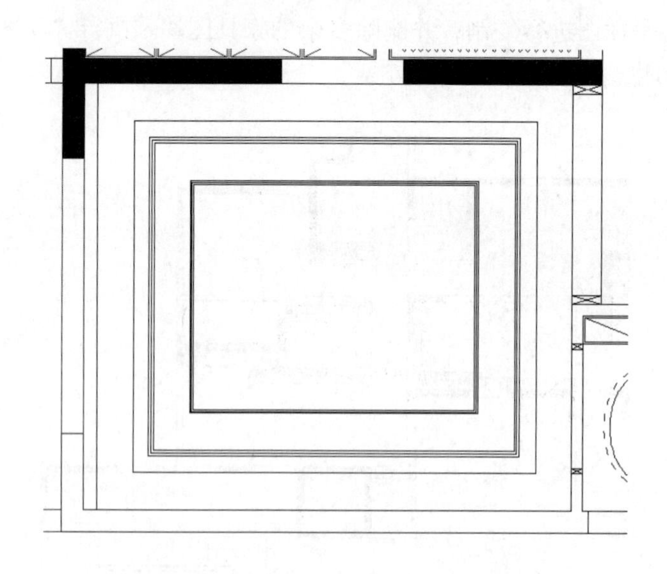

图 2－1－29　客厅吊顶

（5）按照客厅顶棚绘制方法，绘制其他房间顶棚。效果如图 2－1－30 所示。

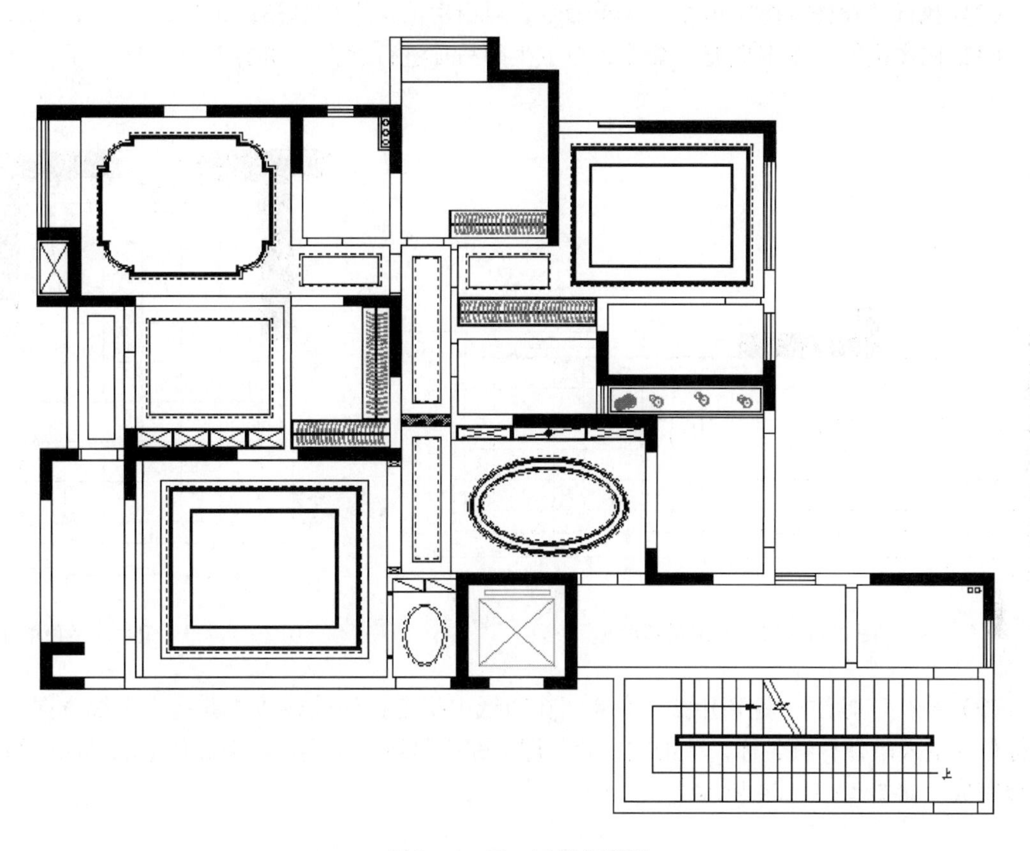

图 2－1－30　四居室顶棚

（6）执行“偏移”命令，绘制卫生间吊顶线。至此完成四居室顶棚造型的绘制。执行“插入 > 块”和“修改 > 复制”菜单命令，将灯具图块调入到图形的合适位置。完成四居室顶面灯具图的绘制。如图 2－1－31 所示。

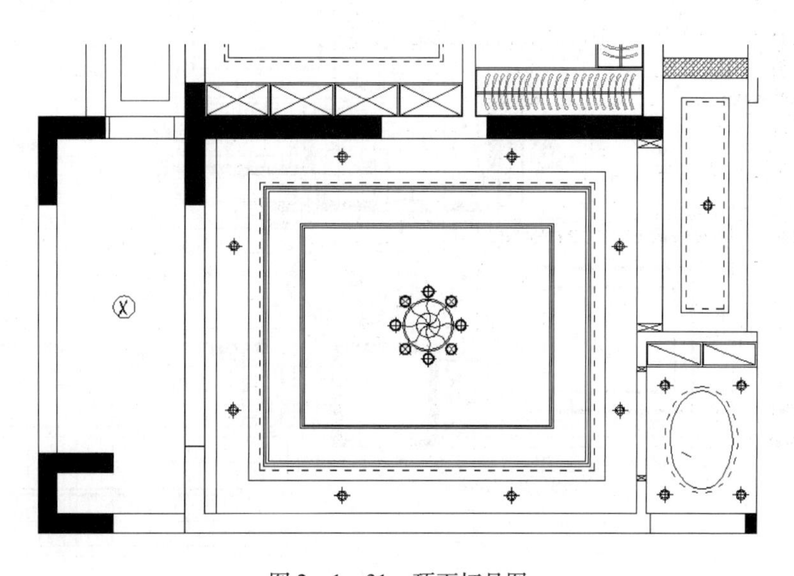

图 2－1－31　顶面灯具图

（7）执行“绘图 > 图案填充”菜单命令，对厨房吊顶进行填充，如图 2－1－32 所示。

（8）同样执行“图案填充”命令，对卫生间吊顶进行填充，如图 2－1－33 所示。

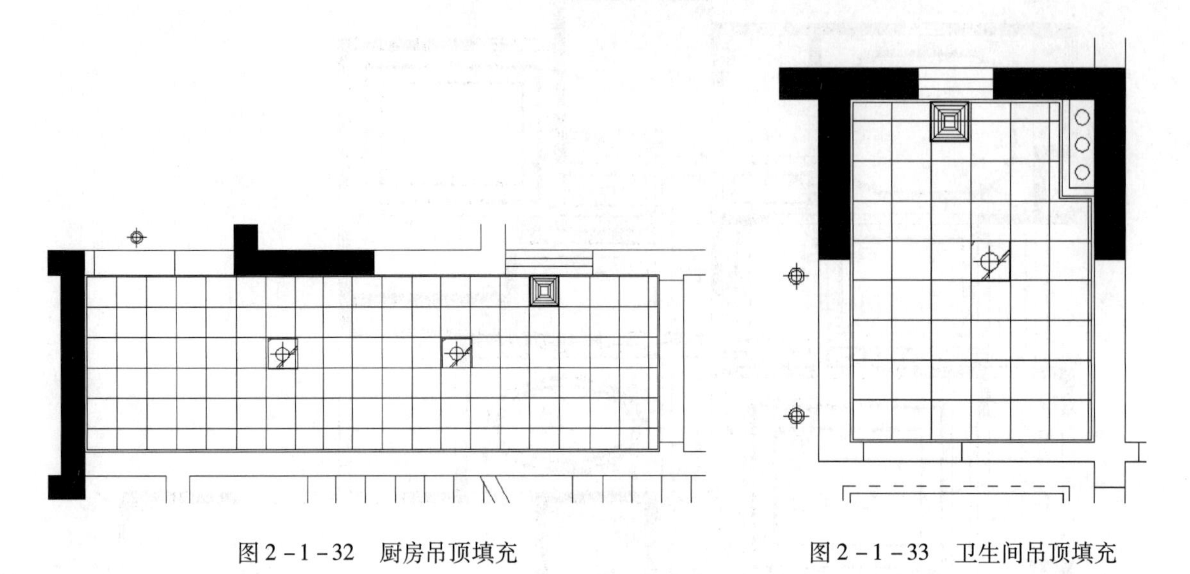

图 2－1－32　厨房吊顶填充　　　　图 2－1－33　卫生间吊顶填充

（9）执行“标注 > 多重引线”命令，在图纸中指定标注的位置，并指定引线方向。在光标位置输入吊顶材料名称，单击空白处，即可完成引线注释操作。至此住宅顶棚图的绘制全部完成。如图 2－1－34 所示。

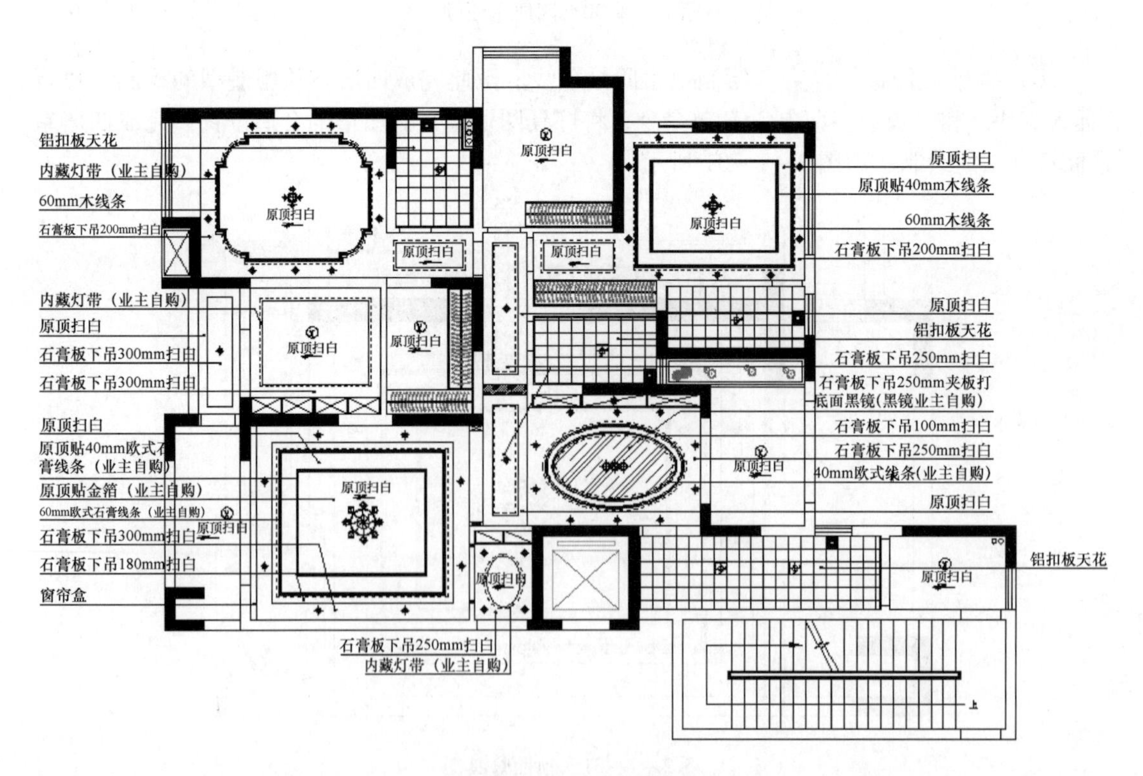

图 2－1－34　顶棚图

随堂练习：普通居室空间平面图的绘制

实践目的：了解并掌握普通居室平面图的绘制方法和步骤，掌握相关命令。

实践内容：平面布置图、天花布置图等图纸的绘制。

实践步骤：请根据上述方法和步骤，绘制出课本中的原建筑结构图。

知识面拓展

房屋测量的方法。实地测量一个家庭装修，绘制草图，并利用 AutoCAD 软件绘制出原建筑结构图。

任务二　普通居室立面图的绘制

立面图是一种与垂直界面平行的正投影图，它能够反映室内垂直界面的形状，装修做法及其上的陈设，是一种很重要的图样。

装饰立面图是将建筑物装饰的外观墙面或内部墙面向铅直的投影面所做的正投影图。装饰立面图主要反映墙面的装饰造型、饰面处理以及剖切吊顶顶棚的断面形状、投影到的灯具等内容。

（一）住宅立面图的图示内容

绘制装饰立面图有利于进行墙面装饰施工和墙面装饰物的布置等工作。若要设计和绘制完整的装饰立面图，要包含以下图示内容：

（1）墙面装饰造型的构造方式、装饰材料、陈设、门窗造型等。

（2）墙面所用设备和附墙固定家具位置、规格尺寸等。

（3）顶棚的高度尺寸及其叠级造型（凹进或凸出）的构造关系和尺寸。

（4）墙面与吊顶的衔接、收口方式等。

（5）相对应的本层地面的标高，标注地台、踏步的位置尺寸。

（6）图名、比例、文字说明、材料图例、索引符号等。

（二）识读住宅立面图

要辨别不同的装饰立面图，应用与之相配的平面布置图进行对照，根据室内立面索引符号找出相对应的立面图。

1. 立面图识读

（1）识读图名、比例、和平面布置图进行对照，找到相对应的立面图。

（2）和平面布置图进行配合，了解室内家具、陈设等立面造型。

（3）根据图中尺寸、文字说明，了解室内家具、陈设等规格尺寸、装饰材料。

（4）熟悉内墙面的装饰造型的式样、饰面材料、施工工艺、色彩等。

（5）了解顶棚的断面形式和高度尺寸。

（6）注意其内的详图索引符号，通过索引符号及剖切符号尺页对应的详图，进一步了解细部构造做法。

2. 展开立面图的识读

（1）可以利用内墙展开立面图来识读一个房间的所有墙面的装饰内容。

（2）粗实线绘制连续墙面的外轮廓、面与面转折的阴角线以及内墙面、顶棚等的轮廓。

（3）细实线绘制家具、陈设等的立面造型。

（4）若要区别墙面位置，可在图的两端和阴角处标注与平面图一致的轴线编号。

（5）标注尺寸、标高以及文字说明。

3. 住宅立面图的绘制方法

在绘制住宅立面图时，要按照以下方法进行绘制，避免遗漏。

（1）结合平面图，选取比例，确定图纸幅面。

（2）绘制建筑结构、轮廓线等。

（3）绘制上方顶棚的剖面线及可见轮廓。

（4）绘制室内家具、设备等。

（5）文字标注墙面的装饰面材料、色彩等。

（6）标注尺寸以及相关的详图索引符号、剖切符号等。

（7）书写图名、比例等。

一、绘制客厅电视背景墙立面图

（1）启动 AutoCAD 软件，选择“格式 > 单位”命令，弹出“图形单位”对话框，将“长度单位类型”设置为“小数”，“精度”设置为“0.000”。如图 2－1－35 所示。

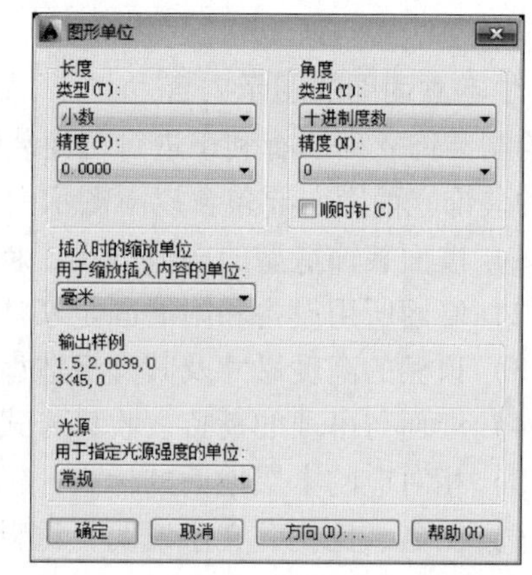

图 2－1－35　设置单位

（2）点击“常用”选项卡的“图层特性”按钮，打开其相应的选项板，新建“轮廓线、文本、标注、背景、细节”等图层，并设置其图层参数。

（3）选择“格式 > 文字样式”命令，弹出“文字样式”对话框，单击“新建”按钮，弹出“新建文字样式”对话框，设置样式名、字体、高度后单击“应用”按钮。

（4）选择“格式 > 标注样式”命令，弹出“标注样式管理器”对话框，单击“新建”按钮，弹出“创建新标注样式”对话框，设置各选项卡中相关参数。

（5）将“轮廓线”图层置为当前图层，执行“绘图 > 直线”命令绘制背景墙轮廓线，使用“偏移”和“修剪”命令绘制出踢脚线和天花层，并将偏移的图线转换为“背景”图层。将“背景”图层置为当前层，使用“矩形”和“偏移”命令绘制出背景墙图框。如图 2－1－36 所示。

（6）使用“图案填充”命令对背景墙指定的封闭区域进行图案的填充。将“细节”图层置为当前层，使用“插入块”命令，插入电视、立面电视柜、壁灯等图块到合适位置。如图 2－1－37 所示。

（7）将“文本”图层置为当前图层，使用“格式 > 多重引线”对图形进行多重引线文本的标注。将“标注”图层置为当前图层，使用“线性标注”和“连续标注”对其立面进行标注。至此，客厅电视背景墙立面图绘制完成。如图 2－1－38 所示。

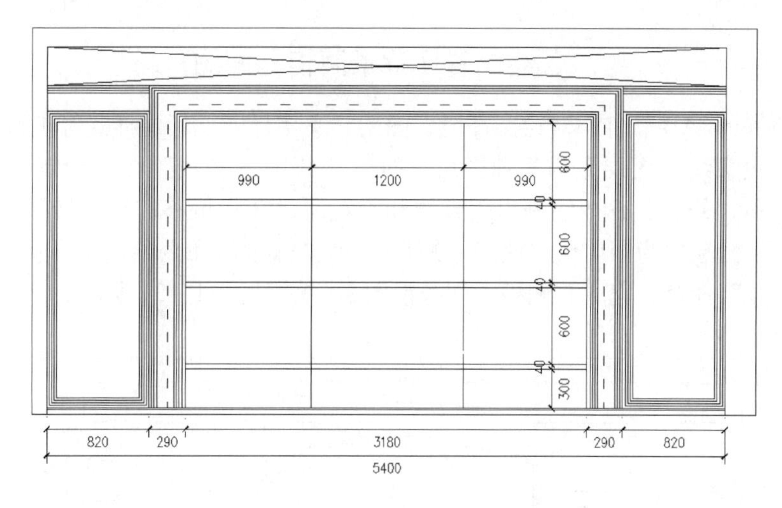

图 2－1－36　背景墙

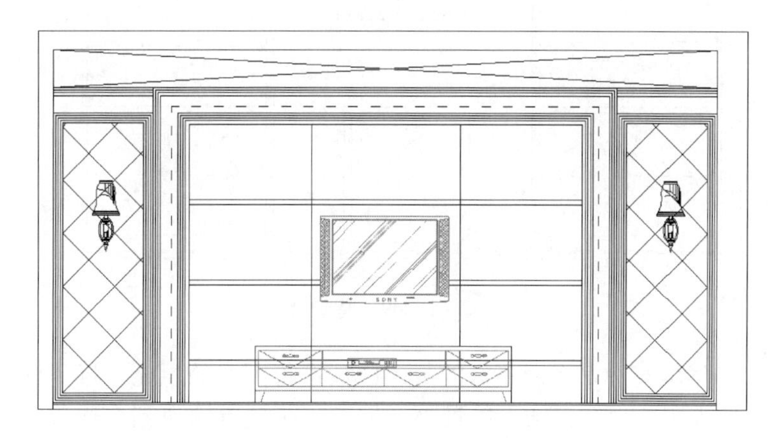

图 2－1－37　插入图块

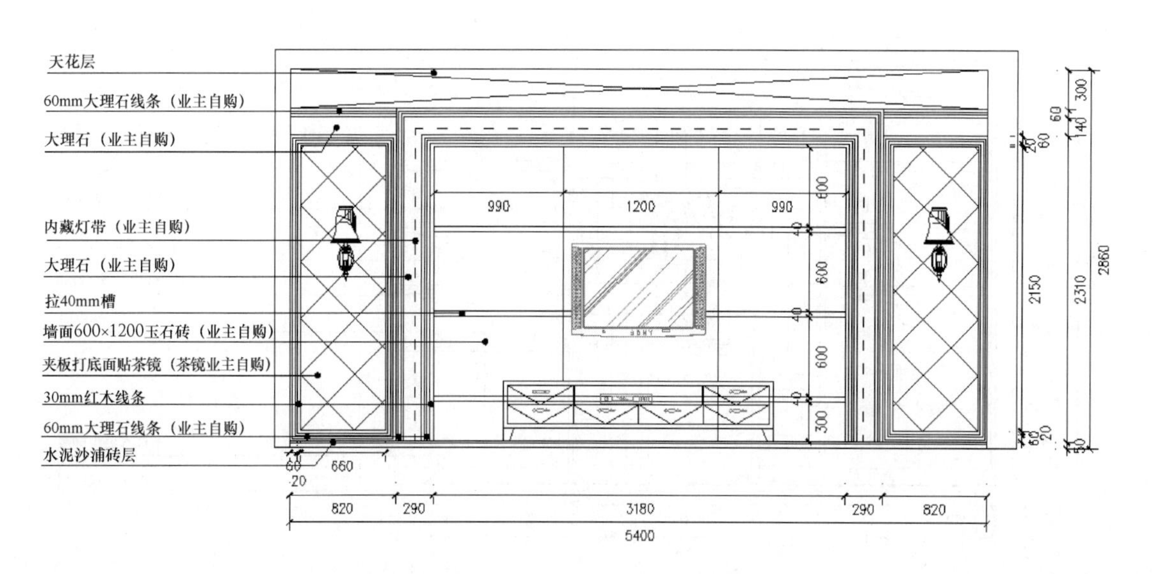

图 2－1－38　客厅电视背景墙立面图

二、绘制餐厅背景酒柜立面图

（1）启动 AutoCAD 软件，对绘图环境、图层、文字样式、标注样式等进行设置。

（2）将“轮廓线”图层置为当前图层，执行“绘图 > 直线”命令绘制背景墙轮廓线，使用“偏移”和“修剪”命令绘制出踢脚线和天花层，并将偏移的图线转换为“背景”图层。将“背景”图层置为当前层，使用“矩形”和“偏移”命令绘制出左侧柜子和茶镜图案。使用“镜像”命令，完成右侧柜子和茶镜图案。如图 2－1－39 所示。

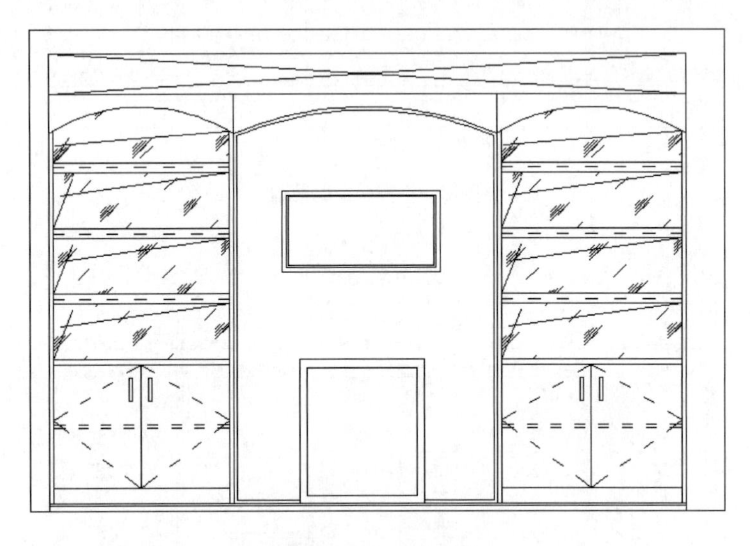

图 2－1－39　背景墙

（3）使用“图案填充”命令对指定的封闭区域进行图案的填充。将“细节”图层置为当前层，使用“插入块”命令，插入风景画、吊灯、花盆等图块到合适位置。对图形进行文字标注和引线标注。至此，餐厅背景酒柜立面图绘制完成。如图 2－1－40 所示。

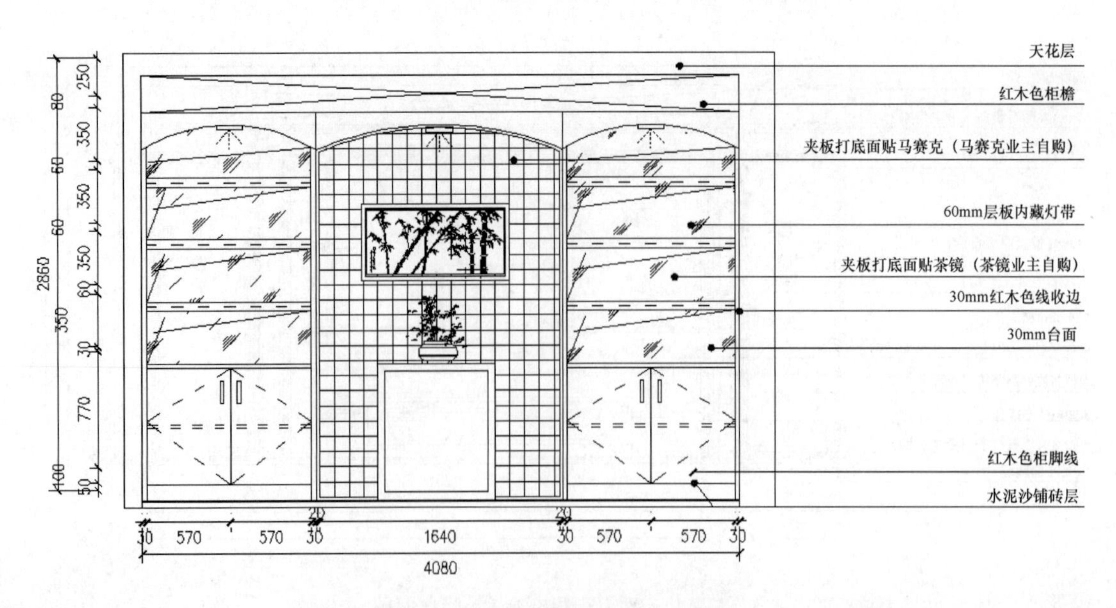

图 2－1－40　餐厅背景酒柜立面图

三、绘制主卧床头背景立面图

（1）启动 AutoCAD 软件，对绘图环境、图层、文字样式、标注样式等进行设置。

（2）将“轮廓线”图层置为当前图层，执行“绘图 > 直线”命令绘制背景墙轮廓线，使用“偏移”和“修剪”命令绘制出踢脚线和天花层，并将偏移的图线转换为“背景”图层。将“背景”图层置为当前层，使用“矩形”和“偏移”与“镜像”命令绘制出背景图案。使用“图案填充”命令对指定的封闭区域进行图案的填充。如图 2－1－41 所示。

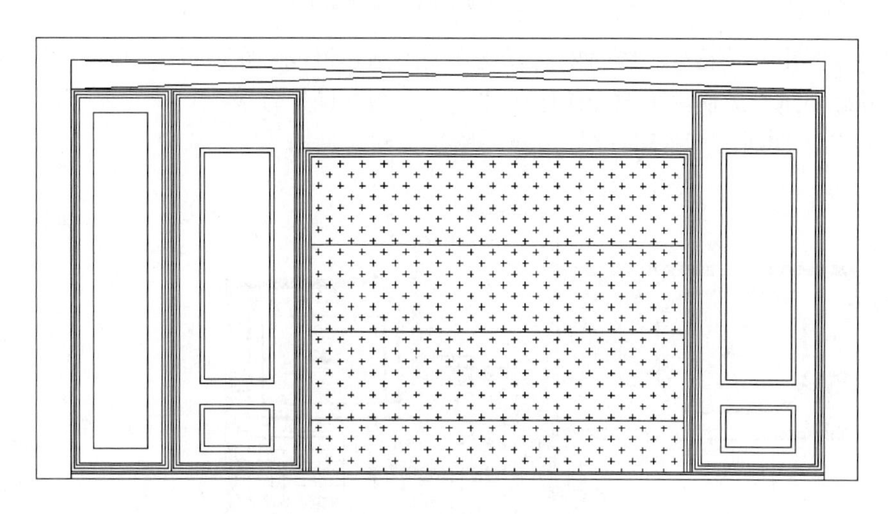

图 2－1－41　背景立面并填充图案

（3）将“细节”图层置为当前层，使用“插入块”命令，插入壁灯图块到合适位置。对图形进行文字标注和引线标注。至此，主卧床头背景立面图绘制完成。如图 2－1－42 所示。

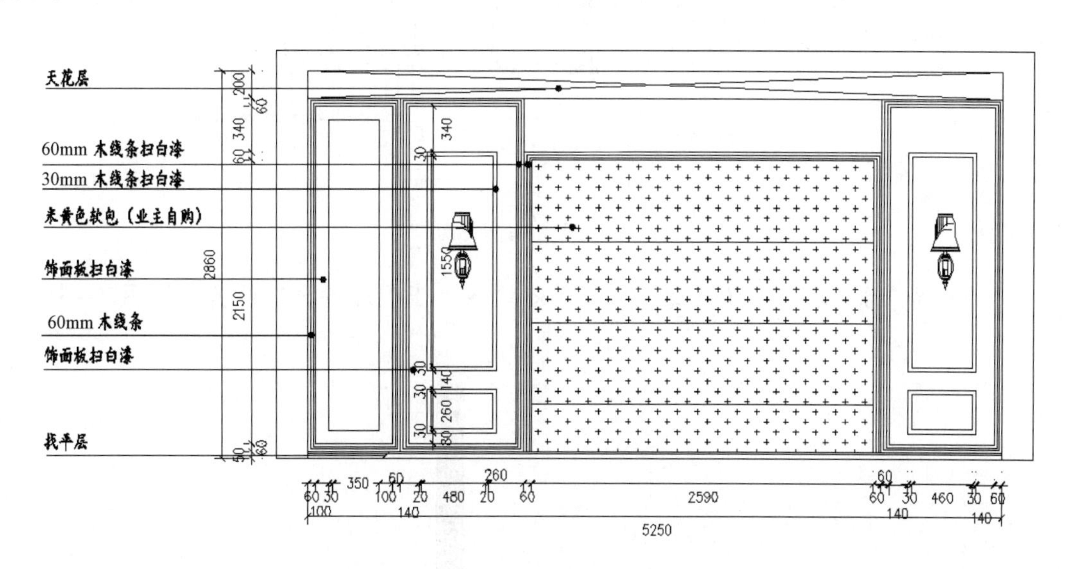

图 2－1－42　主卧床头背景立面图

四、设计练习

自己设计一个电视墙的立面图和一个卧室立面图。

任务三 普通居室结构详图的绘制

一、绘制住宅电路图

室内电路图由开关符号、线路走向以及开关图例表组成。在进行绘制时，用户可在原有平面图的基础上进行绘制。下面介绍绘制住宅电路图的操作方法。

（1）打开“四居室灯具布置图·dwg”原始文件，见图 2－1－43。

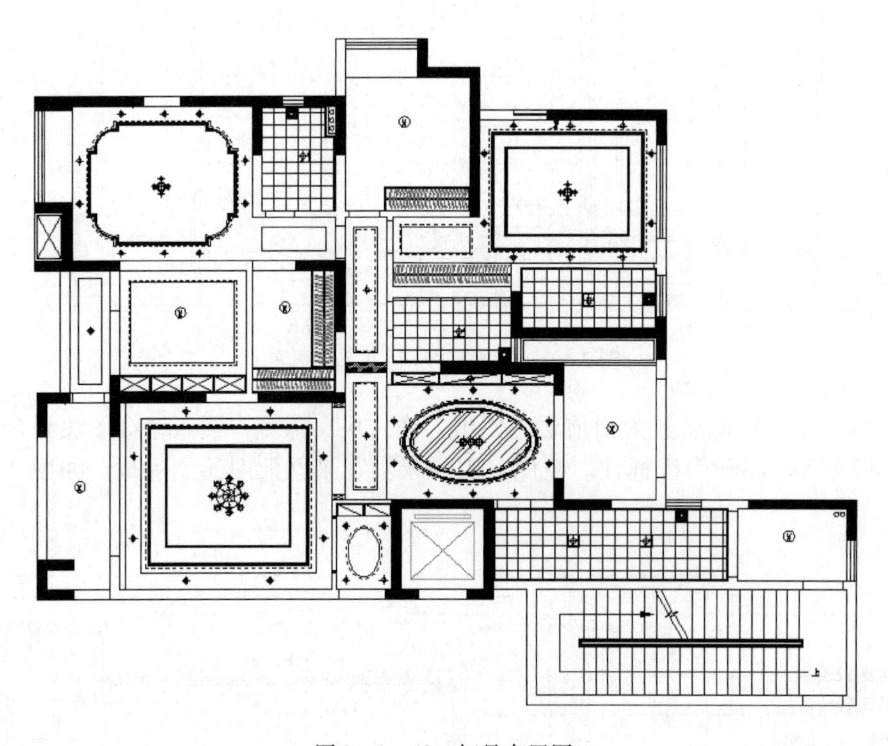

图 2－1－43 灯具布置图

（2）执行“插入块”菜单命令，将开关图块放置于门厅的合适位置。如图 2－1－44 所示。

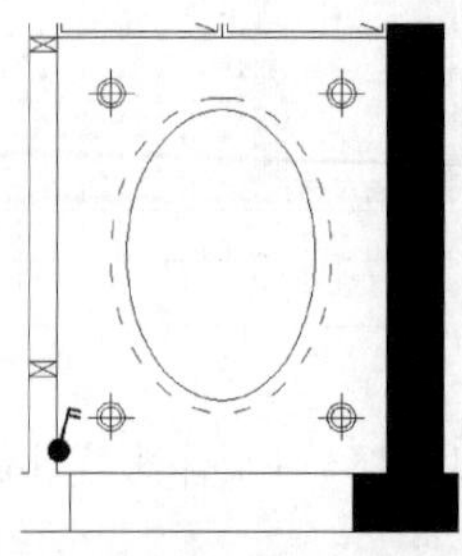

图 2－1－44 插入开关图块

（3）执行“修改 > 复制”菜单命令，将开关图块放置于其他合适位置。如图 2－1－45 所示。

（4）执行“圆弧”命令，绘制连线。如图 2－1－46 所示。

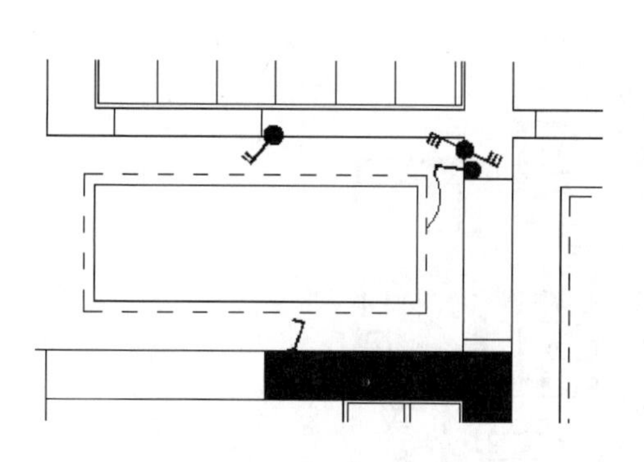

图 2－1－45　复制开关图块

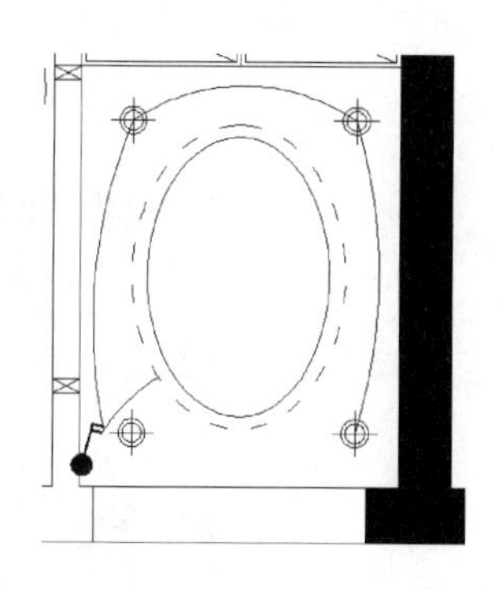

图 2－1－46　绘制圆弧

（5）在图形中有连线相交的位置，使用“圆弧”和“修剪”命令，对相应的位置进行修剪。至此住宅电路图绘制完毕，如图 2－1－47 所示。

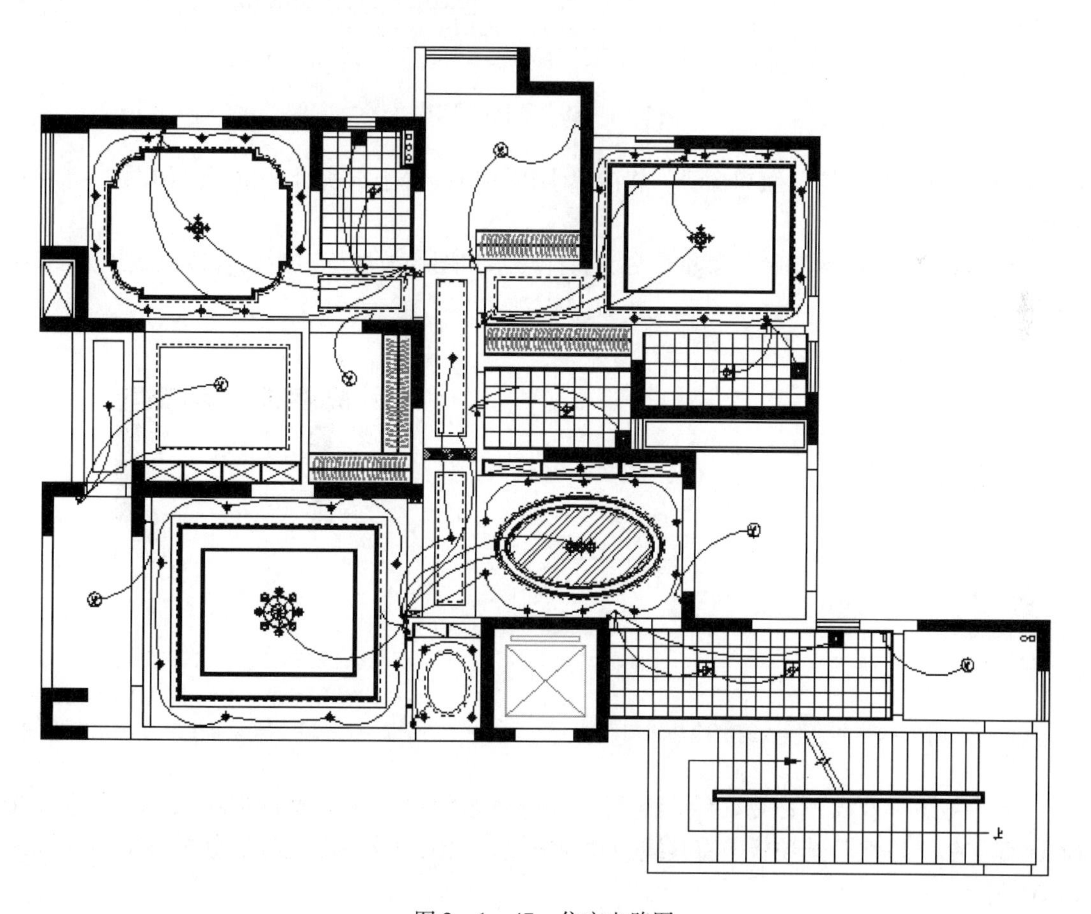

图 2－1－47　住宅电路图

二、绘制住宅冷热水布置图

（1）打开“四居室平面布置图 · dwg”原始文件。如图 2－1－48 所示。

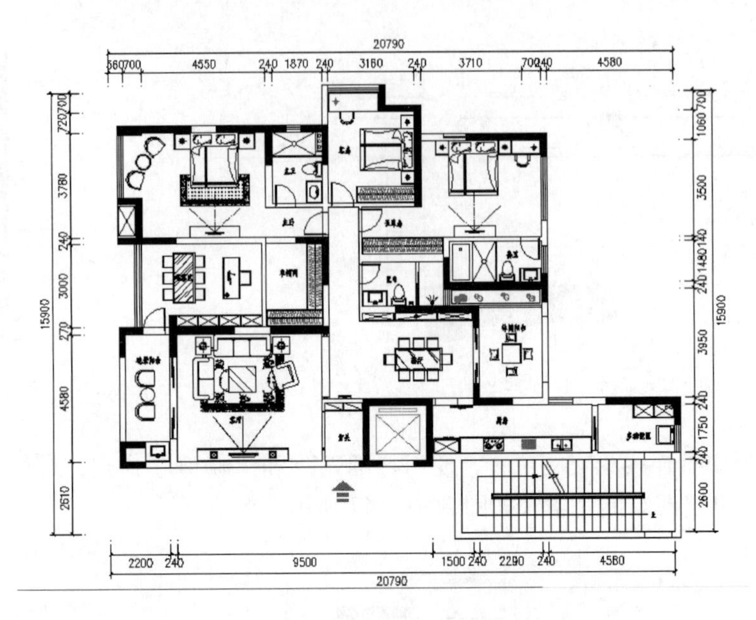

图 2－1－48　平面布置图

（2）执行“插入块”菜单命令，将冷热水口图块放置于厨房合适位置。如图 2－1－49 所示。

（3）执行“修改 > 复制”菜单命令，将冷热水口图块放置于卫生间合适位置。如图2－1－50 所示。

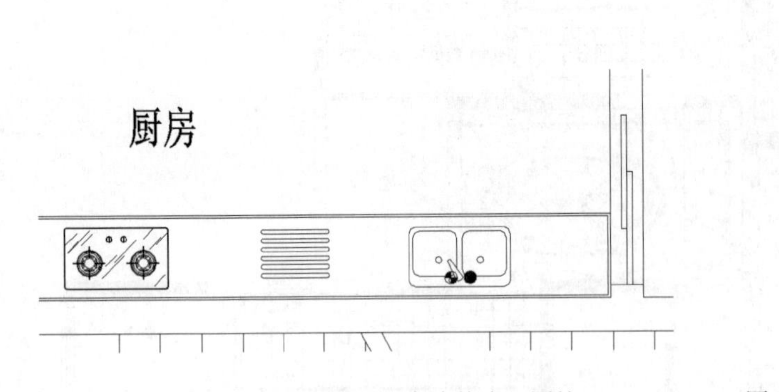

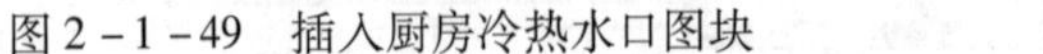

图 2－1－49　插入厨房冷热水口图块

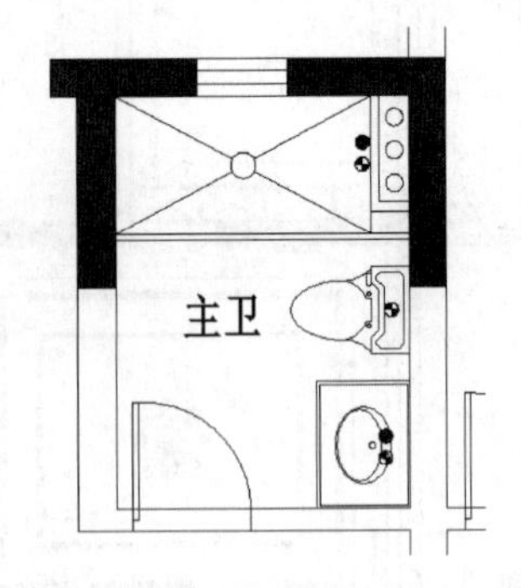

图 2－1－50　插入卫生间冷热水口图块

（4）执行“直线”命令，绘制连线。选中热水管线，在命令行中输入 CH 命令并按 Enter 键。在“特性”选项板中将其线型设为虚线，颜色为紫色（此处黑色显示）。如图 2－1－51 所示。

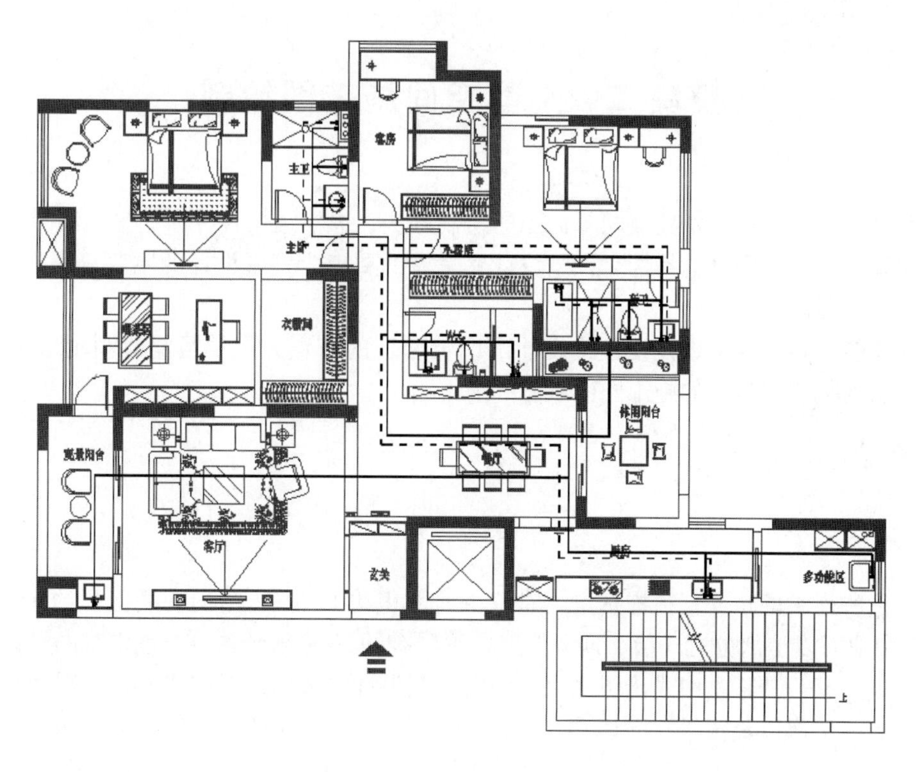

图 2-1-51　冷热水布置图

随堂练习： 普通居室电路图和冷热水布置图的绘制

实践目的：了解并掌握普通居室电路图和冷热水布置图绘制方法和步骤，掌握相关命令。

实践内容：普通居室电路图和冷热水布置图的绘制。

实践步骤：请根据上述方法和步骤，绘制出本案例中的所有图纸。

知识面拓展

尝试使用 AutoCAD 的其他命令绘制图纸。

综合练习

画出教材电子资源内的其他普通居室空间的施工图纸。画图时，可以参考电子资源内提供的普通居室空间施工图纸的范例和效果图进行绘制。也可以根据原建筑结构图自行设计，进行施工图的绘制。要求：图形的绘制和标注要精确、严谨。图形表示要完整详尽。图纸符号应符合相关规范。

模块二　别墅空间施工图绘制

学习目标：掌握组合别墅空间平面图的绘制方法，灵活运用各种命令来绘制。

应知理论：掌握别墅的特性，别墅设计要考虑的要点，别墅设计的主要流程，AutoCAD 相关命令的运用。

应会技能：能综合别墅设计理论设计出比较合理的布置方案并且能够利用 AutoCAD 相关知识绘制别墅空间整套的施工图图纸。

学习任务描述

案例分析

本案例所列举的是一套独栋别墅，建筑占地面积约 120m²，室内使用面积约 450m²。共 4 层，其中地面以上部分有 3 层，地下 1 层，顶层有约 30m²阳光露台。该别墅的设计委托方为某民营企业家，其喜欢中式传统文化，倾向于在设计中适当选择中式元素。别墅需要适合委托方夫妻、父母以及孩子共同居住，还应当具有一定的办公和会客休闲区域。如图 2－2－1 所示。

图 2－2－1　设计师为委托方设计的中式客厅

经过与客户的沟通，最终确定在地下一层设置书房/会客厅、视听室、酒窖、茶饮室、储物间；在一楼设置主入口、客厅、客卧/保姆室、厨房、餐厅、客卫、淋浴房、阳台以及通往阳台和餐厅的次入口；在二楼设置主人房、主人房卫生间/浴室、小孩房、小孩房次卫、淋浴房、衣帽间、观景阳台；在三楼设置长辈房、衣帽间、长辈房卫生间/浴室、客房、公卫及沐浴间、洗衣房、露台等。

1. 别墅设计概述

别墅多是经由个别建造的，具有较大的空间，与其他类型的室内设计体现出较明显的区别，通常需要兼具居住、餐饮、休闲等多种使用功能。

别墅具有居住建筑的所有属性，但同时又不同于其他居住建筑。别墅是居住建筑中较为特殊的一种类型，别墅的特殊性主要表现在：①别墅是一种独立式的居住建筑；②别墅是私人建造或个别设计建造的；③别墅设计应该是具有个性化的。以别墅空间为例讲解 AutoCAD 室内装饰设计施工图的绘制，可以帮助同学们了解室内装饰设计施工图绘制的一般方法，也可以对同学们进行其他类型的室内装饰设计起到借鉴和启发的作用。

为使同学们能够从宏观上把握别墅设计，我们首先从别墅设计的基本要求、别墅设计的主要流程两个方面简介别墅设计的要点。之后再以一套别墅的内部空间设计作为案例，详细讲解别墅空间施工图绘制的方法。

2. 别墅设计的要点

别墅作为一种独立式的居住建筑一般不受空间的局限，在设计上有比充裕的回旋余地。与小空间设计时强调合理利用有限空间相比，在别墅设计时更应当强调功能区的划分与合理规划。既需要分别考虑各分区的设计，又需要从全局出发考虑各分区之间的联系。在别墅设计中最重要的要点就是：分区明确、联系紧密的空间设计。

此外，别墅设计的要点还体现在以下几个方面：

①具有特点和趣味的庭院设计；②区分主次且适用的入口设计；③明亮开阔显气势的挑空设计；④上下贯通有生气的楼梯设计；⑤亲近自然多阳光的露台设计；⑥造型灵活有个性的天窗设计；⑦室内环境室外化的景观设计；⑧功能有别各不同的卫浴设计；⑨方便料理流程顺的厨房设计。

由于别墅的“空间设计”特别值得强调，在本课中主要围绕别墅的“空间设计”进行施工图绘制的讲解。

3. 别墅设计的主要流程

别墅设计分成建筑设计和装修设计两大部分。别墅建筑设计的工作一般包括：可行性分析、初步设计、技术设计和建筑施工图绘制等。这些工作通常由建筑设计和建筑施工单位完成。

而与同学们更贴近的则是别墅装修设计。别墅装修设计的工作一般包括：概念设计、方案设计、初步设计和施工图设计四个阶段。

（1）概念设计阶段的工作主要包括：设计构思的确定、功能分区及总平面图的绘制、空间布局与交通流线的分析、经济技术指标的确定。

（2）方案设计阶段的工作主要包括：别墅总体设计方案说明、平面布置方案设计、地面铺装方案设计、主要空间立面方案设计、天花吊顶方案设计，主要空间的方案草图及效果图呈现、材料运用建议及经费预算。

（3）初步设计阶段的工作主要包括：平面设计图绘制与深化、立面设计图绘制与深化、剖面设计图绘制与深化、天花吊顶图绘制与深化等。

（4）施工图设计阶段的工作主要包括：平面布置图绘制、平面拆改墙体图绘制、天花布置图绘制、天花尺寸图绘制、天花剖面图绘制、立面索引图绘制、各区域立面图（含特殊节点和特殊工艺）绘制、重要的背景墙施工图绘制、壁柜及嵌入式家具图绘制、开关布置图绘制、插座布置图绘制、水路布置图绘制、暖通方案图绘制、网络及试听设备布置图绘制、图例设备材料表编制等。

在客户提供的建筑平面图的基础上，结合设计师对该别墅室内空间的现场勘测，便可以按别墅设计的流程进行有关图纸的绘制。别墅设计是室内装修工程中较复杂的设计工作，需要循序渐进、不断深化，在概念设计、方案设计、初步设计之后进入施工图绘制阶段。

别墅施工图绘制是别墅设计的最后一个阶段，其建立在前期工作的基础之上，是对前期工作的完善和细化，也是最直观和能直接指导施工的设计文件。为了使读者能够更直观地感受别墅施工图绘制的全过程，掌握别墅施工图绘制的方法，本书将由浅及深的逐步介绍施工图的绘制步骤。

任务一　绘制别墅空间平面图

一、绘制别墅原建筑结构图

别墅的原建筑结构图是施工图中最基础也是最重要的一份图纸。这份图纸通常可由别墅的建设方提供，但在建筑修建的过程中往往会因为各种不可预料的情况，使实际修建的建筑与建设方提供的图纸不完全一致。因此即使获得了建设方提供的图纸，也建议设计师根据建筑实际情况进行测量并重新绘制原建筑结构图。由于这份图纸在施工图中具有基础性地位，其中的关键数据需要仔细测量和认真核对。图 2-2-2 至图 2-2-5 所示的即为本案例中负一层、一楼、二楼、三楼的原建筑结构图。

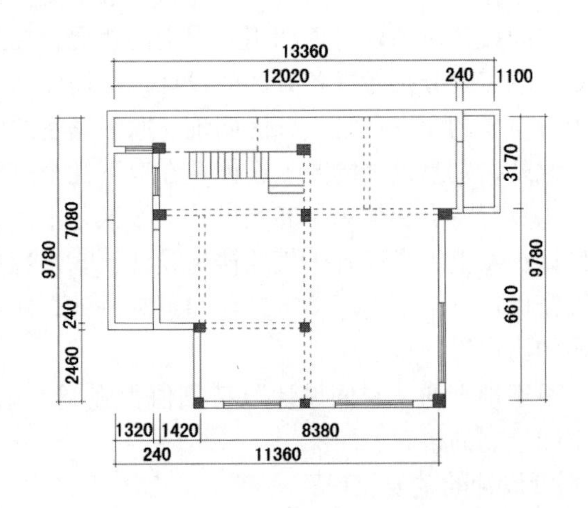

图 2-2-2　负一层原建筑结构图

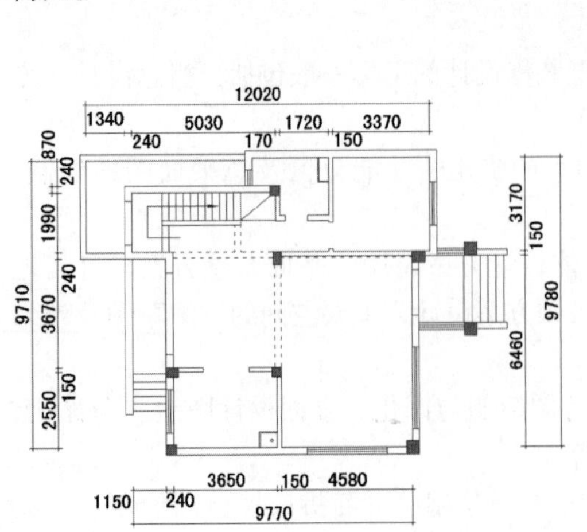

图 2-2-3　一楼原建筑结构图

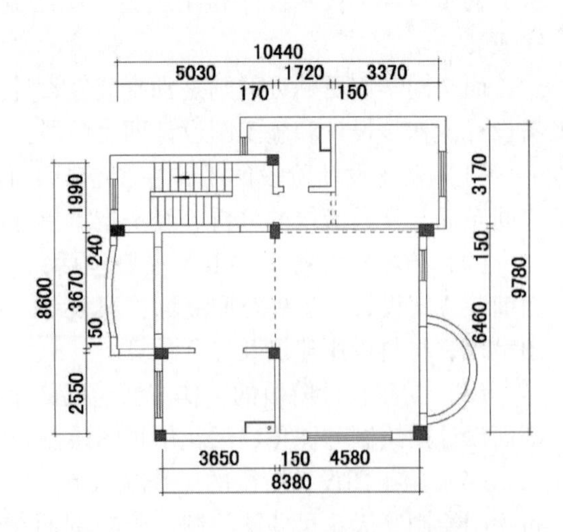

图 2-2-4　二楼原建筑结构图

二、绘制别墅平面布置图

以负一层为例详细讲解别墅平面布置图的绘制过程，其他楼层的绘制方法与之类似。

（1）启动 AutoCAD 软件，单击左上角“ 新建 Ctrl + N”，打开“选择样板”对话框，在对话框中“名称”列表框中选择 acad. dwt 样板文档，然后单击“打开（0）”按钮，即获得文件名为 drawing1 的图形文件。点击“ 保存 Ctrl + S”组合键，修改文件名为“负一层原建筑结构图”，点击“保存（S）”按钮，完成空白图形文件的保存。如图 2 – 2 – 6 所示。

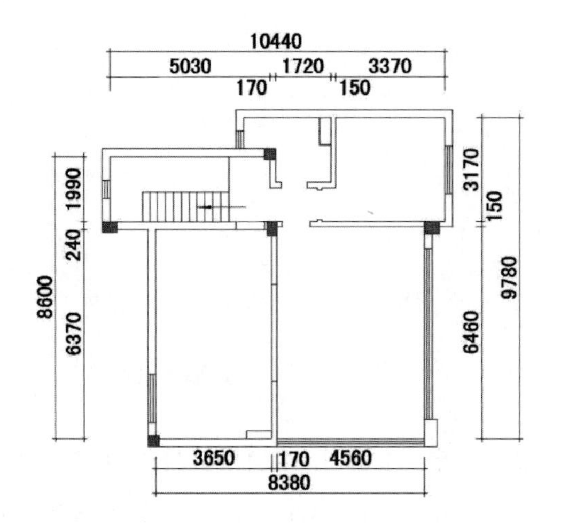

图 2 – 2 – 5　三楼原建筑结构图

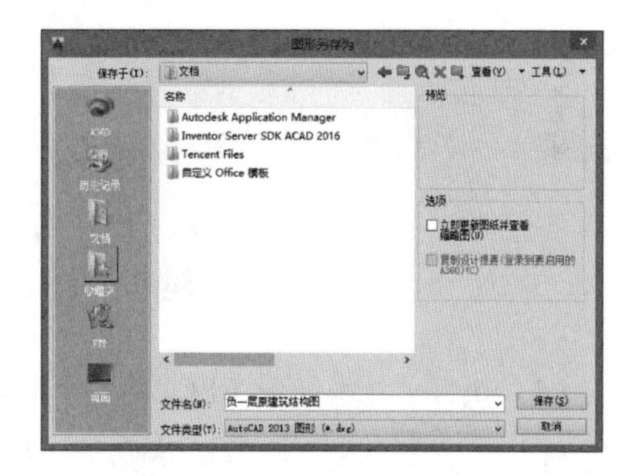

图 2 – 2 – 6　新建空白图形文件

（2）执行“默认”选项卡“图层”面板中的“ 图层属性 LAYER”按钮，打开图层特性管理器对话框，点击对话框中的“ 新建图层 Alt + N”创建新图层并设置各图层的名称、颜色、线型等参数，如图 2 – 2 – 7 所示。

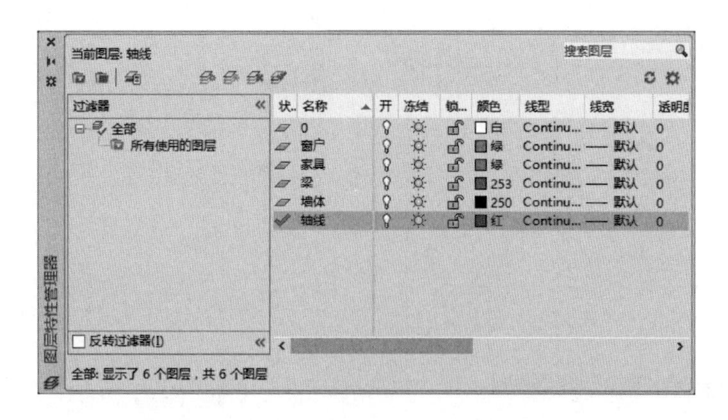

图 2 – 2 – 7　创建图层并设置图层参数

（3）将“轴线”层置为当前图层，执行“绘图”面板中“ 直线 LINE（L）”命令，绘制建筑结构中的平面图轴线。将“墙体”层置为当前图层，并在命令提示栏中输入“ MLINE（ML）”多线命令，设置多线的比例为 240（即内墙的厚度），并绘制多线，如图2－2－8 所示。

（4）继续执行“ 多线 MLINE（ML）”命令，绘制不同比例的多线，完成墙体线的绘制。执行“修改 > 对象 > 多线”命令，选择相应按钮，对多线进行编辑，执行“ 直线 LINE（L）”命令，完成局部墙体线的绘制，如图 2－2－9 所示。

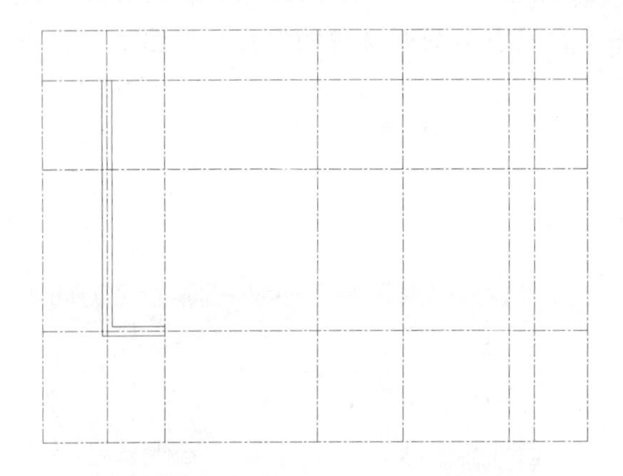

图 2－2－8　绘制多线

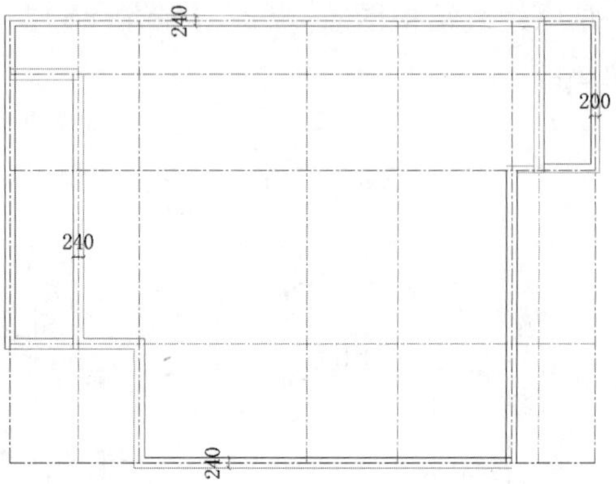

图 2－2－9　完成墙体绘制

（5）执行“ 矩形 RECTANG（REC）”命令，根据测量尺寸绘制柱体，并放置于准确位置，对于多余线段进行调整修剪。执行“ 直线 LINE（L）”命令，将墙体端口闭合，在合适位置绘制窗线，如图 2－2－10 所示。

（6）将“梁”图层置为当前层，执行“ 直线 LINE（L）”命令，绘制房梁。执行“ 填充 HATCH（H）”命令，选择“ANSI36 图案”“比例 8”，对承重柱体进行填充。根据实际尺寸完成楼梯部件的尺寸绘制，如图 2－2－11 所示。

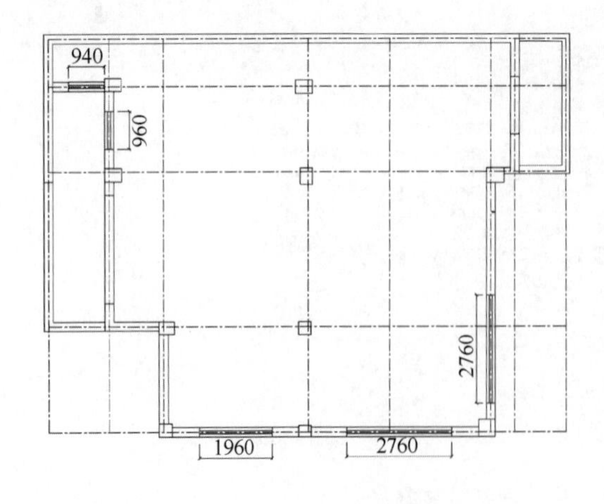

图 2－2－10　绘制窗线

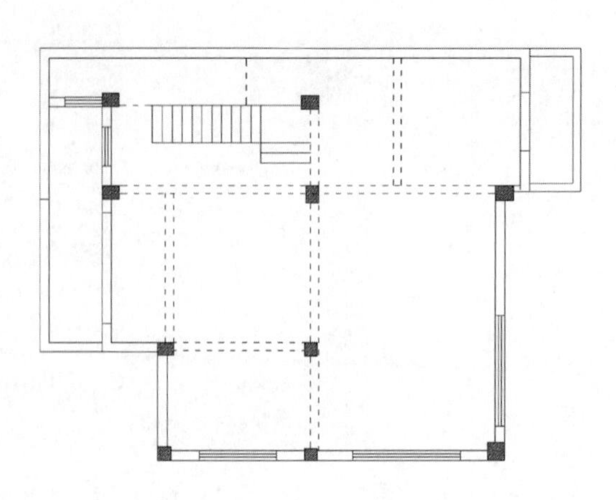

图 2－2－11　绘制房梁

（7）复制已绘制完成的户型图，根据设计需求，绘制砌墙图。执行“填充（H）”命令，选择“AR－B816”、“比例0.3”，对拆改的墙体进行填充，并进行标注，如图2－2－12所示。

（8）复制已绘制完成的砌墙图，删除多余标注线。新建“柜体”图层并置为当前层，根据设计意图，执行“ 直线 LINE（L）”、“ 矩形 RECTANG（REC）”、“ 圆弧ARC（A）”等命令，分别完成吧台、衣橱、书柜等图形的绘制，如图2－2－13所示。

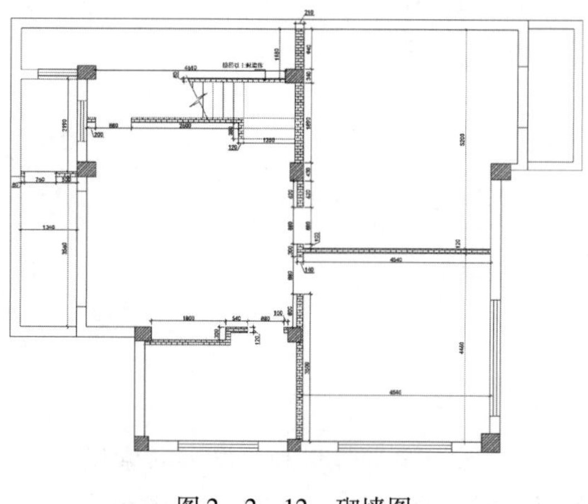

图2－2－12　砌墙图

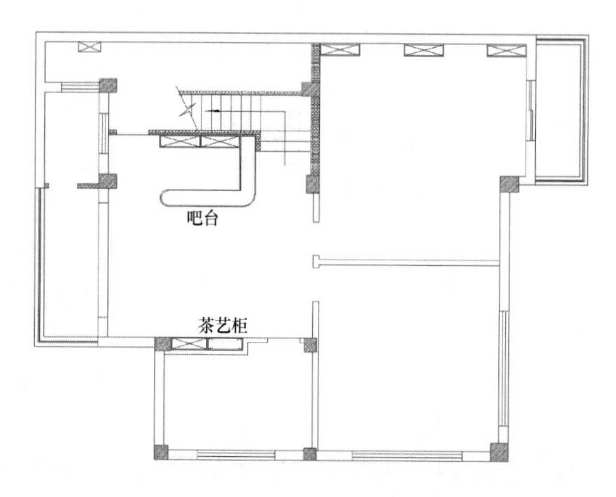

图2－2－13　固定家具绘制

（9）执行“ 插入 INSERT（I）”和“ 复制 COPY（CO）”命令，将门图块插入图形中合适的位置，并将其复制到其他位置，执行“ 直线 LINE（L）”命令，完成推拉门的绘制，如图2－2－14所示。

（10）“ 插入图块 INSERT（I）”命令，根据设计需要，插入相应家具图块，如图2－2－15所示。执行“确定”命令，将茶几、电视等图块插入至恰当位置，新建“标注”层，对各功能空间进行说明，对主要尺寸进行标注，完成平面布置图的绘制，如图2－2－16所示。

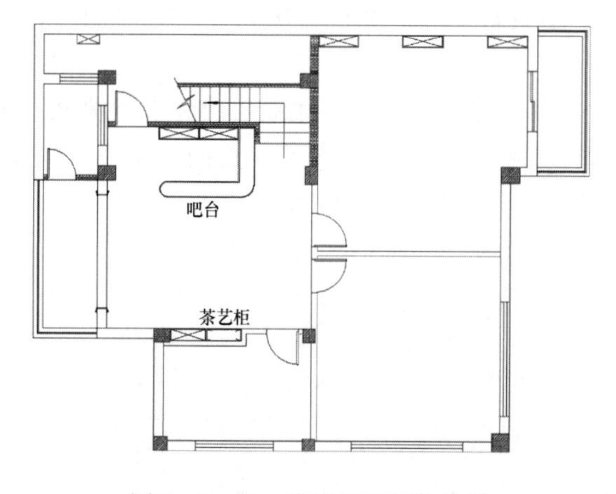

图2－2－14　开门及移门的绘制

图2－2－15　图块对插入话框

通常来说，别墅设计的工作量比较大，一些标准化的桌椅、茶几、灯具、植物等“图

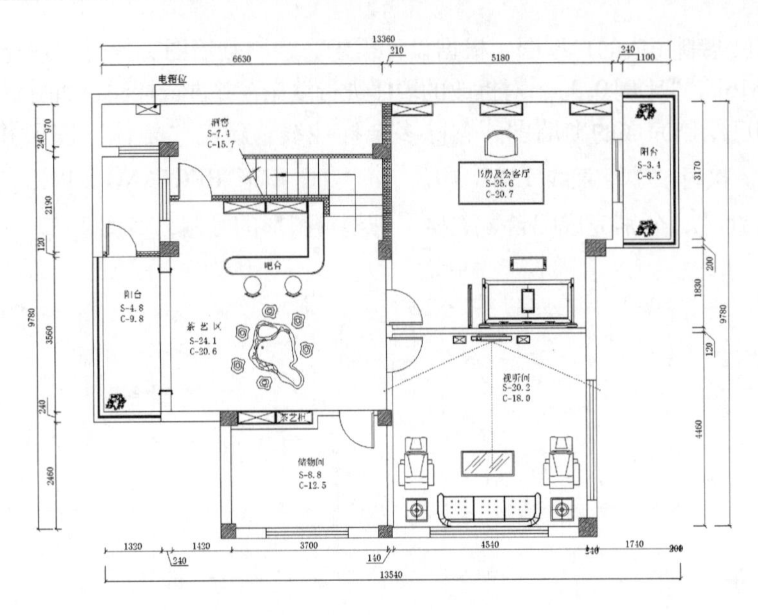

图2-2-16　平面布置图

块”会给设计工作带来很大的便利。设计师在平时的工作中注意收集和绘制一些常用的图块，并对图块进行归类，以便在进行别墅设计时可以方便调取。当然，收集来的图块或许不能完全符合现场工况、客户需求等实际情况，应当在使用时对图块所代表物品的尺寸规格、风格特点、适用场合予以综合考虑，进行合理的运用。

三、绘制别墅地面铺装图

下面将在已绘制完成的平面布置图基础上，以别墅负一层为例进一步介绍别墅的地面铺装图绘制过程。按照设计师与业主的沟通，确认这套别墅的负一层设置有酒窖、茶艺区、视听间、储物间、书房及会客厅等功能区域。地面铺装图将基于这些功能分区的性质差别进行绘制。

（1）复制砌墙图，新建“图案填充”图层置为当前层，绘制宽度为120mm地面瓷砖“波打线”，封闭填充区域，执行“▨ 图案填充HATCH（H）”命令，选择“AR-CONC”图案对波打线区域进行填充。选择“ANSI37”图案对地面区域进行填充，类型“用户自定义”，角度“0度”，间距“600”，如图2-2-17所示。

（2）执行“▨ 图案填充HATCH（H）”命令，对书房及会客厅地面铺装进行填充，选择“AR-CONC”图案对波打线区域进行填充。选择“ANSI37”图案对地面区域进行填充，类型“用户自定义”，角度“45度”，间距“400”，如图2-2-18所示。

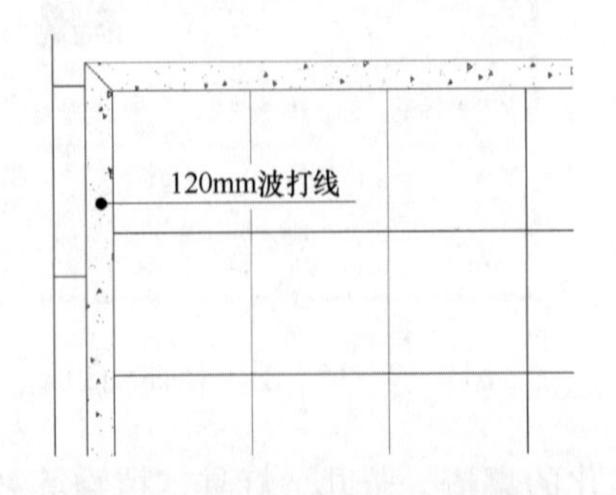

图2-2-17　试听间地面铺装

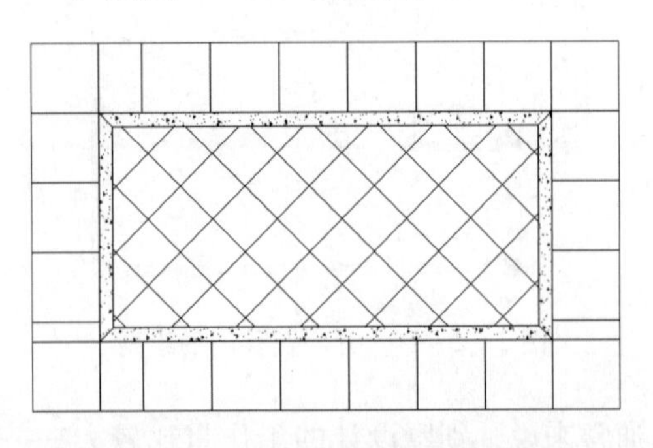

图2-2-18　书房及会客厅地面铺装

（3）继续执行“ 图案填充 HATCH（H）”命令，对其他区域进行图案填充，如图 2－2－19 所示。

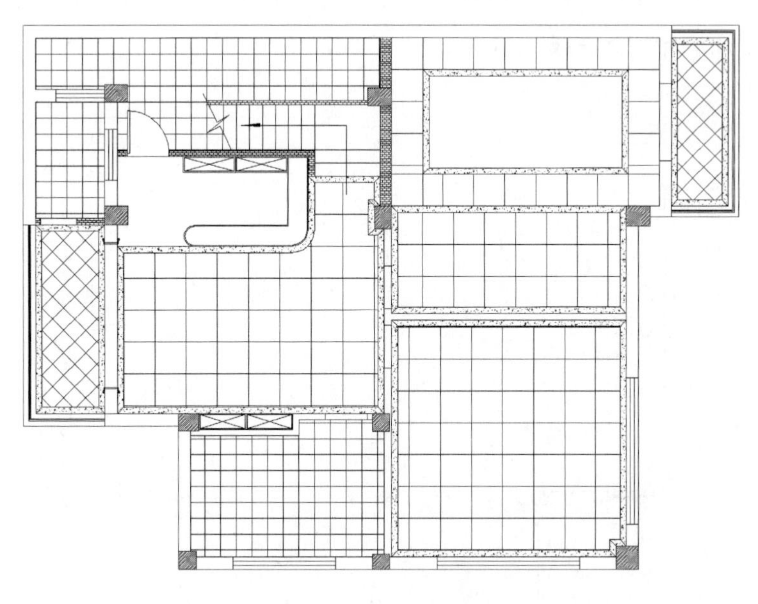

图 2－2－19　地面铺装

（4）置“标注层”为当前层，执行“ 线性标注 DIMLINEAR（DLI）”、“ 文字 TEXT（T）”和“ 多重引线 MLEADER（MLE）”命令，对地面铺装尺寸、铺装材质等进行标注，如图 2－2－20 所示。

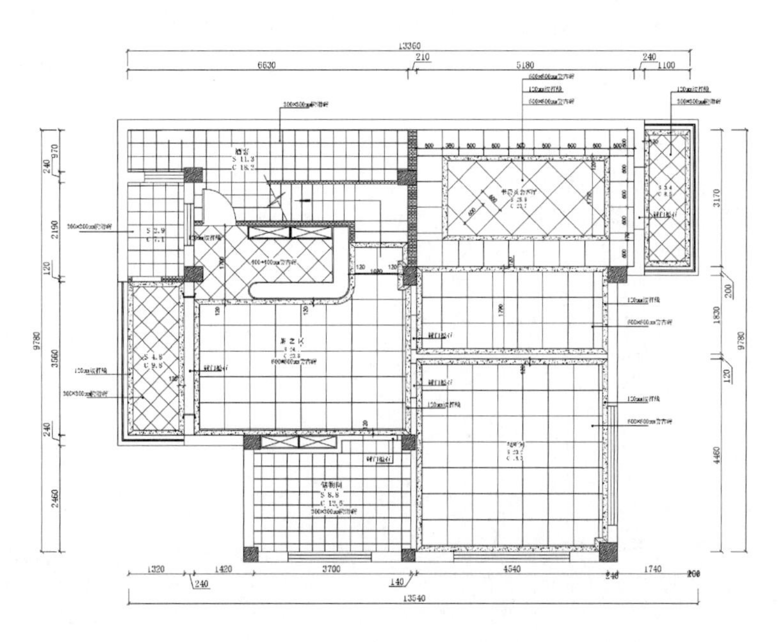

图 2－2－20　整体地面铺装图

四、绘制别墅天花布置图

天花布置图主要绘制的是室内天花板的造型及灯具摆放的位置，主要步骤如下所述。

（1）执行“ 复制 COPY（CO）”命令，将平面布置图进行复制，然后删除所有平面图块，保留平面墙体和标注线，如图 2－2－21 所示。

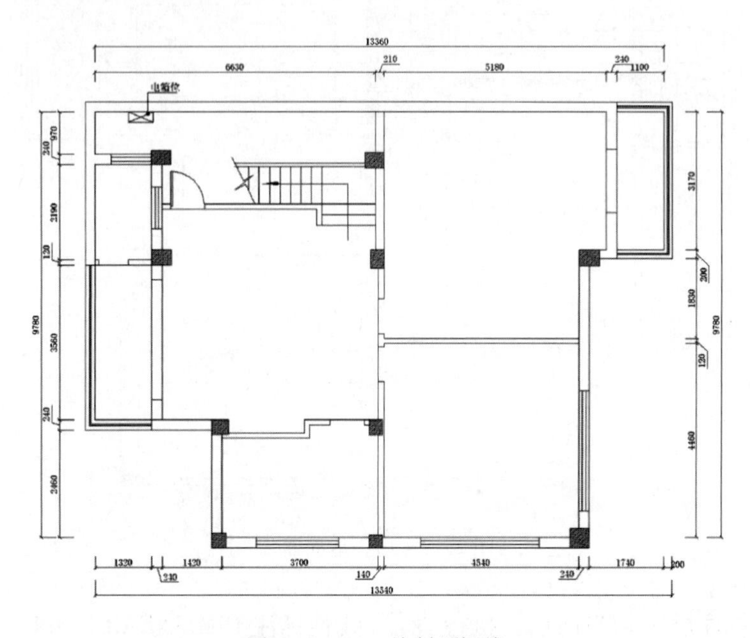

图 2－2－21　绘制顶棚线

（2）执行“ 偏移 OFFSET（O）”命令，对试听间顶部边线进行偏移，偏移距离分别为 250mm、200mm、80mm，并通过“偏移”命令，偏移获得顶部脚线样式。执行“ 插入图块 INSERT（I）”命令，插入顶部“回纹”装饰图块，如图 2－2－22 至图 2－2－23 所示。

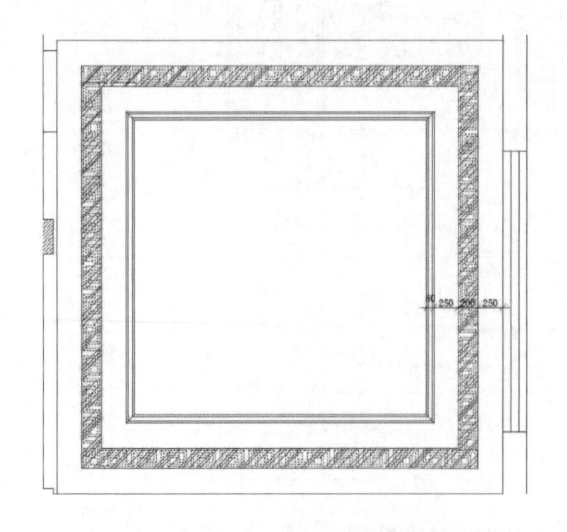

图 2－2－22　偏移顶部边线

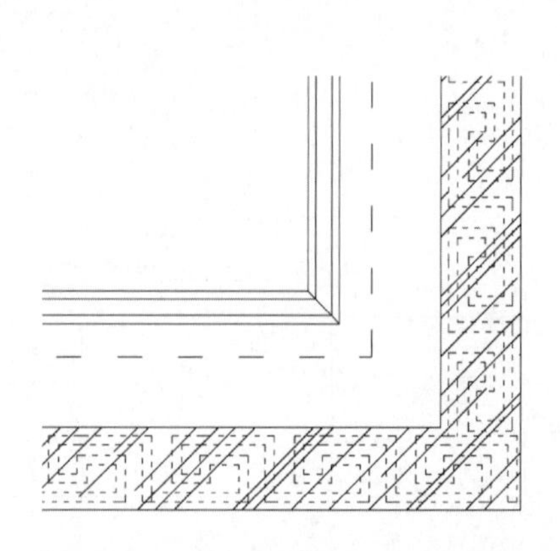

图 2－2－23　回纹装饰图块填充效果

（3）执行“偏移 OFFSET（O）”命令，对书房及会客厅顶部边线进行偏移，偏移距离分别为600mm、30mm，并通过“偏移”命令，偏移获得顶部脚线样式。执行“直线 LINE（L）”命令，绘制吊顶角部式样，如图 2－2－24所示。

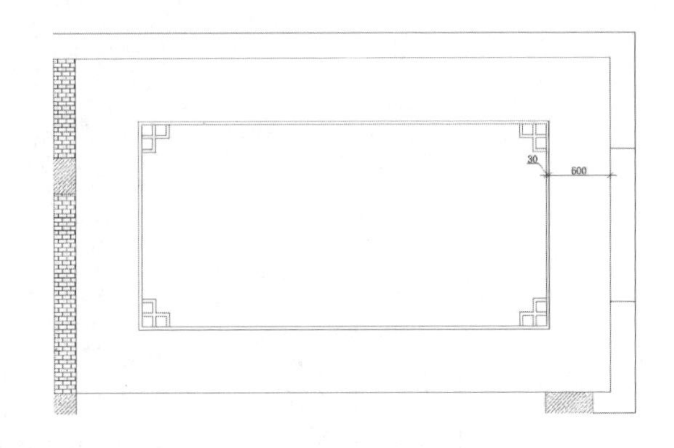

图 2－2－24　偏移顶部边线

（4）执行“偏移 OFFSET（O）”命令，对茶艺区顶部边线进行偏移，偏移距离分别为 250mm、80mm、600mm、30mm，并通过“偏移”命令，细化顶部脚线样式。执行“直线 LINE（L）”命令，绘制吊顶角部冰裂纹式样，执行“图案填充 HATCH（H）”命令，图案类型“AR－SAND”，角度“90 度”，比例“0.7”。设置“标注层”为当前图层，对吊顶造型尺寸进行标注，效果如图 2－2－25 所示。

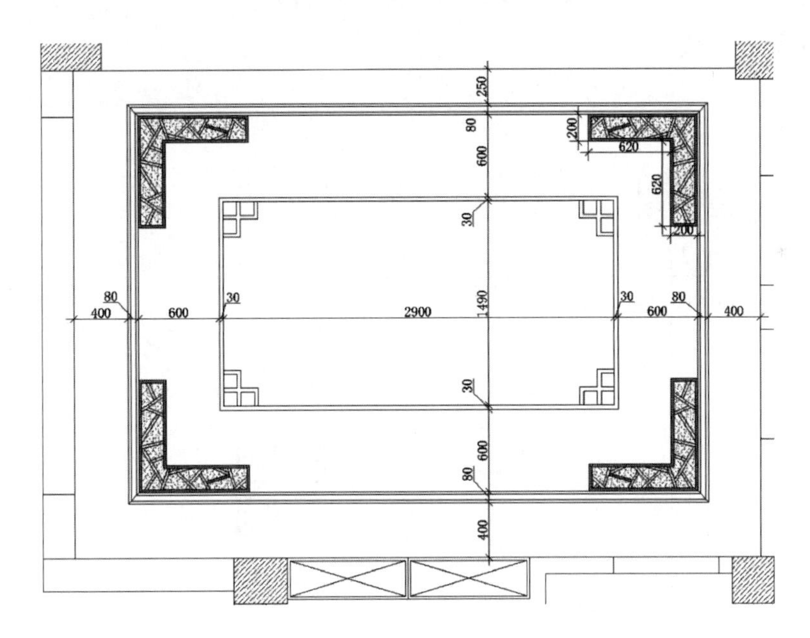

图 2－2－25　吊顶图案填充及尺寸标注

（5）完成其他空间场所吊顶尺寸的标注，最终效果如图 2－2－26 所示。

（6）复制“吊顶”图层，去除标注线。执行“插入 INSERT（I）”命令，插入灯具图块，并将同款灯具复制到其他位置，如图 2－2－27 所示。

（7）执行“直线 LINE（L）”命令，绘制暗发光灯带，继续执行“复制 COPY（CO）”命令，完成整个户型顶面的灯具布局，如图 2－2－28 所示。

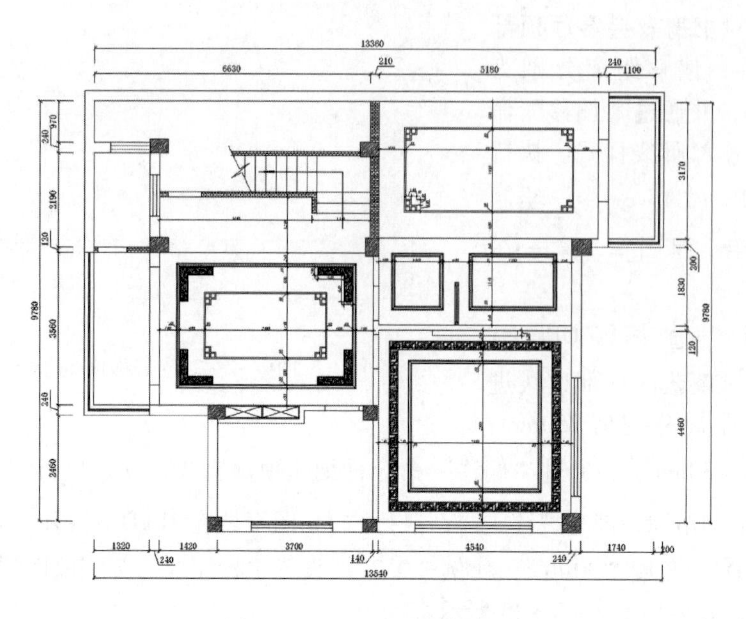

图 2－2－26　吊顶整体效果

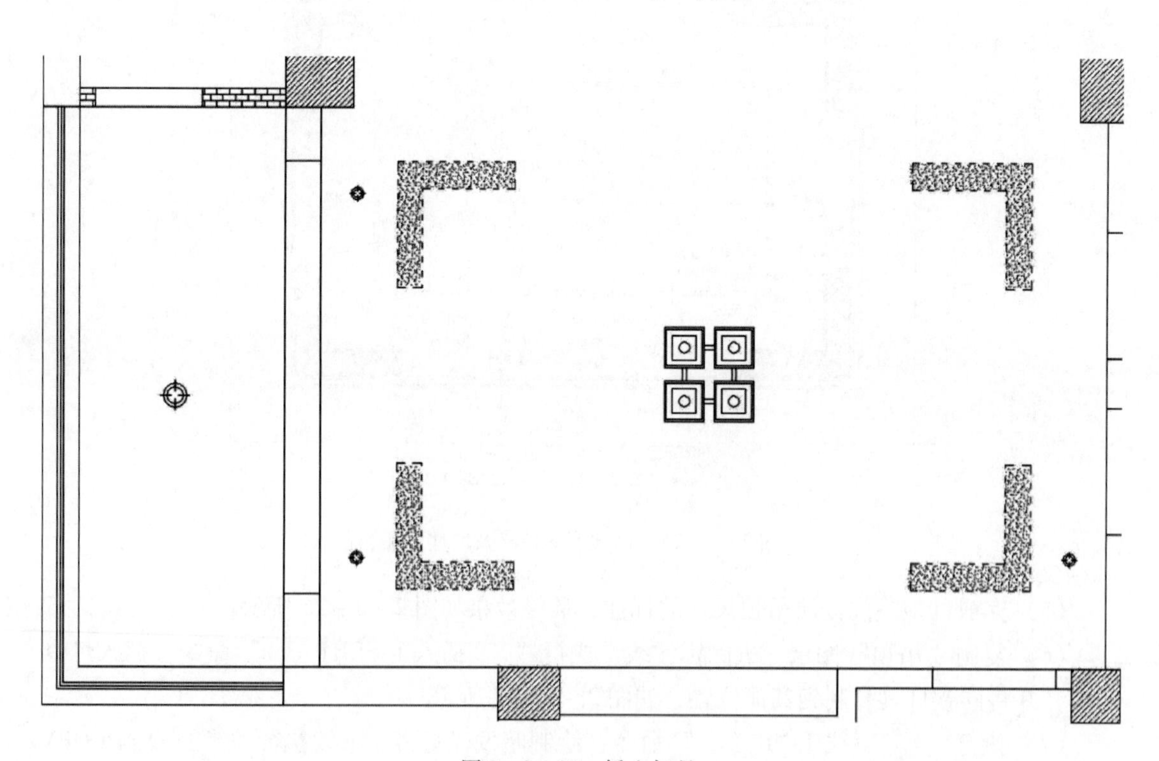

图 2－2－27　插入灯具

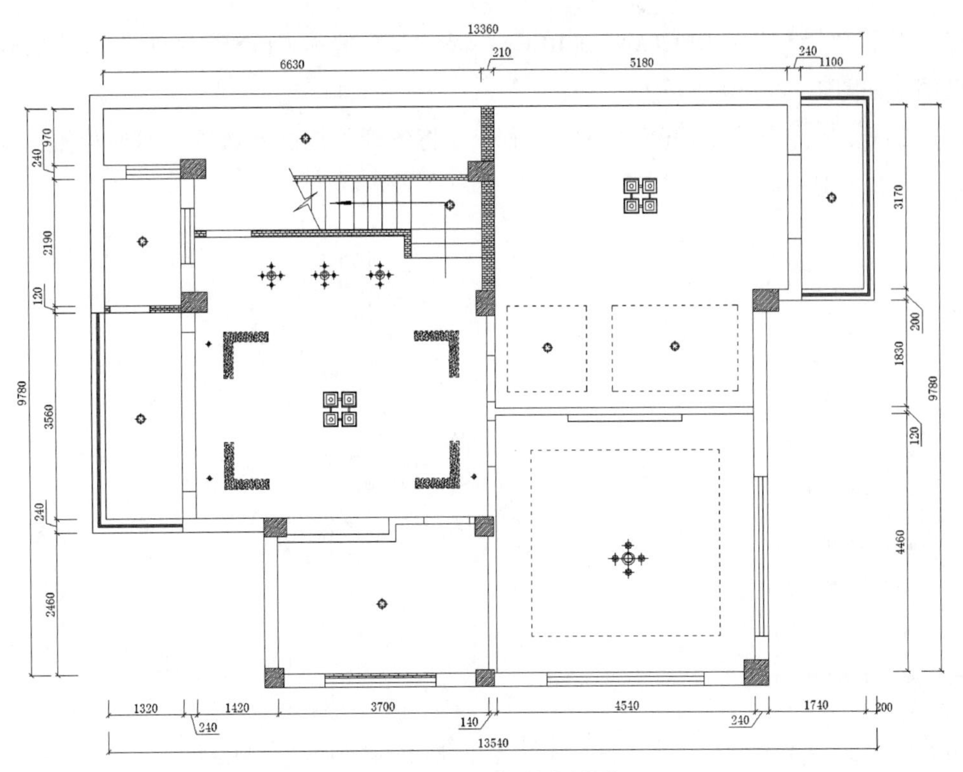

图 2－2－28　灯具布局图

五、绘制别墅电路图及配电系统图

别墅电路图汇集各项灯具、开关、插座等强电系统部件及网络、视频等弱电系统部件。合理的电路布局不仅能够有效节省电线、管材，还能够在实际生活应用中提供较大的便利。

（1）复制灯具布局图，对室内各空间灯具进行编号，同一电线线路控制灯具设置为同一编号，如图 2－2－29 所示。

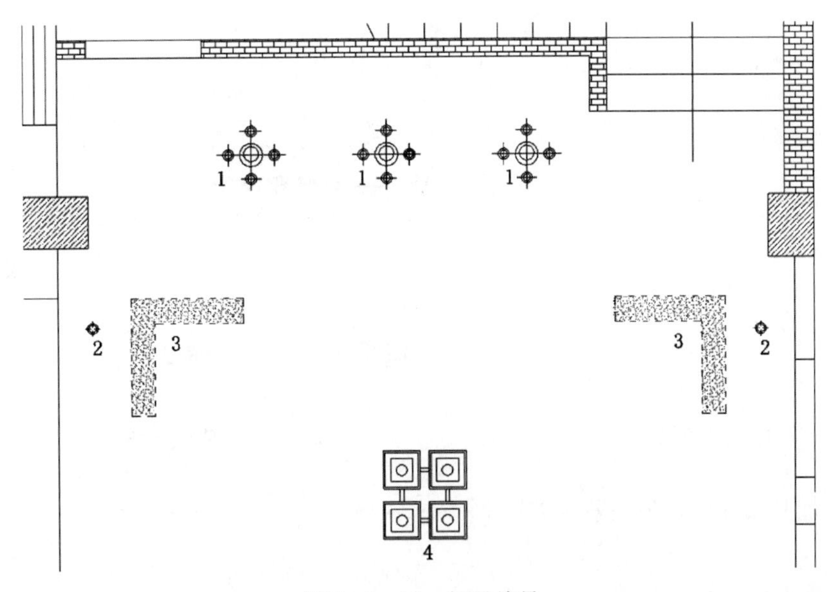

图 2－2－29　灯具编号

（2）执行“ 矩形 RECTANG（REC）”及“ 偏移 OFFSET（O）”命令，绘制开关类型图，如图 2-2-30 所示。

（3）执行“ 复制 COPY（CO）”命令，将各开关控制器放置于对应位置，并根据各灯具编号值划分各开关控制灯具，如图 2-2-31 所示。

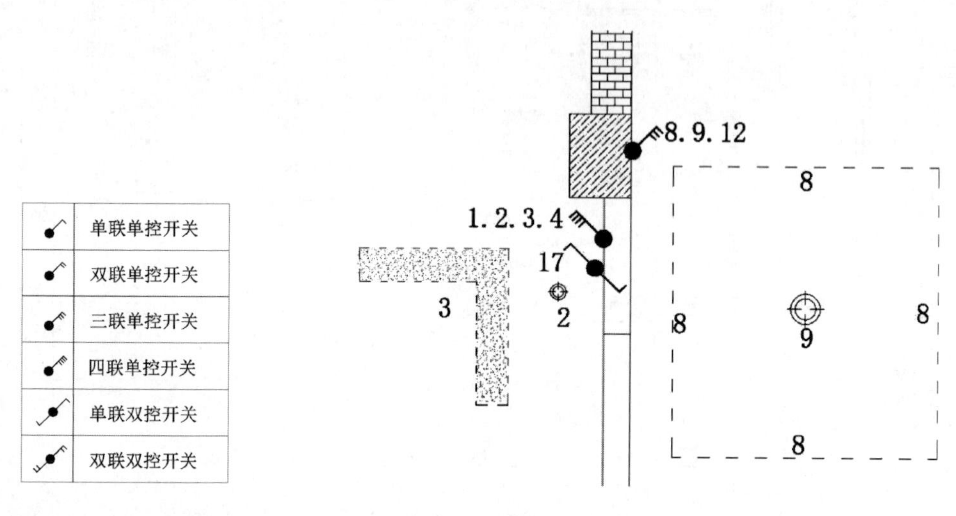

图 2-2-30　开关类型图　　　　图 2-2-31　开关控制图

（4）执行“ 矩形 RECTANG（REC）”及“ 偏移 OFFSET（O）”命令，绘制插座类型图，对各用途类型插座做出图示示意，如图 2-2-32 所示。

（5）执行“ 复制 COPY（CO）”命令，根据房屋功能需求，合理布置各类型插座，如图 2-2-33 所示。

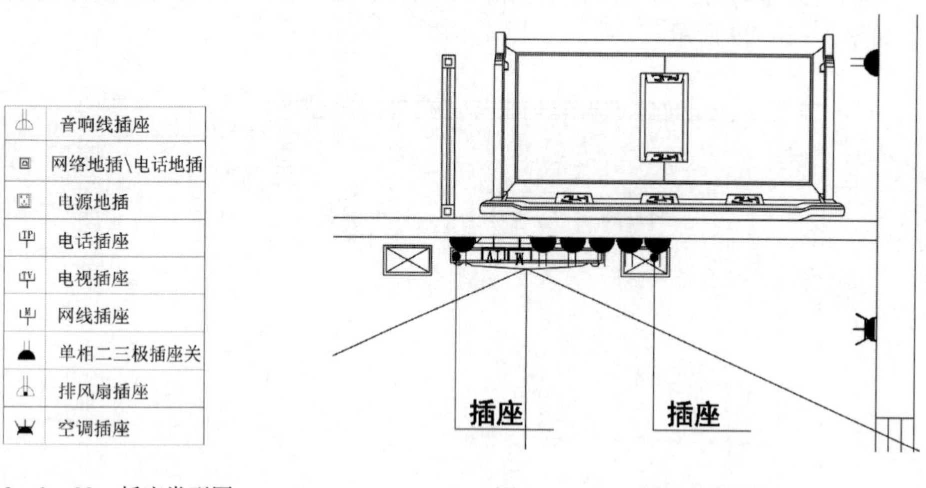

图 2-2-32　插座类型图　　　　图 2-2-33　插座分布图

（6）添加其余插座，最终效果如图 2-2-34 所示。

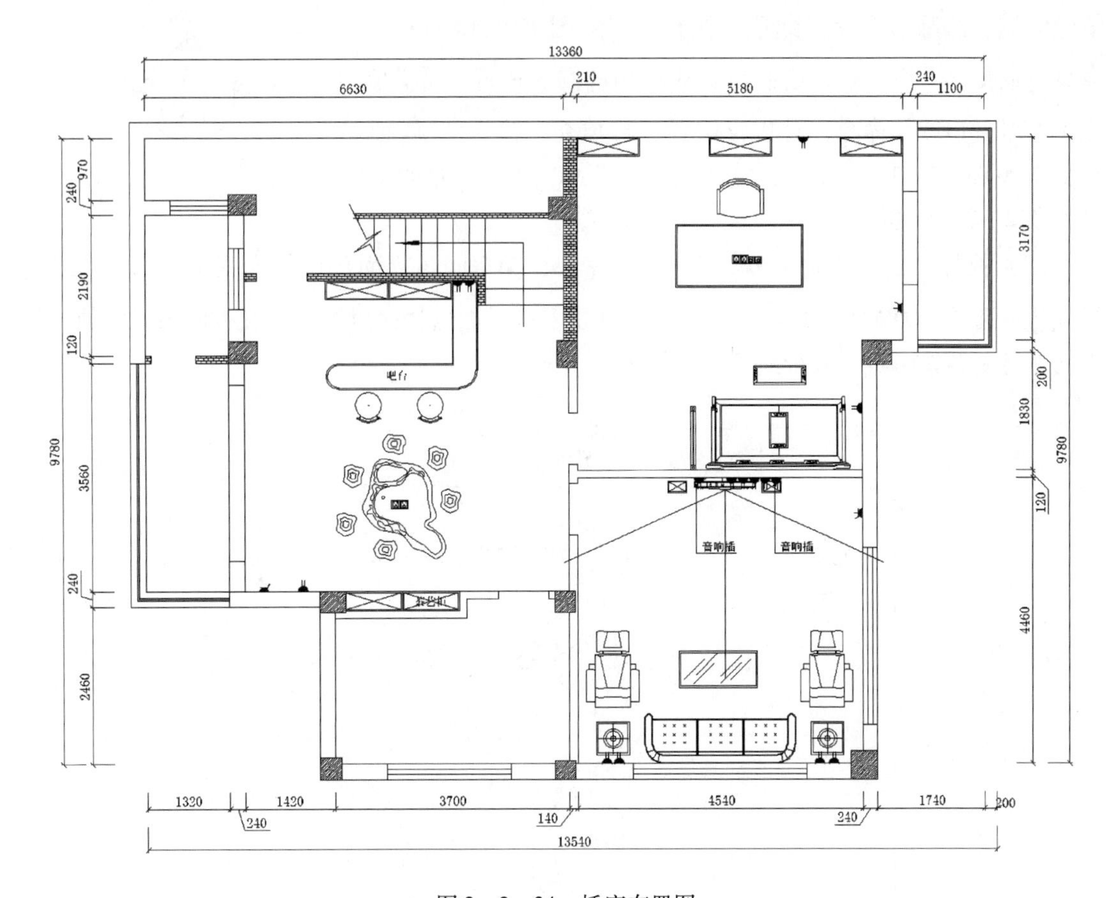

图 2－2－34　插座布置图

随堂练习：别墅空间平面图的绘制

实践目的：了解并掌握别墅空间包含原建筑结构图、平面布置图、天花布置图、地面铺装图、电路布置图等平面图纸的绘制方法和步骤，掌握相关命令。

实践内容：别墅空间原建筑结构图、平面布置图、天花布置图、地面铺装图、电路布置图等平面图纸的绘制。

实践步骤：请根据上述方法和步骤，绘制出本案例中的所有平面图纸。

知识面拓展

请依照原建筑结构图并结合室内设计的专业知识给出不同的平面设计方案，并尝试使用 AutoCAD 的更多命令或方法绘制这些图纸。

任务二　绘制别墅空间立面图

别墅立面图不同于平面图所起到的功效，主要体现的是各空间立面的具体造型形态。空间立面的设计规划对于空间效果的体现起到极为重要的作用。

（1）绘制立面索引符号，执行“ 直线 LINE（L）”命令，按键盘 F8 进入正交模式，绘制 600mm 直线。捕捉直线一端点，输入“@600 <45”命令，绘制 45°斜线并进行中心点

镜像复制，删除多余交叉线段。执行“圆 CIRCLE（C）”命令，捕捉水平线终点，绘制与斜线相切的圆。执行“填充 HATCH（H）”命令，对相应位置进行填充，执行“水平文字 MTEXT（T）”命令，输入文字，字号“50”，最终效果如图 2－2－35 所示。

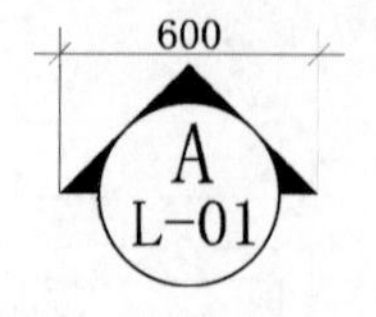

图 2－2－35　索引符号

（2）执行“复制 COPY（CO）”命令，于空间各立面部位插入索引符号，通过执行“选择 ROTATE（RO）”命令，实现索引符号的选择，以箭头所在方向为对应的墙体立面，并对各索引符号进行编号，如图 2－2－36 所示。

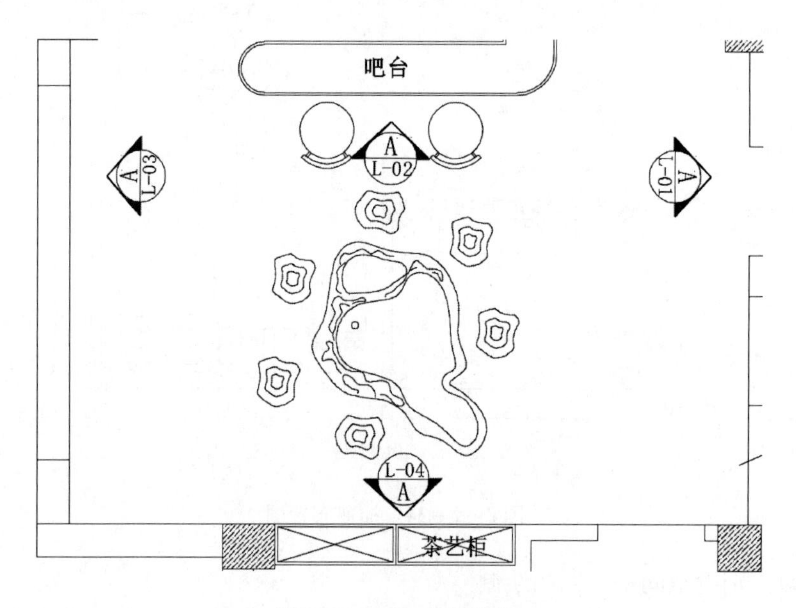

图 2－2－36　索引编号

（3）按索引编号顺序，绘制各立面效果。执行“复制 COPY（CO）”命令，复制索引 L－01 墙体立面，执行“矩形 RECTANG（REC）”命令，划分立面的绘制区域，如图 2－2－37 所示。

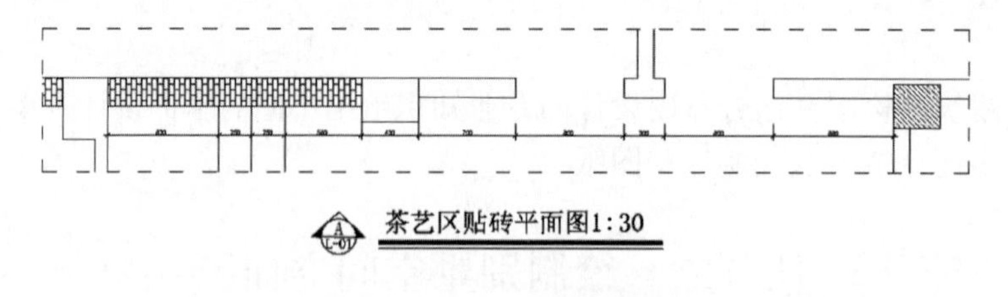

图 2－2－37　复制墙体平面

（4）于该平面图上方 3000mm 处，绘制直线。继续执行“直线 LINE（L）”命令，沿平面区域各具体尺寸，作纵向延长线，如图 2－2－38 所示。

（5）执行“偏移 OFFSE（O）”命令，根据房高（2870mm）偏移获得立面图高度。

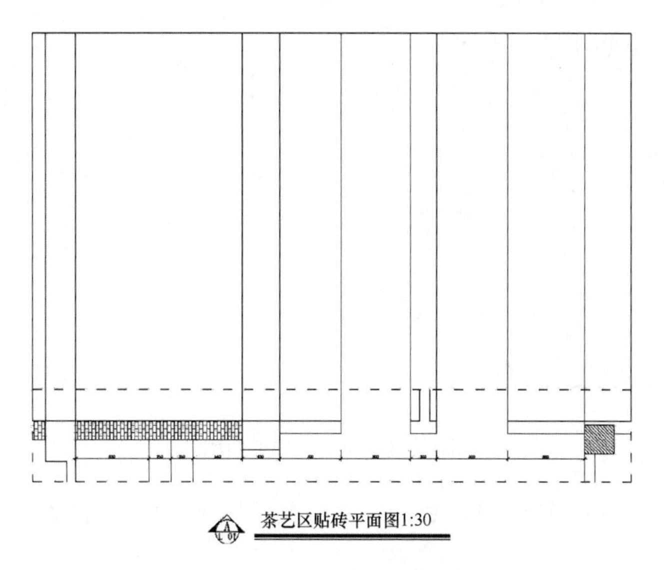

图 2－2－38　绘制纵向延长线

执行“图案填充 HATCH（H）”命令，选择“AR－B816”图案，比例“0.5”填充立面墙体。选择“SACNCR”图案，比例“12”，填充墙体及楼梯剖切面。

（6）执行“插入图块 INSERT（I）”命令，插入“门”图块。置“标注层”为当前图层，对各具体部位进行标注，最终效果如图 2－2－39 所示。

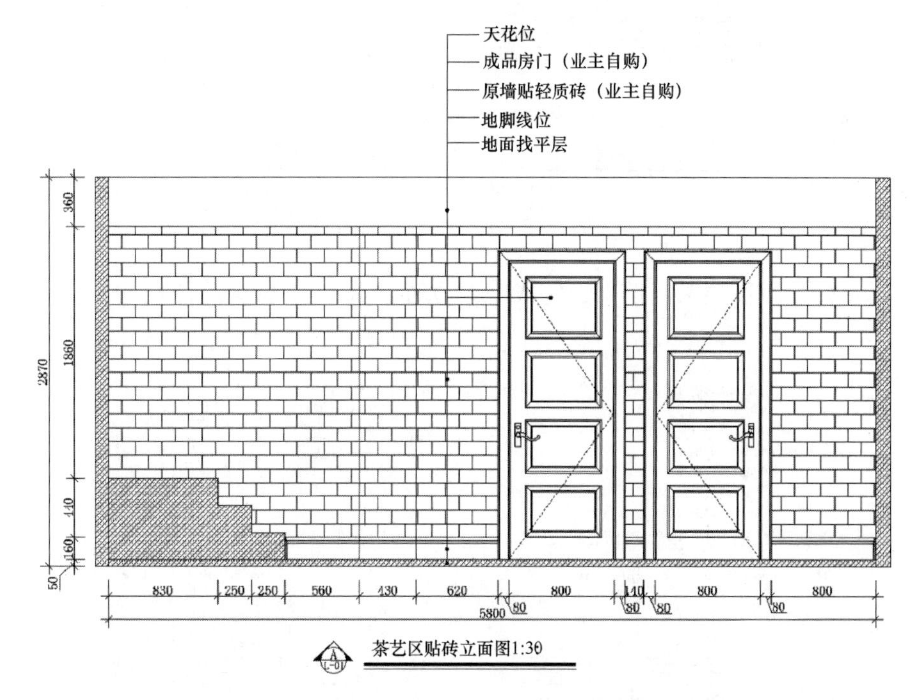

图 2－2－39　完成立面图绘制

（7）L－02 墙体立面，吧台区域是绘制重点。执行“复制 COPY（CO）”命令，复制索引 L－02 平面图吧台局部，执行“矩形 RECTANG（REC）”命令，划分立面的绘制区域，如图 2－2－40 所示。

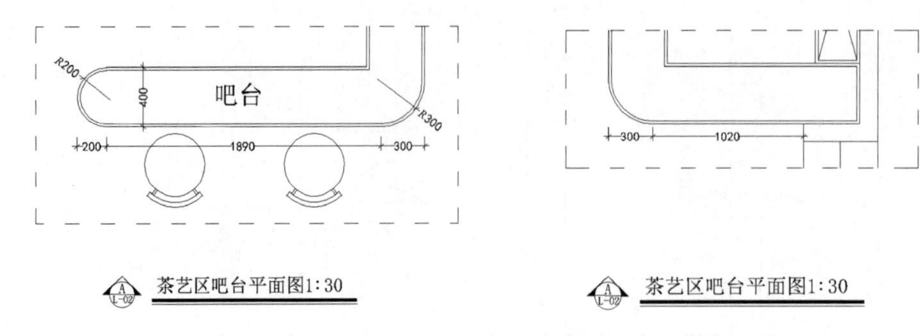

图 2－2－40　吧台平面图

（8）沿平面图尺寸绘制纵向延长线，完成吧台区域的立面图绘制，如图 2－2－41 所示。

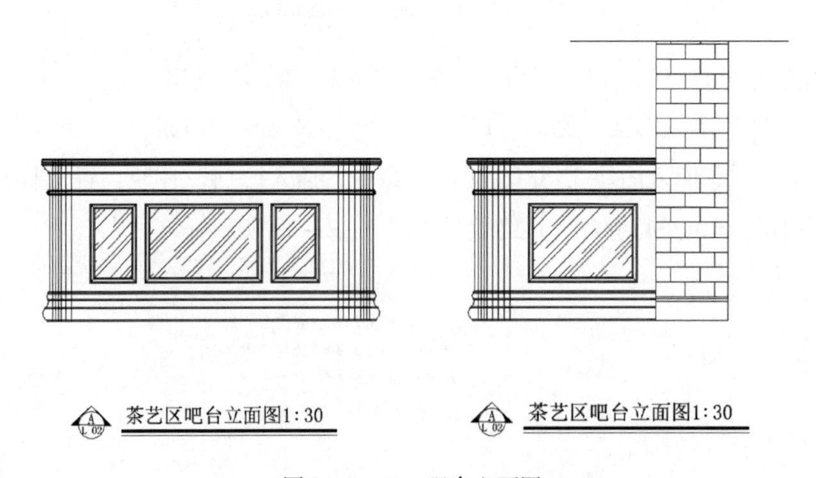

图 2－2－41　吧台立面图

（9）置“标注”图层为当前层，完成吧台立面具体尺寸与材质使用的标注，如图 2－2－42 所示。

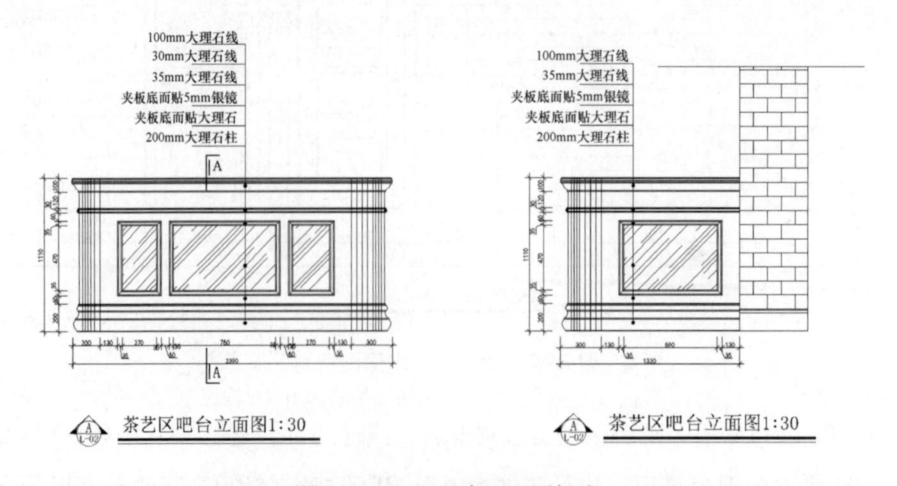

图 2－2－42　吧台立面图标注

(10) 在具体的施工过程中，吧台的建造需要详细部位的说明，为了更好地实现吧台的具体构造，结构详图及剖面图有很强的指导说明作用。执行“ 多段线 PLINE (PL)” 命令，线宽“8”，绘制剖面符号，如图 2-2-43 所示。

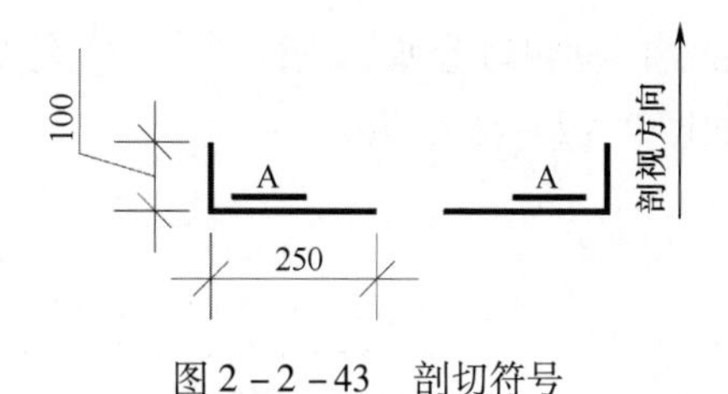

图 2-2-43　剖切符号

(11) 执行“ 圆 CIRCLE (C)” 命令，划定详图绘制区域。执行“ 直线 LINE (L)” 和“ 圆弧 ARC (A)” 命令，绘制局部详图。置“标注层”为当前图层，完成尺寸标注于说明，如图 2-2-44 所示。

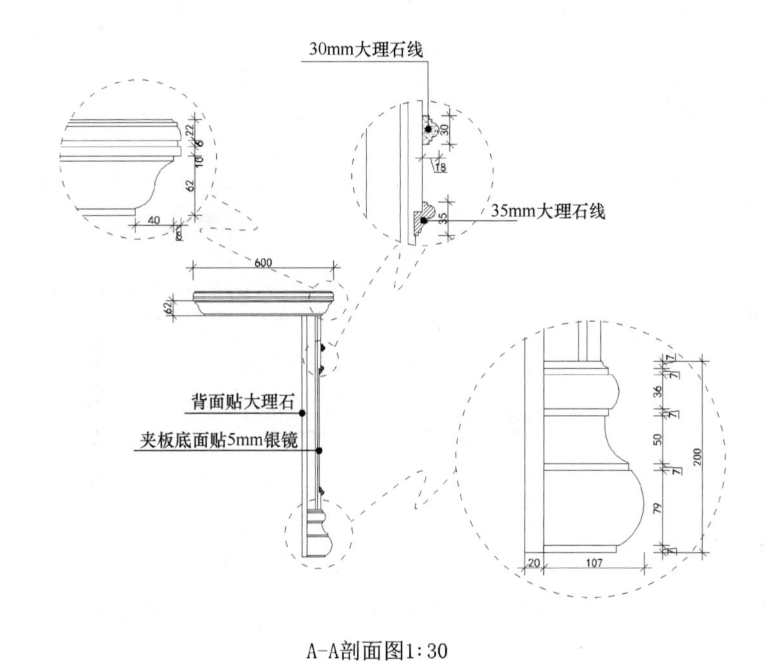

图 2-2-44　局部详图

(12) 执行“ 复制 COPY (CO)” 命令，复制索引 L-03 平面图，执行“ 矩形 RECTANG (REC)” 命令，划分立面的绘制区域，如图 2-2-45 所示。

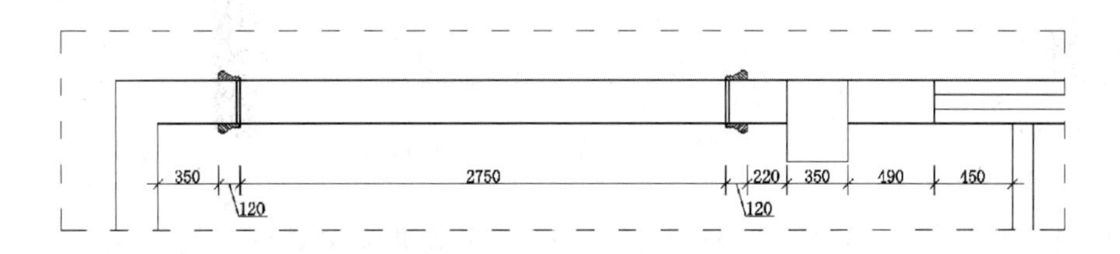

图 2-2-45　复制平面图

(13) 通过延长平面图纵向辅助线获得立面图，执行“ 偏移 OFFSET (O)” 命令，绘制门框包口造型。执行“填充 HATCH（H）”命令，完成 L－03 立面图的图案填充，如图 2－2－46 所示。

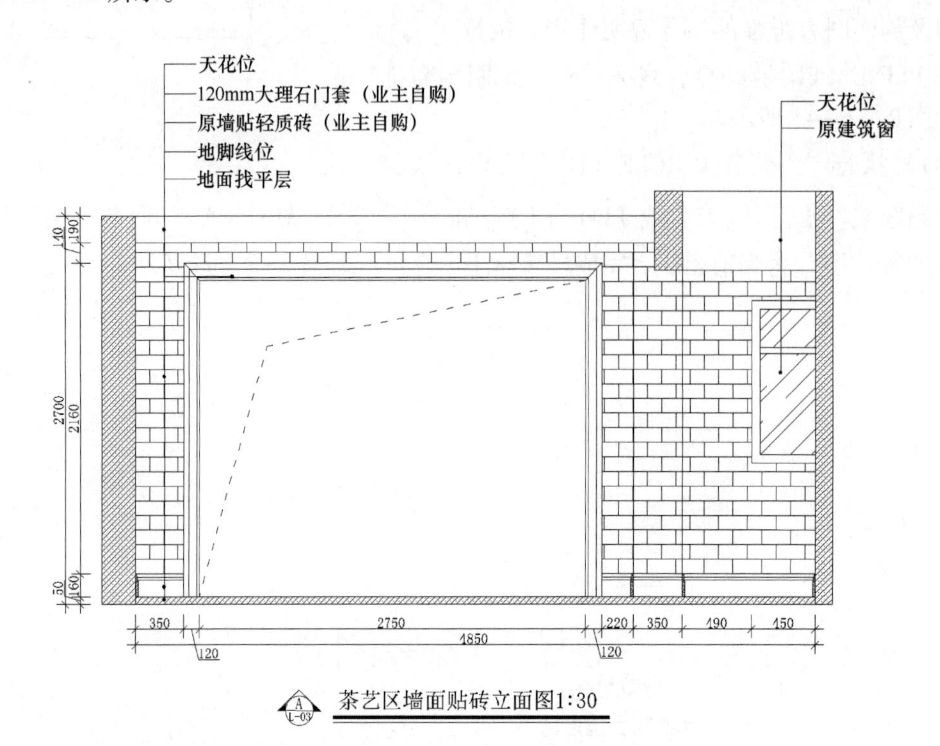

图 2－2－46　绘制立面图

（14）执行“复制 COPY（CO）”命令，复制索引 L－04 平面图，执行“矩形 RECTANG（REC）”命令，划分立面的绘制区域，如图 2－2－47 所示。

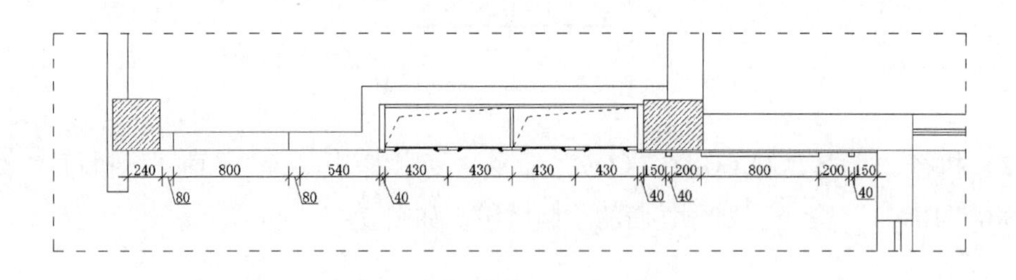

图 2－2－47　复制平面图

（15）执行“填充 HATCH（H）”命令，完成立面区域的填充。执行“直线 LINE（L）”“偏移 OFFSET（O）”命令，绘制“茶艺柜”边部造型，继续执行该命令，完成内部结构板的绘制。执行“圆 CIRCLE（C）”命令，绘制立面圆形造型，执行“插入图块 INSERT（I）”命令，完成 L－04 立面图的绘制。选择“标注层”为当前层，对立面图局部造型尺寸进行标注。执行“多重引线 MLEADER（MLE）”命令，通过“注释”面板，修改标记为“圆形”大小“100”，由下自上进行排列标记，如图2－2－48所示。

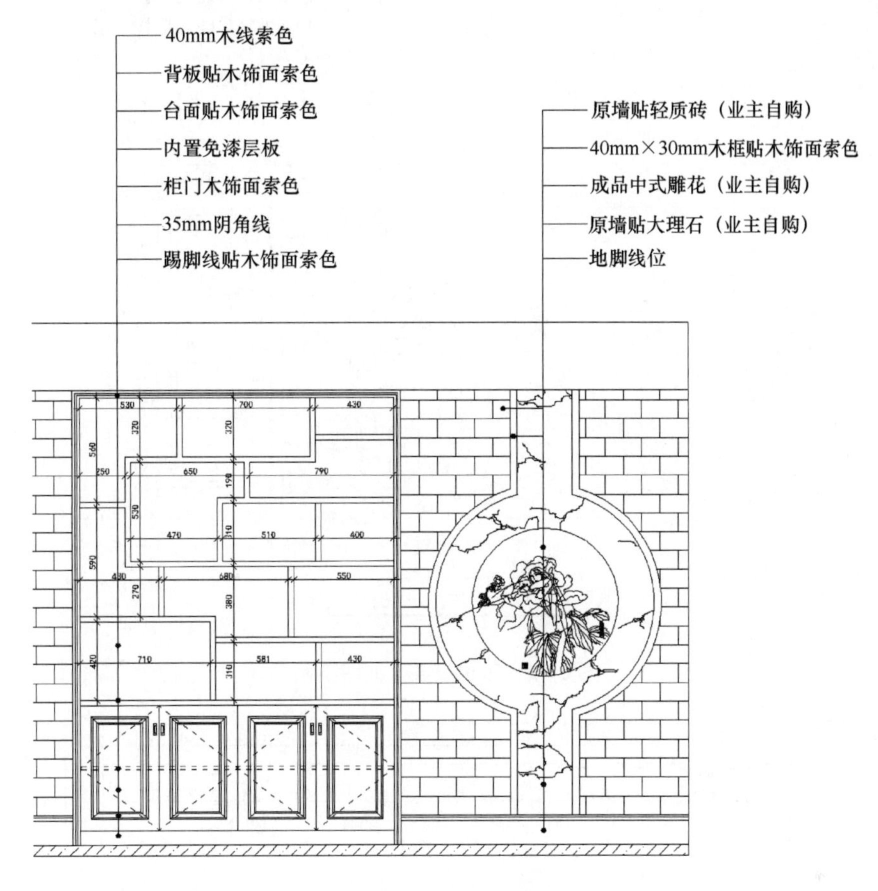

图2－2－48　材质标注

（16）执行“复制COPY（CO）”命令，复制索引L－05平面图，执行“矩形RECTANG（REC）”命令，划分立面的绘制区域，如图2－2－49所示。

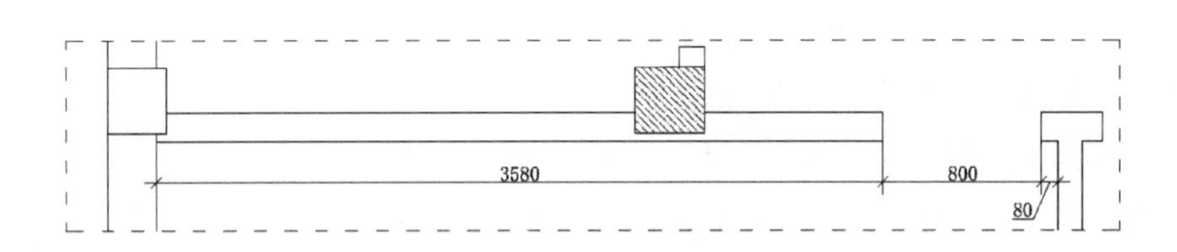

图2－2－49　材质标注

（17）执行“直线LINE（L）”命令，绘制墙体立面图。执行“插入图块INSERT（I）”“填充HATCH（H）”命令，完成墙体立面的绘制，如图2－2－50所示。

（18）执行“复制COPY（CO）”命令，复制L－06对应平面图区域，执行“矩形RECTANG（REC）”命令，绘制矩形框划分绘制区域，如图2－2－51所示。

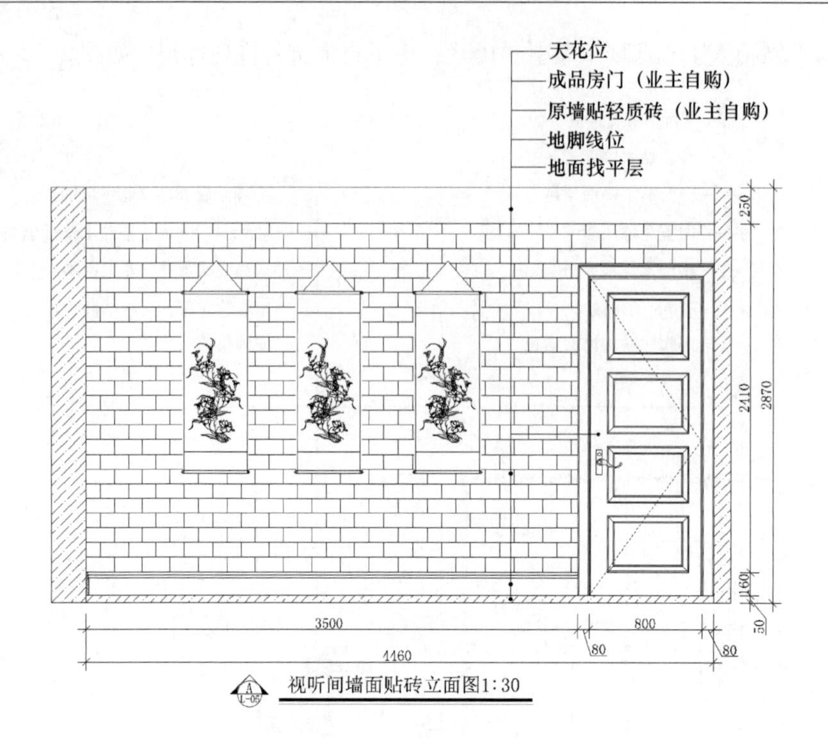

图 2－2－50　完成立面图绘制

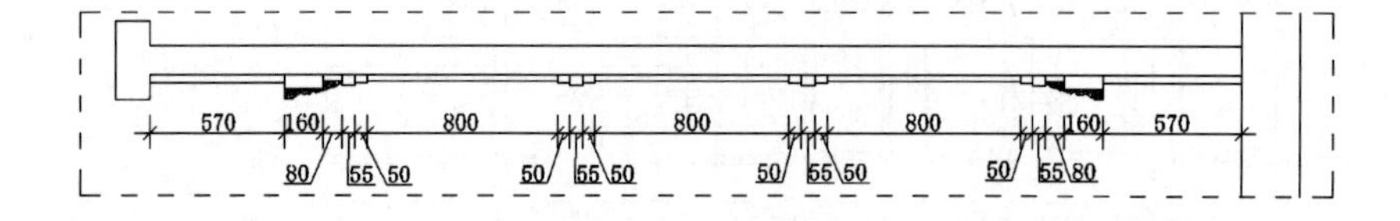

图 2－2－51　完成立面图绘制

（19）视听间立面图中脚线造型的详图绘制对于具体的施工操作有很强的指导意义。执行“圆 CIRCLE（C）”命令，划定详图绘制区域。执行“样条曲线 SPLINE（SPL）”绘制引出线，继续执行“圆 CIRCLE（C）”命令，绘制直径为“2000”的圆，执行“直线 LINE（L）”与“圆弧 ARC（A）”命令，绘制脚线具体造型样式。执行“填充 HATCH（H）”命令，“AR－CONC”图案，比例“0.4”，对脚线剖切区域进行填充，效果如图 2－2－52 所示。

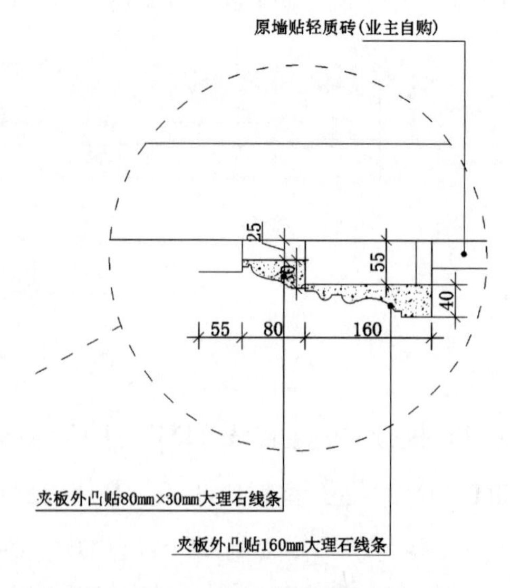

图 2－2－52　脚线详图

（20）执行“直线 LINE（L）”命令，绘制立面图。执行“填充 HATCH（H）”命令，对各立面对应区域进行填充，并完成对立面尺寸的标注与材质说明，如图 2－2－53 所示。

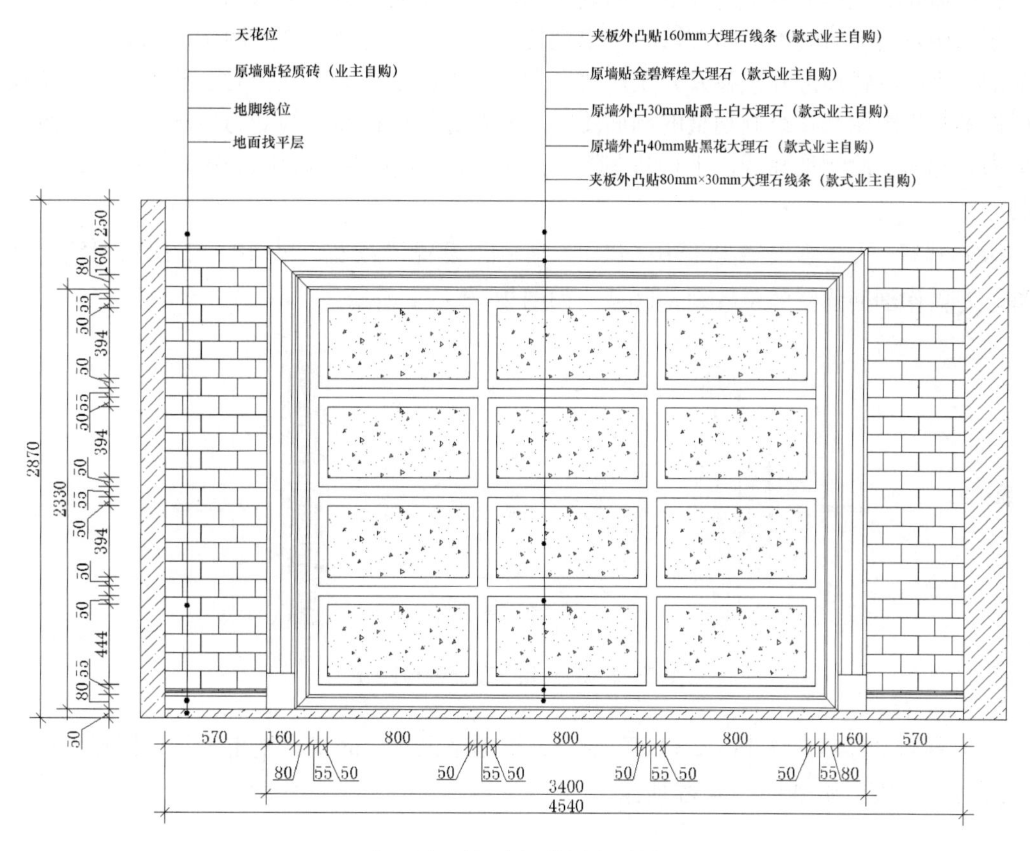

图 2－2－53　墙体立面图

（21）依据以上步骤，通过复制对应平面区域→作纵向参考线绘制立面图→插入图块→材质填充→尺寸与材质标注，完成 L07－L12 立面图的绘制。

随堂练习： 别墅空间立面图的绘制

实践目的：了解并掌握别墅空间立面的详绘制方法和步骤，掌握相关命令。

实践内容：别墅空间局部立面的绘制。

实践步骤：请根据上述方法和步骤，绘制出本案例中的所有立面图。

任务三　绘制别墅空间节点图

前文已经以该案例中别墅的负一层为例，从宏观上介绍了施工图的具体绘制方法。相信大家对别墅施工图的绘制流程和绘制方法有了总体的认识。接下来将结合案例中其他楼层，进一步介绍别墅施工图的绘制方法及别墅施工图绘制要点。

一、绘制别墅施工节点图

别墅施工图中的所谓“节点”是指施工图中相对复杂的局部构造，为了更好地指导施工，通常需要对这样的节点进行细致的表现和详细的说明。节点常以剖面的形式来表现。

剖面图是通过对有关的图形按照一定剖切方向所展示的内部构造图例，剖面图是假想用一个剖切平面将物体剖开，移去介于观察者和剖切平面之间的部分，对于剩余的部分向投影面所做的正投影图。在绘制别墅的剖面图时，需要分析梁板和柱的受力情况，并在图纸中标明层高、标高、绘制尺寸线。下面以别墅设计中的具体案例讲解别墅施工节点图的表现与绘制。

（1）执行“多段线 PLINE（PL）”命令，设置“线宽”为 18，于顶面图绘制剖面符号，对需作剖面详图的位置划定区域，如图 2－2－54 所示。

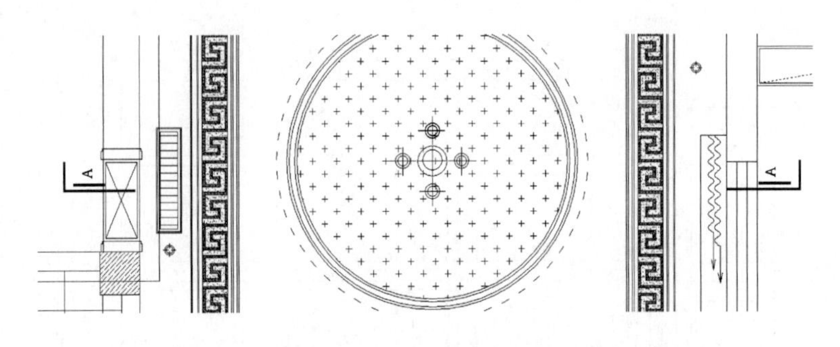

图 2－2－54　划分顶面剖切区域

（2）执行“直线 LINE（L）”命令，根据吊顶构造的基本施工工艺，同比例绘制天花厚度方向结构，如图 2－2－55 所示。

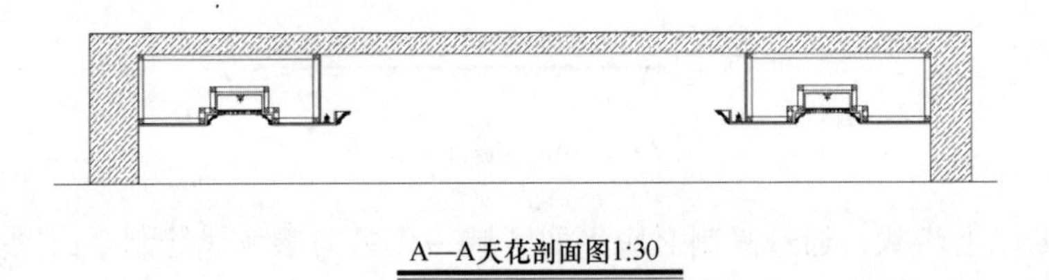

图 2－2－55　天花剖面结构

（3）执行“缩放 SCALE（SC）”命令，输入比例因子“3”，将天花剖面结构图放大 3 倍。单击“注释”面板，进入“标注样式修改面板”，新建标注样式，设置“主单位”选项卡中测量单位比例因子为“1/3”，并将该标注样式置为当前标注样式，如图 2－2－56 所示。

（4）执行“线性标注 DIMLINEAR（DLI）”命令，对天花剖面图进行尺寸标注和材质说明，如图 2－2－57 所示。

（5）执行“矩形 RECTANG（REC）”命令，划定吊顶角部区域，对角部构造式样进行进一步绘制，如图 2－2－58 所示。

图 2-2-56　修改标注样式

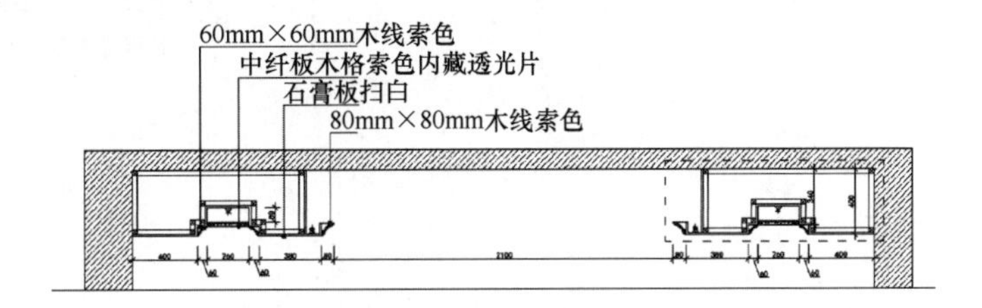

图 2-2-57　天花尺寸标注

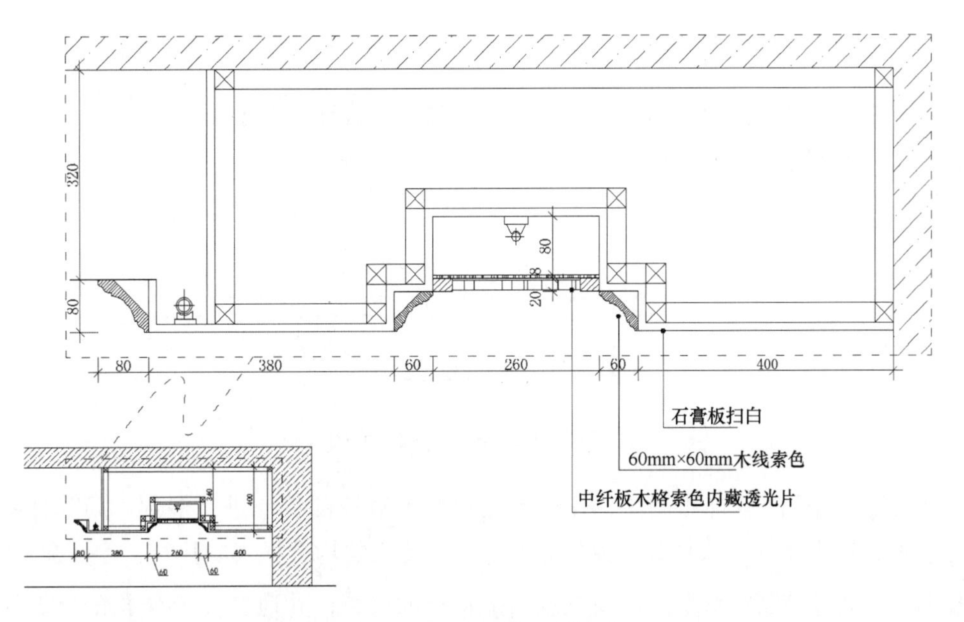

图 2-2-58　天花角部构造

（6）复制一层 L01 客厅电视背景平面图局部，执行“ 矩形 RECTANG（REC）”命令，划分区域，对背景墙角部构造样式进行详图绘制，如图 2-2-59 所示。

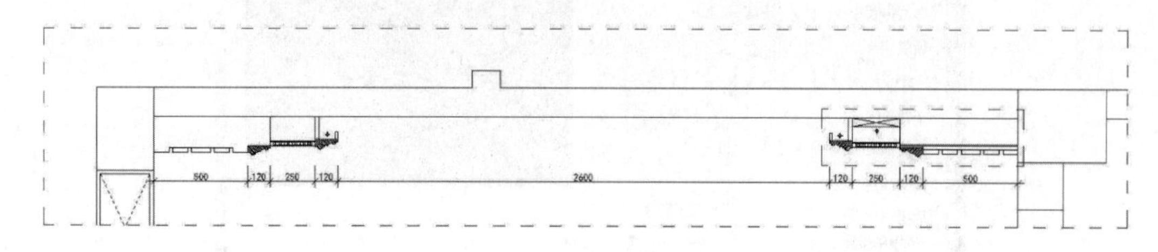

图 2-2-59　电视背景墙平面图

（7）执行“ 直线 LINE（L）”及“ 圆弧 ARC（A）”命令，绘制电视背景墙结构线及脚线式样。对于大理石线条的绘制，通过执行“圆弧”命令，并根据具体的图样，选择“起点，圆心，端点”、“起点，圆心，角度”等适宜的命令，如图 2-2-60 所示。

（8）执行“ 线性标注 DIMLINEAR（DLI）”对背景墙局部详图进行尺寸标注和材质说明，如图 2-2-61 所示。

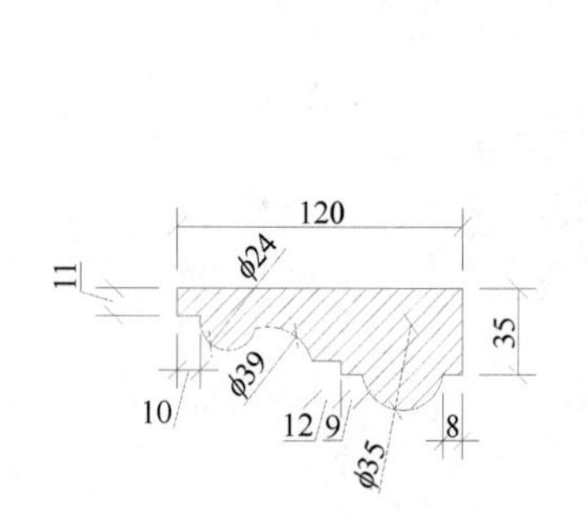

图 2-2-60　大理石线条绘制

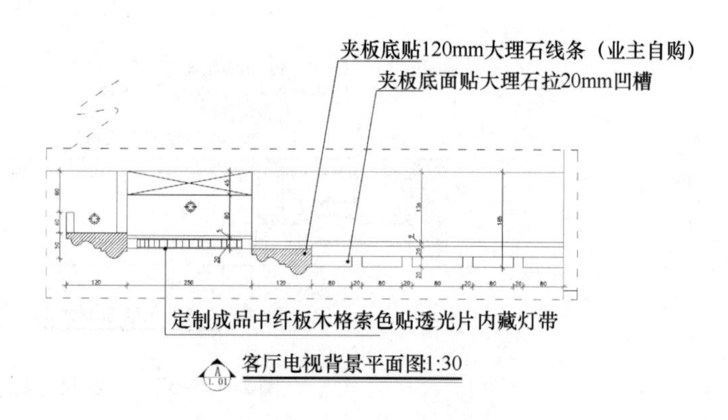

图 2-2-61　尺寸标注

（9）执行“ 复制 COPY（CO）”命令，复制“客厅门廊平面图”，绘制门廊边部造型构造样式，如图 2-2-62 所示。

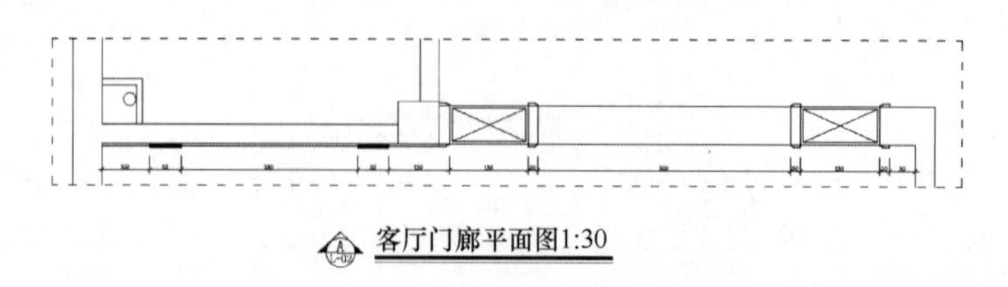

图 2-2-62　客厅门廊平面图

（10）在大幅面的装饰布局中，往往不能很好地对细部特征进行展现。局部详图的绘制，主要通过扩大比例，来直观表现装饰细部具体特征的构造样式。执行“ 圆 CIRCLE（C）”命令，通过绘制圆形划定需要展现局部特征的区域，并通过“ 样条曲线 SPLINE

（SPL）”命令绘制引出线，绘制放大详图，最终效果如图 2－2－63 所示。

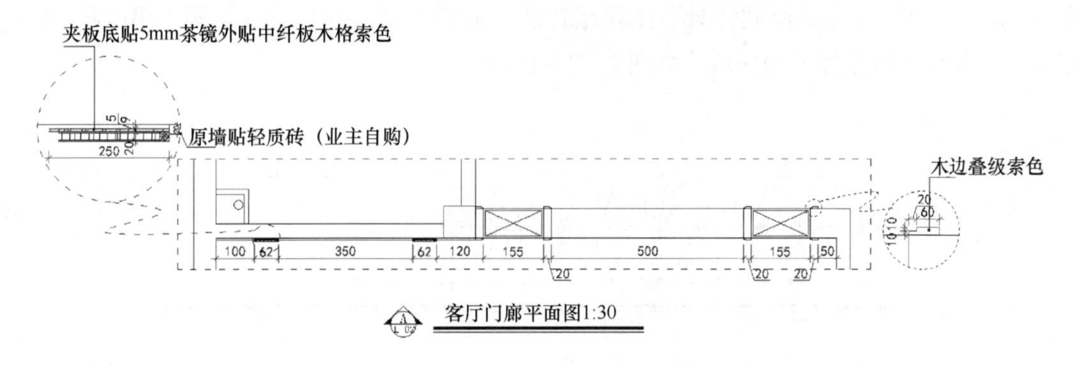

图 2－2－63　客厅门廊详图

（11）于二楼平面图中对应位置绘制剖面符，标示剖切区域。依照剖切线绘制对应立面图，如图 2－2－64 所示。

图 2－2－64　二楼 A－A 天花剖面图

（12）执行“矩形 RECTANG（REC）”命令，绘制矩形框，划分剖面图绘制区域。执行“样条曲线 SPLINE（SPL）”命令，绘制引出线，继续执行“矩形 RECTANG（REC）”命令，绘制矩形框。执行“直线 LINE（L）”命令，绘制吊顶角部造型结构线，执行“偏移 OFFSE（O）”命令，偏移 30mm 龙骨线，对于打断区域，以“×”型示意，并进行标注，最终效果如图 2－2－65 所示。

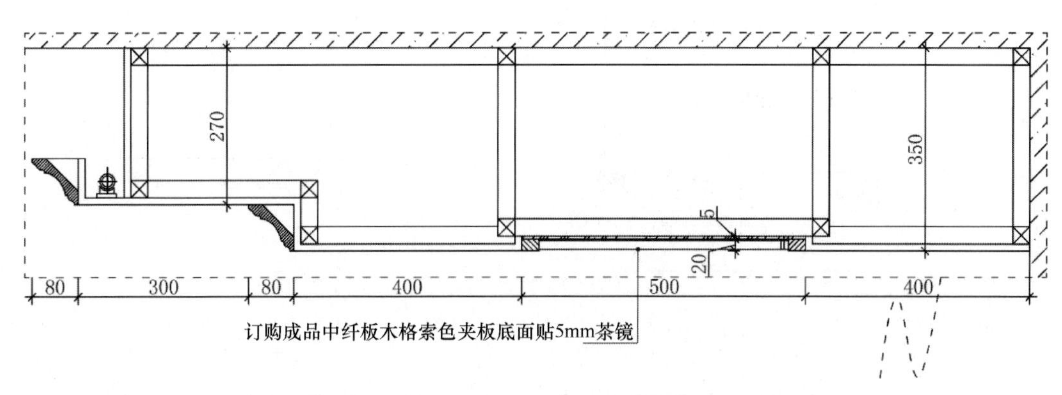

图 2－2－65　二楼 A－A 天花剖面详图

（13）执行“复制 COPY（CO）”复制“二层主卧床头背景平面图”，执行“直线 LINE（L）”命令，绘制背景墙主要结构线及局部细节。执行“圆 CIRCLE（C）”命令，绘制需要绘制详图的区域，如图 2－2－66 所示。

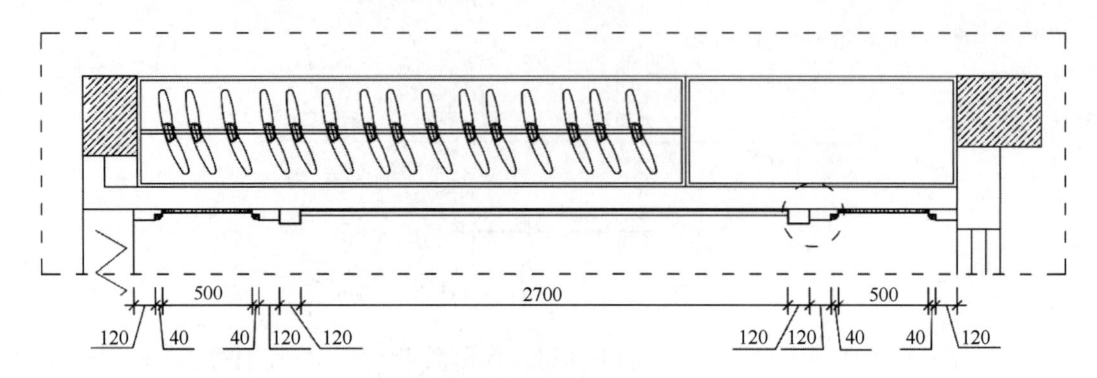

图 2－2－66　二层主卧室背景平面图

（14）执行“样条曲线 SPLINE（SPL）”命令，绘制引出线，并执行“圆 CIRCLE（C）”命令，绘制圆形详图绘制区域。执行“复制 COPY（CO）”命令，复制划定绘制详图的区域。执行“缩放 SCALE（SC）”命令，输入比例“5”，对圆形绘制区域进行放大。执行“线性标注 DIMLINEAR（DLI）”命令，设置标注样式→主单位→测量单位比例因子“1/5”，对局部详图进行标注。执行“填充 HATCH（H）”命令，对剖切区域进行材质填充，最终详图效果如图 2－2－67 所示。

（15）执行“复制 COPY（CO）”命令，复制主卧电视背景平面图，执行“圆 CIRCLE（C）”命令，绘制需要绘制详图的区域。执行“复制 COPY（CO）”命令，复制需要绘制详图的区域，执行“修剪 TRIM（TR）”命令，修剪多余线段，如图 2－2－68 所示。

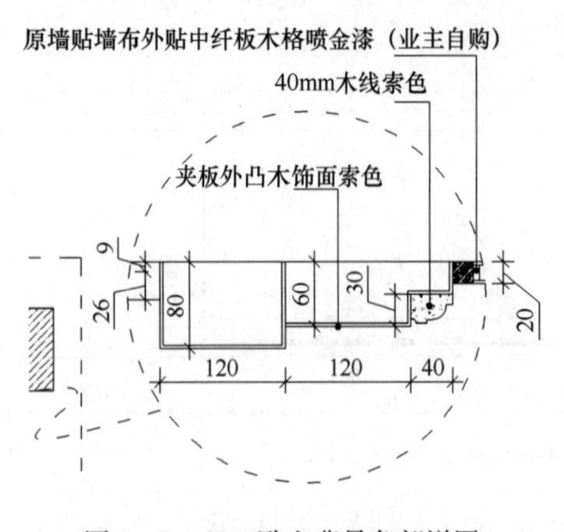

图 2－2－67　卧室背景角部详图

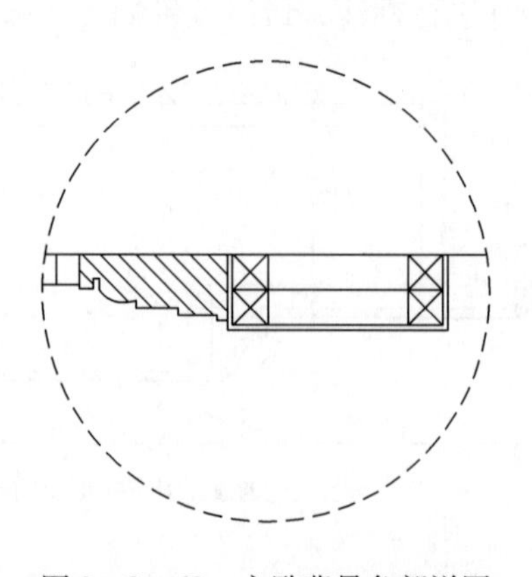

图 2－2－68　主卧背景角部详图

（16）执行“缩放 SCALE（SC）”命令，对局部详图进行放大，放大比例“5”。执行“修改标注样式 DIMSTYLE（D）”命令，设置标注样式→主单位→测量单位比例因子“1/5”，对角部详图进行标注，最终效果如图2-2-69所示。

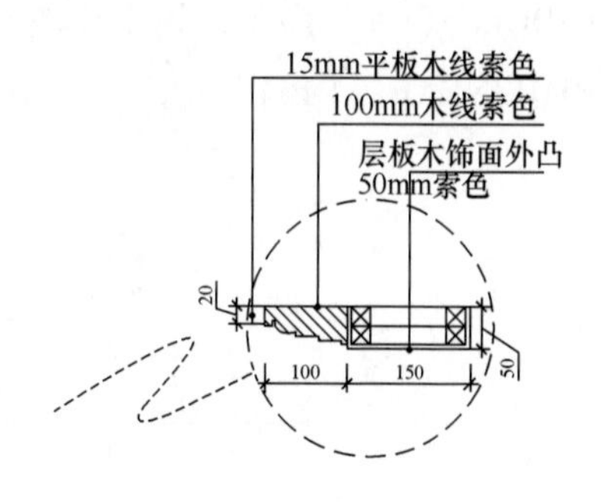

图2-2-69　主卧背景角部详图标注

（17）执行“复制 COPY（CO）”命令，复制二楼主卫平面图。执行“直线 LINE（L）”命令，对主卫平面柜体具体结构进行绘制。执行“圆 CIRCLE（C）”命令，绘制详图绘制区域。置“标注层”为当前层，进行标注，如图2-2-70所示。

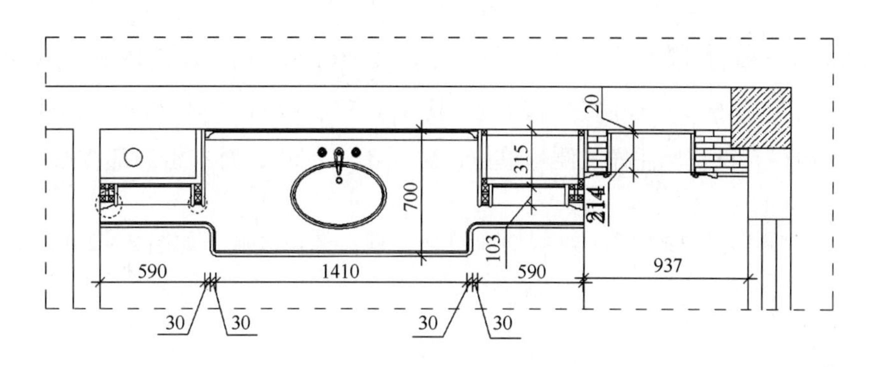

图2-2-70　主卫平面图

（18）执行“样条曲线 SPLINE（SPL）”命令，绘制引出线。执行“复制 COPY（CO）”命令，复制需要绘制详图的区域。执行“缩放 SCALE（SC）”命令，对详图进行放大，比例“5”，执行“修剪 TRIM（TR）”命令，修剪多余线段。设置标注样式测量单位比例因子“1/5”，对柜体角部详图进行标注，如图2-2-71所示。

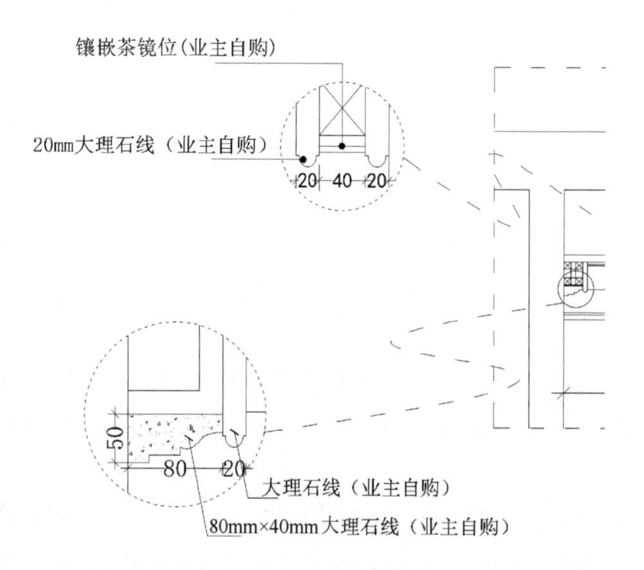

图2-2-71　主卫柜体脚部详图

（19）执行“复制 COPY（CO）”命令，复制二楼小孩房衣柜平面图。执行“直线 LINE（L）”命令，绘制平面图局部。执行“

圆 CIRCLE（C）”命令，划定详图绘制区域。置“标注层”为当前层，执行“ 线性标注 DIMLINEAR（DLI）”命令，完成平面图的标注，如图 2 - 2 - 72 所示。

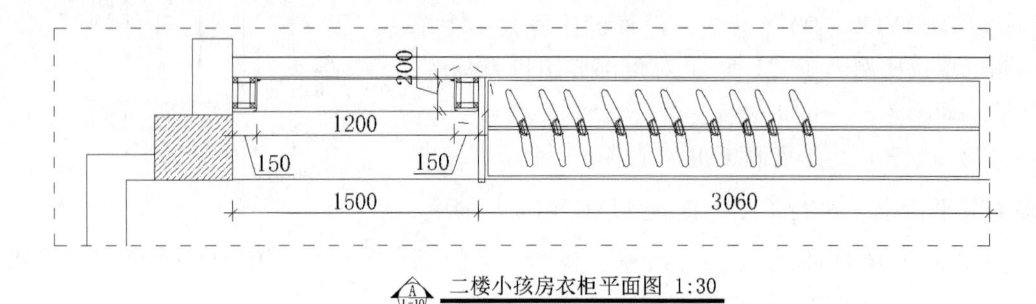

图 2 - 2 - 72　二楼小孩房衣柜平面图

（20）执行“ 复制 COPY（CO）”命令，复制需要绘制详图的区域。执行“ 缩放 SCALE（SC）”命令，对详图进行放大，比例“5”，执行“ 修剪 TRIM（TR）”命令，修剪多余线段。设置标注样式测量单位比例因子“1/5”，对衣柜局部构造图进行标注，如图 2 - 2 - 73 所示。

（21）于“三楼天花布置图”绘制剖面符号，划定剖切区域，如图 2 - 2 - 74 所示。

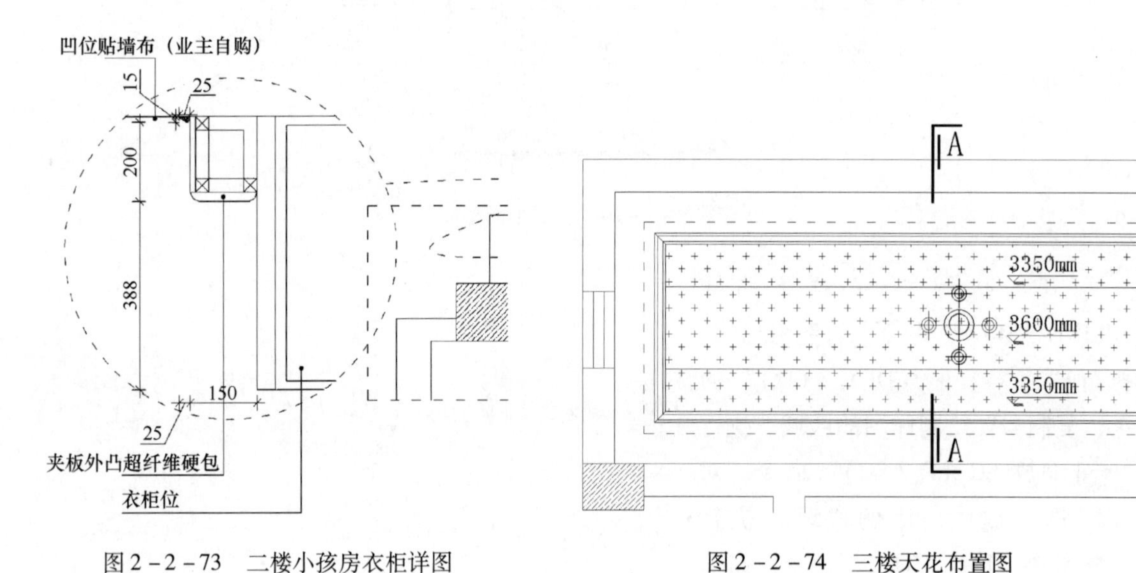

图 2 - 2 - 73　二楼小孩房衣柜详图　　　　图 2 - 2 - 74　三楼天花布置图

（22）执行“ 直线 LINE（L）”命令，绘制天花顶部造型。执行“ 插入 INSERT（I）”命令，插入“灯”图块。置“标注”层，为当前图层，完成尺寸标注，如图 2 - 2 - 75 所示。

（23）执行“ 圆 CIRCLE（C）”命令，划定剖面绘制区域，执行“ 样条曲线 SPLINE（SPL）”命令，绘制引出线，继续执行“ 圆 CIRCLE（C）”命令，绘制剖面放大图，如图 2 - 2 - 76 所示。

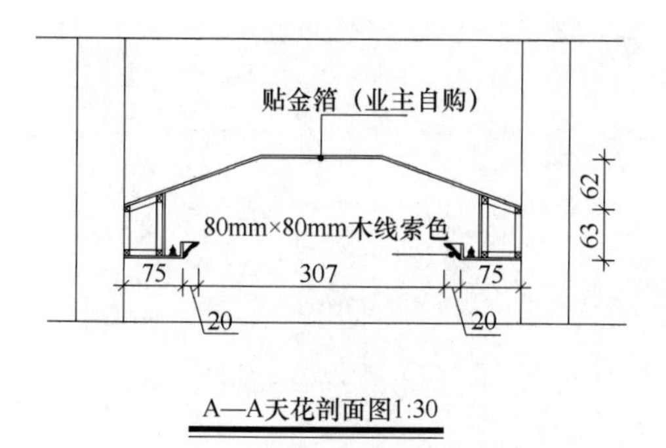

图 2－2－75　三楼天花剖面

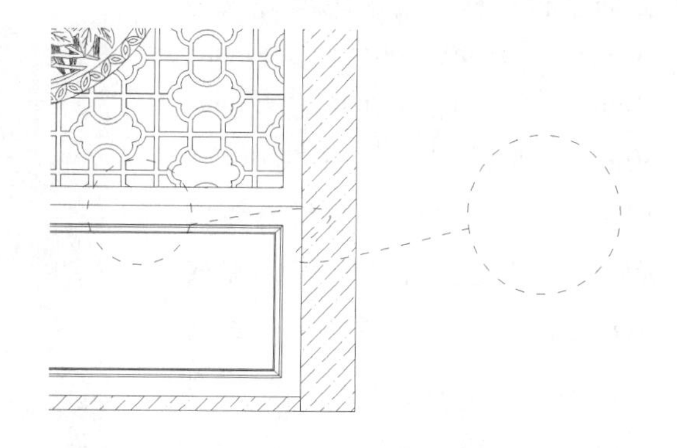
图 2－2－76　划分隔断剖面区域

（24）执行“ 直线 LINE（L）”命令，同比例绘制隔断厚度方向结构，如图 2－2－77 所示。

（25）执行“ 移动 MOVE（M）”命令，将放大后的隔断结构图移至圆形内部，执行“ 修剪 TRIM（TR）”命令，对多余边线进行修改。执行“ 线性标注 DIMLINEAR（DLI）”命令，对隔断结构详图进行标注与材质标注说明，并执行“ 填充 HATCH（H）”命令，选择“A－RROOF”图案，角度“45 度”，比例“1”，对剖面区域材质进行填充，如图 2－2－78 所示。

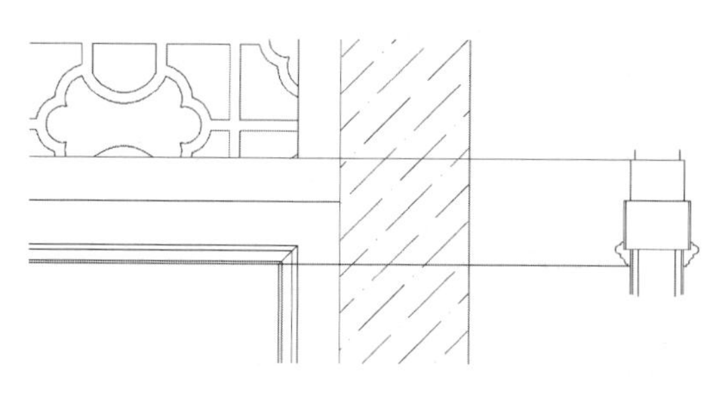
图 2－2－77　隔断结构

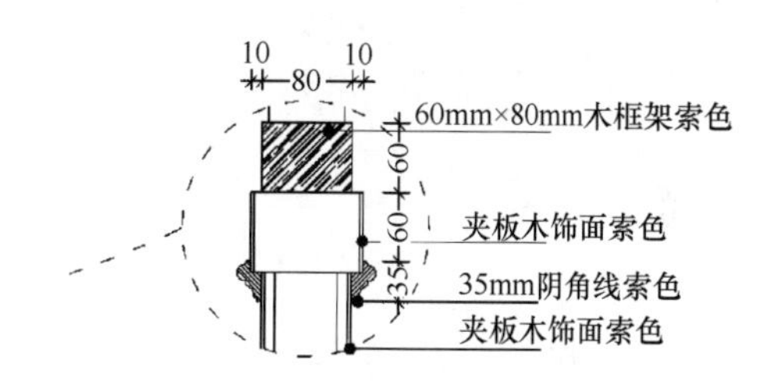

图 2－2－78　结构详图标注

二、案例中装饰元素的表现与绘制

在别墅设计中建筑装饰元素的表现是很重要的内容，建筑装饰元素表现的好坏可以影响别墅设计的总体效果。以合适的装饰元素对整个别墅的风格进行统一化的处理，会使别墅的不同楼层、不同房间之间产生有机的联系。在案例中，客户倾向于采用中式传统的装饰，因此在这栋别墅中比较多采用了中式的设计元素。下面将具体介绍案例中部分装饰元素的表现与绘制。

（一）含有回纹装饰图案的餐厅地砖表现

在餐厅中部的地面上，铺设有带回纹图案的地砖，如图 2－2－79 所示。

（1）执行“ 圆 CIRCLE（C）”命令，以别墅一楼餐厅地面的中心点为圆心，绘制半径为 1290mm 的圆形。执行“ 偏移 OFFSET（O）”命令，对绘制出的圆形不断向圆心方向进行偏移，偏移距离分别为80mm、75mm、60mm、60mm、60mm、60mm、60mm、75mm、80mm。执行“直线 LINE（L）”命令，经圆心向最外侧的圆绘制直线。执行“旋转 ROTATE（RO）”命令，将直线旋转2.25°。执行“环形阵列 ARRAYPOLAR”命令，设置圆心为阵列中心，设置项目数为10，设置项目间角度为4.5°。执行“修剪 TRIM（TR）”命令，对图形进行修整，如图2－2－80所示。

图2－2－79　位于一楼餐厅的回纹图案地砖装饰

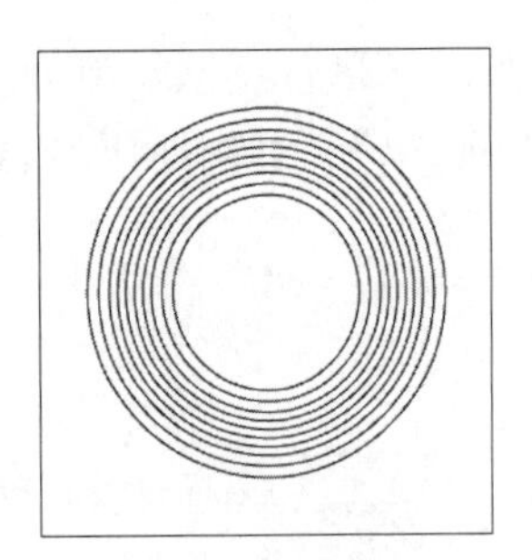
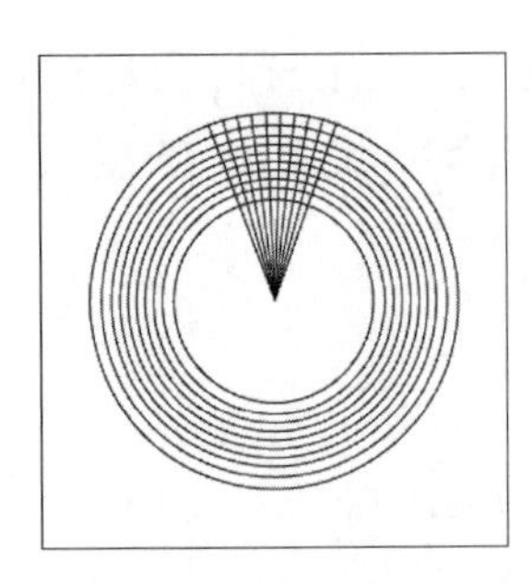
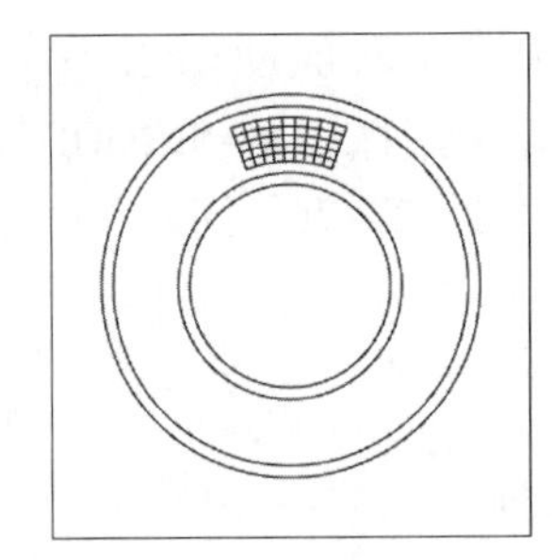

图2－2－80　一楼餐厅地面装饰绘制步骤

（2）执行“修剪 TRIM（TR）”命令，完成单个回纹图案的绘制。并选中绘制完成的单个回纹图案，继续执行“环形阵列 ARRAYPOLAR（AR）”命令，设置圆心为阵列中心，设置项目数为8，完成回纹图案的绘制。执行“填充 HATCH（H）”命令，用填充的方式，对已经绘制完成的环形和回纹图形进行材质表现，如图2－2－81所示。

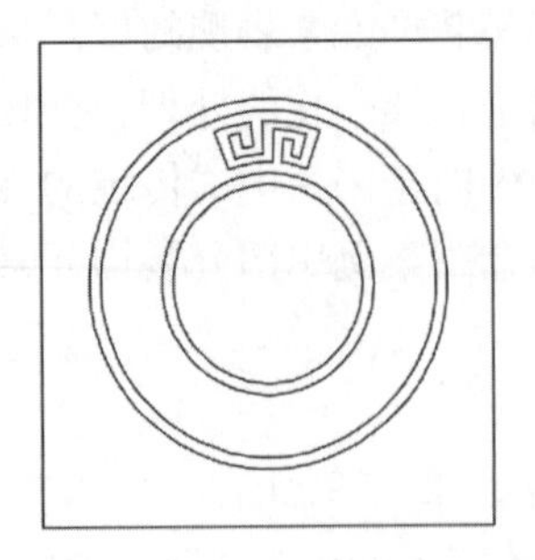

图2－2－81　一楼餐厅地砖回纹装饰图案绘制步骤

（3）执行“线性标注 DIMLINEAR（DLI）”、“对齐标注 DIMALIGNED（DAL）”等标注命令，完成尺寸的标注，如图 2－2－82 所示。

（二）含有圆寿纹装饰图案的入口地砖表现

中国传统的图案装饰大都有吉祥的寓意，为祝祷出入平安和健康长寿，设计师选择了圆寿纹图案作为一楼入户门的地面装饰，如图 2－2－83 所示。

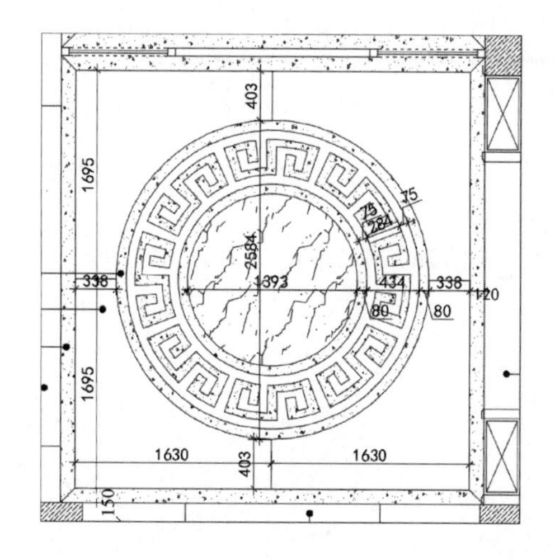

图 2－2－82　一楼餐厅地砖中式装饰元素表现

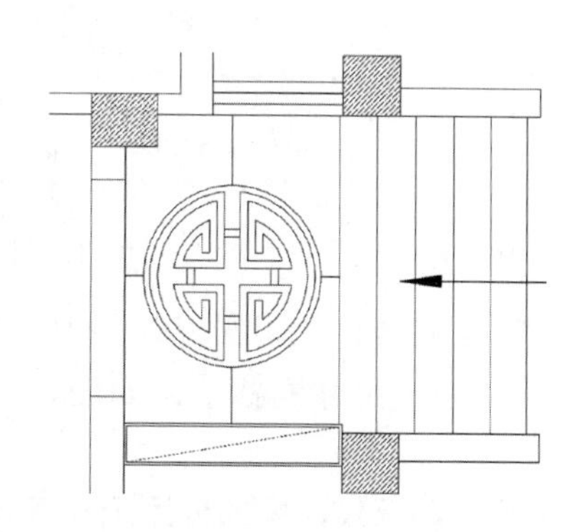

图 2－2－83　一楼入口处的圆寿纹地面装饰

（1）执行“圆 CIRCLE（C）”命令，以别墅一楼入口地面的中心点为圆心，绘制半径为650mm 的圆形。执行“偏移 OFFSET（O）”命令，对绘制出的圆形不断向圆心方向进行偏移，偏移距离分别为42mm、56mm、113mm、56mm。执行“矩形 RECTANG（REC）”命令，以圆心为中心绘制边长为 114mm 的正方形。对所绘制的正方形执行“偏移 OFFSE（O）”命令，偏移距离为 57mm。经多次偏移后可获得如图 2－2－84 所示图形。

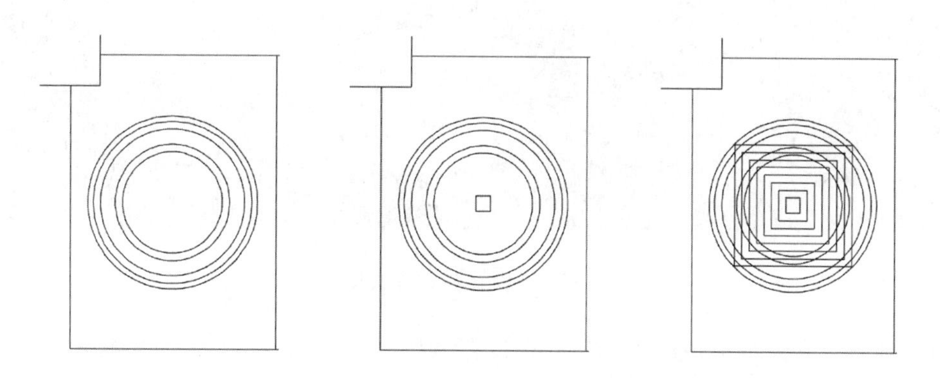

图 2－2－84　一楼入口处地面装饰绘制步骤

（2）执行“修剪 TRIM（TR）”命令，减掉多余的线条。并执行“直线 LINE（L）”命令，以适当的补充所缺少的线条。最终绘制完成如图 2－2－85 中最后一步所示出的圆寿纹图案。

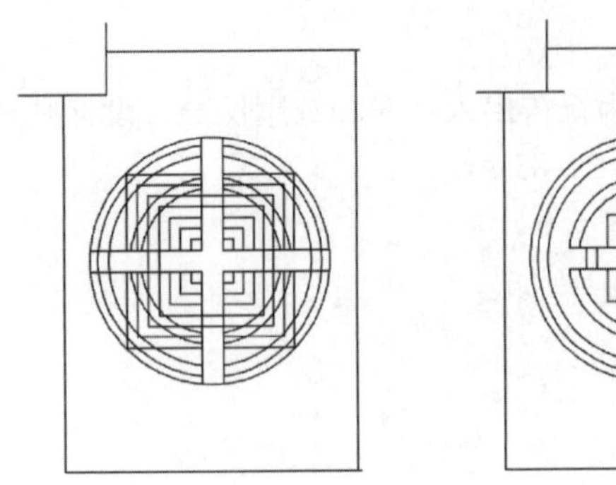
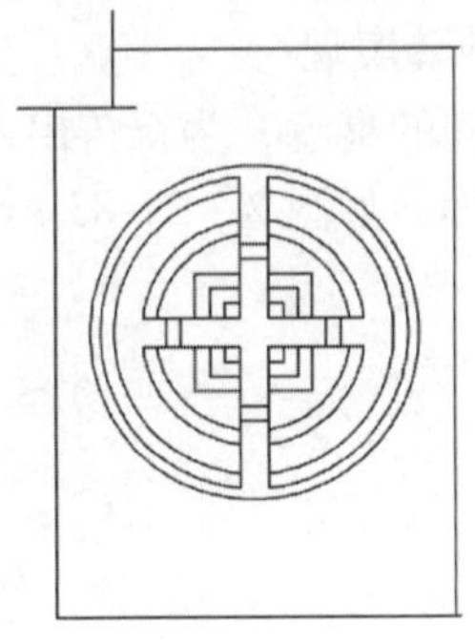

图 2-2-85　一楼入口处圆寿纹装饰图案绘制步骤

（3）执行“线性标注 DIMLINEAR（DLI）”、“对齐标注 DIMALIGNED（DAL）”等标注命令，完成尺寸的标注，如图 2-2-86 所示。

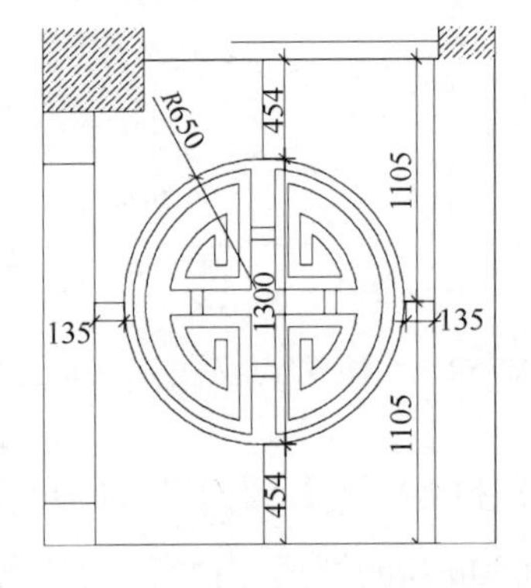

图 2-2-86　一楼入口处中式装饰元素表现

（三）含有回纹和云纹图案的餐厅天花表现

为与一层餐厅地面的回纹相对应，在餐厅天花的设计上，设计师采用了回纹与云纹相结合的表现手法。将回纹和云纹装饰纹样与暗藏灯带相结合，使光影适当搭配，产生了很好的装饰效果，如图 2-2-87 所示。

图 2-2-87　一楼餐厅处的天花装饰效果

（1）执行“矩形 RECTANG（REC）”命令，从窗帘盒及墙壁内侧边沿向内偏移 300mm 绘制矩形。执行“偏移 OFFSET（O）”命令，对绘制出的矩形进行向内侧的偏移操作，偏移距离分别为 60mm、30mm、200mm、30mm、60mm、100mm、80mm，以此示出天花的层次。在天花不同层次的木质装饰线端部，绘制 45°角斜线表示端部拼接方式，如图 2-2-88 所示。

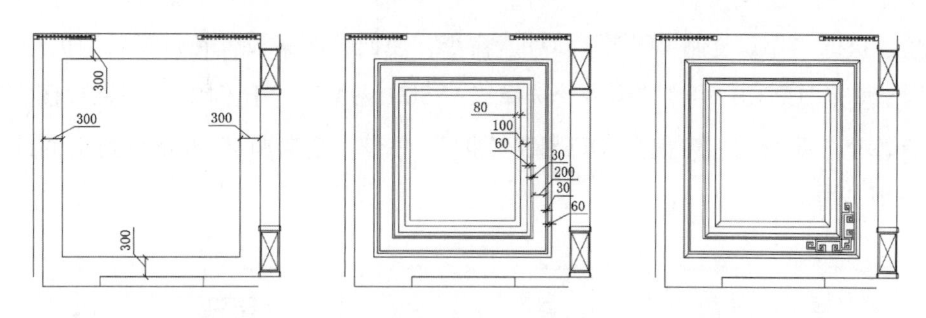

图 2－2－88　一楼餐厅处的天花装饰绘制步骤

（2）执行“多段线 PLINE（PL）”命令，绘制云纹的一个单元。执行“镜像 MIRROR（MI）”命令，将该云纹单元向右侧镜像复制获得一个轴对称云纹图案。将云纹图案复制一份，并执行“旋转 ROTATE（RO）”命令，使其逆时针旋转 90°。移动经复制获得的云纹图案，将两个互相垂直的云纹图案叠放并删除多余的线条，如图 2－2－89 所示。

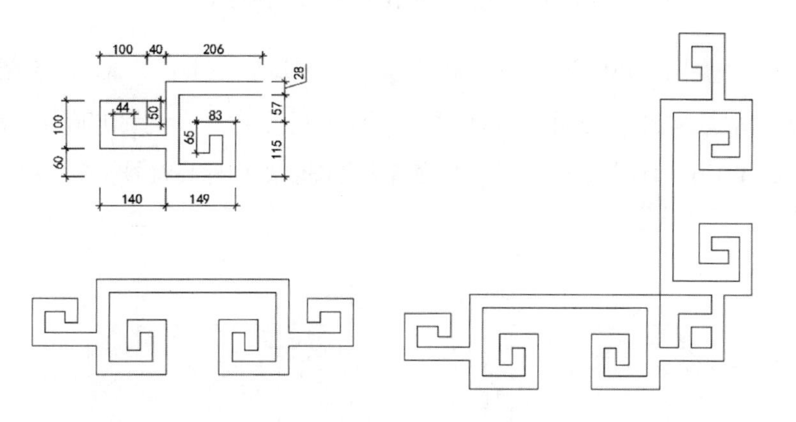

图 2－2－89　一楼餐厅天花中角部的云纹图案

（3）执行“多段线 PLINE（PL）”命令，绘制回纹图案的一个单元。执行“复制 COPY（CO）”命令，将该回纹图案单元复制 3 个。执行“矩形 RECTANG（REC）”命令，绘制长边为 200mm，短边为 20mm 的矩形，以使上述回纹图案封闭，如图 2－2－90 所示。

图 2－2－90　一楼餐厅天花中的回纹图案

（4）执行“镜像 MIRROR（MI）”命令，使角部的云纹图案对称设置在天花吊顶的灯带四角。执行“复制 COPY（CO）”命令，使回纹图案设置在灯带长边的中部位置。执行“填充 HATCH（H）”命令，选择“ANSI31 图案”、“比例 2”，对回纹图案和云纹图案进行填充。执行“偏移 OFFSET（O）”命令，完善灯带部分为画出的线条，如图 2－2－91 所示。

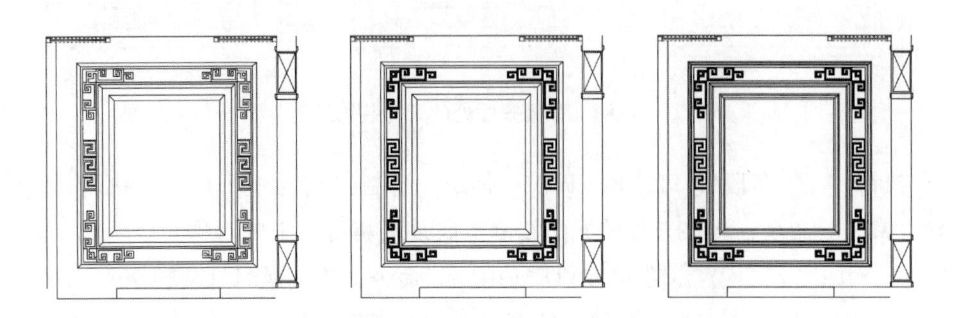

图 2－2－91　一楼餐厅天花的装饰表现

（5）执行“圆 CIRCLE（C）”和“直线 LINE（L）”命令，绘制天花中的射灯、吊灯或者调取灯具图块。执行“直线 LINE（L）”命令，绘制出暗藏灯带的位置。执行“填充 HATCH（H）”命令，进一步完善天花图。添加标高符号，最终绘得图 2－2－92 所示的施工图。

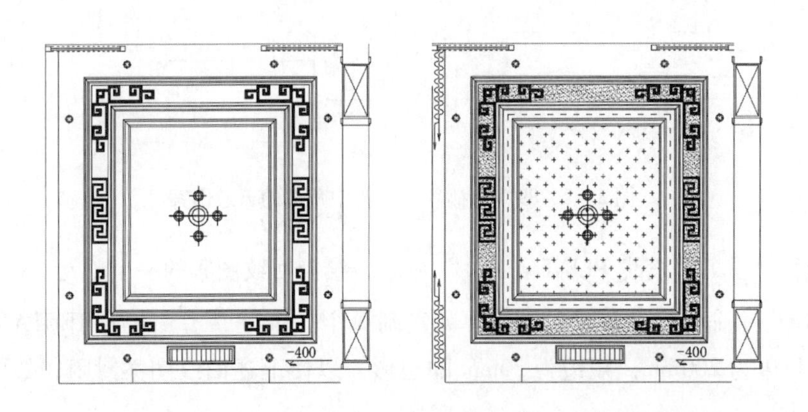

图 2－2－92　进一步完善一楼餐厅天花施工图

在本套别墅的施工图绘制中，设计师还以类似的方法绘制了客厅的天花，如图 2－2－93 所示。具体绘制步骤这里不再赘述。

（四）客厅博古架隔断绘制

（1）执行“矩形 RECTANG（REC）”命令，绘制“3500 × 3000”矩形，执行“圆 CIRCLE（C）”命令，绘制圆形装饰边框，执行“偏移 OFFSET（O）”命令，偏移获得博古架边框，如图 2－2－94 所示。

（2）执行“直线 LINE（L）”命令，根据既定尺寸通过“直线”与“偏移 OFFSET（O）”命令，绘制博古架隔板，执行“修剪 TRIM（TR）”命令，修剪多余线段。置“标注”层为当前层，标注博古架尺寸。最终效果如图 2－2－95 所示。

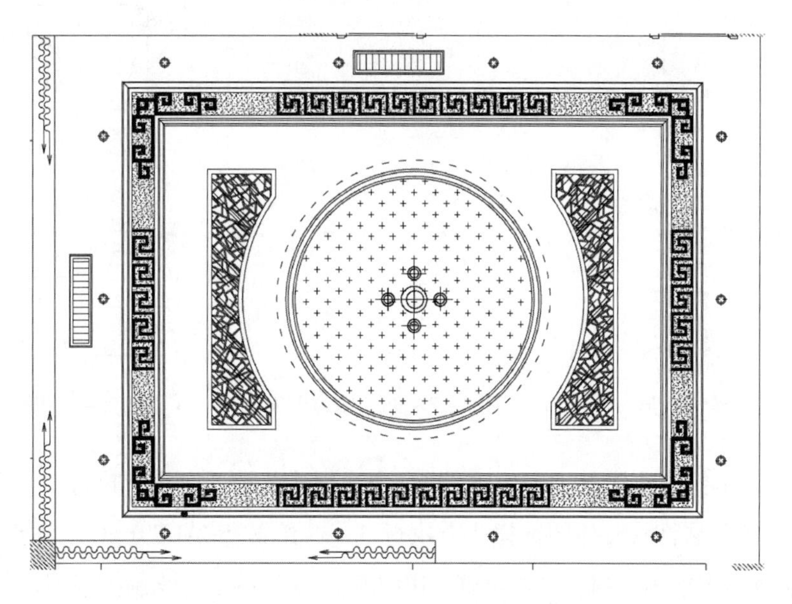

图 2－2－93　以类似方法绘制的客厅天花图

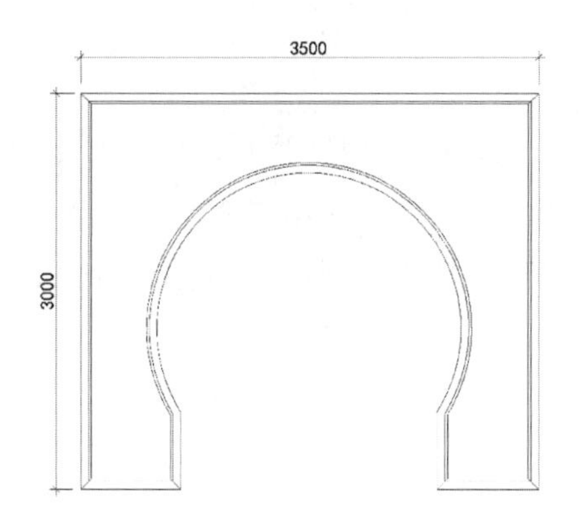

图 2－2－94　博古架装饰边框

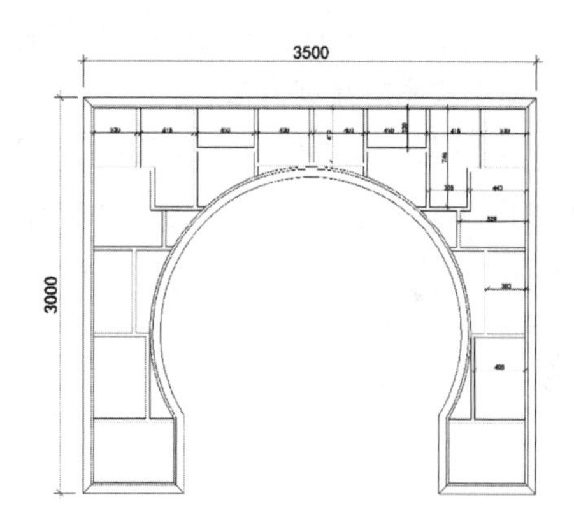

图 2－2－95　博古架装隔板

（五）新中式楼梯装饰板绘制方法

（1）执行“ 直线 LINE（L）”命令，分别绘制“250mm，220mm，160mm”直线，基本布局样式如图 2－2－96 所示。

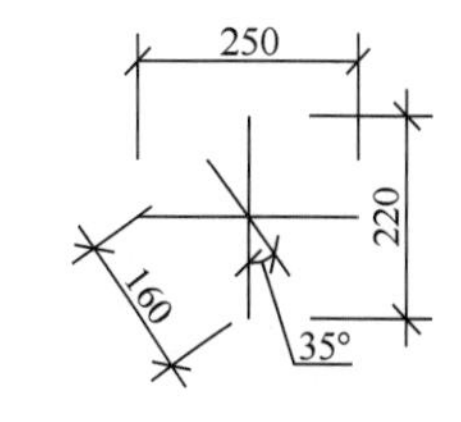

图 2－2－96　直线布局样式

（2）以各直线端点为圆心，分别绘制半径为“33mm，44mm，55mm”的圆，如图 2－2－97 所示。

（3）执行“ 修剪 TRIM（TR）”命令，修剪多余线段，执行“ 镜像 MIRROR（MI）”命令，沿水平与垂直方向复制圆弧，如图 2－2－98 所示。

（4）执行“ 偏移 OFFSET（O）”命令，对图案曲线偏移“20mm”，执行“ 矩形 RECTANG（REC）”命令，绘制矩形线，执行“ 修剪 TRIM（TR）”命令，修剪多余线段，最终效果如图 2－2－99 所示。

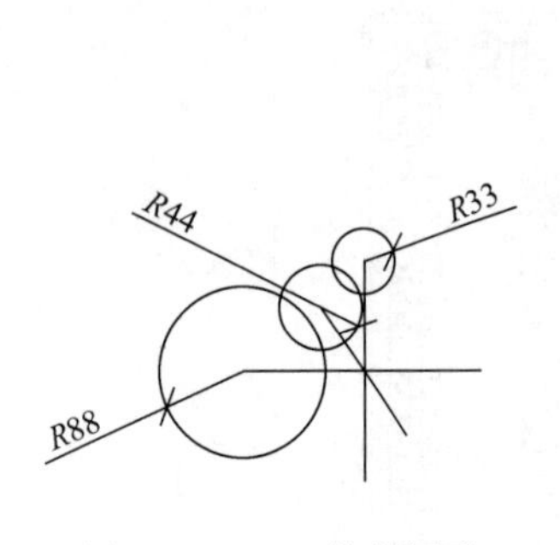

图 2－2－97　绘制圆形

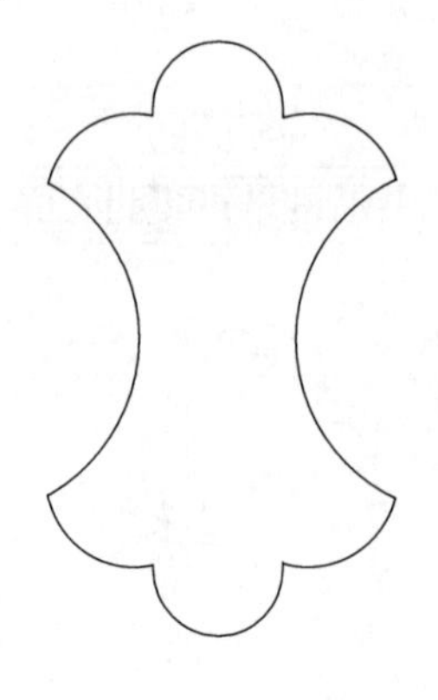

图 2－2－98　镜像图案

图 2－2－99　绘制图框

（5）执行“创建块 BLOCK（B）”命令，创建装饰图案块。执行“复制 COPY（CO）”命令，获得装饰板整体图案样式。执行“缩放 SCALE（SC）”命令，“参照”，将组合图案缩放至图框内。执行“圆 CIRCLE（C）”命令，绘制内部圆形装饰图案范围线，执行“炸开 EXPLODE（X）”命令，对应圆形内多余图案进行删除，并插入“鸳鸯戏水”装饰块，最终效果如图 2－2－100 所示。

（六）新中式吊灯绘制方法

（1）执行“矩形 RECTANG（REC）”命令，尺寸“250×250”，执行“偏移 OFFSET（O）”命令，分别偏移“15mm，35mm”，执行“圆 CIRCLE（C）”命令，“直径 15mm”，执行“Shift＋右键”选择捕捉“两点之间”，放置“圆形”，完成新中式吊灯部件一的绘制，如图 2－2－101 所示。

图 2－2－100　绘制装饰板

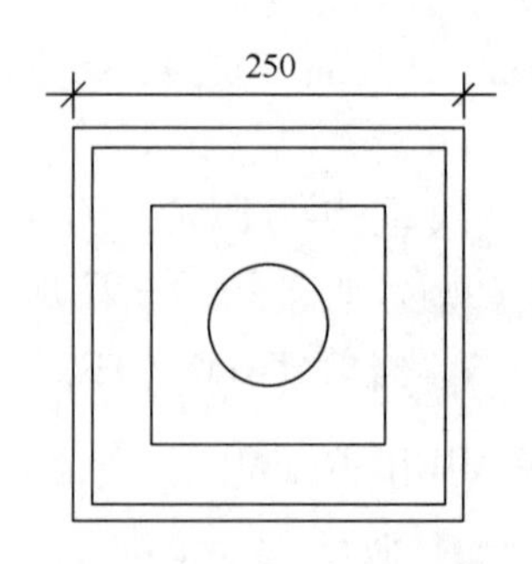

图 2－2－101　吊灯部件

（2）执行“矩形阵列 ARRAY（AR）”命令，选择吊灯部件，输入“行数 2”，“列数 2”，距离“300”，如图 2－2－102 所示。

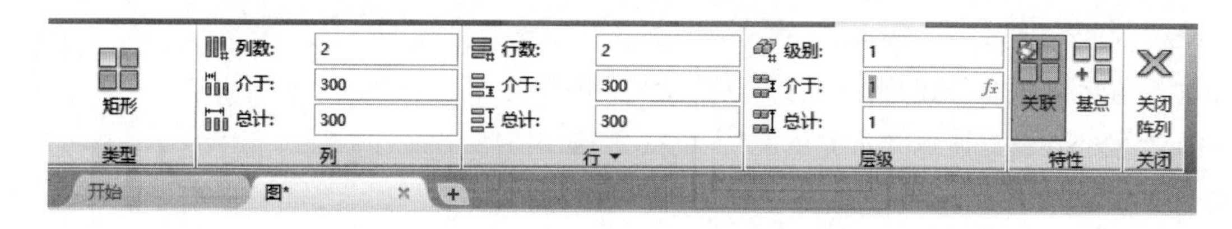

图 2－2－102　矩阵参数

（3）执行“直线 LINE（L）”命令，绘制各部件之间连接线，最终吊灯效果如图 2－2－103 所示。

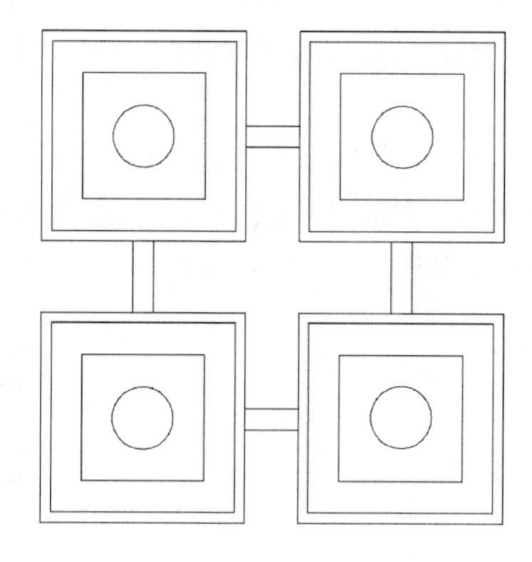

图 2－2－103　新中式吊灯

（4）“星形”图案吊顶，星形图案绘制方法。输入“多边形 POLYGON（POL）”命令，画一个正五边形，执行直线命令，连接各个顶点，如图 2－2－104 所示。

（5）执行“删除”命令，删除多边形辅助线。执行“圆角 FILLET（F）”命令，半径“30”，对五角星角部执行“圆角”命令，如图 2－2－105 所示。

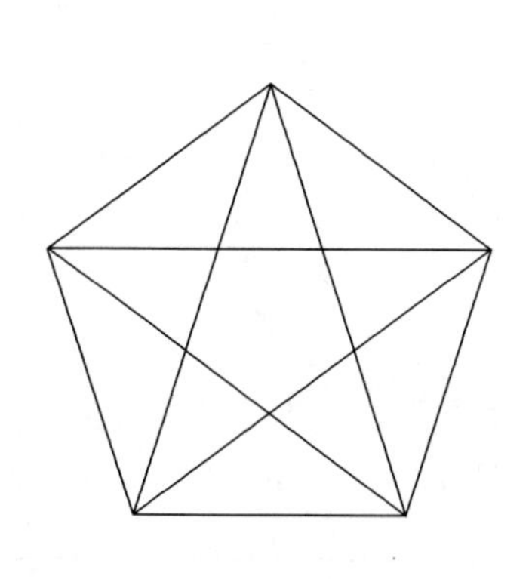

图 2－2－104　绘制多边形

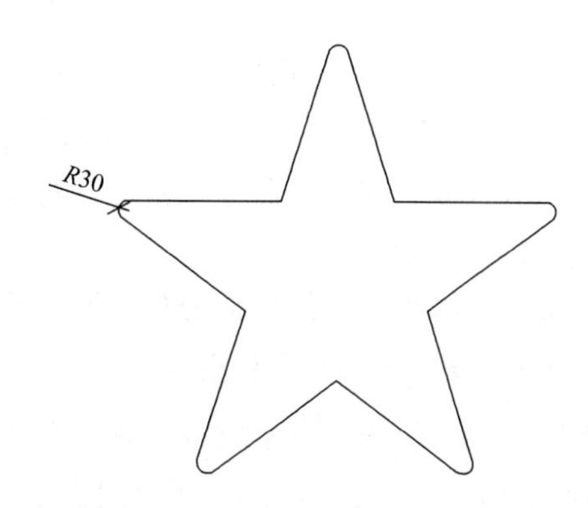

图 2－2－105　对五角星进行圆角

（6）执行“ 移动 MOVE（M）”命令，移动“五角星”至吊顶对应位置。执行“ 复制 COPY（CO）”命令，执行“ 缩放 SCALE（SC）”命令，缩放五角星至1/6的比例，执行“ 旋转 ROTATE（RO）”命令，旋转所得“小五角星”，执行“ 图案填充 HATCH（H）”命令，填充对应位置，效果如图2－2－106所示。

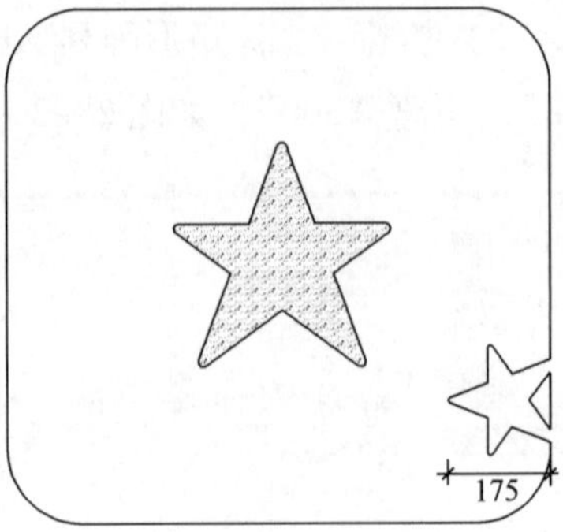

图2－2－106　布置吊顶

（七）主卧床头装饰框绘制

（1）执行“ 矩形 RECTANG（REC）”命令，绘制“120×120”正方形。执行“ 圆 CIRCLE（C）”命令，以正方形顶部为圆心，绘制半径为“75mm”的圆形，执行“ 偏移 OFFSET（O）”命令，偏移圆形边“15mm”，如图2－2－107所示。

（2）执行“ 直线 LINE（L）”命令，连接矩形对角线。执行“ 偏移 OFFSET（O）”命令，分别往上下方偏移“15mm”，继续执行“ 偏移 OFFSET（O）”命令，向内偏移两次内部圆形“15mm”，如图2－2－108所示。

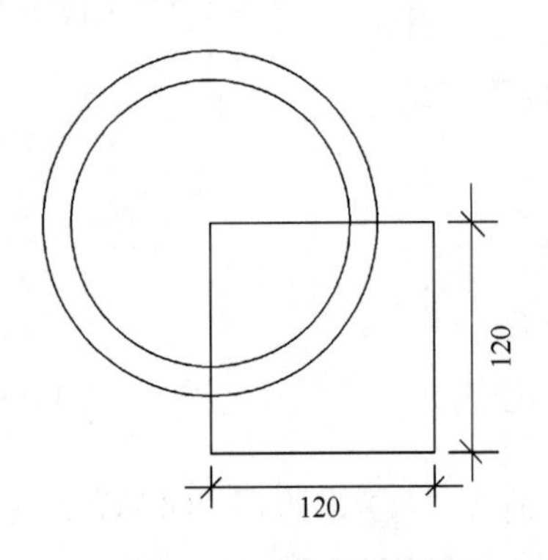

图2－2－107　绘制图案结构辅助线

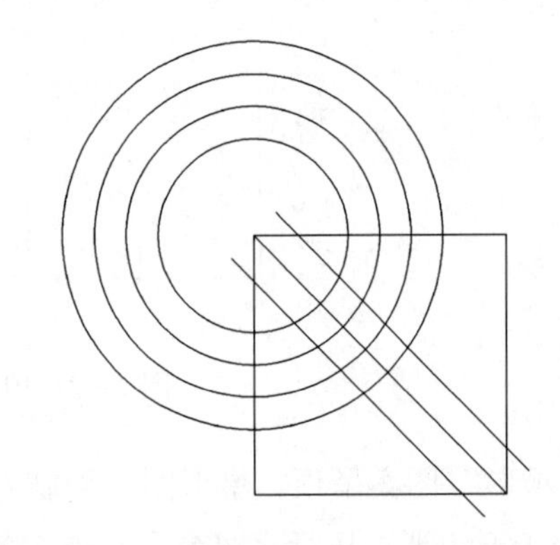

图2－2－108　绘制图案结构辅助线

（3）分别执行“ 圆弧 ARC（A）”和“ 圆 CIRCLE（C）”命令，绘制内部弧形。执行“ 修剪 TRIM（TR）”命令，修改多余线段。执行“ 镜像 MIRROR（MI）”命令，镜像获得的圆弧图案，如图2－2－109所示。

（4）通过整体装饰构件特征分析，所获得的装饰纹样为对该图案的不同组合获得。执行“ 修剪 TRIM（TR）”命令，修剪多余线段。执行“ 创建块 BLOCK（B）”命令，将绘制所得图案创建为图块，通过组合获得图案，如图2－2－110所示。

图2－2－109　绘制图案结构

图 2－2－110　图块组合

（5）根据床头装饰框的基本样式，通过图块组合，获得最终样式。执行“ 缩放 SCALE（SC）”，“参照”命令，参考组合获得的图案样式尺寸，缩放至所需装饰框内部，最终效果如图 2－2－111 所示。

图 2－2－111　完成装饰框绘制

（八）主卧电视背景墙角部装饰件绘制

执行“ 直线 LINE（L）”命令，绘制背景墙边部结构线，执行“ 偏移 OFFSET（O）”命令，偏移获得背景墙边部脚线。再次执行“ 偏移 OFFSET（O）”命令，水平方向分别偏移“145mm、140mm、160mm、105mm”距离，垂直方向分别偏移“100mm、105mm、80mm、100mm、105mm”距离，获得网状结构图。执行“ 修剪 TRIM（TR）”命令，按基本样式进行修剪各线段，置“标注层”为当前图层，对角部装饰结构件进行标注，最终效果如图 2－2－112 所示。

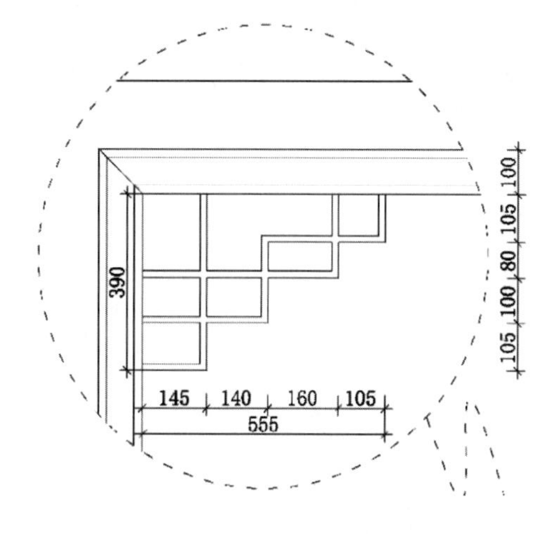

图 2－2－112　角部结构件尺寸标注

别墅空间施工图绘制通常是较复杂的工程，由于篇幅所限，本书中未对别墅空间施工做出详尽的说明。只能选择比较有代表性的部分作以说明，希望尽可能涵盖别墅施工图绘制的各方面。在学习本课程的过程中若能举一反三、灵活运用，必能取得较好的学习效果。

随堂练习： 别墅空间节点图的绘制

实践目的：了解并掌握别墅空间节点图绘制方法和步骤，掌握相关命令。

实践内容：别墅空间局部节点图的绘制。

实践步骤：请根据上述方法和步骤，绘制出本案例中的所有节点图。

知识面拓展

尝试使用 AutoCAD 的其他命令绘制节点图。

综合练习

画出教材电子资源内的其他别墅空间的施工图纸。画图时，可以参考电子资源内提供的别墅空间施工图纸的范例和效果图进行绘制。也可以根据原建筑结构图自行设计，进行施工图的绘制。

模块三　办公空间方案设计

学习目标：掌握组合办公空间施工图纸的绘制方法，灵活运用各种命令来绘制。
应知理论：办公空间室内装饰设计要考虑的因素，AutoCAD 相关命令的运用。
应会技能：能综合室内平面设计理论与 AutoCAD 相关知识绘制办公空间施工图纸。

学习任务描述

一、案例分析

这是一套办公空间的设计方案。整个空间大致分为门厅、接待区、开场办公区、休息区、会议室、财务室、总经理办公室、业务经理办公室。各个区域的划分将空间合理、完美利用，满足了空间的功能要求，同时也给工作人员营造了高效、舒适的办公环境。设计时把设计重点放在了开场办公区、会议室和总经理办公室，其他办公区以简洁实用为原则，整个空间设计具有现代感，同时也融入了艺术的内涵。

办公室主要考虑室内通道合理、顺畅，按办公各单元性质职能安排每个人的位置及设备的位置，通道避免来回穿插及走动过多。所以本设计在走道和各部门之间的联系也做出了明确、简洁的区域规划。各个部门紧凑联系的同时也保证了工作人员在最忙碌、人员流通最高峰时也能畅通无比地工作。同时办公环境的色调取向、舒适与否对于提升员工的工作效率和体现企业的文化起到至关重要的作用。

办公室整体采用沉稳色调，使员工办公的心情能够沉静下来，工作效率自然可以得到提高。在门厅、走廊和办公室以及各个角落处布置了植物，将室外的感觉引入室内空间，使办公环境更具活力。整个办公空间设计具有创造性，并且营造了舒适、健康、富有人性的办公环境，使企业的精神文化在各个角度体现出来，同时满足了工作所需。

本案例要求绘制如图 2－3－1 所示办公空间原建筑结构图，并进行尺寸标注。主要利用直线（l）、复制（co）、修剪（tr）、移动（m）、圆角（f）、偏移（o）等命令。

二、设计要点

办公空间室内设计的最大目标就是要为工作人员创造一个舒适、方便、卫生、安全、高效的工作环境，以便更大限度地提高员工的工作效率。这一目标在当前商业竞争日益激烈的情况下显得更加重要，它是办公空间设计的基础，是办公空间设计的首要目标。办公空间设计综合考虑以下几个方面：

首先，办公空间作为办公而配备的场所，就先要达到办公效率的最大化，符合人体工程学原理，合理划分空间，设计时应当使个人空间与集体空间系统的便利化。空间设计简单、明快、井然有序，满足工作人员的生理和心理需求。

其次，办公空间的设置应当符合企业实际和行业特点，符合工作人员的使用要求，各种设备、设施需配备齐全，并在摆设、安装和供电等方面做到安全可靠、方便使用及便于保养。

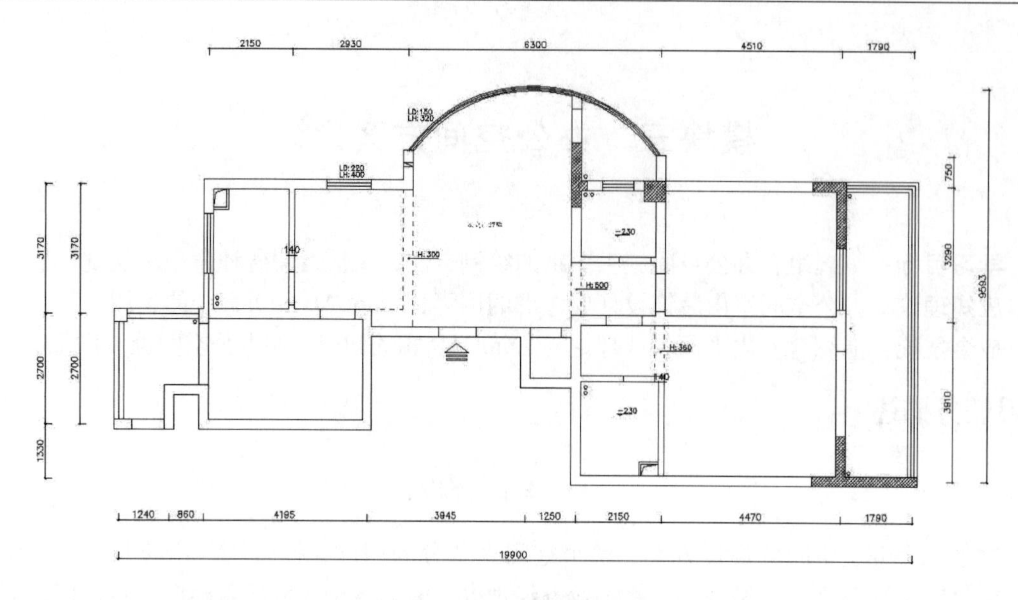

图 2-3-1　原建筑结构图

最后，办公空间设计要考虑公司整体形象的完美性、彰显公司的个性特点，同时，要提高防火、防盗、防震的安全系数。

任务一　绘制办公空间平面图

办公空间平面图包含原建筑结构图、平面布置图、拆墙图、砌墙图、天花布置图、地面布置图、开关布置图、插座布置图等。

一、绘制办公室原建筑结构图

（1）打开中文 AutoCAD，选择前一章我们自己创建的图形样板，新建一个文档。

（2）将“图层”切换到“轴线图层”，如图 2-3-2 所示。在命令行中输入“L”，激活“直线”命令，输入“O”执行“偏移”命令。绘制如图 2-3-3 所示的定位中心线，每一个定位中心线都是用来绘制柱子或墙体的辅助线。把所有中心线都定位好后绘制完成办公室平面轴线图（如图 2-3-3 所示）后，再执行“DLI”命令进行线性标注。

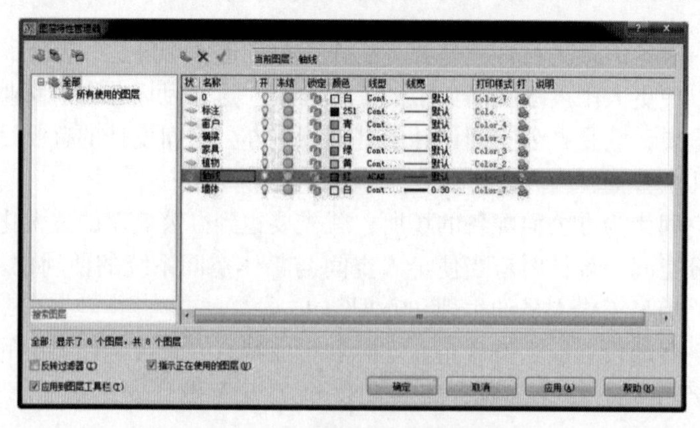

图 2-3-2　将轴线设置为当前图层

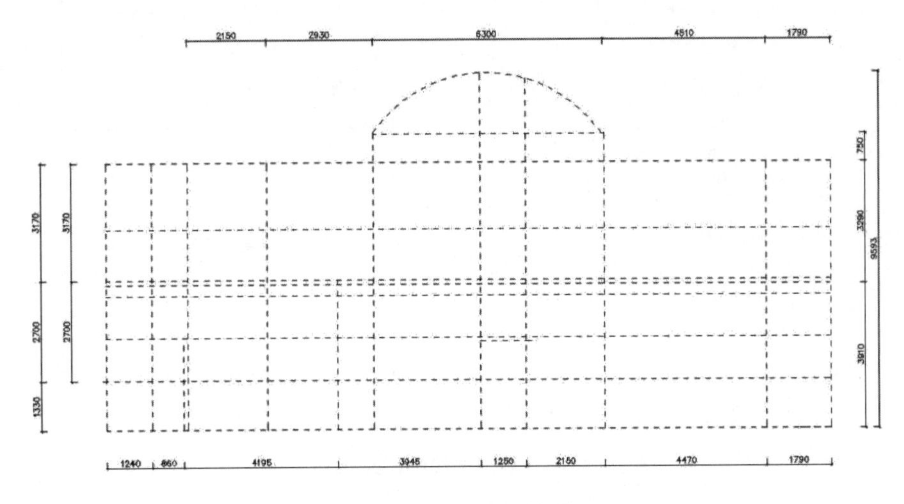

图 2－3－3　绘制轴线

（3）依次执行“L”、“O”、“TR”、“E”命令绘制入户门门洞，其他依次如此，最终所有窗洞完成如图 2－3－4 所示。

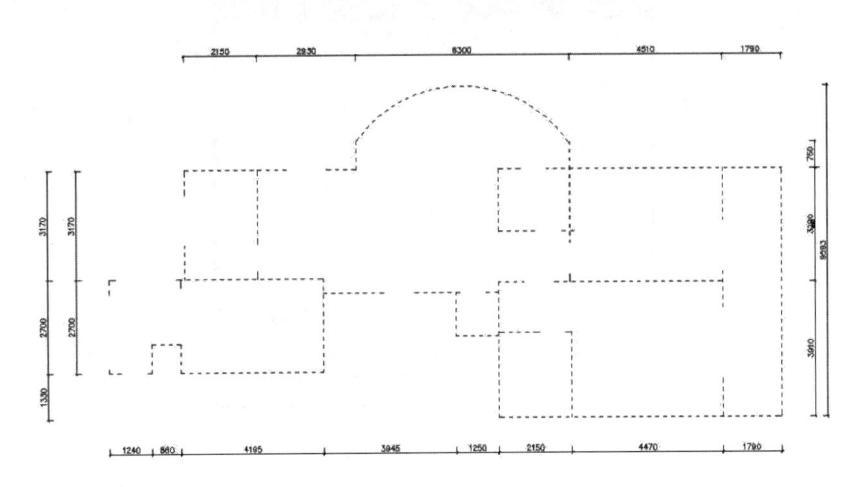

图 2－3－4　绘制门窗洞

（4）将“图层”切换到“墙体图层”，打开多线样式，创墙体和窗户的多线样式，如图 2－3－5 所示。

（5）执行“LA”命令，把墙体设置为当前图层，执行“ML”多线命令，对正类型选择“无”，依次绘制不同比例的墙体和窗户，并利用“O”偏移命令绘制圆弧形阳台，效果如图 2－3－6 所示。

（6）在任意一条多线墙体上双击，就会弹出多线编辑工具，如图 2－3－7 所示，根据不同的相交方式，依次编辑的墙体绘制。多线编辑仅

图 2－3－5　创建多线样式

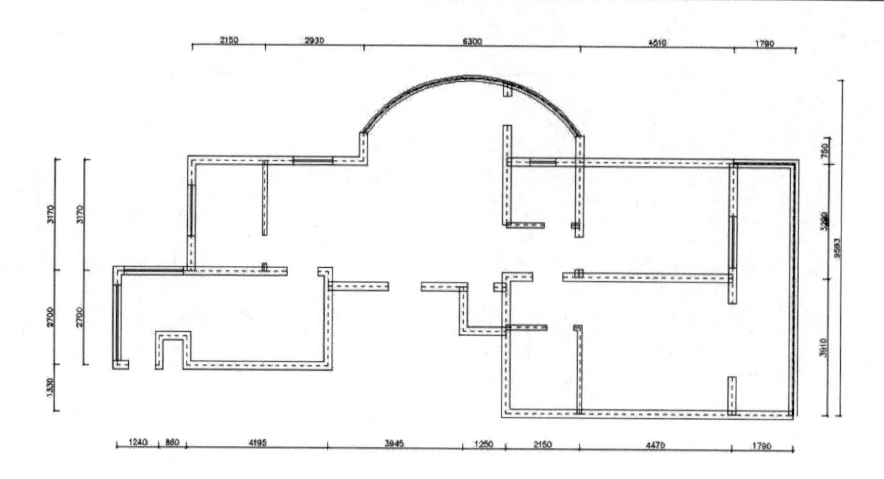

图 2－3－6　使用多线绘制墙体和窗户

限于多线与多线间的编辑，若多线与其他线性相交时，可先将多线执行“X”命令，分解为普通直线后再执行修剪命令，编辑后效果如图 2－3－8 所示。

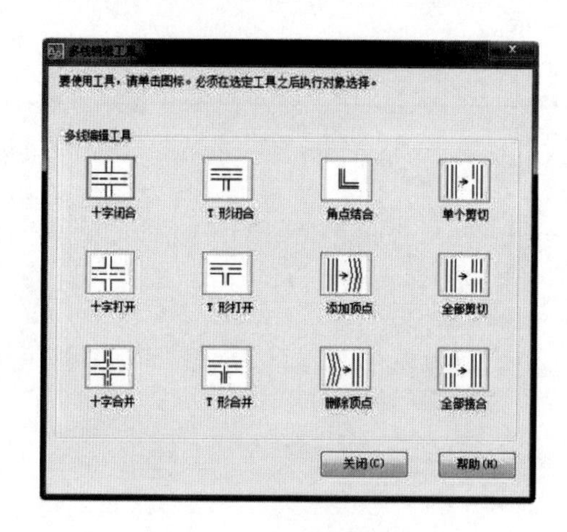

图 2－3－7　编辑多线工具

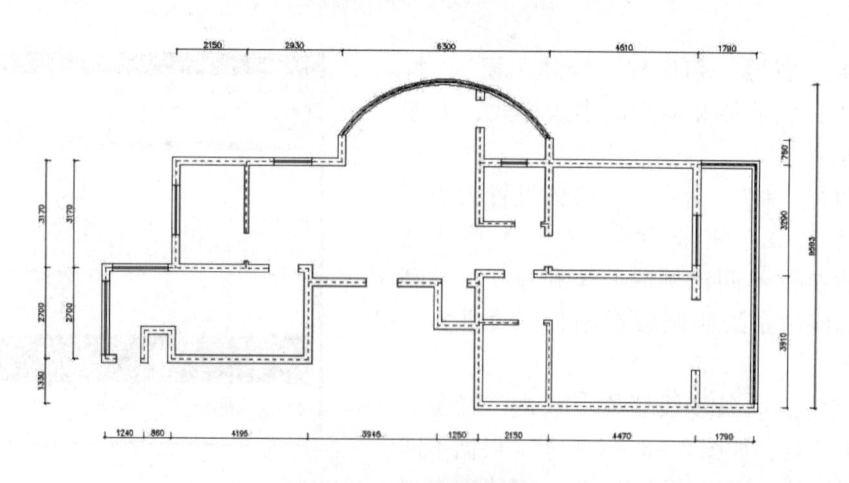

图 2－3－8　编辑多线后

（7）墙体绘制完成后，执行“LA”命令，打开图层特性管理器，把“轴线图层”隐藏。执行“L”“C”等命令绘制横梁、烟道及各类管线的位置，并执行“H”图案填充命令，对墙体承重墙进行填充，如图 2－3－9 所示。

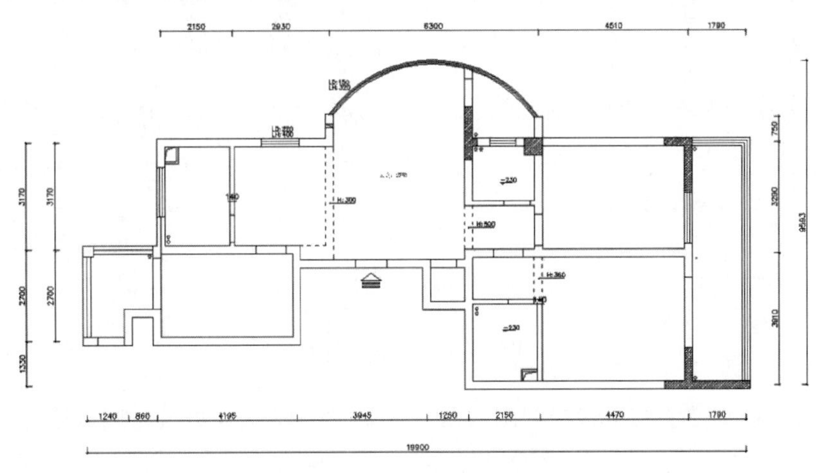

图 2－3－9　原建筑结构图

（8）原建筑结构图绘制完成后执行“I”命令，插入室内装饰统一图框并在图的左下角列出图例说明。至此，此案例的原建筑结构平面图绘制完成。

随堂练习： 原建筑结构图的绘制

实践目的：了解并掌握原建筑结构图的绘制方法和步骤，掌握相关命令。

实践内容：原建筑结构图的绘制。

实践步骤：请根据上述方法和步骤，绘制出办公空间原建筑结构图。

二、绘制拆墙、砌墙图

（1）复制前面绘制的原建筑结构图，对计划拆墙的部分执行“REC”命令，将图案绘制完整，并进行详细标注，如图 2－3－10 所示。

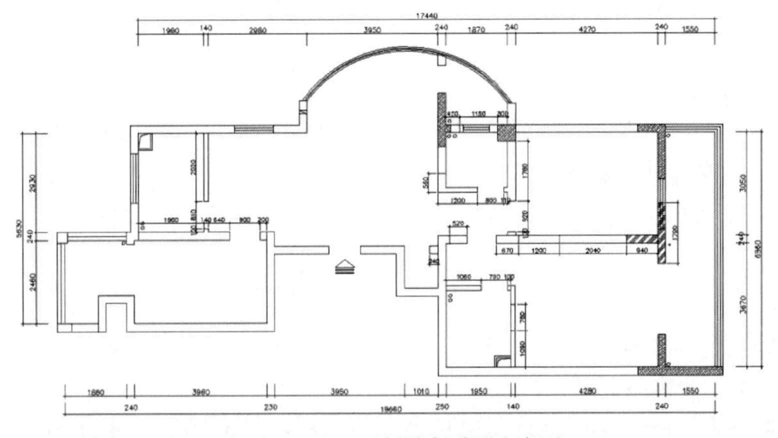

图 2－3－10　对拆墙部分进行标注

（2）执行“H”图案填充命令，对拆墙部分进行标识，如图 2－3－11 所示。并利用“I”命令插入图例和图框。

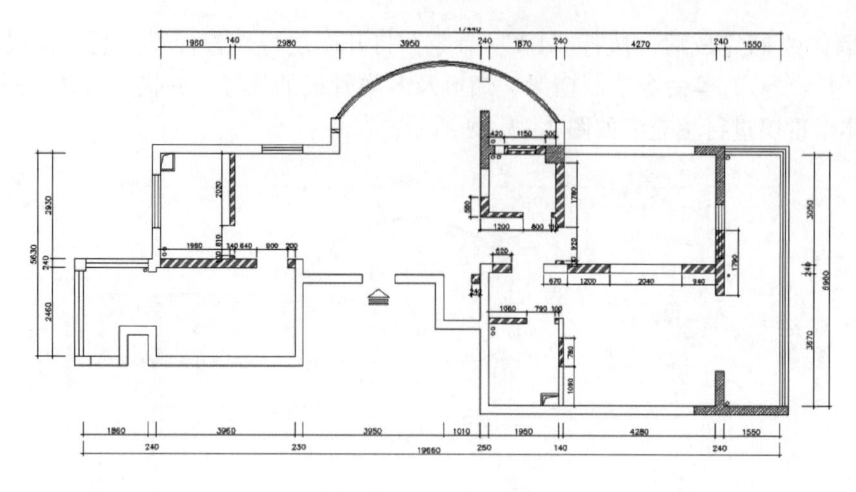

图 2 – 3 – 11　拆墙图

（3）请根据以上方法及步骤绘制砌墙图，图 2 – 3 – 12 为本办公空间砌墙图。

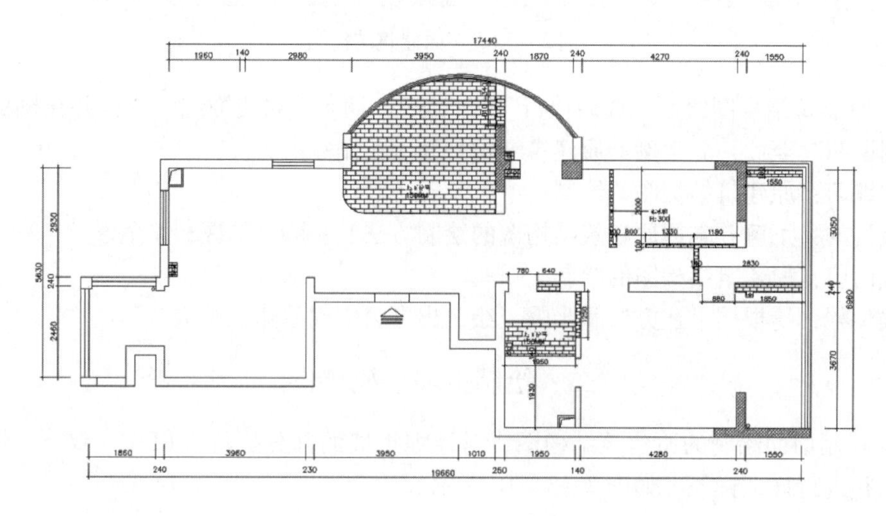

图 2 – 3 – 12　砌墙图

随堂练习： 拆墙、砌墙图的绘制

实践目的：了解并掌握拆墙、砌墙图的绘制方法和步骤，掌握相关命令。

实践内容：拆墙、砌墙图的绘制。

实践步骤：请根据上述方法和步骤，绘制出办公空间拆墙、砌墙图。

三、绘制平面布置图

（1）复制前面绘制的砌墙图，执行“E”命令，将填充部分和空间内部的尺寸标注全部删除，如图 2 – 3 – 13 所示。

（2）执行“LA”命令，将家具图层置为当前图层。打开本教材电子资源内的图库，选择一款办公桌椅平面，执行“Ctrl + C”组合命令进行复制。然后回到本文件执行“Ctrl + V”命令粘贴至合适位置，如图 2 – 3 – 14 所示。

（3）执行“L”“O”命令，绘制企业形象墙平面，并执行“T”命令，插入文字。然后执行“SPL”画一条引线。如图 2－3－15 所示。

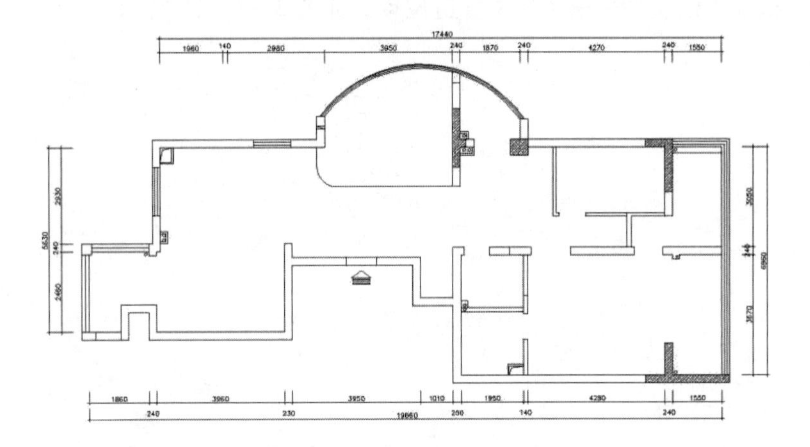

图 2－3－13　删除填充和标注

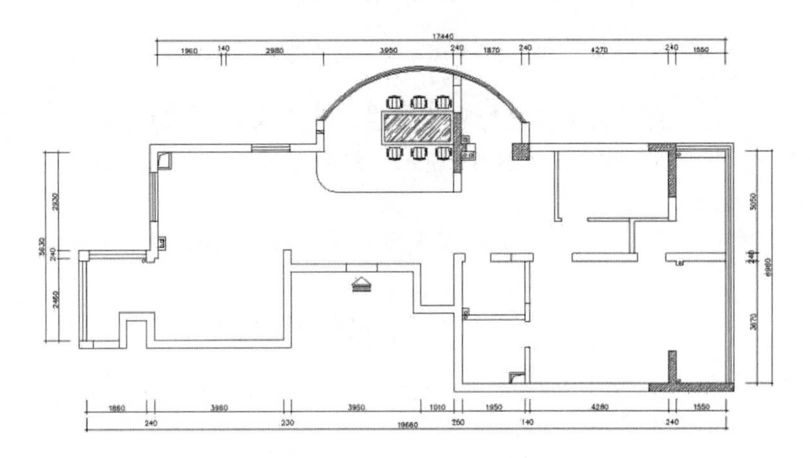

图 2－3－14　插入办公桌椅

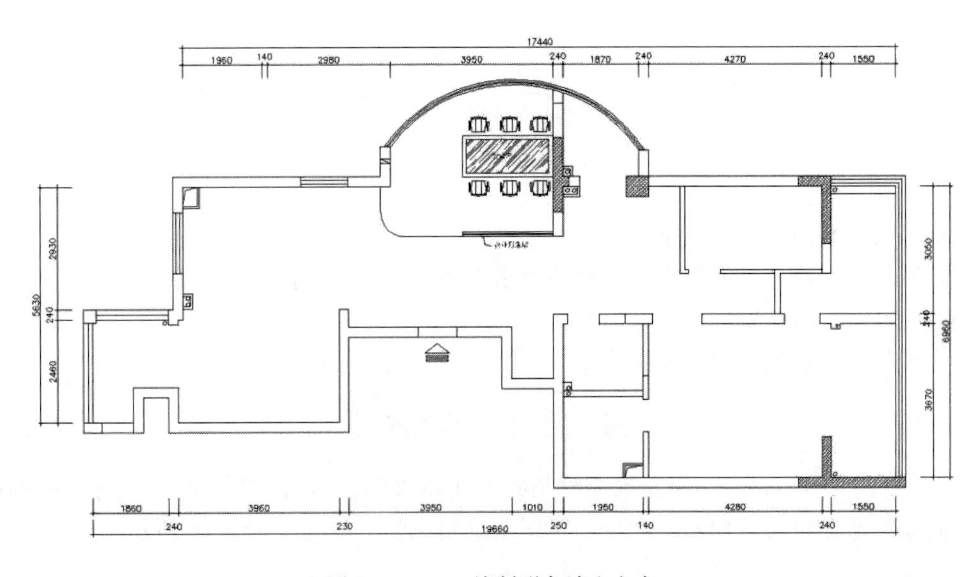

图 2－3－15　绘制形象墙和文字

（4）继续执行“Ctrl + C”组合命令进行复制。执行“Ctrl + V”进行粘贴。将其他家具、室内门、植物等图块粘贴至图形中合适位置，如图 2－3－16 所示。

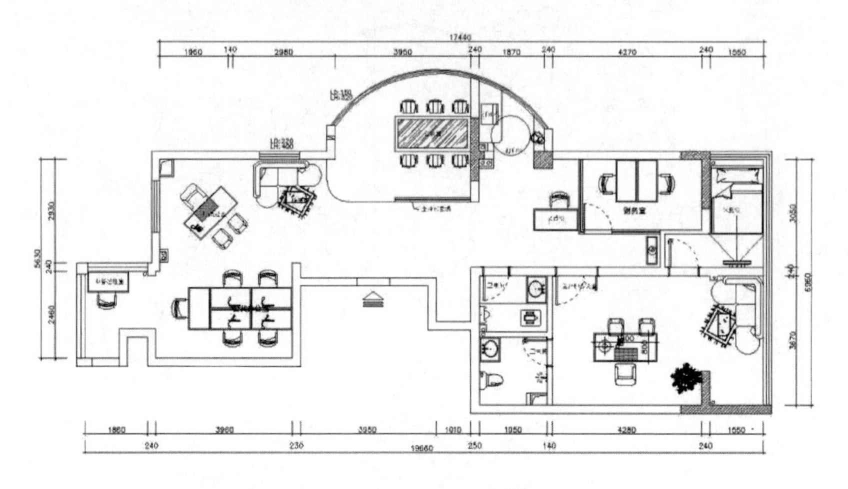

图 2－3－16　绘制其他空间

（5）建立“柜体”图层，将其置为当前图层，然后执行“REC”“L”“O”等命令，分别绘制文件柜、书柜等，如图 2－3－17 所示。最后插入图框和图例即可。

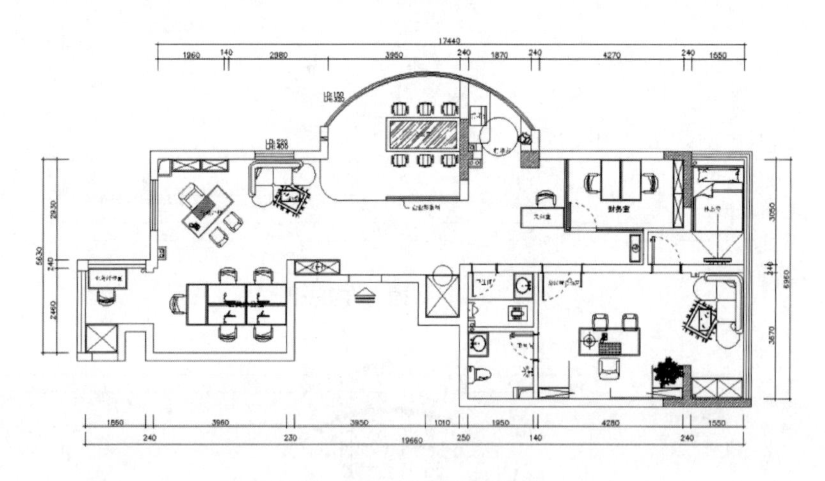

图 2－3－17　平面布置图

随堂练习： 平面布置图的绘制

实践目的：了解并掌握平面布置图的绘制方法和步骤，掌握相关命令。

实践内容：平面布置的绘制

实践步骤：请根据上述方法和步骤，绘制出办公空间平面布置图。

四、绘制天花布置图

（1）执行“CO”命令，复制前面绘制的平面布置图，执行“E”命令，将其中的图块文字等删除，然后执行“REC”命令，将图案绘制完整，如图 2－3－18 所示。

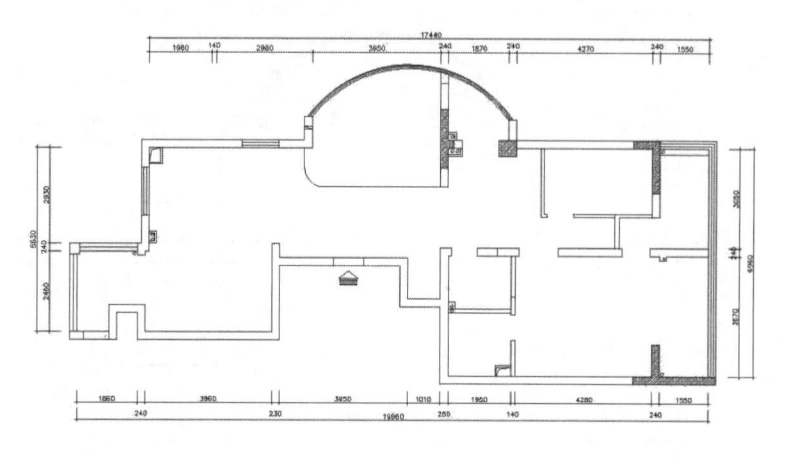

图 2-3-18　删除图块文字

（2）绘制总经理办公室天花，首先执行“REC”命令绘制一个长为 3680、宽为 2750 的矩形，如图 2-3-19 所示。利用“O”命令依次向内偏移，绘制出天花的形状，如图 2-3-20 所示。

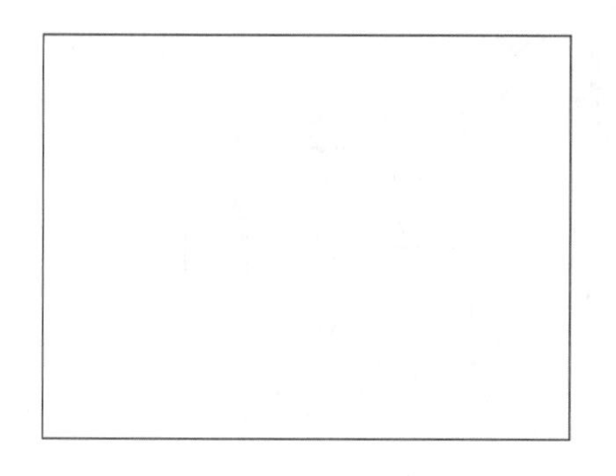

图 2-3-19　天花的绘制 1

图 2-3-20　天花的绘制 2

（3）天花绘制完毕后，执行“CO”，将文件复制到如图 2-3-21 所示的位置。最终效果如图 2-3-22 所示。

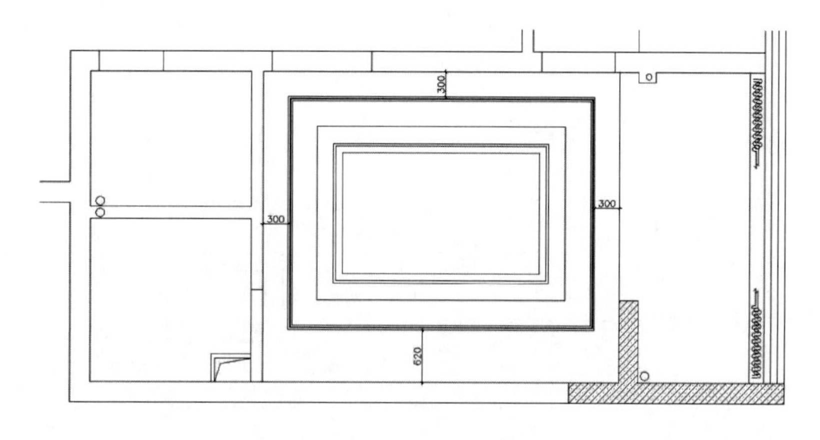

图 2-3-21　天花的绘制 3

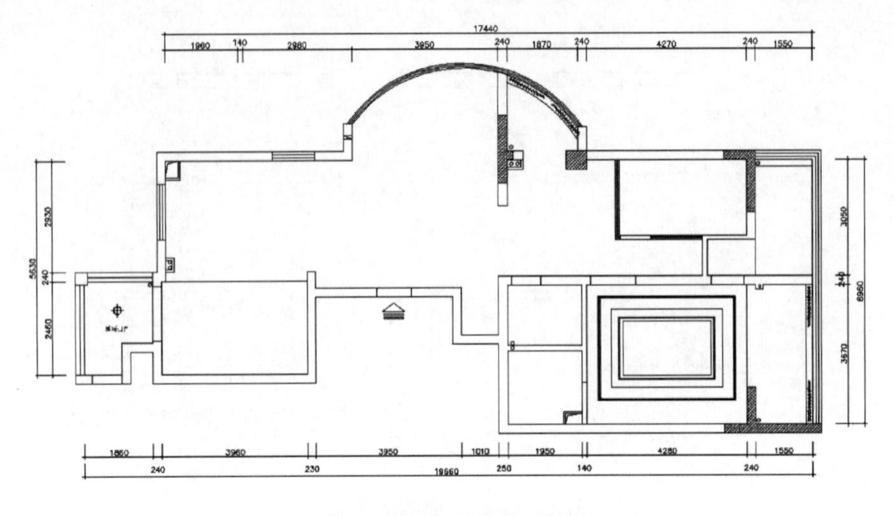

图 2－3－22　天花的绘制 4

(4) 利用相同的方法和步骤绘制天花的其他部分。最终效果如图 2－3－23 所示。

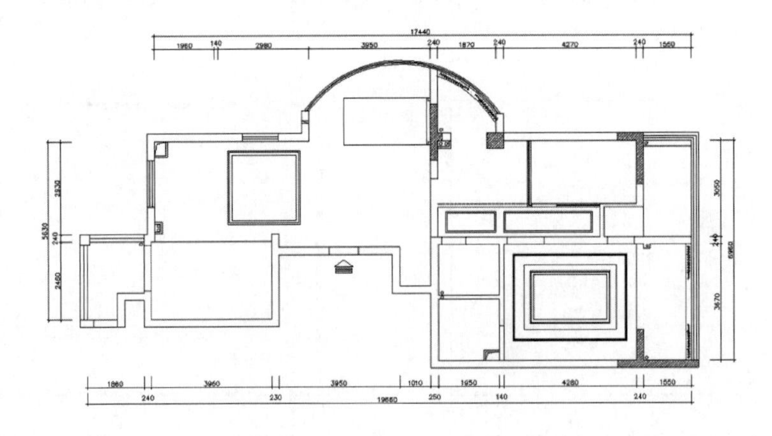

图 2－3－23　天花的绘制 5

(5) 利用“CO”或“I”命令，将灯具的图例插入到相关的位置。如图 2－3－24 所示。

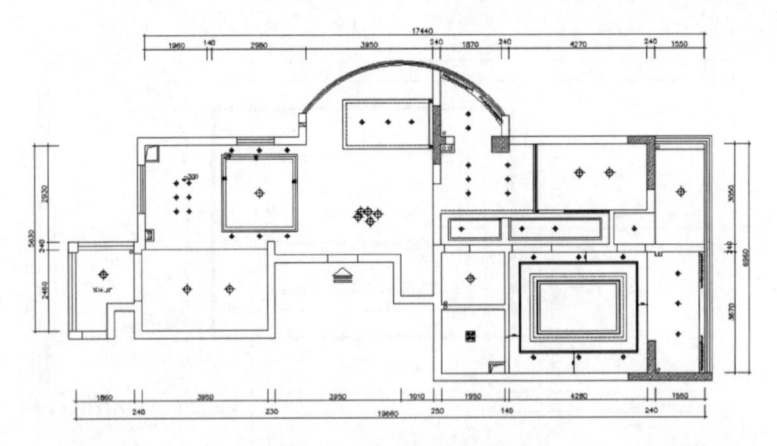

图 2－3－24　天花的绘制 6

（6）执行“DLI”进行尺寸标注、执行“T”进行文本标注，如图 2－3－25 所示。最后插入相关图例和图框，天花布置图即可绘制完成。

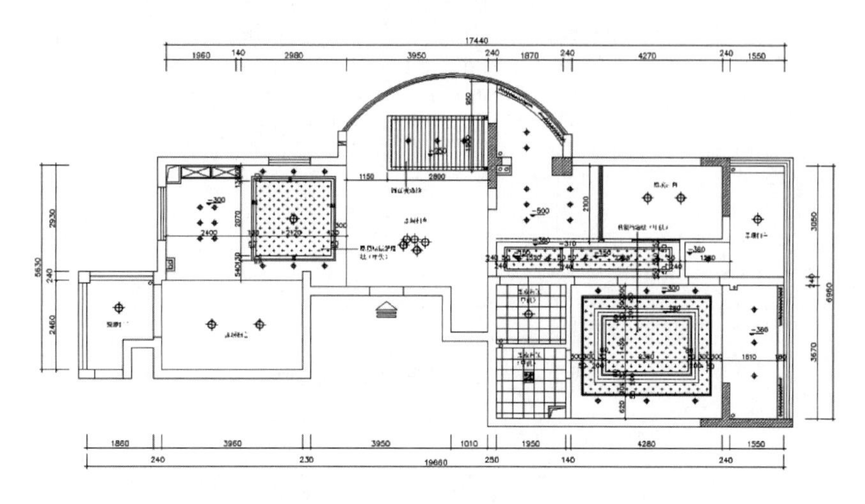

图 2－3－25　天花的绘制 7

随堂练习： 天花布置图的绘制

实践目的：了解并掌握天花布置图的绘制方法和步骤，掌握相关命令。

实践内容：天花布置的绘制。

实践步骤：请根据上述方法和步骤，绘制出办公空间天花布置图。

五、绘制地面布置图

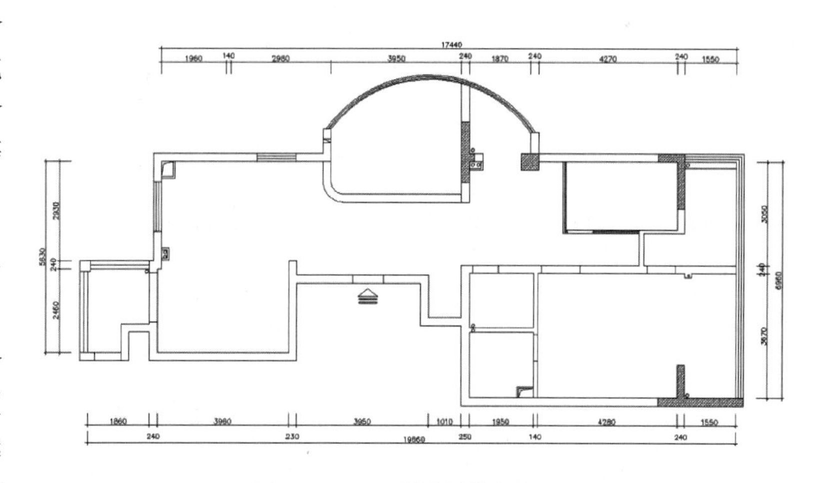

图 2－3－26　删除图块文字

（1）执行“CO”命令，复制前面绘制的天花布置图，执行“E”命令，将其中的图块文字等删除，然后执行“REC”“L”“O”“F”等命令，将图案绘制完整，如图 2－3－26 所示。

（2）执行“H”命令，进行图案填充，类型选择“预定义”、图案选择“NET”、比例选择“180”并添加拾取点，选择确定后，成功填充会议室地面。如图 2－3－27 所示。

（3）执行“H”命令，进行图案填充，类型选择“自定义”、图案选择“大理石”、比例选择“180”并添加拾取点，选择确定后，成功填充会议室大理石踏步。若有的用户没有安装自定义文件，可参照附录二第 19 条所述方法添加自定义图案填充图案后再进行填充即可。踏步添加效果如图 2－3－28 所示。

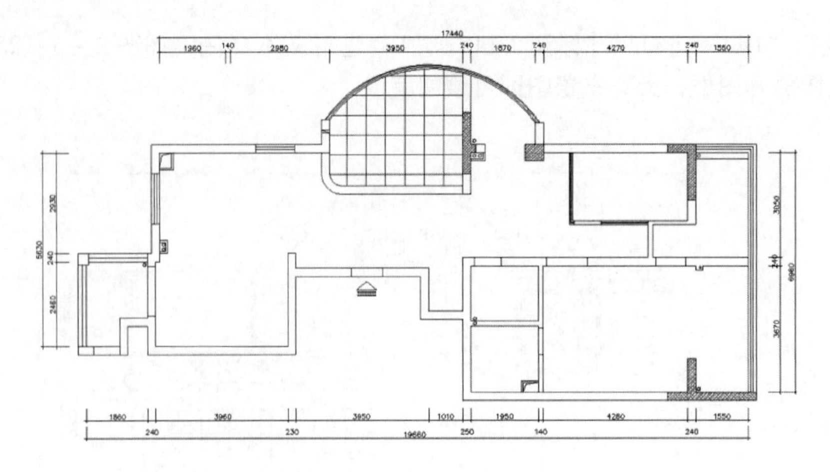

图 2－3－27　填充会议室地面

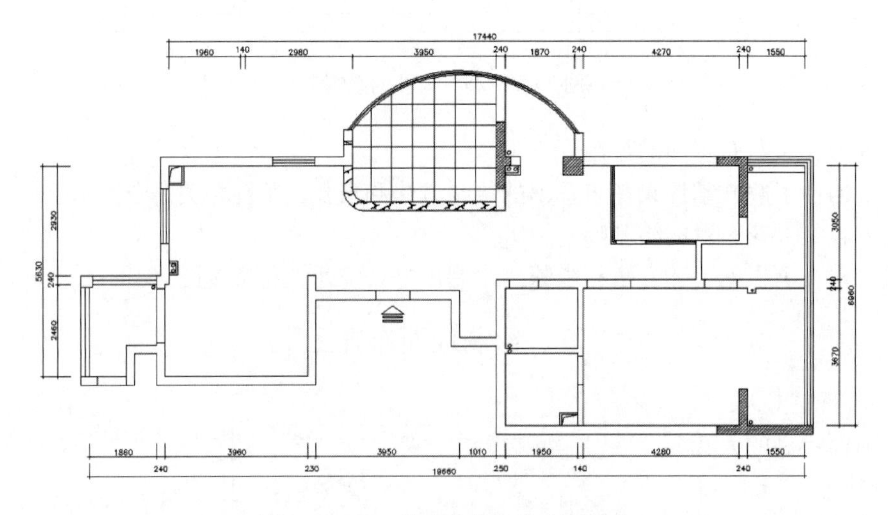

图 2－3－28　填充会议室大理石踏步

（4）利用相同的方法和步骤填充地面的其他部分。最终效果如图 2－3－29 所示。

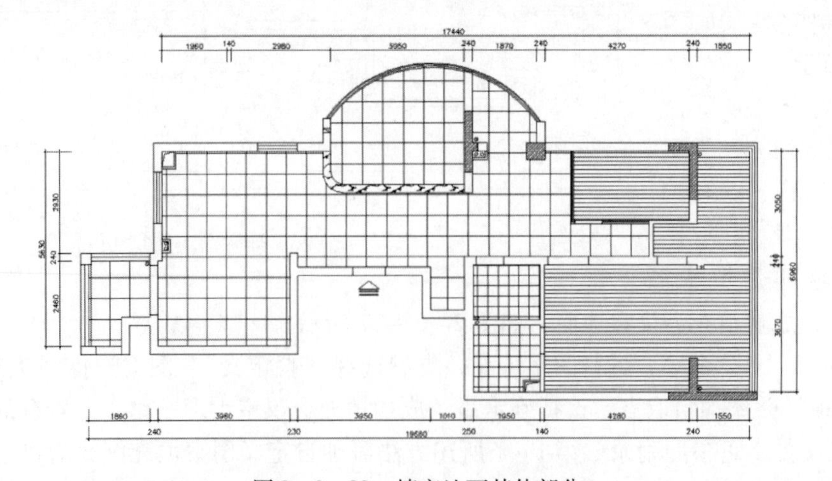

图 2－3－29　填充地面其他部分

（5）执行“LE”执行引线标注、执行“T”进行文本标注，如图2－3－30所示。最后插入相关图例和图框，地面布置图即可绘制完成。

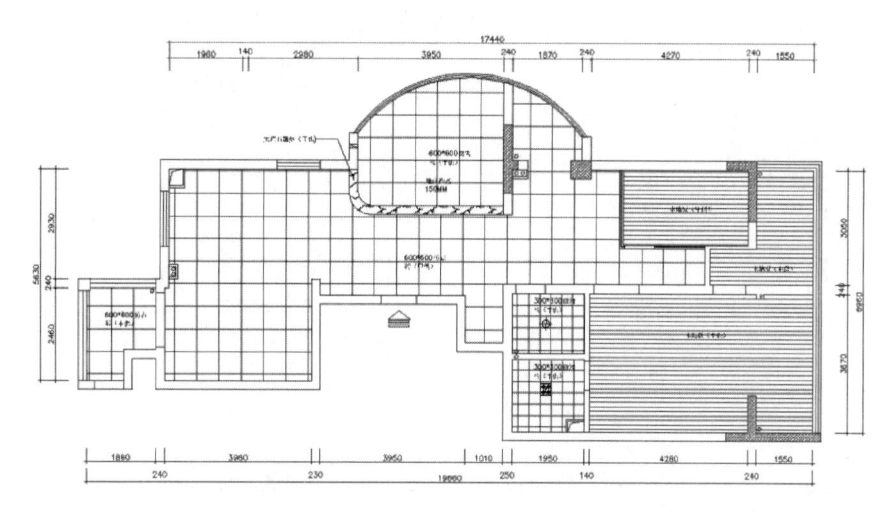

图2－3－30　办公空间地面布置图

随堂练习： 地面布置图的绘制

实践目的：了解并掌握地面布置图的绘制方法和步骤，掌握相关命令。

实践内容：地面布置的绘制。

实践步骤：请根据上述方法和步骤，绘制出办公空间地面布置图。

六、绘制插座布置图和开关布置图

（1）执行“CO”命令，复制前面绘制的平面布置图，执行“E”命令，将其中无关的图块文字等删除，如图2－3－31所示。

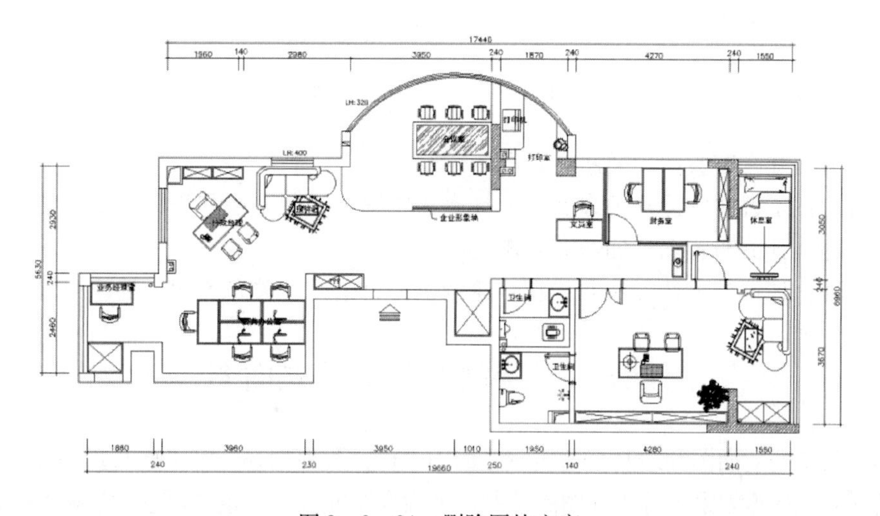

图2－3－31　删除图块文字

（2）利用“CO”或“I”命令，将不同插座的图例插入到相关的位置。如图2－3－32所示。最后插入相关图例和图框，插座布置图即可绘制完成。

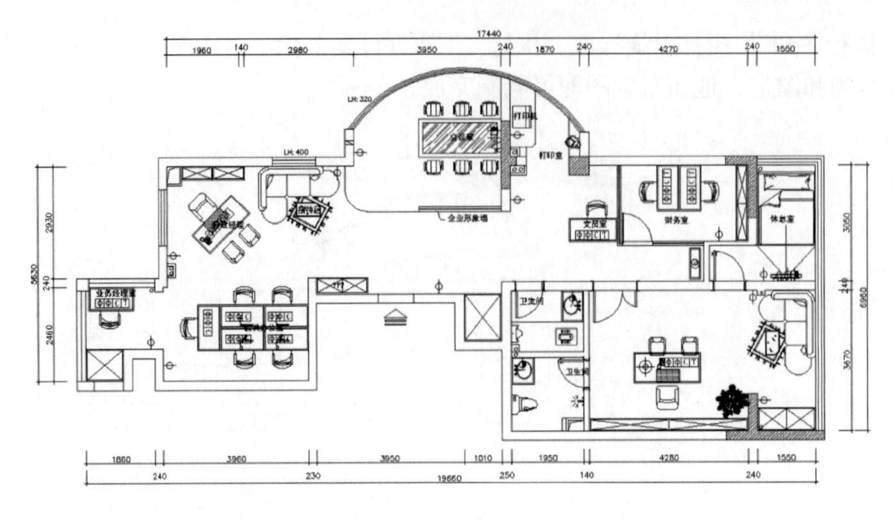

图 2－3－32　插座布置图

（3）请根据以上方法及步骤绘制开关布置图，图 2－3－33 为本办公空间开关布置图。

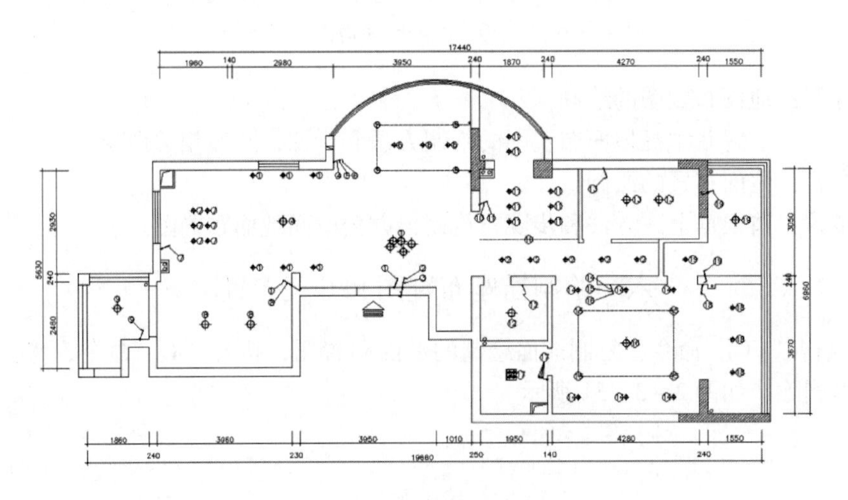

图 2－3－33　开关布置图

随堂练习：开光布置图、插座布置图的绘制

实践目的：了解并掌握开关布置图、插座布置图的绘制方法和步骤，掌握相关命令。

实践内容：开关布置图、插座布置图的绘制。

实践步骤：请根据上述方法和步骤，绘制出办公空间开关布置图、插座布置图。

任务二　绘制办公空间立面图

绘制办公空间立面图和绘制普通居室立面图一样，要根据办公室平面布置图配置的家具布置和顶棚图的标高等因素进行立面图的绘制。下面介绍办公空间企业形象背景墙的绘制步骤。

一、绘制企业形象背景墙立面图

绘制企业形象背景墙立面图，首先根据平面布置图中的造型以及顶棚图中的标高，用直线命令绘制轮廓线，用“L”“REC”“O”“TR”等快捷命令绘制轮廓线，然后利用“H”命令进行细部填充，利用“LE”“DLI”进行标注。详细步骤如下：

（1）根据会议室平面布置图的绘制，分别执行“L”、“REC”、“O”、“TR”等快捷命令，绘制形象墙立面轮廓线，如图2－3－34所示。

（2）执行“H”快捷命令，对形象墙立面进行填充，若AutoCAD内没有此种填充类型，用户可在本教材电子资源内找到“AutoCAD自定义填充图案”自行添加，添加方法请见附录二AutoCAD常见问题与解决办法，填充完成后如图2－3－35所示。

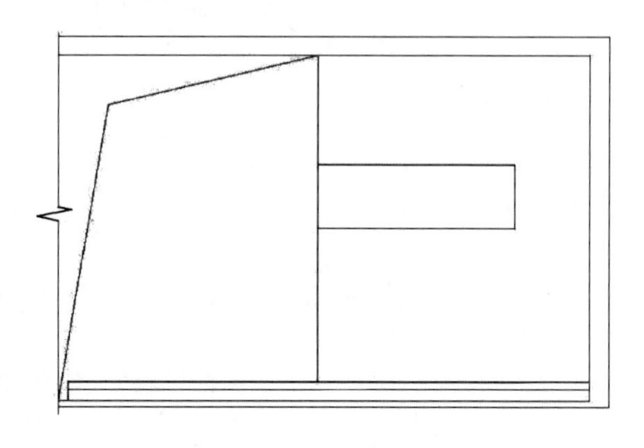

图2－3－34　绘制企业形象墙轮廓

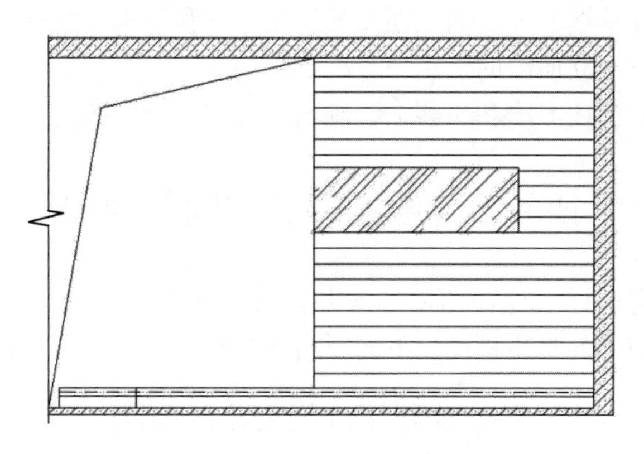

图2－3－35　企业形象墙图案填充

（3）填充完成后依次执行“DLI”“LE”对图纸进行线性标注和引线标注，标注完成后如图2－3－36所示。最后插入图框即可。

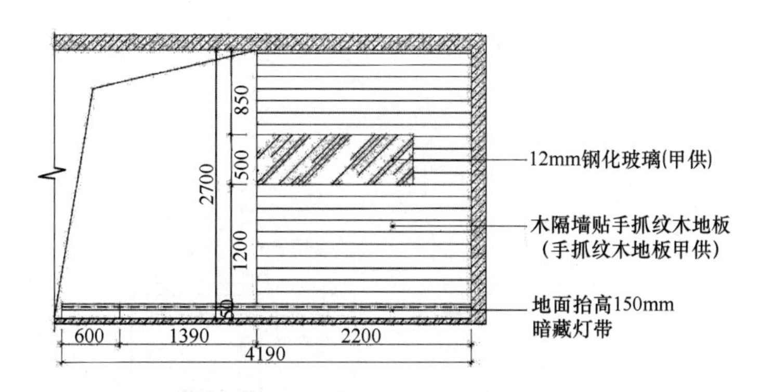

图2－3－36　背景立面图

二、绘制办公空间其他立面图

请根据以上方法及步骤绘制会议室背景立面图，图2－3－37为会议室背景立面图。

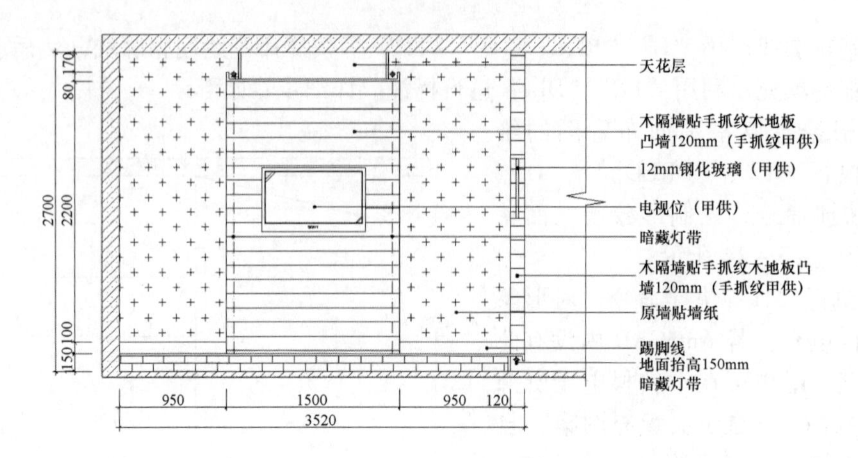

图 2 – 3 – 37　会议室背景立面图

随堂练习：办公空间立面图的绘制

实践目的：了解并掌握办公空间立面图的绘制方法和步骤，掌握相关命令。

实践内容：办公空间立面图的绘制。

实践步骤：请根据上述方法和步骤，绘制出办公空间立面图。

任务三　绘制办公空间剖面图

办公空间剖面图可以详细地介绍墙体或办公家具的内部构造，绘制剖面图既要注意设计、尺寸，又要注意施工的难易程度。下面介绍办公空间接待区天花剖面图的绘制。

一、绘制接待区天花剖面图

（1）绘制办公空间剖面图之前应先绘制天花剖面索引图。索引图的绘制方法十分简单：首先复制前面绘制的天花布置图，然后在相应的位置插入索引符号，并编好号码即可，天花剖面索引图如图图 2 – 3 – 38 所示。

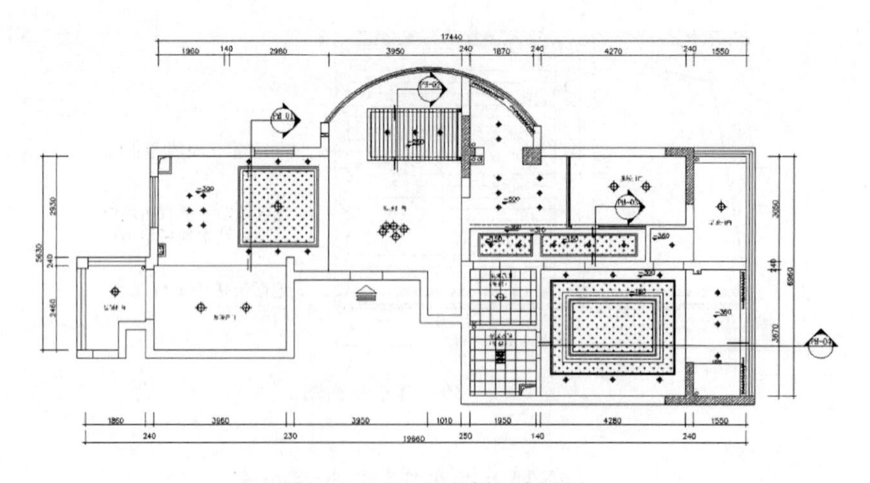

图 2 – 3 – 38　天花剖面索引图

（2）根据会议室平面布置图的绘制，分别执行“L”、“REC”、“O”、“TR”等快捷命令，绘制剖面图轮廓线，如图2-3-39所示。

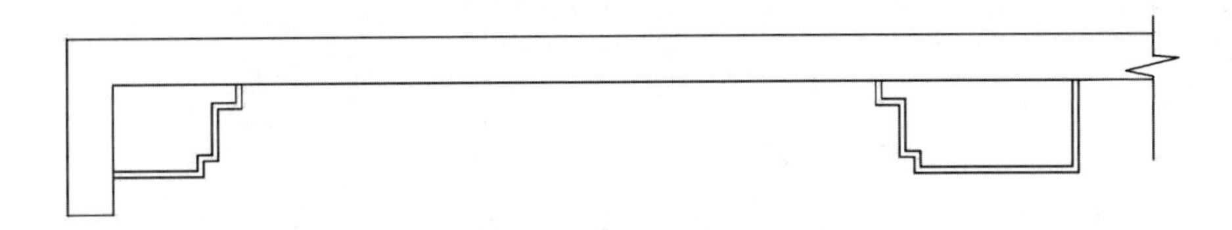

图2-3-39　接待区天花剖面图轮廓

（3）执行“H”快捷命令对绘制剖面进行填充，填充完成后如图2-3-40所示。

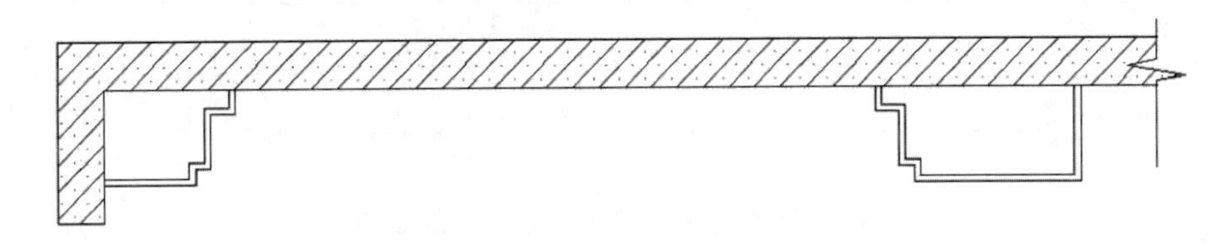

图2-3-40　接待区天花剖面图填充

（4）填充完成后依次执行“DLI”、“LE”，对图纸进行线性标注和引线标注，标注完成后如图2-3-41所示。最后插入图框即可。

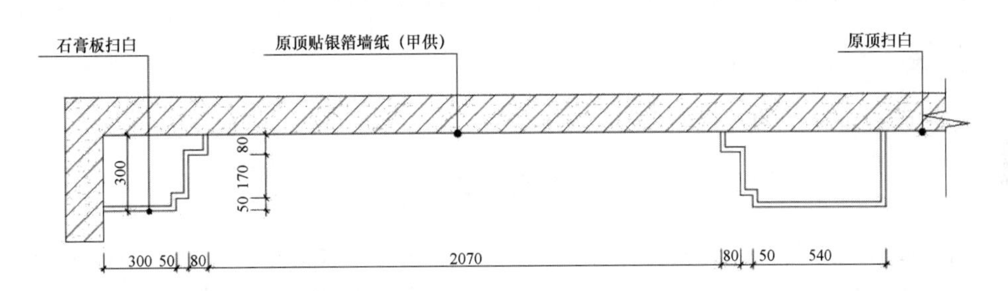

图2-3-41　接待区天花剖面图标注

二、绘制其他剖面图

请根据以上方法及步骤绘制其他剖面图，图2-3-42至图2-3-44分别为过道天花剖面图、会议室天花剖面图和总经理办公室天花剖面图。

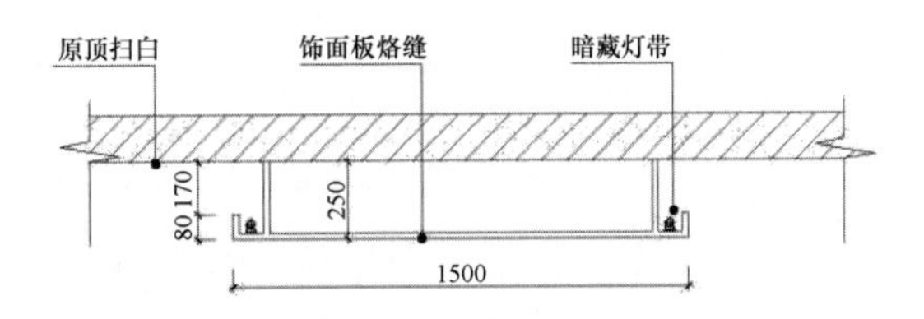

图2-3-42　过道天花剖面图

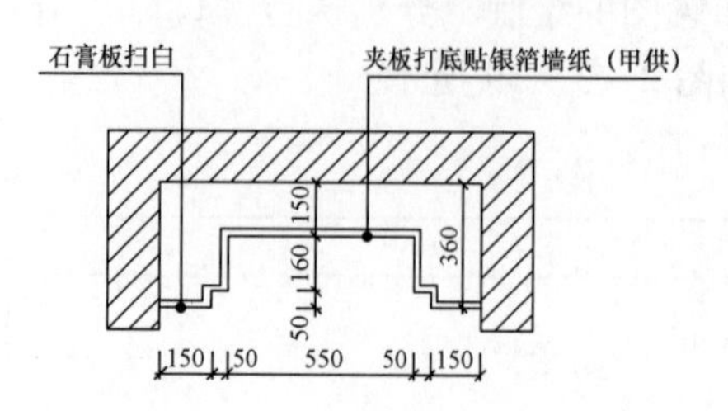

图 2－3－43　会议室天花剖面图

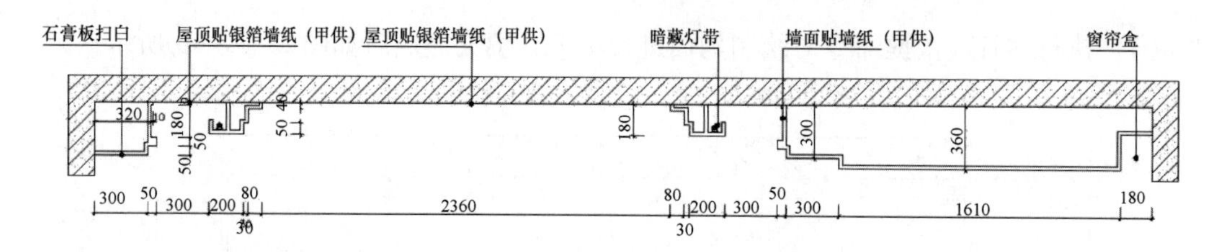

图 2－3－44　总经理办公室天花剖面图

随堂练习：办公空间剖面图的绘制

实践目的：了解并掌握办公空间剖面图的绘制方法和步骤，掌握相关命令。

实践内容：办公空间剖面图的绘制。

实践步骤：请根据上述方法和步骤，绘制出办公空间剖面图。

知识面拓展

尝试使用 AutoCAD 的其他命令绘制剖面图。

综合练习

1. 画出教材电子资源内的其他办公空间的施工图纸。画图时，可以参考电子资源内提供的办公空间施工图纸的范例和效果图进行绘制。也可以根据原建筑结构图自行设计，进行施工图的绘制。

2. 学会并练习添加自定义填充图案（具体方法见本书附录二第 19 条）。

模块四　商业空间施工图绘制

商业空间是提供有关产品、服务或设施以满足商业活动需求的场所。主要是指以商品销售为主要任务的商业卖场，如售楼处、福利彩票中心、百货商店、专卖店、超市等。

随着经济的发展，商品交易的双方对现代商业空间的要求越来越高。因此现代商业空间的设计不仅要展现商品的品质、时尚概念、优质服务等品牌内涵，还要设计出自身独特的风格，展示富有感召力的商业文化，增进顾客对商品的认同感，激发顾客的购买欲望。本模块以售楼处和专卖店为例进行介绍。

项目一　售楼处施工图绘制

学习目标：掌握售楼处施工图纸的绘制方法，灵活运用各种命令来绘制。

应知理论：售楼处室内装饰设计要考虑的因素，AutoCAD 相关命令的运用。

应会技能：能综合室内平面设计理论与 AutoCAD 相关知识绘制售楼处施工图纸。

学习任务描述

案例分析

本案售楼处建筑面积为320m^2，由于本案所介绍的楼盘地处城市轴心，社区配套完备，打造中高档户型为主旨，所以对售楼处设计要求之一就是要体现开发商的品位并且要迎合楼盘的整体气质。在设计过程中，考虑到要设计出有特色并且造价低的建筑，为其量身打造室内外设计，对于方案中从单层高举架空间感受到设计受限，实施过程中也是频繁改动，此处是初始方案。售楼处分为沙盘展示区、洽谈区和办公区三大部分，其中办公区包括经理办公室、财务室、招商办公室、更衣室和洗手间。

首先为了满足销售功能在中间位置设置了沙盘展示区和洽谈区。二者相互共享又互不干扰，合理利用空间。沙盘展示区设置在中央最显眼的位置，接待台在沙盘的正后方，服务台以黑白灰的经典色彩诠释新中式的风格，背景墙用黑色石材与香槟色金属荷叶造型结合，简单又不失稳重，沙盘正上方的鸟笼吊灯与之相呼应，沙盘左侧的户型展示设置也都是围绕“展示”这一主题，两者协调而又统一，墙面的影音更加形象地诠释了户型展示的内容，妙趣横生。如图2－4－1所示。

图2－4－1　洽谈区效果图

在洽谈区，没有烦琐的天花造型，而是采用新中式的灯罩吊灯来强调主题，每个沙发区都成为一块相对独立的区域，体现客人“尊贵”，同时洽谈区有客人休闲场所，落地玻璃幕墙，每当夜幕时分，在水吧处围坐，可以全观小区景色，体验购房与休闲的乐趣。

售楼处属于利用商品连接买方和卖方的商业空间，为购房者提供舒适幽雅看房环境的服务性建筑，同时售楼处整体形象的好坏直接反应出开发商的经济实力，设计中极尽精致，进而激发购房者的购买欲。

一、售楼处空间设计要求

售楼处多为独立式建筑，功能空间一般分为接待区、楼盘展示区、样板房区和办公区四部分，其中样板房区有的在售楼处中，有的则在实际居住区中；楼盘展示区多用整体沙盘置于最醒目位置；接待区应该安排出较大的面积，营造休闲轻松的气氛；办公区多用于管理人员的办公场所。

二、售楼处空间设计流程

售楼处空间设计包括三个阶段：规划阶段、方案设计阶段和施工图绘制阶段。

首先规划阶段包括设计资料搜集、《装修设计任务书》编写及概念设计。

（1）设计资料搜集　原始土建图纸以及现场测量。

（2）《装修设计任务书》编写　根据搜集资料及甲方提供项目定位、功能需求、风格取向、设计成本控制及交图时间编写任务书。

（3）概念设计草图　设计单位按照任务书要求进行概念设计，反映功能、空间、形式和技术四个方面的草图。

其次是方案设计阶段，根据概念草图进行深化设计、与土建结构的衔接、协调各工种及方案成果。

（1）在概念草图基础上深入设计　功能分析、交通流线分析、空间分析、装修材料比较和选择。

（2）土建结构与装修设计的衔接　不足与制约、承重结构及管道设施。

（3）协调各工种　设备优先原则、各设备间协调、设备与装修设计的协调。

（4）方案成果　作为施工图、施工方式及预算的依据，包括图册、模型和漫游动画三部分。

最后是施工图绘制阶段，包括装修设计施工图和设备施工图。

（1）装修设计施工图　设计说明、工程材料做法表、饰面材料分类表、装修门窗表、隔墙定位平面图、平面布置图、铺装平面图、天花布置图、立面图、剖面图、大样图、详图。

（2）设备施工图　给排水（系统、给排水布置、消防喷淋）、电气（强电系统、灯具走线、开关插座、弱电系统、消防照明、消防监控）、暖通（系统、空调布置）。

任务一　布置售楼处空间平面

下面介绍布置售楼处空间平面的步骤，平面布置图的绘制过程就是进行方案设计的过程，包括平面布置图、地面铺装图和天花布置图。图 2－4－2 为售楼处平面布置图，图 2－4－3 为售楼处地面铺装图，图 2－4－4 为售楼处天花布置图。

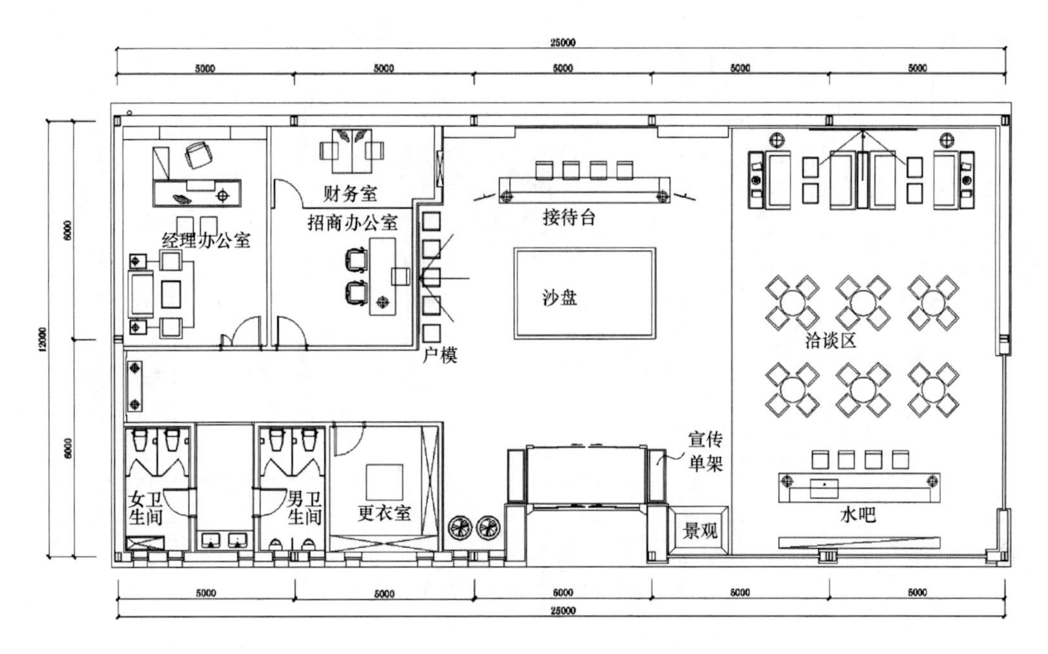

图 2－4－2　售楼处平面布置图

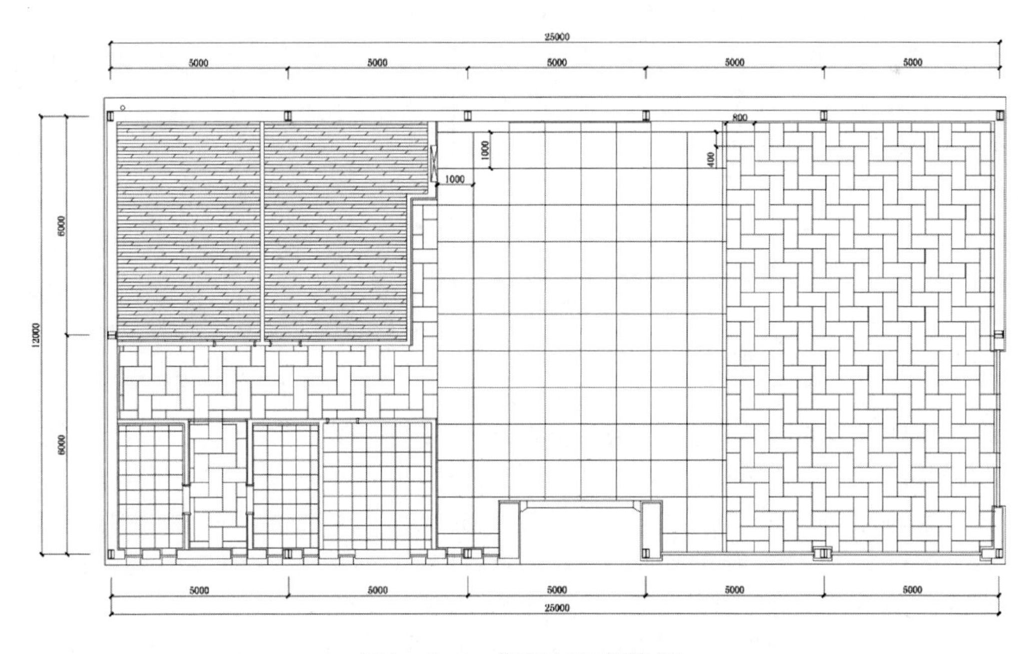

图 2－4－3　售楼处地面铺装图

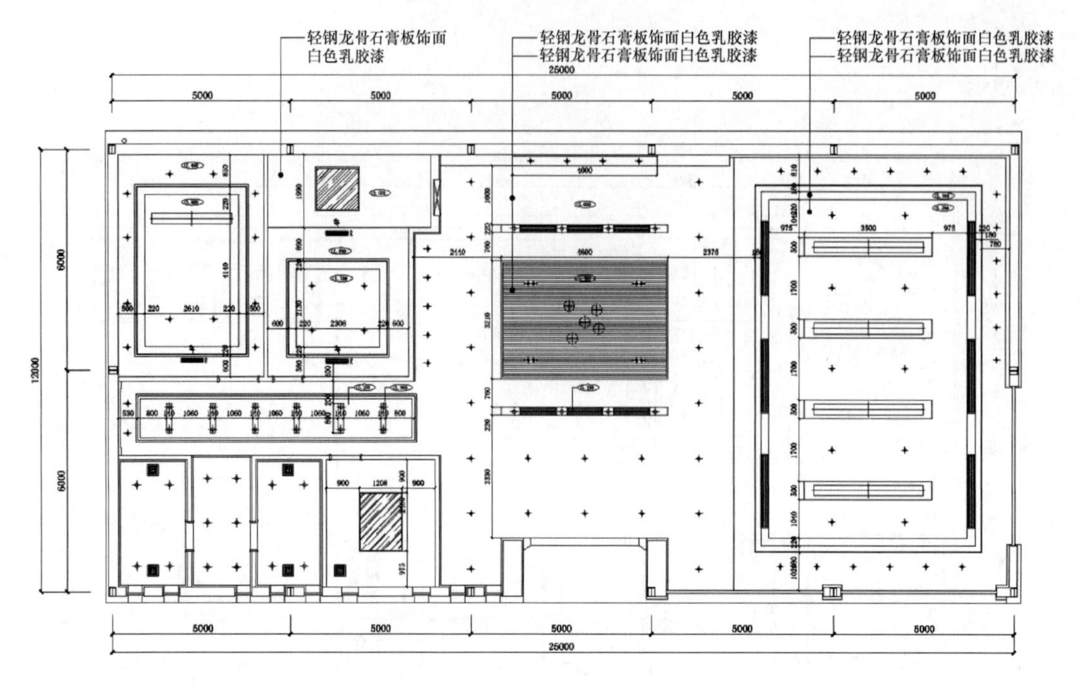

图 2－4－4　售楼处天花布置图

一、售楼处平面布置图

下面介绍绘制售楼处平面布置图步骤：

（1）启动 AutoCAD，单击“快速访问工具栏”中的“新建”按钮，打开“选择样板”对话框，在对话框中“名称”列表框中选择 acad. dwt 样板文档，然后单击“打开”按钮，新建图形文件，如图 2－4－5 所示。

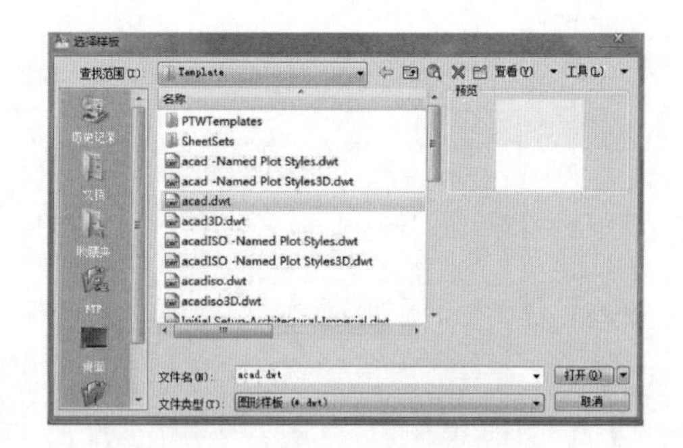

图 2－4－5　选择样板

（2）单击工具栏中的“格式”选项卡中“图层”按钮，打开“图层特性管理器”对话框。单击“新建图层”按钮或按“Alt＋N”快捷键，列表框内增加一个新的图层，自动被命名为“图层 1”并处于亮显状态，将“图层 1”改成墙体，以此类推建出所需的图层，做好相关命名，并且用颜色来区分不同图层，如图 2－4－6 所示。

（3）根据施工图标准，对不同构件的线宽是有规定的，例如将“填充”图层设置线宽为“0. 05 毫米”，但是在实际的 AutoCAD 绘制过程中不需要在图层中设定，可以在最后打印中根据线的颜色统一进行线宽设定，这里就不一一讲解。

（4）示例中线型设置默认为“Continuous”，而轴线按照施工图规范需要变成虚线，这时要点选“线型”>“加载”。进入“加载或重置线型”界面后，会看到很多种线型，选择需要的“center”，然后点击“确定”，如图 2－4－7 所示。

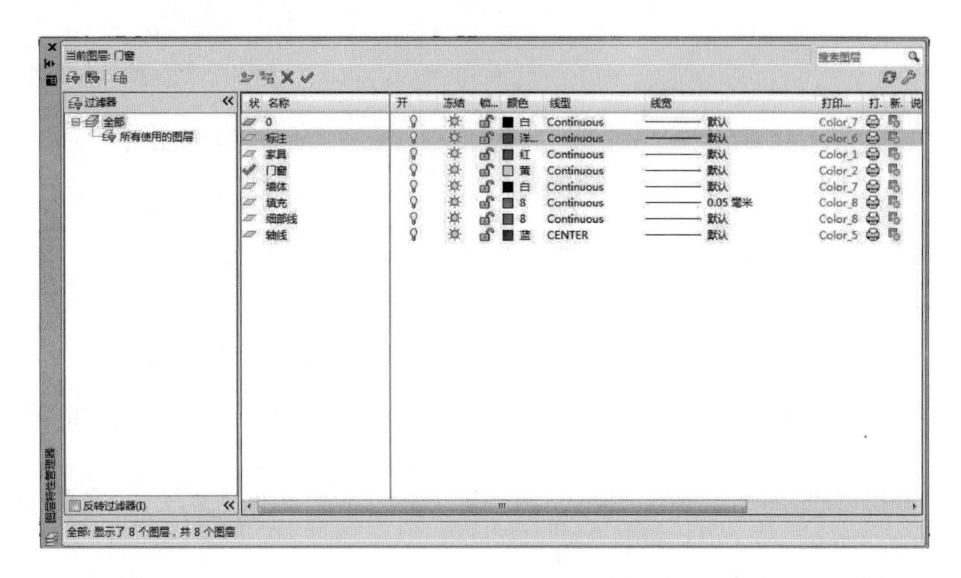

图 2－4－6　图层特性管理器

（5）“center”线型便加载进来，这时选择此线型，然后单击“确定”，如图 2－4－8 所示。以此设置好所需图层颜色、线型、线宽等，然后关闭图层管理器，将“轴线”设置为当前图层。

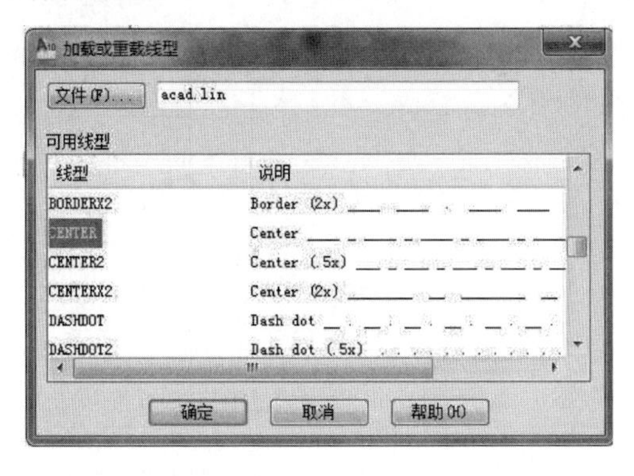

图 2－4－7　加载或重载线型面板

图 2－4－8　选择线型面板

（6）绘制“轴线”（在作工装施工图时，甲方会提供建筑结构图，我们在进行室内装饰设计施工图绘制是可以直接采用建筑结构图的），单击工具栏中的“绘图”选项卡中的“多线”按钮，在图形区分别绘制一条水平和垂直的“轴线”，如图 2－4－9 所示。

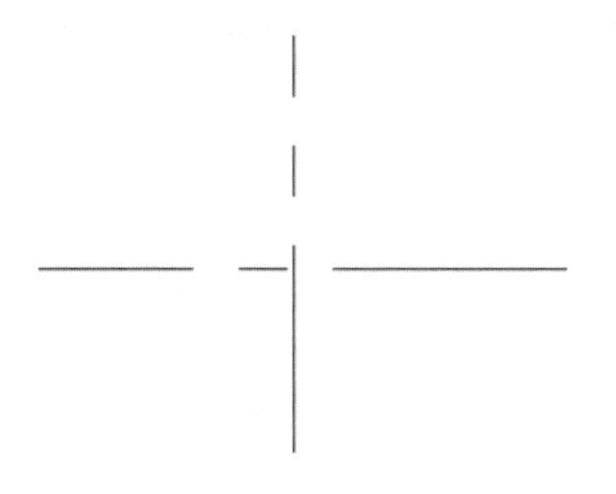

图 2－4－9　轴线绘制图

（7）输入“o”执行偏移命令，将竖直的一条构造线依次从左至右偏移距离为 5000、5000、5000、5000 和 5000；再将水平的一条构造线从下到上依次偏移距离为 6000 和 6000，如图 2－4－10 所示。

（8）绘制柱体，输入“L”执行直线命令，尺寸如图 2－4－11 所示。

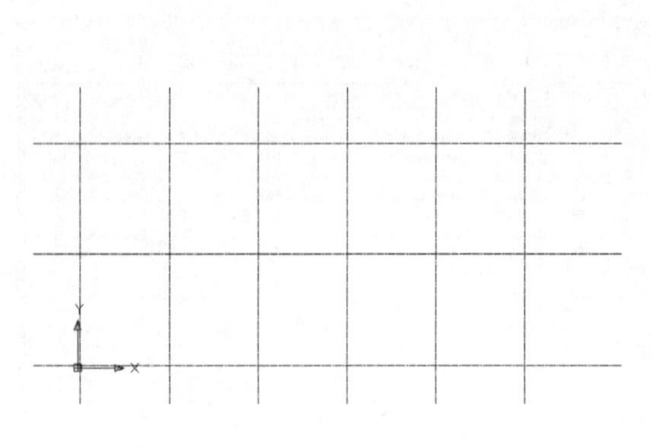

图 2－4－10　轴线绘制图

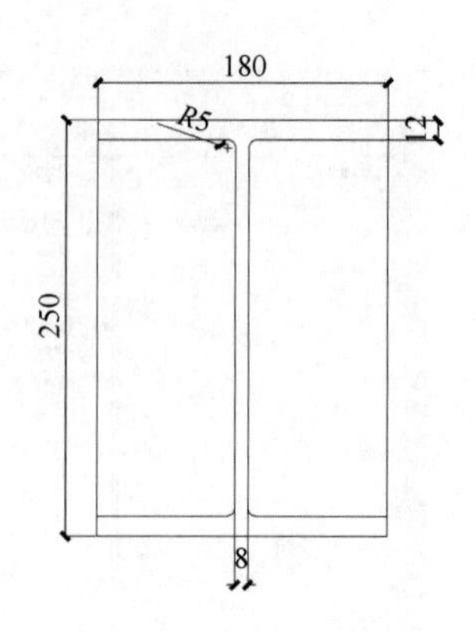

图 2－4－11　柱式构件图

（9）根据已知的建筑结构图，选中“柱体”，输入“co”执行复制命令，完成售楼处所需主体绘制，如图 2－4－12 所示。

（10）根据建筑结构图绘制墙体，输入“ml”命令执行多线命令，根据图 2－4－13 所示尺寸绘制出售楼处外墙。

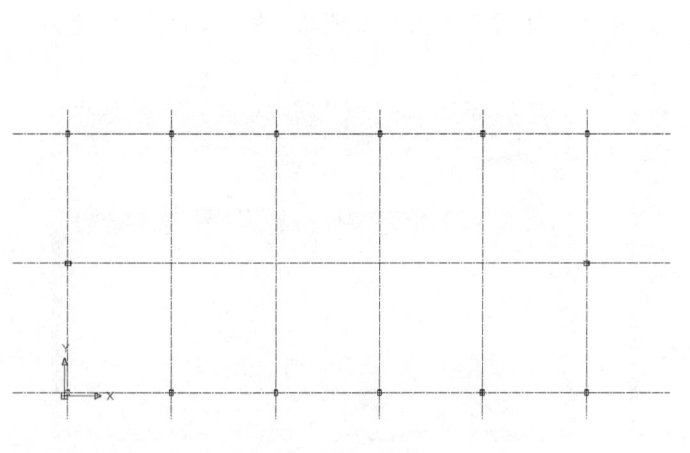

图 2－4－12　已复制的柱式图

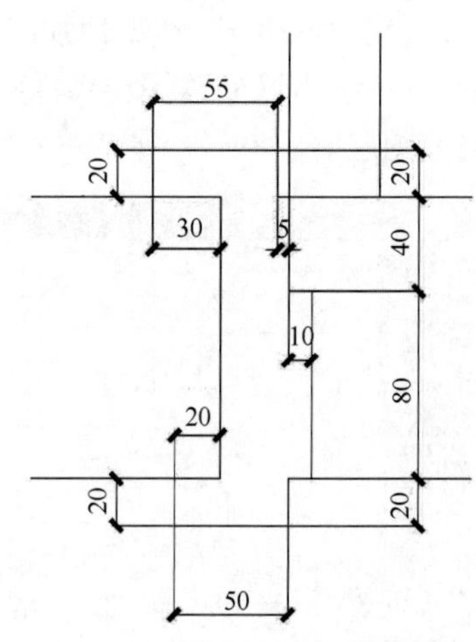

图 2－4－13　墙体绘制图

（11）输入“L”执行直线命令，以图 2－4－14 所示尺寸绘制建筑“窗线”。绘制完窗体，就将售楼处基础空间绘制完成，如图 2－4－15 所示。

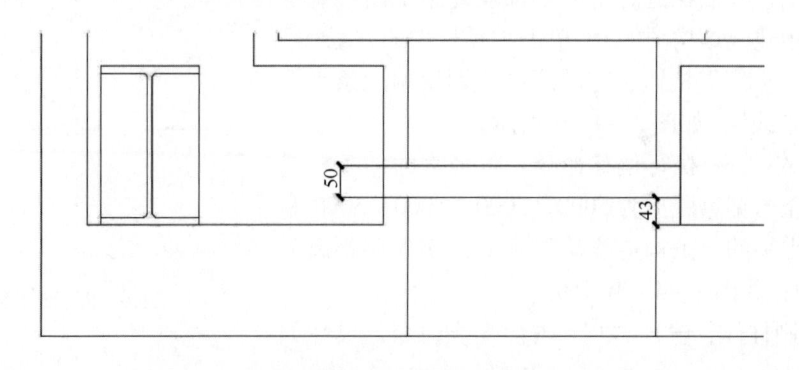

图 2－4－14　窗口尺寸图

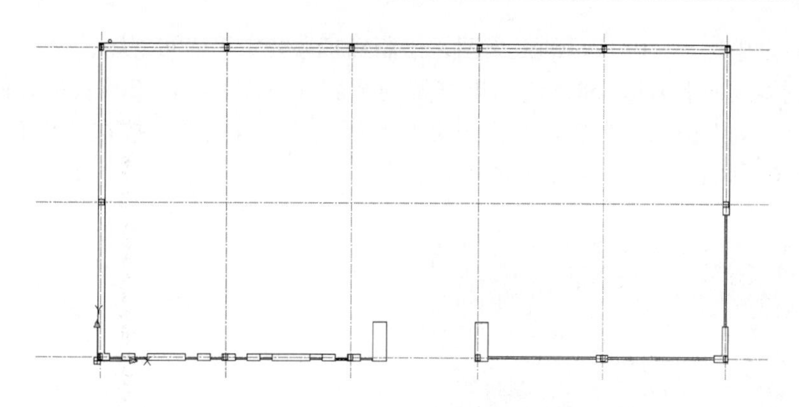

图 2－4－15　售楼处外墙平面图

（12）输入“ml”执行多线命令，设置偏移分别为“60”　“－60”，绘制内部厚度为120mm 的墙体；使用“剪切”命令，留出门口的空间，从而将售楼处内部空间划分出经理办公室、财务室、洗手间、沙盘区和接洽区。如图 2－4－16 所示。

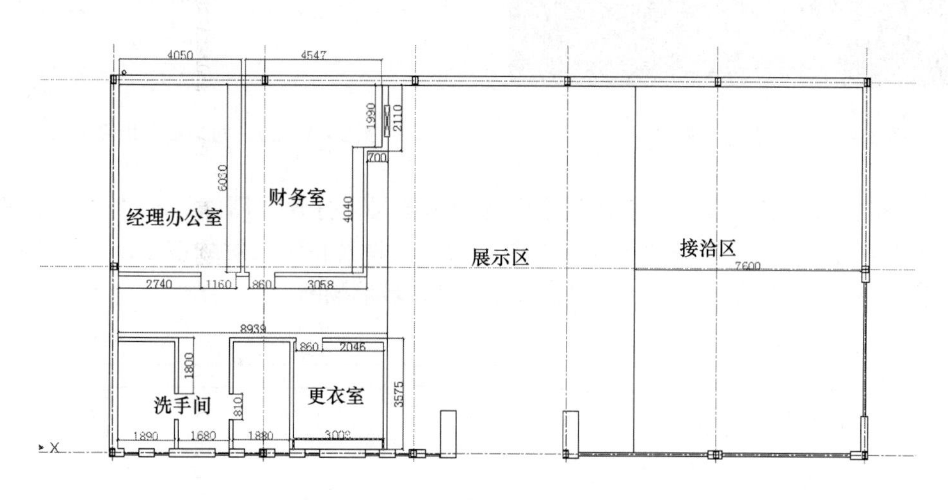

图 2－4－16　售楼处室内墙体平面图

（13）输入“pl”执行多线段命令，绘制门及门包扣，单击“弧线”绘制门的轨迹，如图 2－4－17 所示。绘制门包口常用尺寸如图 2－4－18 所示。

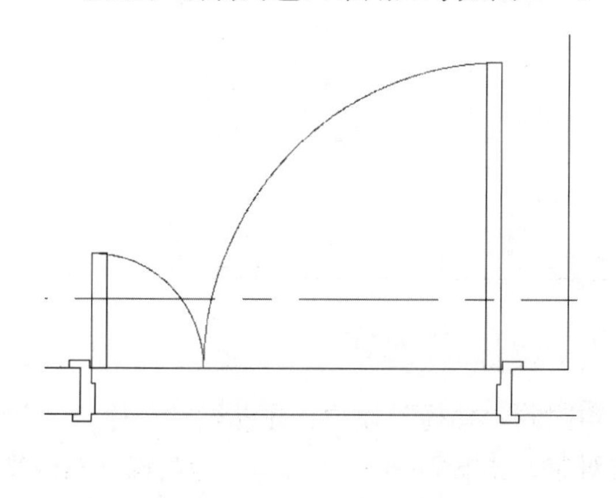

图 2－4－17　门口平面图

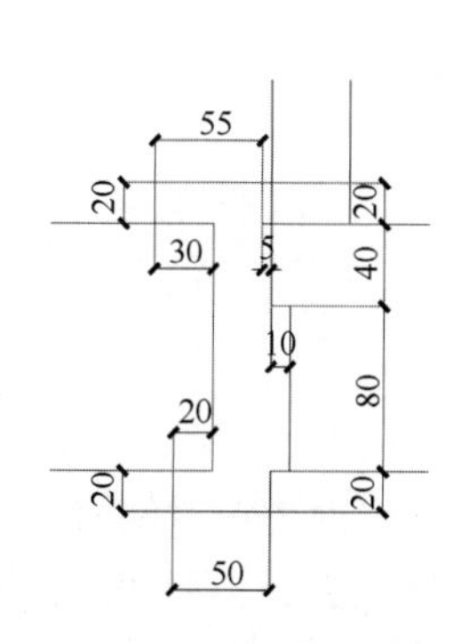

图 2－4－18　门口包扣尺寸图

（14）根据图 2 –4 –19 所示的效果图，绘制经理办公室平面布置图，输入“O”执行偏移命令，北侧墙线向下偏移 350，绘制出书架的平面（见图 2 –4 –20）；打开图库 . dwg 文件，拖动鼠标，向左滑动“栏选”出办公桌椅和沙发茶几平面图，按住“Crtl + C”组合键将其粘贴在所绘制的经理办公室平面图中。

图 2 –4 –19　办公室效果图

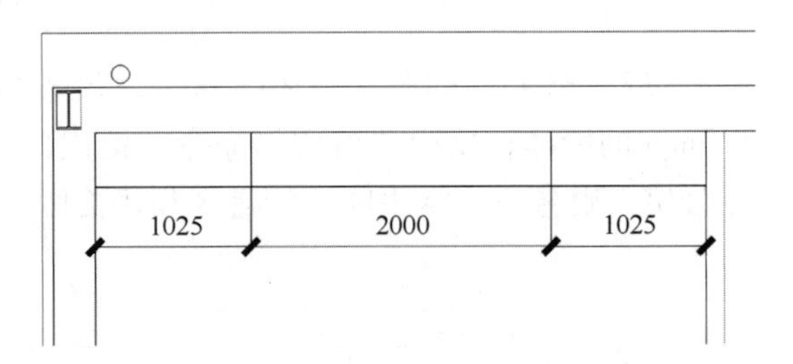

图 2 –4 –20　办公室书柜平面尺寸图

（15）布置财务室，选择“家具”图层为当前图层，打开“图库 . dwg”文件，复制办公桌椅，然后打开正在绘制的“平面布置图”文件，将其粘贴在财务室中，如图 2 –4 –21 所示，输入“L”执行直线命令，按图中尺寸绘制出玻璃隔断。

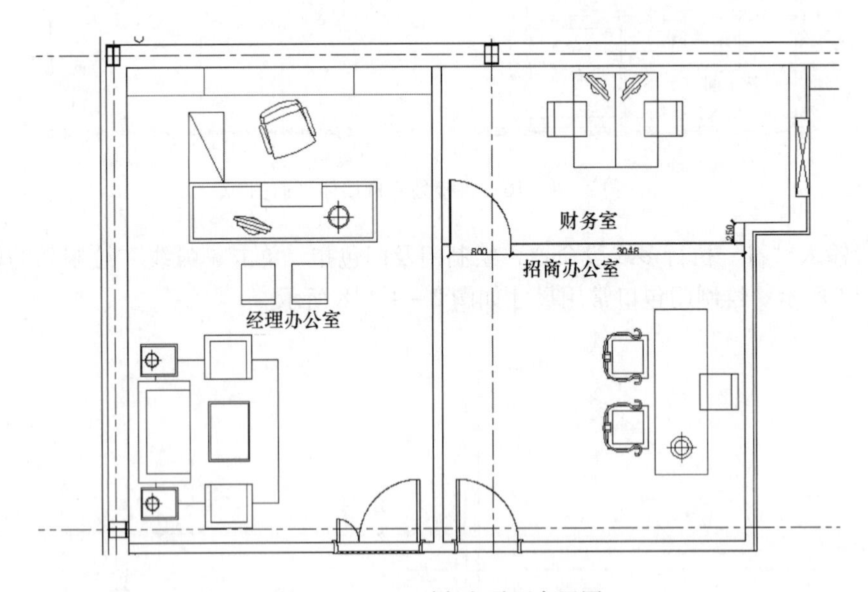

图 2 –4 –21　财务室平面布置图

（16）布置财务室空间时，需要两个相同的“桌椅”模块，先粘贴一个模块，然后输入“mi”执行镜像命令，栏选出需要镜像的对象，如图 2 –4 –22 所示，单击鼠标右键确定。

（17）单击鼠标依次选择桌子上下两个点作为“镜像线”，如图 2 –4 –23 所示。

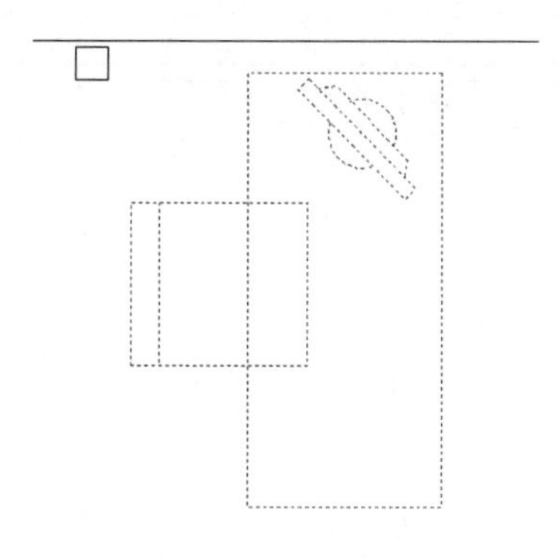

图 2－4－22　财务室办公桌平面图

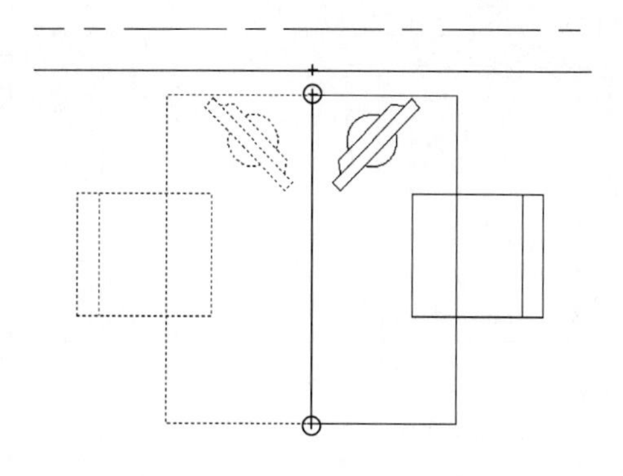

图 2－4－23　办公桌镜像图

（18）在命令栏中看到“要删除源对象”后输入“n”回车，就保留住原来模块并镜像出对应的模块。

（19）绘制洗手间平面，由于洗手间的墙面做了饰面设计，在平面图中表示出饰面贴面的总厚度为 40mm，鼠标选择洗手间内部墙线，输入“o”执行偏移命令，输入“40”，如图 2－4－24 所示。

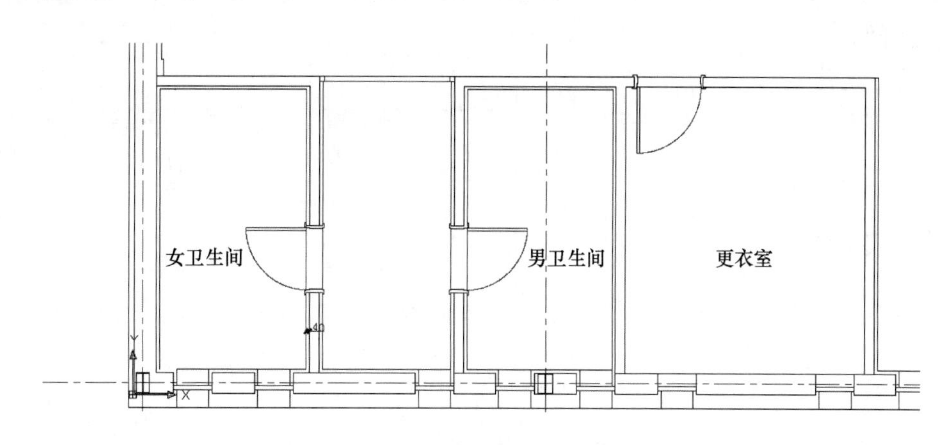

图 2－4－24　洗手间平面图

（20）绘制洗手间隔断，设置“家具”图层为当前，选择如图 2－4－25 所示“内墙线”，输入“o”执行偏移命令，横向左侧偏移 900，竖向下偏移 1300。选择偏移后的竖线，继续向右分别偏移 20、120、650，向左分别偏移 120、650，单击右键确定，选择偏移后的横线继续向下偏移 20，单击右键确定，如图 2－4－26 所示。输入“tr”执行剪切命令，将多余线段剪掉，如图 2－4－27 所示。

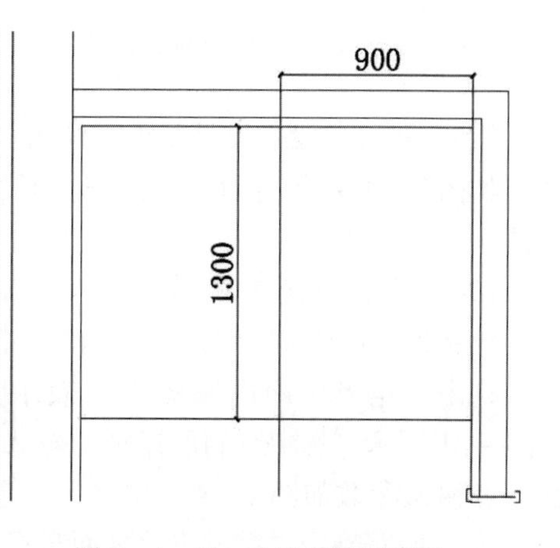

图 2－4－25　女洗手间平面图

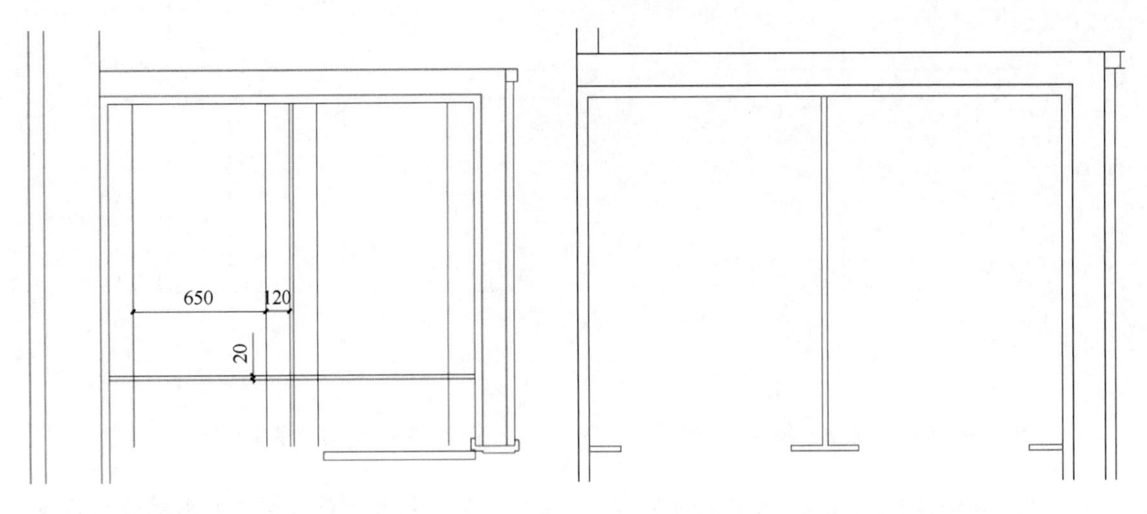

图 2-4-26　洗手间隔断绘制图　　　图 2-4-27　洗手间隔断平面图

（21）绘制隔断门，输入"rec"执行矩形命令，输入 650，20，回车确定，基点如图 2-4-28 所示，单击"弧线"命令，画出门的轨迹。

（22）打开图库.dwg 文件，选择图块复制粘贴到洗手间内，如图 2-4-29 所示，同理绘制男洗手间。

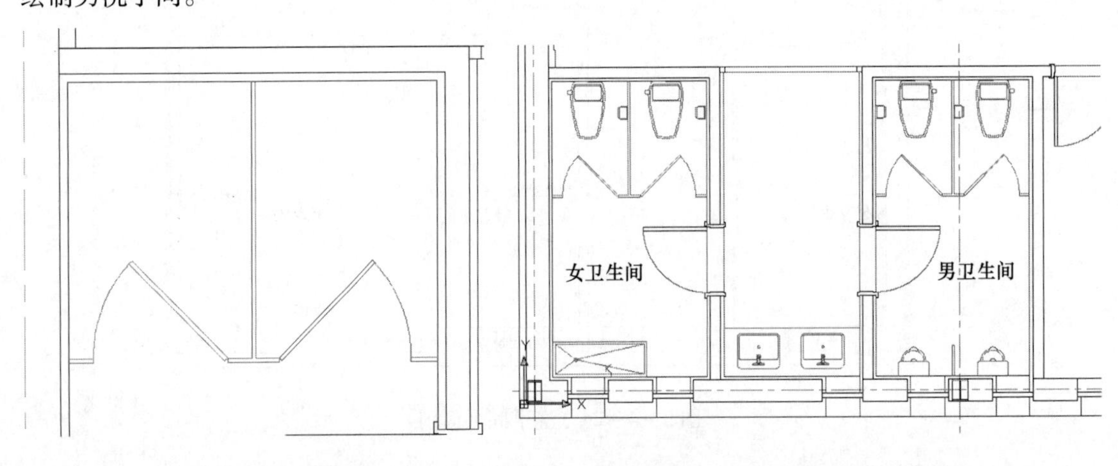

图 2-4-28　洗手间隔断平面图　　　图 2-4-29　洗手间平面布置图

（23）更衣室没有设计要求，输入"L"执行直线命令，如图 2-4-30 所示，绘制出座椅和衣柜的平面示意图。

（24）绘制户模布置图，输入"rec"执行矩形命令，绘制 500×500 的矩形，然后输入"o"执行偏移命令，选中"矩形"向内偏移 20，表示户模平面，如图 2-4-31 所示。选中绘制的矩形，输入"ar"执行阵列命令，输入参数如图 2-4-32 所示。预览如图 2-4-33 所示，回车确定，完成户模平面布置。

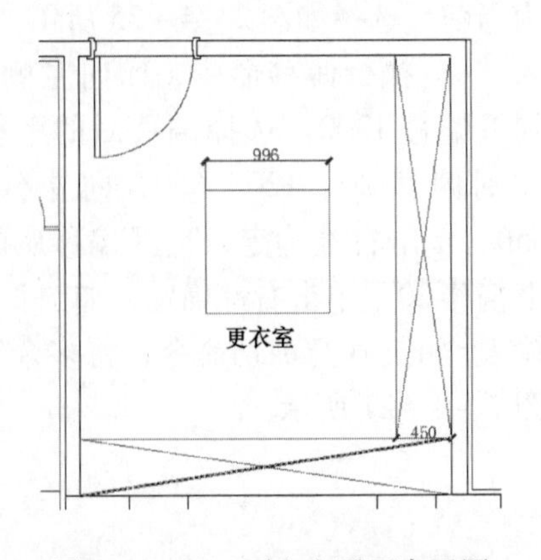

图 2-4-30　更衣室平面布置图

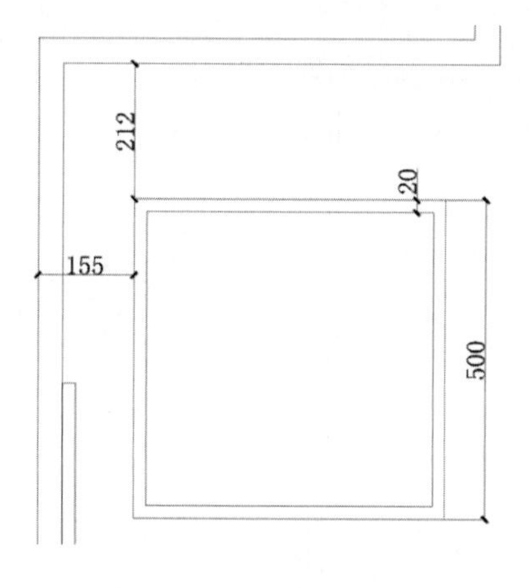

图 2－4－31　户模平面图

图 2－4－32　阵列控制面板

（25）参考尺寸插入图块，表示出沙盘和接待台，如图 2－4－34 所示。

（26）洽谈区家具布置，执行插入、复制命令，粘贴桌椅在洽谈区，如图 2－4－35 所示。输入“mi”执行镜像命令，选择座椅作为对象，单击镜像线第一点和第二点，镜像出一组沙发，如图 2－4－36 所示。

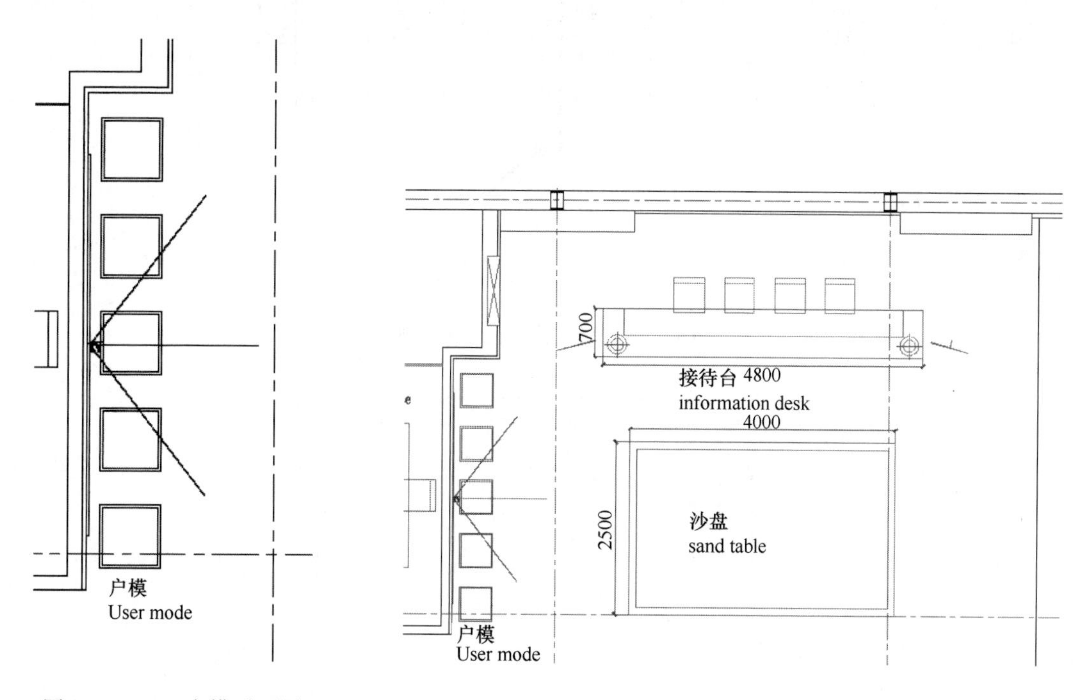

图 2－4－33　户模平面图

图 2－4－34　接待台和沙盘平面图

（27）执行插入命令，复制粘贴出一组四人座椅，如图 2－4－37 所示。将四人座椅全部选中，输入“ar”执行阵列命令，如图 2－4－38 所示。

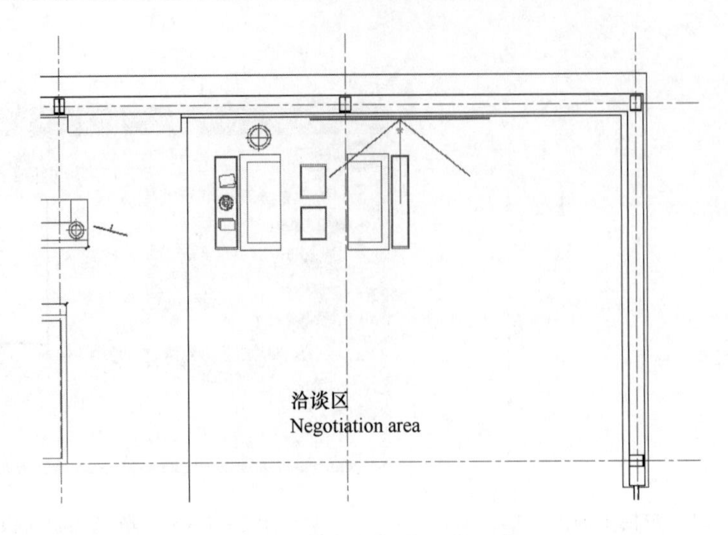

图 2－4－35　洽谈区平面图

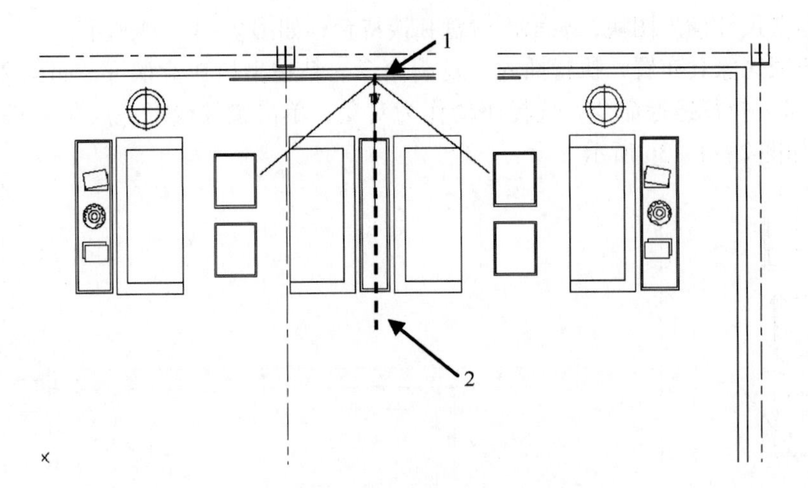

图 2－4－36　洽谈区沙发镜像图

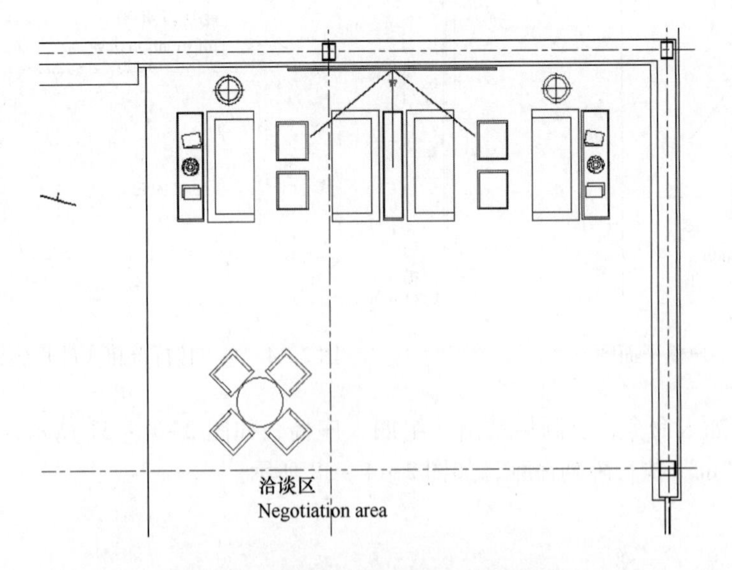

图 2－4－37　洽谈区四人座椅平面图

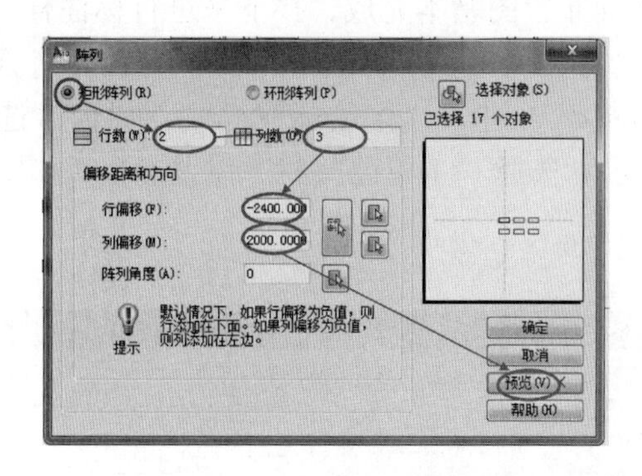

图 2－4－38　阵列控制面板

(28) 输入“L”执行直线命令，依照如图 2－4－39 所示尺寸绘制出宣传架、景观和水吧。执行插入命令，添加平面图中绿植、摆台和电视模块，如图 2－4－40 所示。

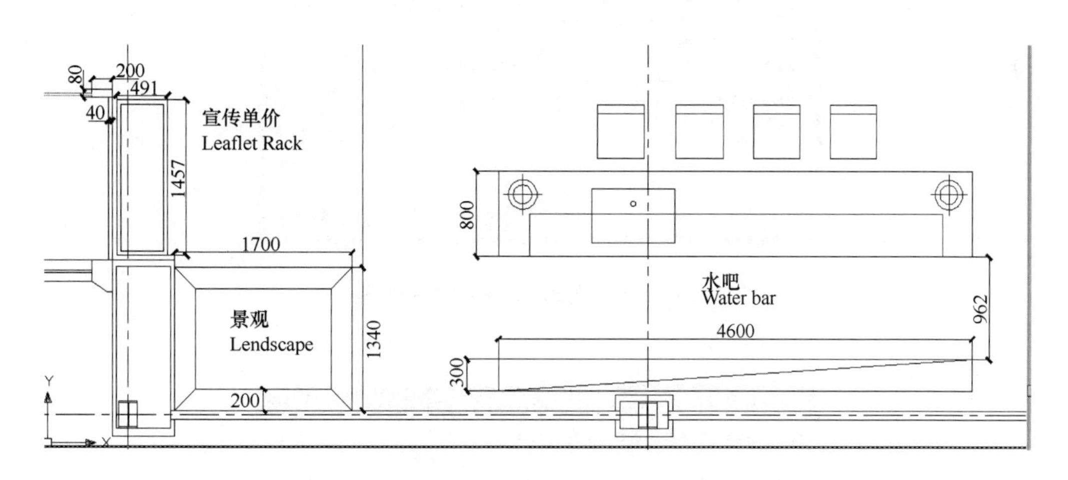

图 2－4－39　宣传架尺寸图

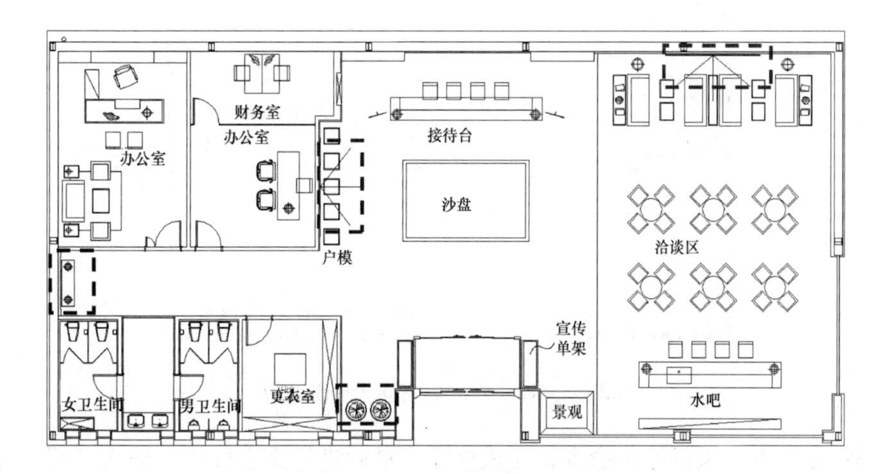

图 2－4－40　补充图块位置图

（29）至此，售楼处平面布置图基本完成，接下来进行标注样式设置，对建筑轴线进行标注，单击“工具栏” > “标注” > “标注样式” > “标注样式管理器” > “新建” > 输入“轴线标注” > 单击“继续”，进入“修改标注样式”界面。选择“文字”栏，设置文字参数，如图 2－4－41 所示。选择“主单位”栏，设置参数，如图 2－4－42 所示，单击确定结束设置。

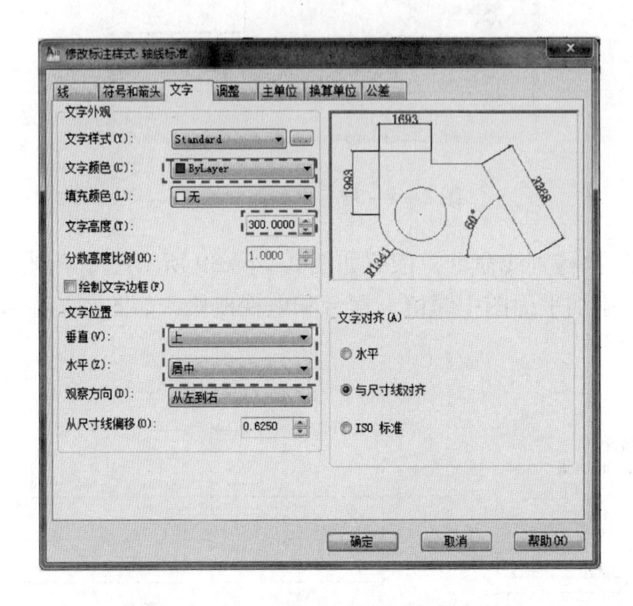

图 2－4－41　修改标注样式控制面板

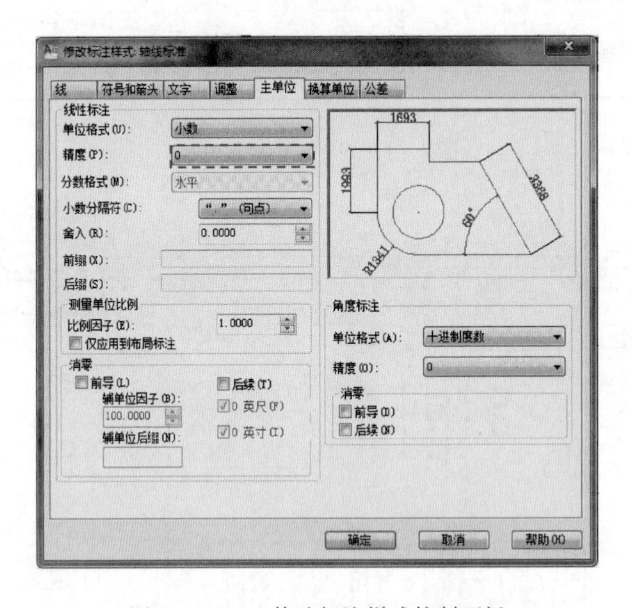

图 2－4－42　修改标注样式控制面板

（30）输入“dli”执行标注命令，完成标注。最后进行文字标注，输入“t”，完成平面布置图，如图 2－4－43 所示。

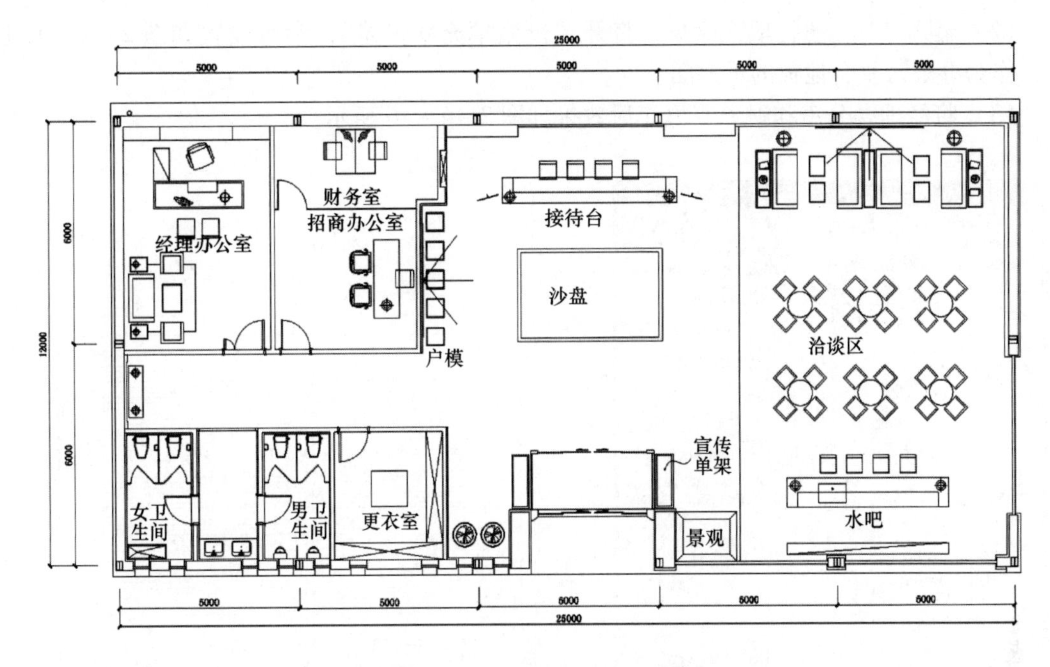

图 2-4-43　售楼处平面布置图

随堂练习： 平面布置图的绘制

实践目的：了解并掌握每个房间布置的必需品和装饰品位置与尺寸，合理布置空间。

实践内容：平面布置图的绘制。

实践步骤：请根据上述方法和步骤，绘制出售楼处的平面布置图。

二、售楼处地面铺装图

（1）输入“co”执行复制命令，选择“售楼处平面布置图”中轴线、标注、墙体和门窗，复制出地面铺装的底图，如图 2-4-44 所示。关闭“轴线”图层。

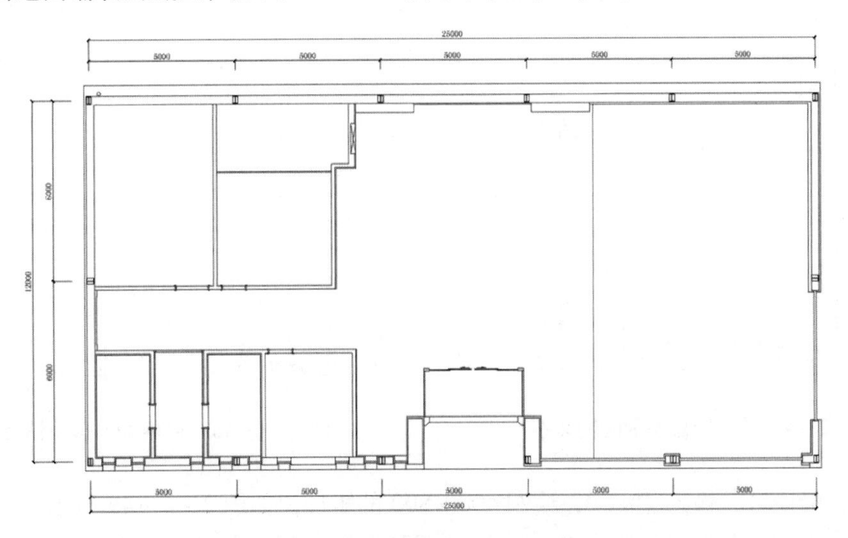

图 2-4-44　售楼处平面结构图

（2）输入“H”执行填充命令，打开“图案填充编辑器”，参数设置如图 2－4－45 所示，作为办公区复合地板的示意图。

（3）将经理办公室和财务室填充后效果如图 2－4－46 所示。

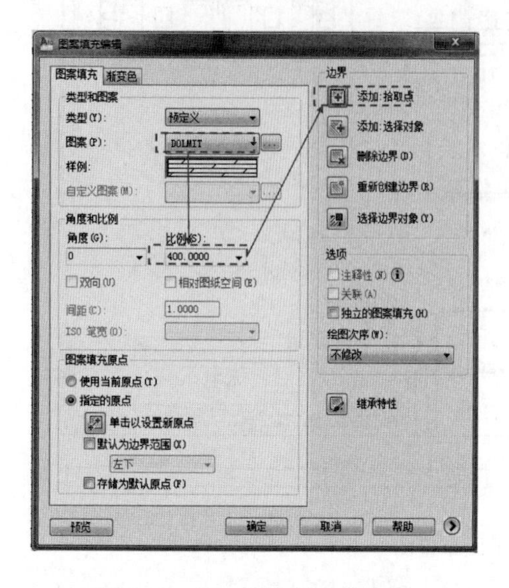

图 2－4－45　图案填充编辑器

图 2－4－46　经理办公室和财务室铺装图

（4）沙盘展示区铺装为 1000×1000 石材，输入“L”执行直线命令，先绘制横竖两条直线。输入“o”执行偏移命令，分别向右和向下偏移 1000，如图 2－4－47 所示。

（5）输入“tr”执行剪切命令，将偏移后多余的线条剪掉，如图 2－4－48 所示。

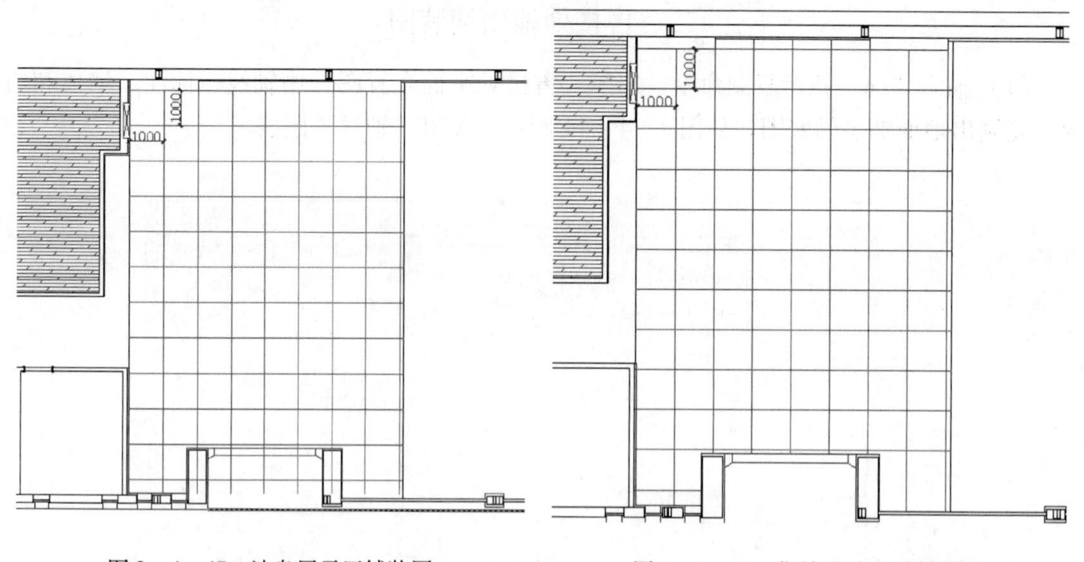

图 2－4－47　沙盘展示区铺装图

图 2－4－48　售楼处沙盘区铺装图

（6）在洽谈区，输入“rec”，绘制 400×800 的矩形，如图 2－4－49 所示。

（7）输入“co”执行复制命令，在洽谈区和走廊空间绘制“仿古砖”，如图 2－4－50 所示。

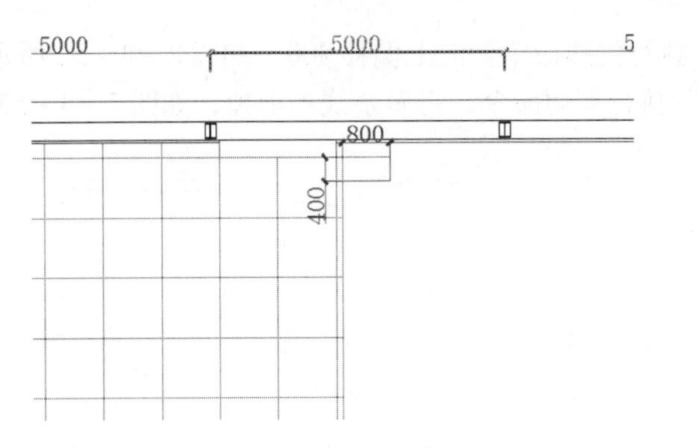

图 2－4－49　洽谈区铺装尺寸图

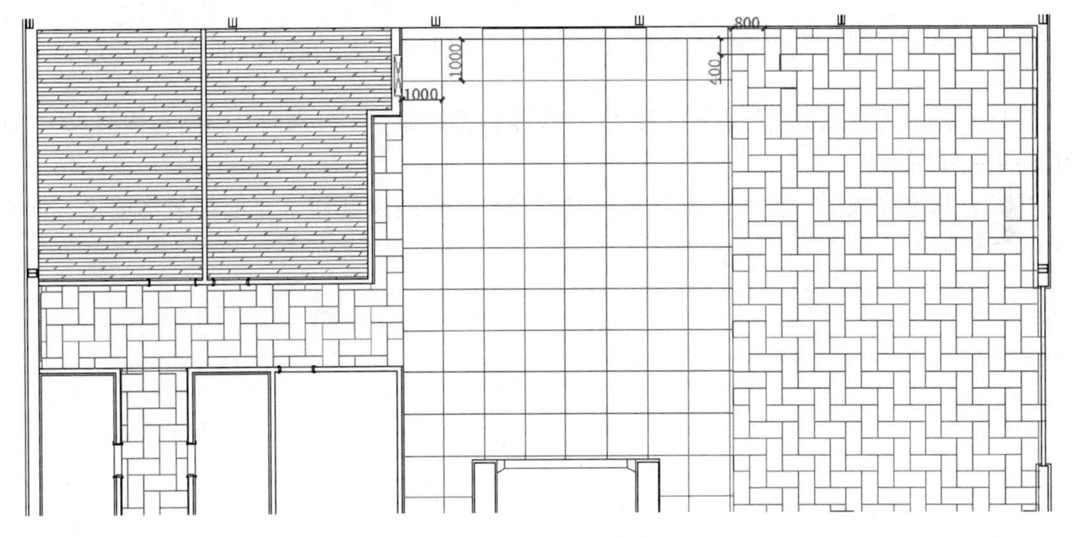

图 2－4－50　洽谈区铺装图

（8）绘制男女洗手间和更衣室铺装，铺装都为 400×400 方砖，输入“L”执行直线命令，绘制一条直线，如图 2－4－51 所示。

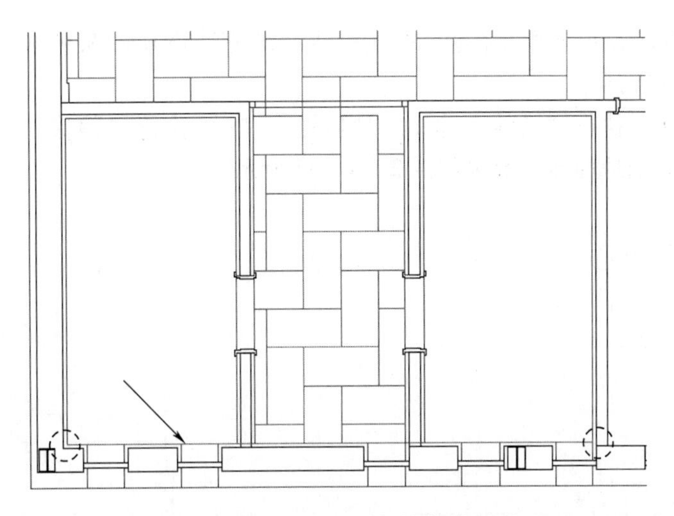

图 2－4－51　男女洗手间铺装绘制图一

（9）输入“o”执行偏移命令，向上偏移 400，如图 2－4－52 所示。

（10）输入“tr”执行剪切命令，将多余线条剪掉，如图 2－4－53 所示。

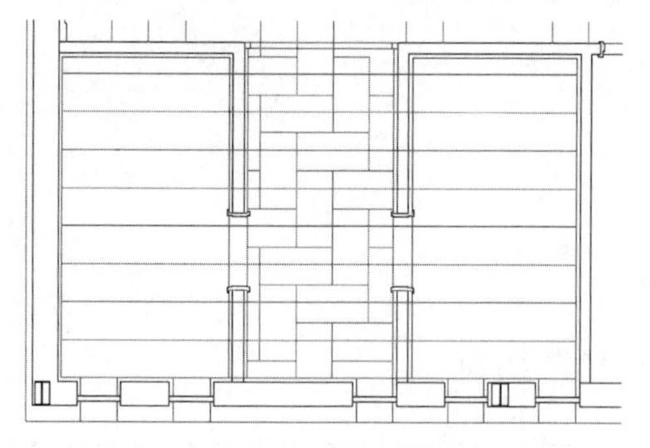

图 2－4－52　男女洗手间铺装绘制图二

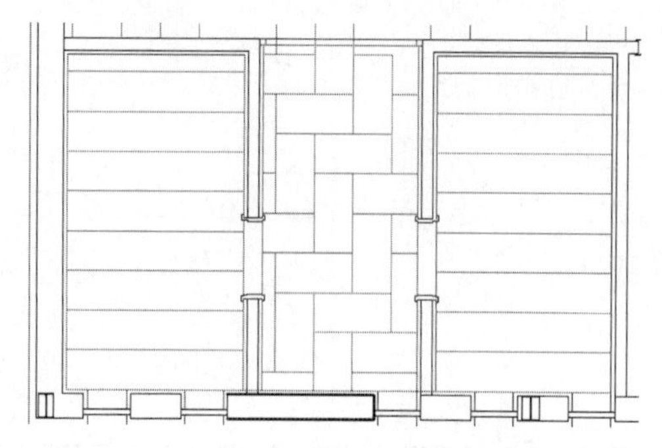

图 2－4－53　男女洗手间铺装绘制图三

（11）选中男女洗手间装饰线，输入“o”执行偏移命令，分别向左、向右偏移 400，如图 2－4－54 所示。

（12）偏移完成后，输入“ex”执行延伸命令，将线段延伸至底部的装饰线上，如图 2－4－55 所示。

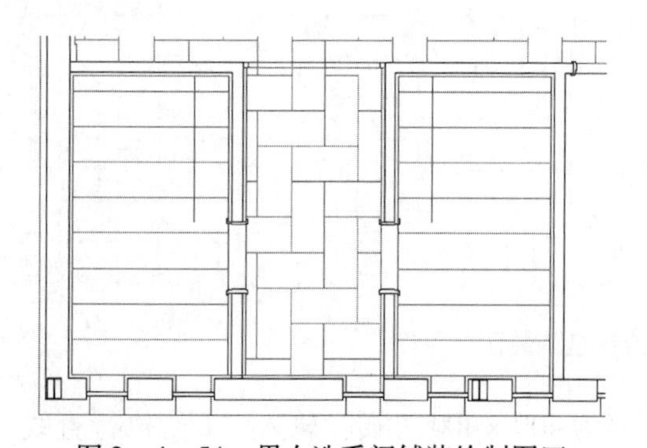

图 2－4－54　男女洗手间铺装绘制图四

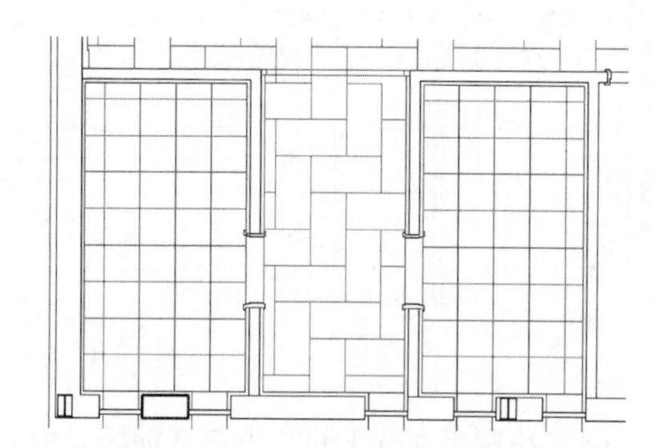

图 2－4－55　男女洗手间铺装绘制图五

（13）输入“ma”执行笔刷命令，将线刷成“填充”图层的灰色线，完成洗手间铺装绘制，如图 2－4－56 所示。

（14）输入“L”执行“直线”命令，然后输入“o”执行“偏移”命令，在更衣室空间内绘制 400×400 的地面砖，效果如图 2－4－57 所示。

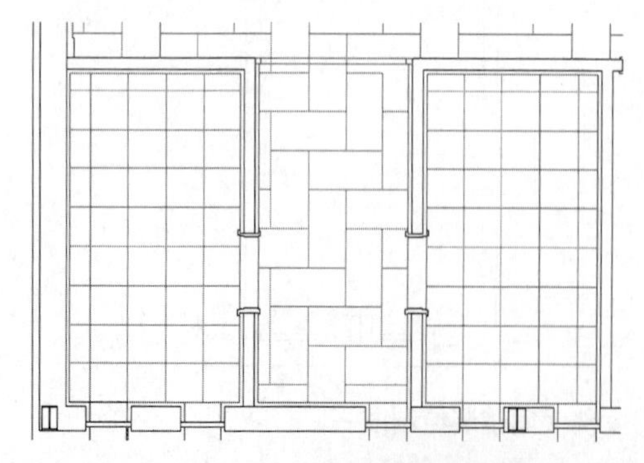

图 2－4－56　男女洗手间铺装绘制图六

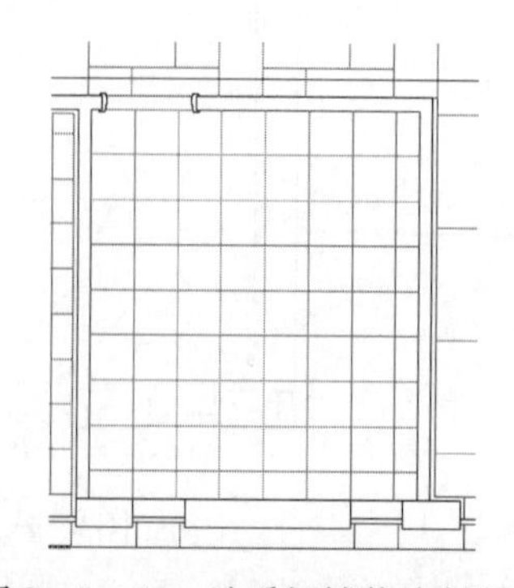

图 2－4－57　洗手间铺装绘制图七

（15）地面铺装图绘制完成，如图 2－4－58 所示。

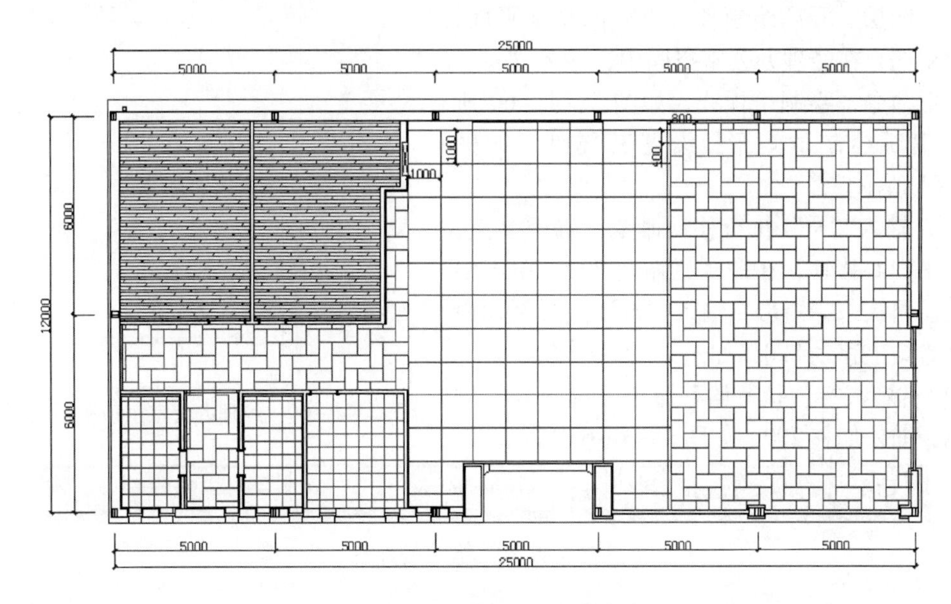

图 2－4－58　售楼处地面铺装图

随堂练习：地面铺装图的绘制

实践目的：了解并掌握地面铺装的材料尺寸及不同功能空间的使用。

实践内容：绘制出三种 400×800 地砖的铺装方案。

实践步骤：请根据上述方法和步骤，绘制出地面铺装图。

三、售楼处天花布置图

（1）打开 AutoCAD，先绘制出建筑基础图层，如图 2－4－59 所示。

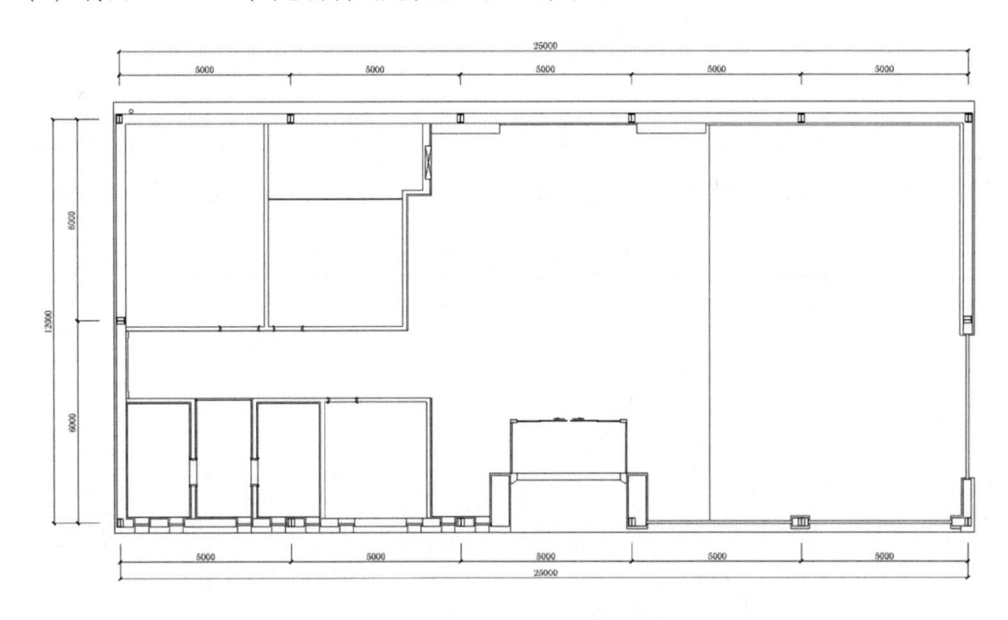

图 2－4－59　售楼处天花布置图

（2）建立新图层命名为“天花平面”，并设置为当前图层。开始绘制各个空间的吊顶平面，根据效果图，在经理办公室空间中，输入“rec”执行矩形命令，绘制吊顶线，如图 2－4－60 所示。选中所绘制的矩形，设置其属性，如图 2－4－61 所示。

（3）输入“m”执行移动命令，选择基点，鼠标水平向右移动，在命令栏输入 720，单击空格确定。再次选择矩形，输入“m”执行移动命令，竖直向上移动 820，如图 2－4－62 所示。

（4）输入“o”执行偏移命令，选择画好的矩形线，向外偏移 200，如图 2－4－63 所示。

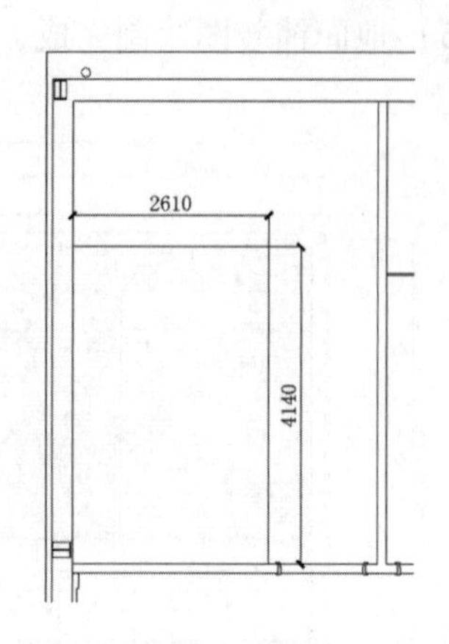

图 2－4－60　经理办公室吊顶平面绘制图

图 2－4－61　线条管理器

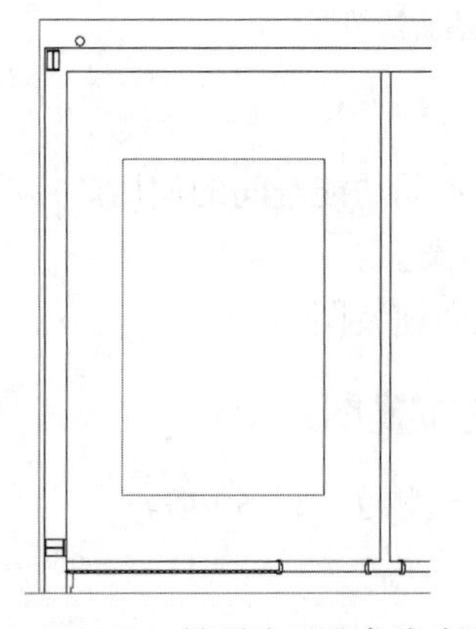

图2－4－62　吊顶造型垂直移动图

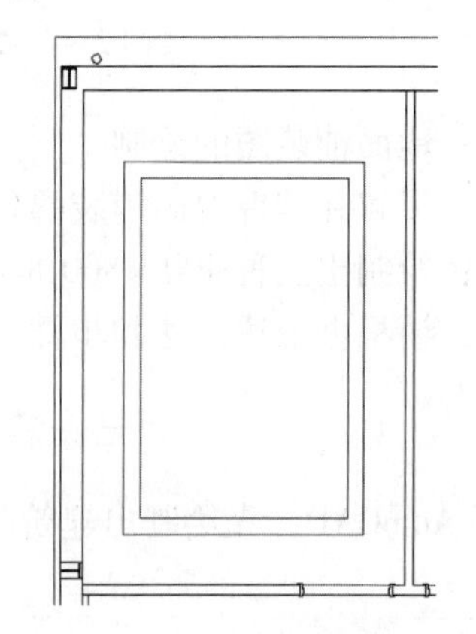

图 2－4－63　吊顶造型平面图

（5）选择第二次偏移的矩形，输入“o”执行偏移命令，向外偏移 20，再偏移 50，并将最后的偏移线颜色属性改为灰色（此处黑色显示），用来表示灯带，如图 2－4－64 所示。

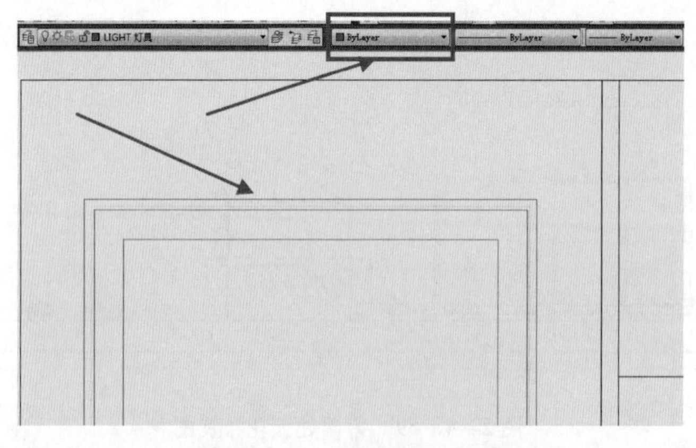

图 2－4－64　灯带图层示意图

（6）插入“空调送风口”和“空调回风口”图块，如图 2－4－65 所示。

（7）输入“o”执行偏移命令，将办公室吊灯的中心定位出来，插入“吊灯”图块，如图 2－4－66 所示。

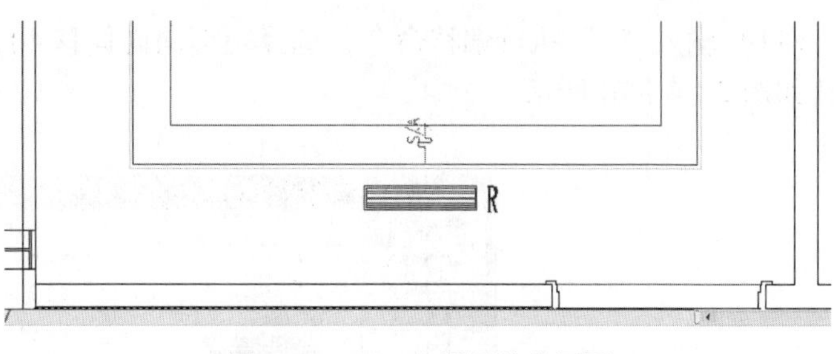

图 2－4－65　空调图块位置图

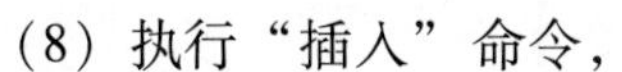

（8）执行“插入”命令，插入“嵌入式筒灯”图块，按照效果图标准，选择筒灯图块，输入“co”执行复制命令，如图 2－4－67 所示，布置筒灯位置。

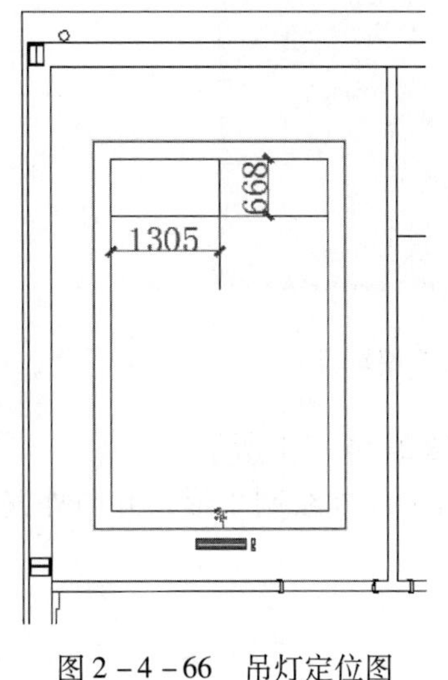

图 2－4－66　吊灯定位图

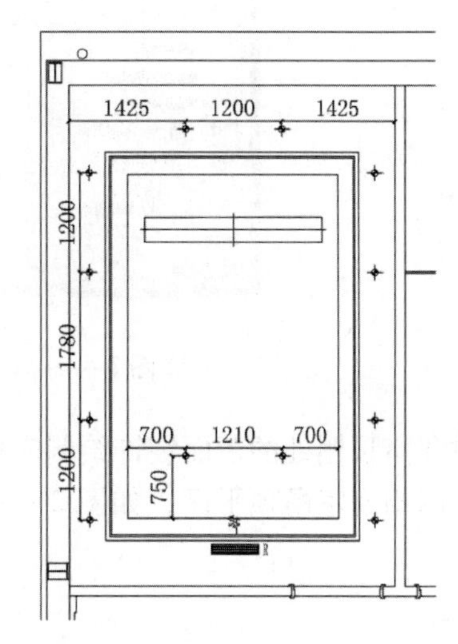

图 2－4－67　筒灯定位尺寸图

（9）绘制财务室天花布置，财务室吊顶按高度不同分两个空间，如图 2－4－68 所示。

（10）输入“rec”执行矩形命令，绘制 1200×1200 的矩形，如图 2－4－69 所示。

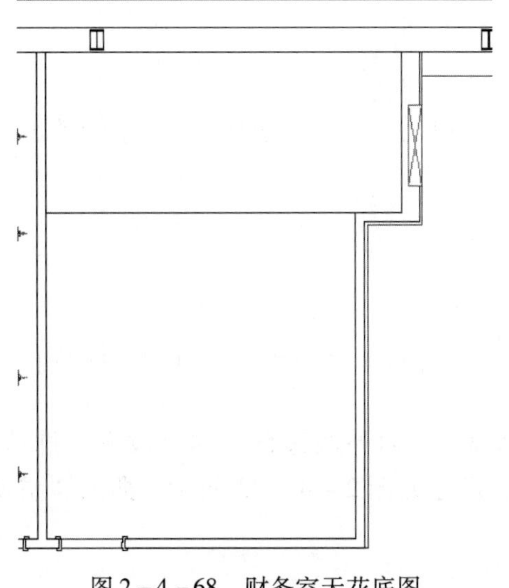
图 2－4－68　财务室天花底图

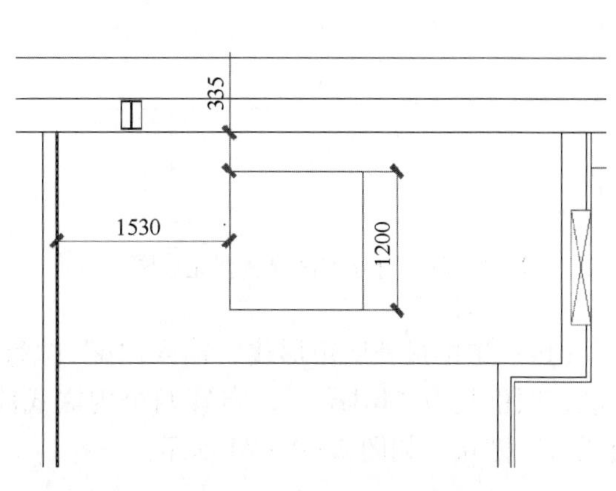

图 2－4－69　财务室天花造型定位图

（11）输入“o”执行偏移命令，选择矩形向内偏移40，然后输入“H”执行填充命令，参数如图2－4－70所示。

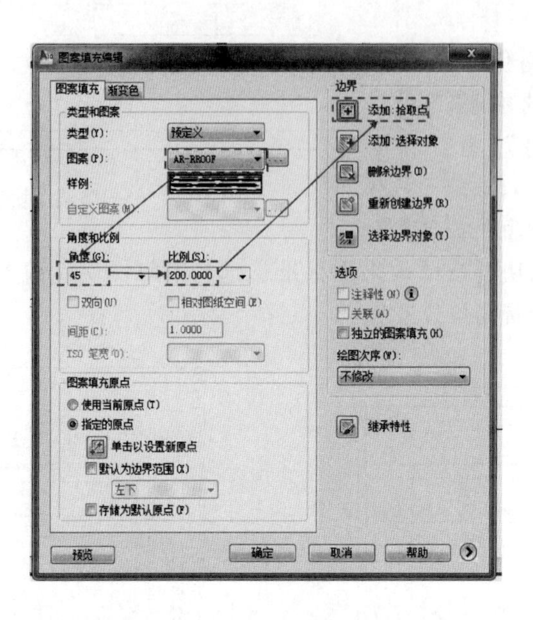

图2－4－70　图案填充编辑器

（12）财务室顶棚处的镜面装饰绘制完成，如图2－4－71所示。

（13）绘制招商室吊顶平面，如图2－4－72所示尺寸绘制矩形，并向外偏移20，向内偏移200。

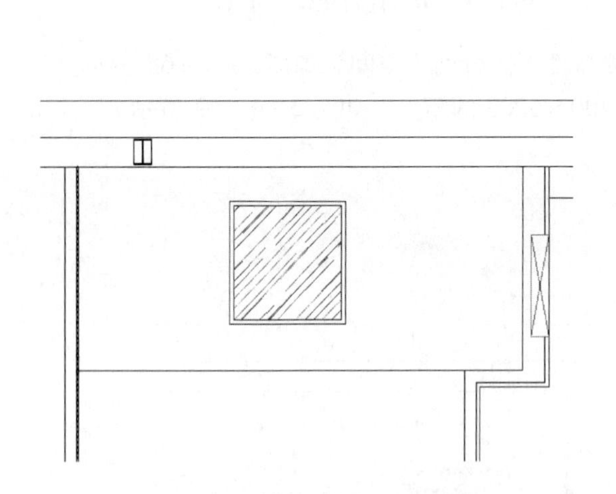

图2－4－71　财务室吊顶造型完成图

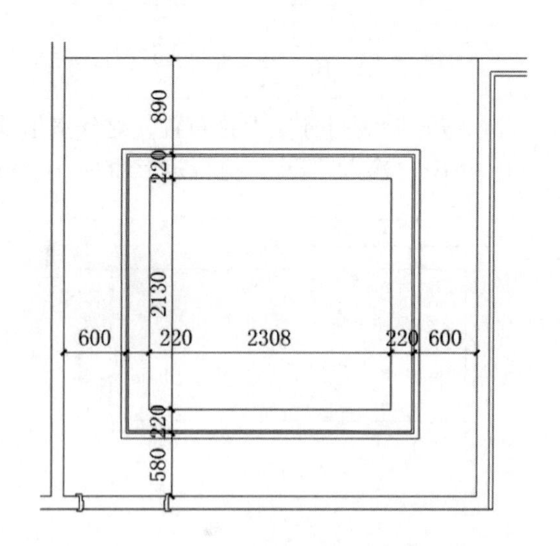

图2－4－72　招商室吊顶造型尺寸图

（14）选中最外层矩形线，输入“o”执行偏移命令，向外偏移50，将其改成“灯具”图层，颜色改为“bylayer”，布置四个内嵌式筒灯，尺寸如图2－4－73所示。插入“空调通风口”图块，如图2－4－74所示。

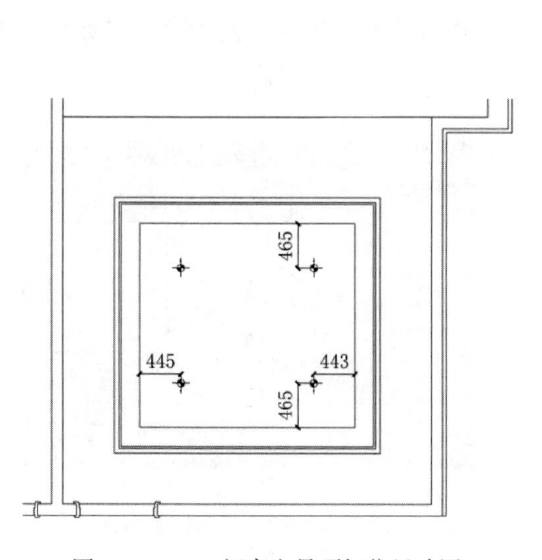

图 2－4－73　招商室吊顶灯位尺寸图

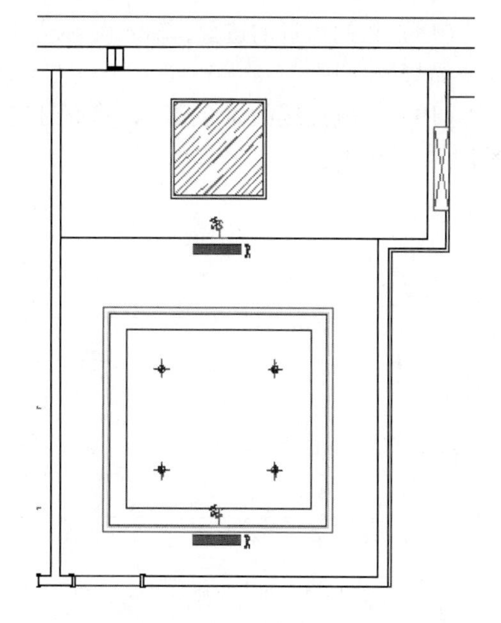

图 2－4－74　空调定位图

（15）洗手间的顶棚处理成“平棚”，在绘制时，只需表示出筒灯和通风口的位置即可，如图 2－4－75 所示。

（16）绘制更衣室天花的镜面装饰，如图 2－4－76 所示尺寸绘制矩形，并填充。

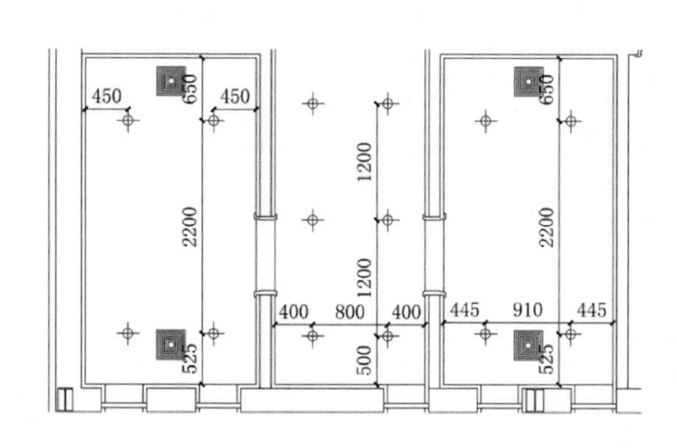

图 2－4－75　洗手间灯具定位图

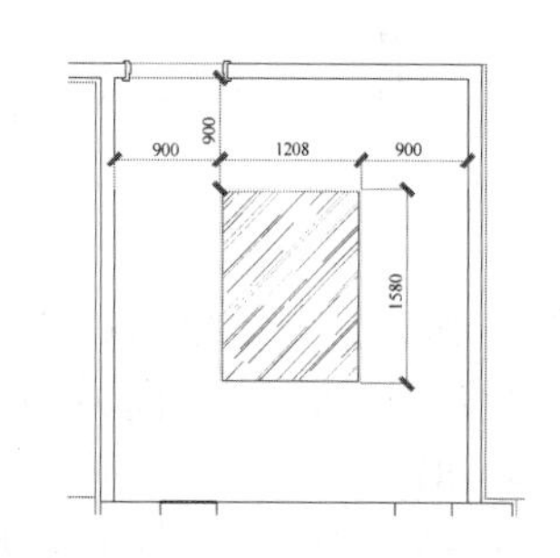

图 2－4－76　更衣室吊顶造型定位图

（17）绘制走廊吊顶，输入“rec”执行矩形命令，绘制 1200×7740 的矩形，输入“o”执行偏移命令，分别向内、向外偏移 70 和 50，如图 2－4－77 所示。

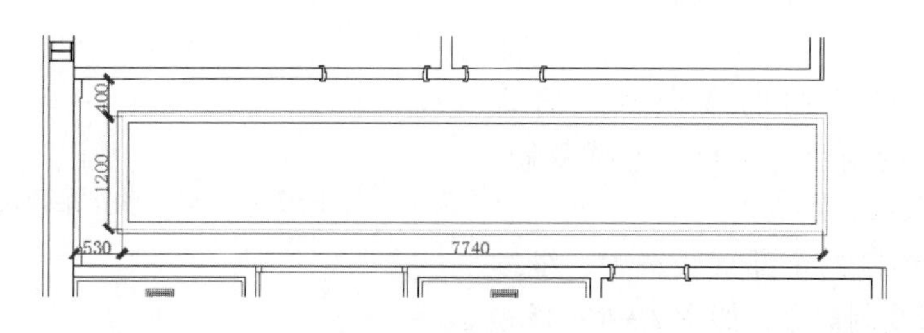

图 2－4－77　走廊吊顶尺寸图

（18）绘制筒灯的造型，输入“rec”执行矩形命令，如图 2－4－78 所示尺寸定位，插入“筒灯”图块。

（19）绘制连续的筒灯造型，将筒灯造型全选，输入“ar”执行阵列命令，参数设置如图 2－4－79 所示。

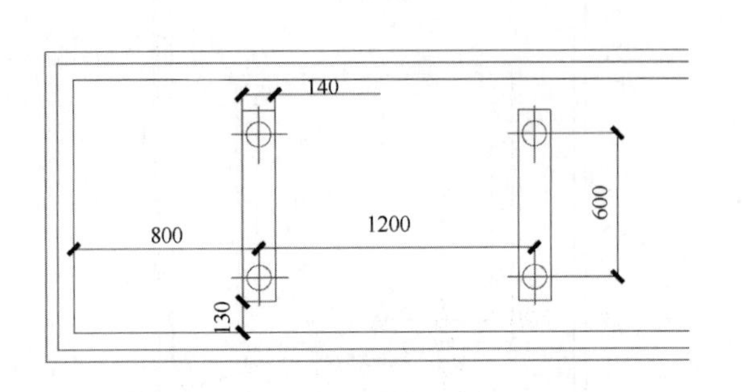

图 2－4－78　走廊灯具定位图

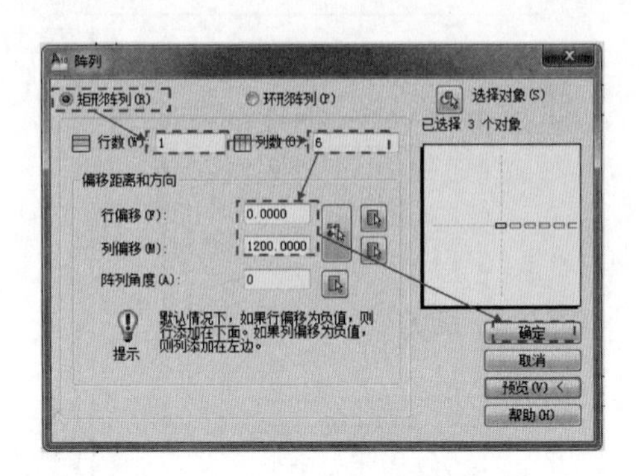

图 2－4－79　阵列控制面板

（20）在走廊尽头处插入“嵌入式筒灯”图块，最后如图 2－4－80 所示。

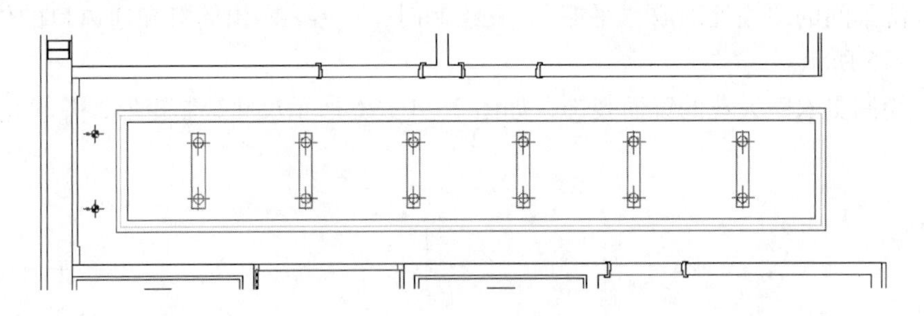

图 2－4－80　走廊吊顶平面图

（21）输入“L”绘制沙盘上方的顶棚矩形边框线，输入“o”向内偏移 40，尺寸如图2－4－81 所示。

（22）绘制镂空处的木格栅装饰，宽 60mm 木方，间隔 50mm 放置，将“家具”图层设为当前图层，输入“L”绘制直线，输入“o”偏移 50，如图 2－4－82 所示。

（23）输入“o”，向下偏移 60，如图 2－4－83 所示。

（24）选中已绘制的两条线，输入“co”，选择矩形的角点为基点，连续复制，如图 2－4－84 所示。

（25）将已绘制的全部直线选中，继续输入“co”执行复制命令，如图 2－4－85 所示。

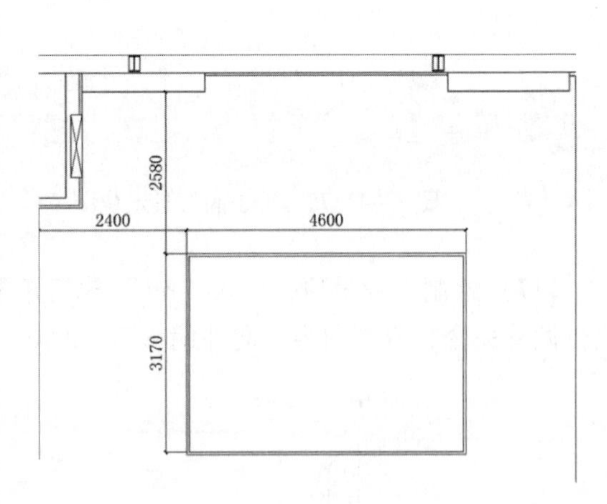

图 2－4－81　沙盘吊顶尺寸图

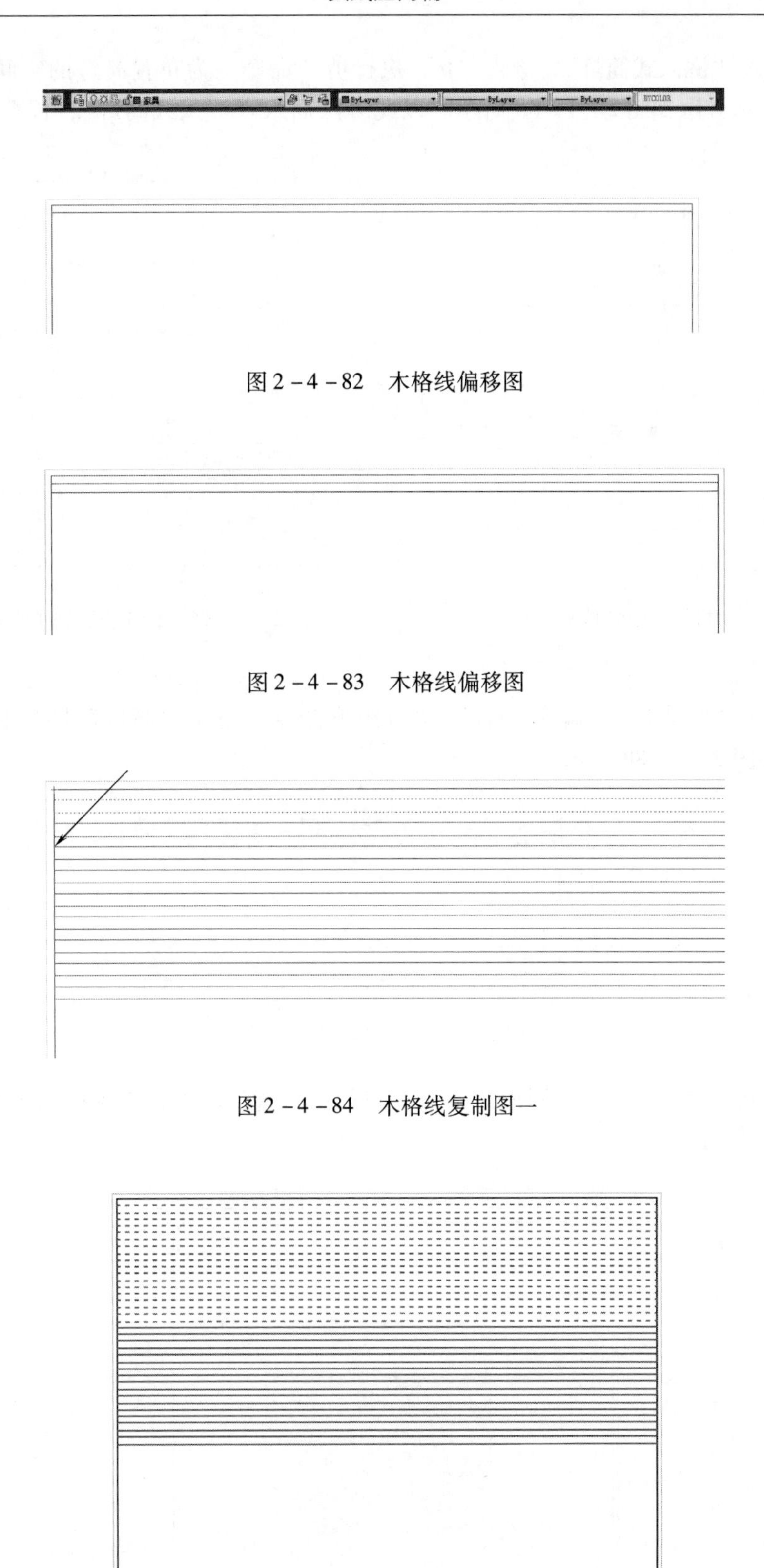

图 2－4－82　木格线偏移图

图 2－4－83　木格线偏移图

图 2－4－84　木格线复制图一

图 2－4－85　木格线复制图二

（26）插入“嵌入式筒灯”，输入“tr”执行剪切命令，为布置筒灯的空间，筒灯所在位置的木方表示方法如图 2－4－86 所示。以此方法插入“嵌入式筒灯”，位置如图 2－4－87 所示。

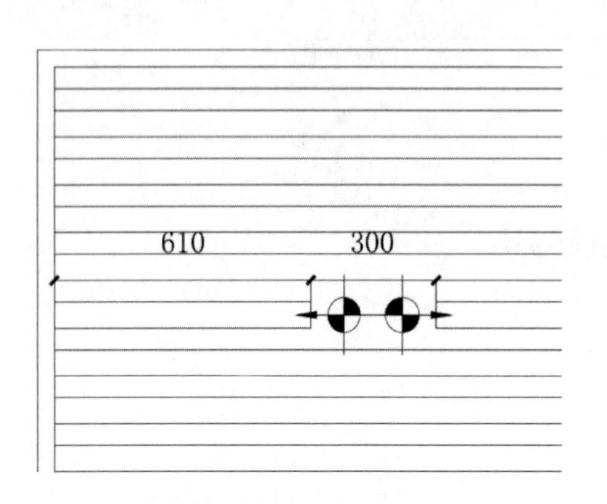

图 2－4－86　木格吊顶中灯具定位图

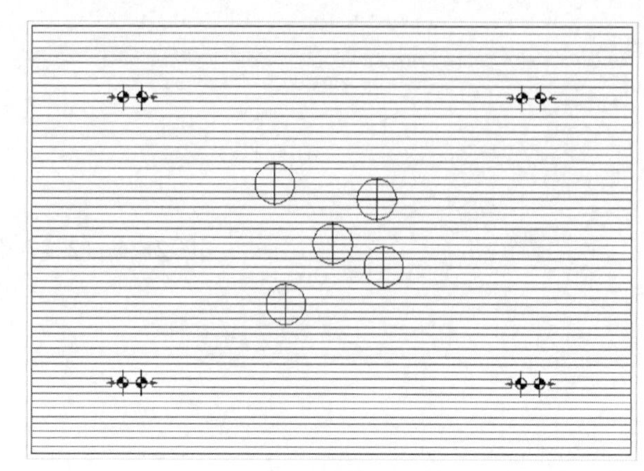

图 2－4－87　木格吊顶中灯具布置图

（27）绘制“空调口”，输入“rec”执行矩形命令，插入“筒灯”图块和“空调口”图块，尺寸如图 2－4－88 所示。

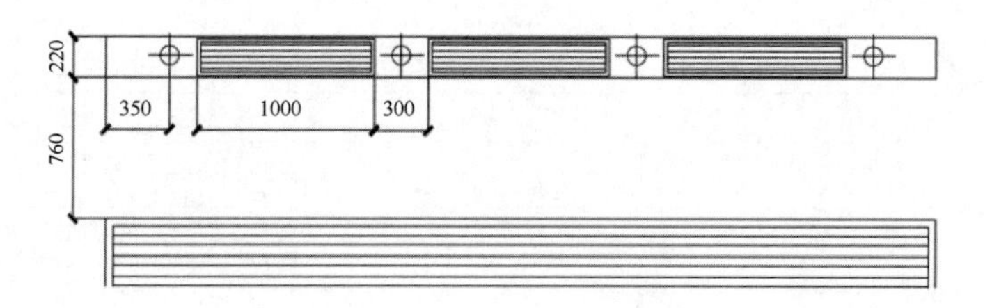

图 2－4－88　空调口尺寸图

（28）选中“空调口”全部图形，输入“mi”执行镜像命令，以木格栅中心为镜像线，如图 2－4－89 所示。

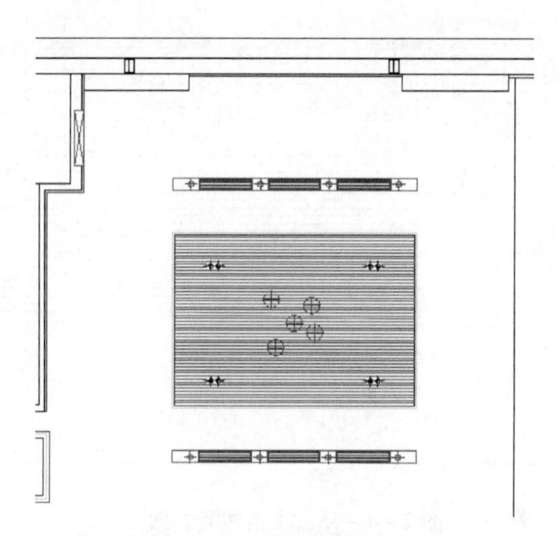

图 2－4－89　沙盘区空调布置图

（29）布置“嵌入式筒灯”，执行“插入”命令，按如图2－4－90所示尺寸在沙盘展示区布置灯位。

（30）绘制“洽谈区”吊顶边棚平面，输入“rec”，绘制9180×5450的矩形，输入“o”向外分别偏移220、180、20，输入“m”将所绘制的矩形线框移动到如图2－4－91所示位置。

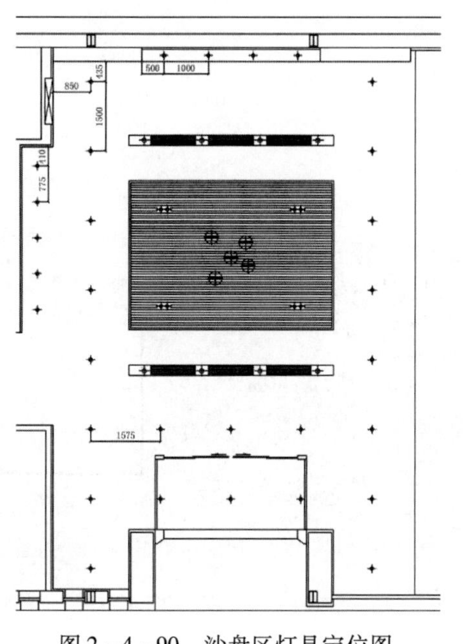

图2－4－90　沙盘区灯具定位图

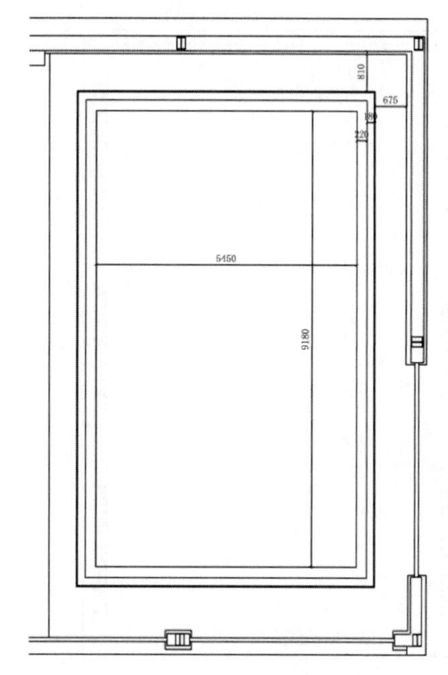

图2－4－91　洽谈区吊顶尺寸图

（31）执行“插入”命令，插入“空调口”图块，如图2－4－92所示。

（32）输入“rec”绘制500×3500的矩形，位置如图2－4－93所示。

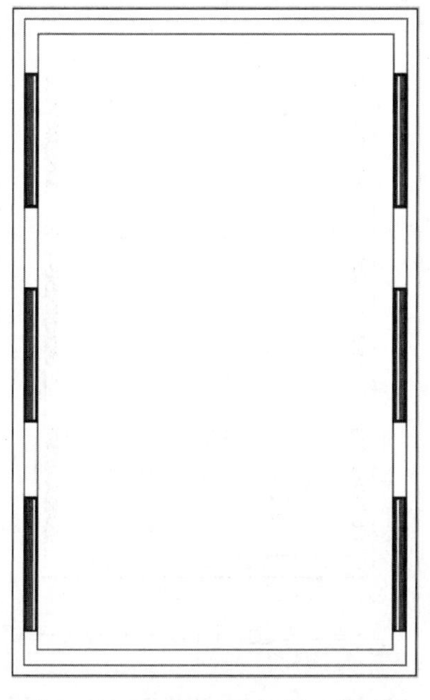

图2－4－92　洽谈区空调口布置图

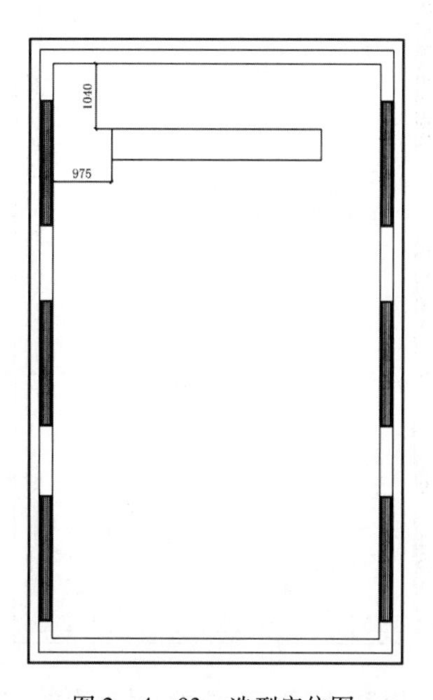

图2－4－93　造型定位图

(33) 执行“插入”命令，插入“吊灯”图块，位置如图 2-4-94 所示。

(34) 选中绘制的“矩形”及“吊灯”示意图，输入“ar”，参数设置如图 2-4-95 所示。阵列后的效果如图 2-4-96 所示。

(35) 执行“插入”命令，插入“嵌入式筒灯”图块，位置如图 2-4-97 所示。

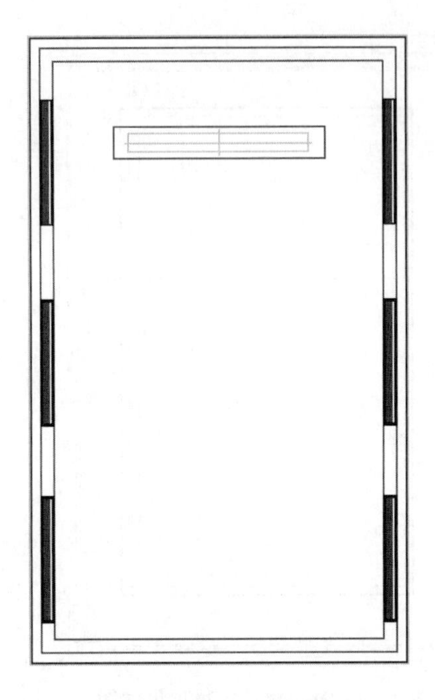

图 2-4-94　灯具布置图

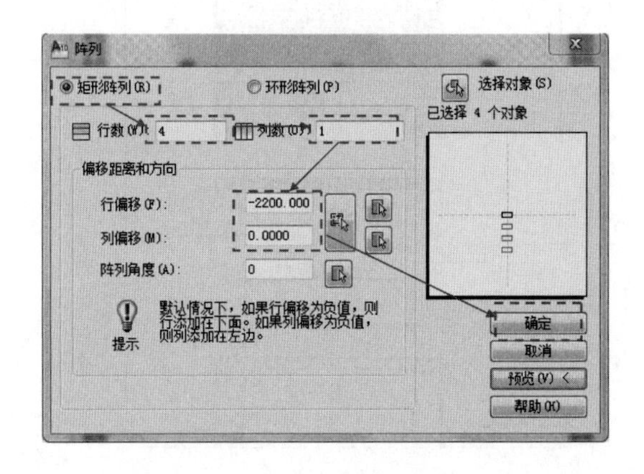

图 2-4-95　阵列编辑器

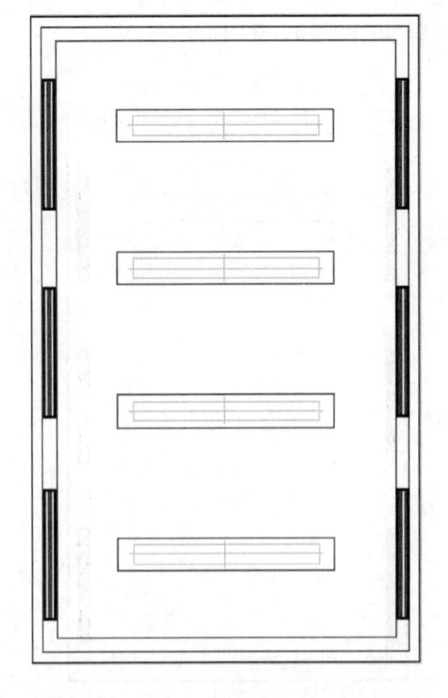

图 2-4-96　洽谈区灯具布置图

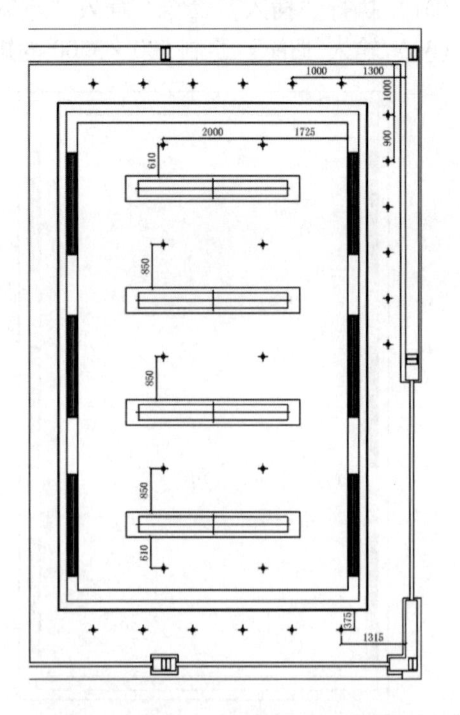

图 2-4-97　洽谈区筒灯定位图

（36）售楼处的天花布置图如图 2 –4 –98 所示。

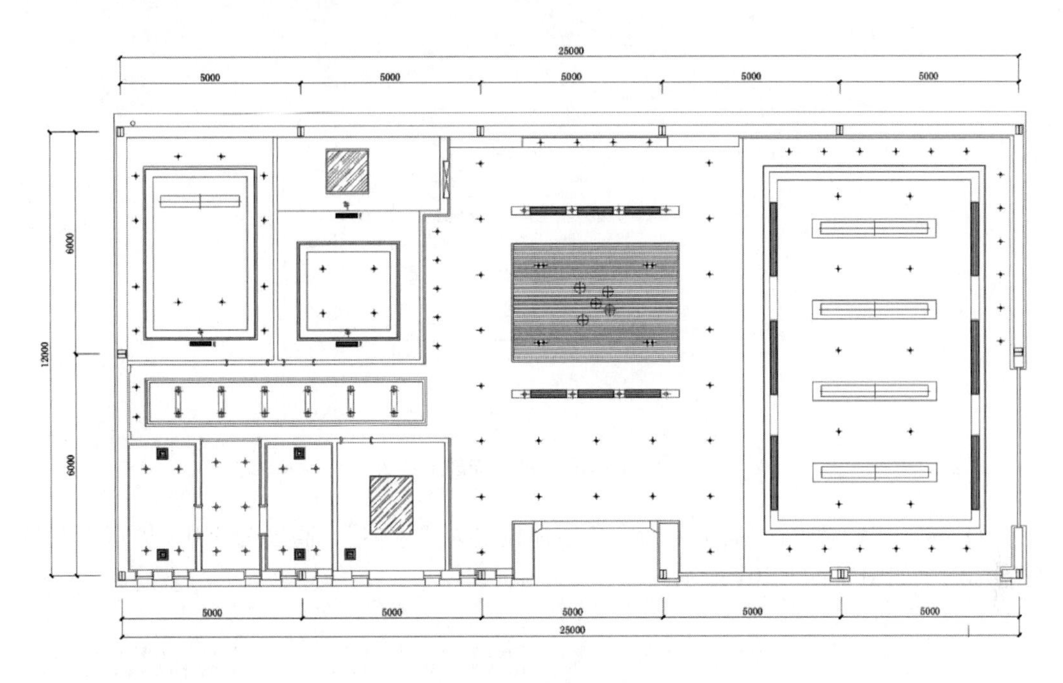

图 2 –4 –98　售楼处天花布置图

（37）输入“dli”对天花造型进行标注，这里要注意的是，灯具和空调的标注不在天花布置图中体现，如图 2 –4 –99 所示。

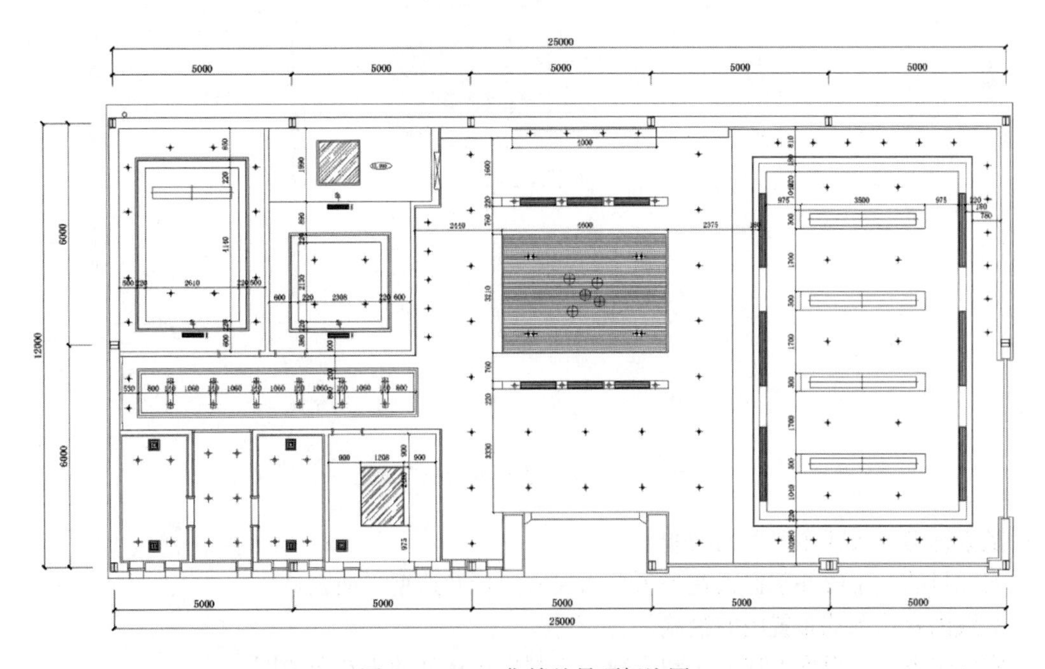

图 2 –4 –99　售楼处吊顶标注图

（38）对天花平面进行标高，输入“t”执行“文字”命令，如图 2－4－100 所示。

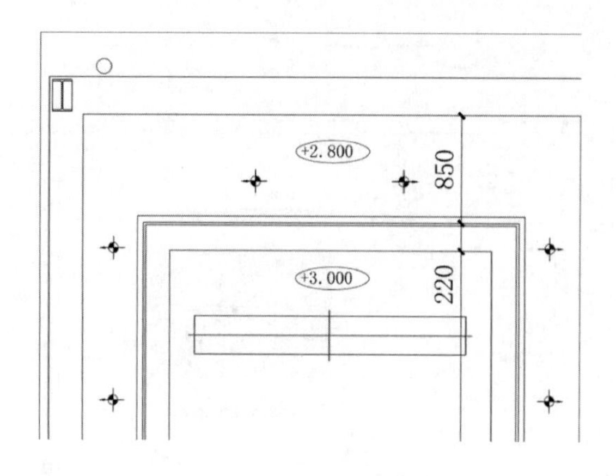

图 2－4－100　吊顶标高示意图

（39）输入“t”执行“文字”命令，字体设置为“宋体”，高度为 300，进行天花吊顶的材质标注，如图 2－4－101 所示。

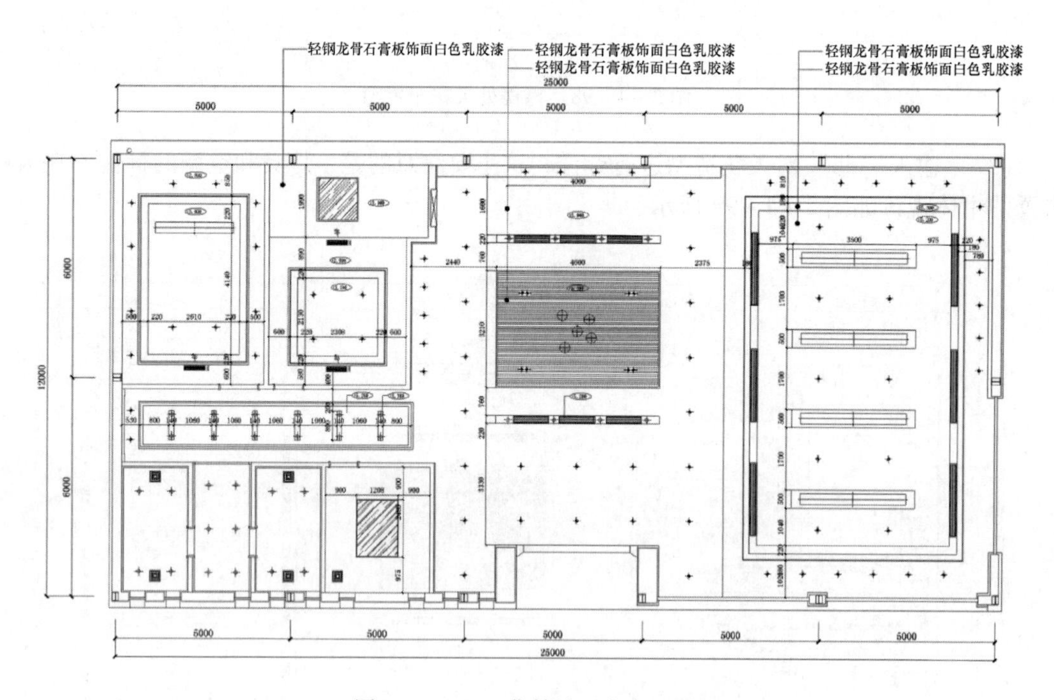

图 2－4－101　售楼处天花布置图

随堂练习：天花布置图的绘制

实践目的：了解并掌握天花吊顶平面尺寸定位及造型平面表达。

实践内容：天花布置图的绘制。

实践步骤：请根据上述方法和步骤，绘制出售楼处的天花布置图。

四、售楼处灯具定位图

（1）灯具定位图就是在天花布置图的基础上，进行严密的灯具定位、标注。先输入“co”执行“复制”命令，准备好灯具的底图，如图 2－4－102 所示。

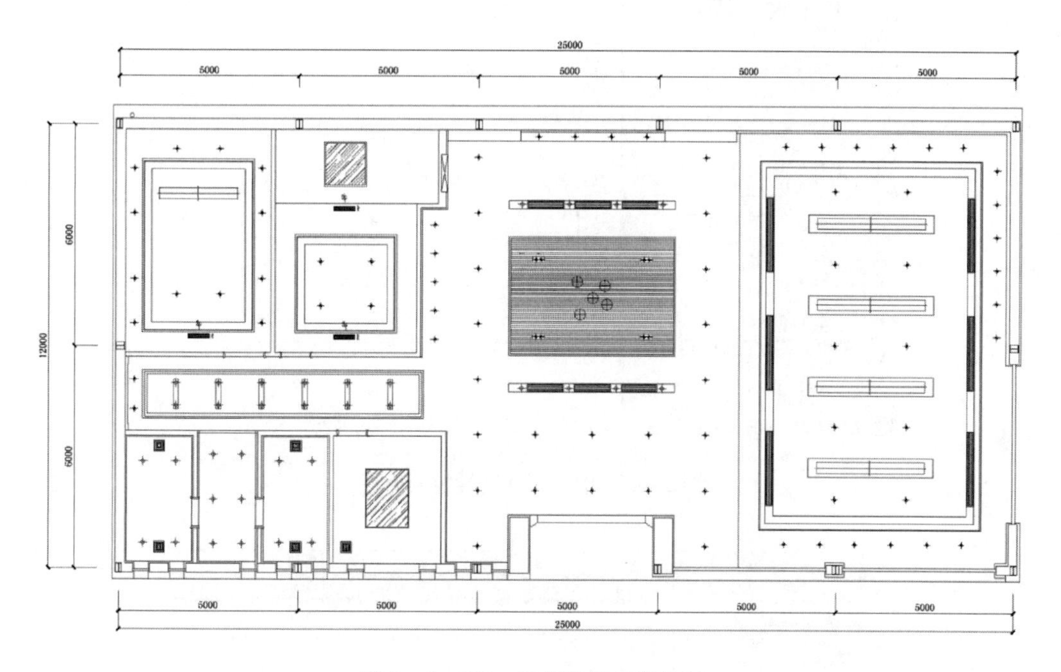

图 2－4－102　售楼处灯具定位图

（2）对灯位进行标注，输入“dli”执行“标注”命令，如图 2－4－103 所示。

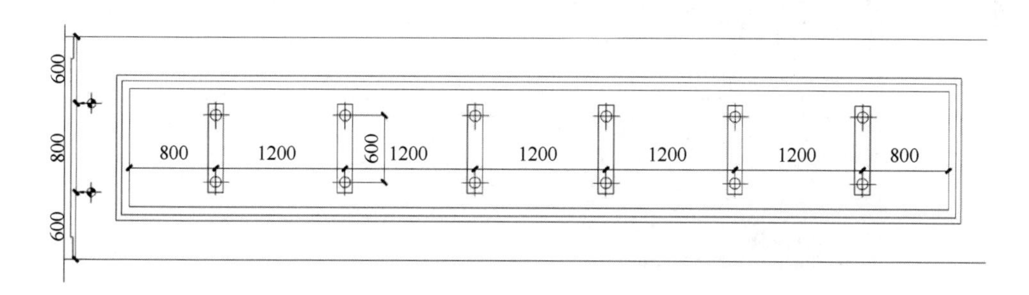

图 2－4－103　走廊灯位尺寸标注图

（3）在灯具定位图中，等距的灯具用“EQ”来标注，双击标注中“1200”，弹出标注属性，如图 2－4－104 所示。鼠标滑动到“文字”栏，在“文字替换”项中输入“EQ”，如图 2－4－105 所示。

（4）输入“co”执行“复制”命令，选中“EQ”标注，连续复制，如图 2－4－106 所示。依次将其余空间标注完成灯具定位图，如图 2－4－107 所示。

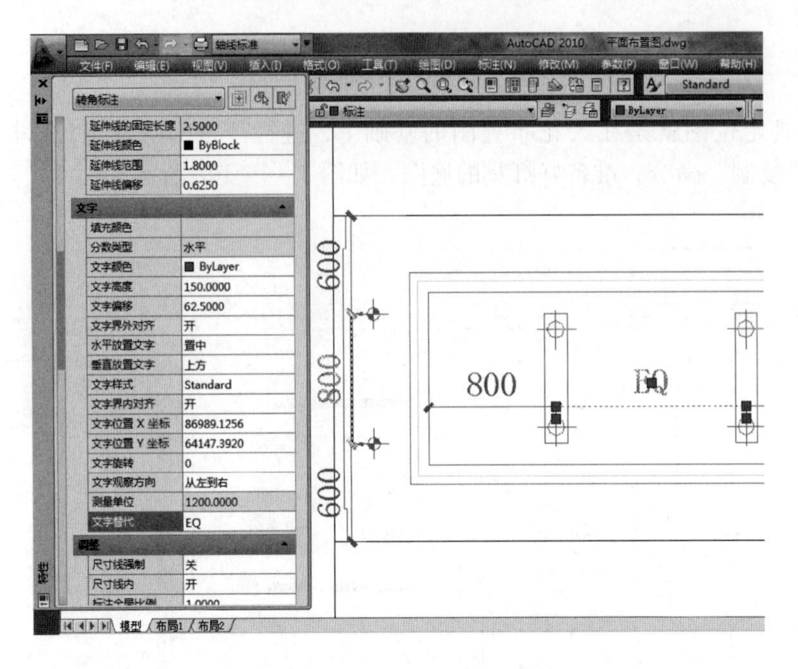

图 2－4－104　标注特性控制面板

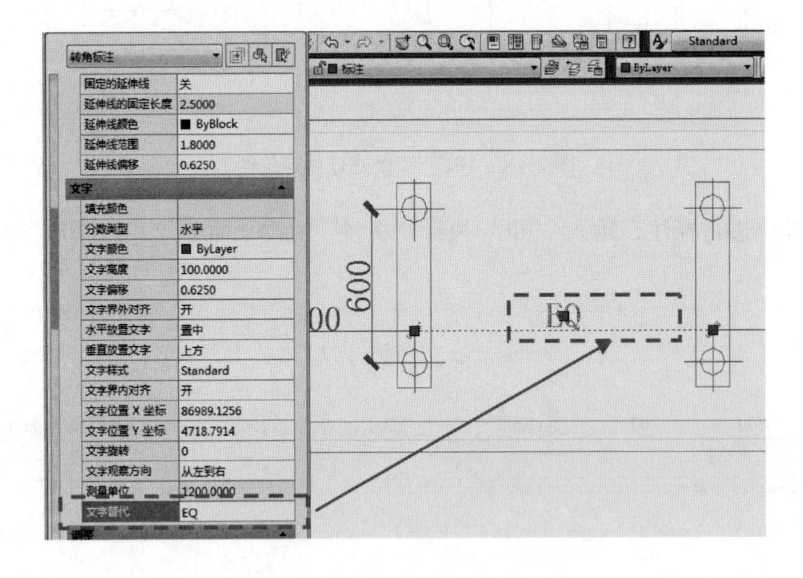

图 2－4－105　文字替代后示意图

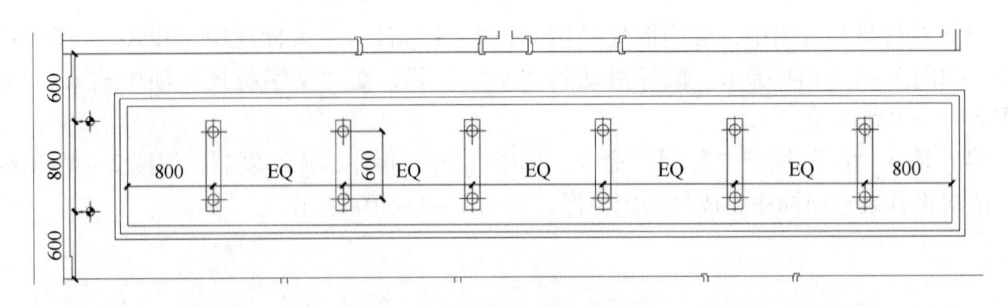

图 2－4－106　完成后平面图

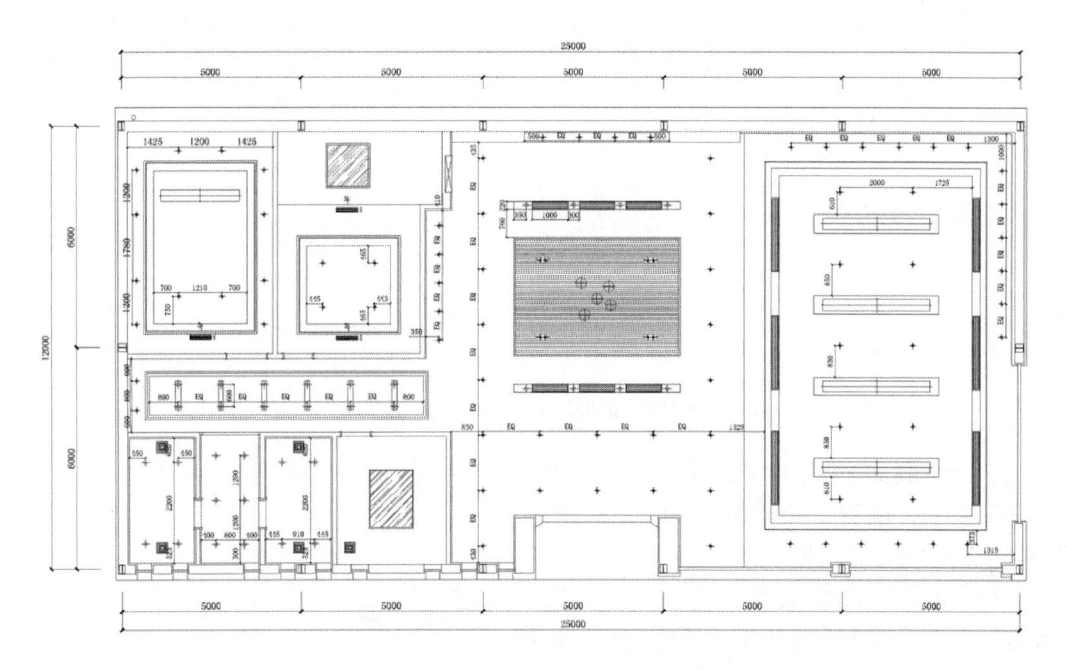

图 2－4－107　售楼处灯具定位图

随堂练习：灯具定位图的绘制

实践目的：了解并掌握灯具定位计算方法和绘制步骤，掌握相关命令。

实践内容：灯具定位图的绘制。

实践步骤：请根据上述方法和步骤，绘制出售楼处灯具定位图。

知识面拓展

1. 尝试使用 AutoCAD 的双线命令绘制原始结构图。
2. 尝试使用计算方法布置灯位。

任务二　布置售楼处空间主要立面

介绍售楼处的主要立面图，本方案中主要是对展示空间和走廊做了方案设计，在施工图绘制中，也要通过图纸表现出这几个空间的立面图。

一、前台背景墙立面

下面开始介绍绘制背景墙立面图的步骤：

（1）设置“墙体”为当前图层，输入“L”执行“直线”命令，绘制墙线，标注是以内墙装饰边线为界。绘制踢脚线，输入“o”执行“偏移”命令，下方直线向上偏移 220。绘制立面看线，先设置“装饰底图”为当前图层，输入“o”执行“偏移”命令，选中左侧红色（此处黑色显示）看线，向右分别偏移 700、2000、4000、2000。效果如图 2－4－108 所示。

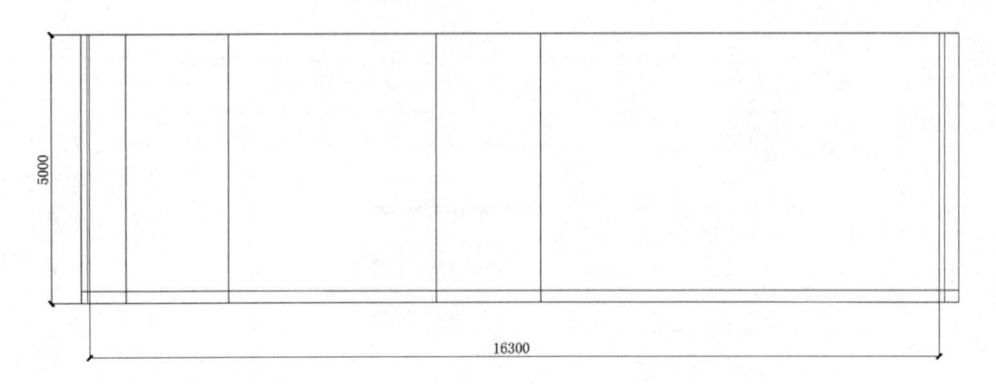

图 2－4－108 墙面立面、踢脚线、看线绘制图

（2）绘制踢脚线细节，输入“o”执行“偏移”命令，偏移尺寸如图 2－4－109 所示，将多余线条“剪切”掉。

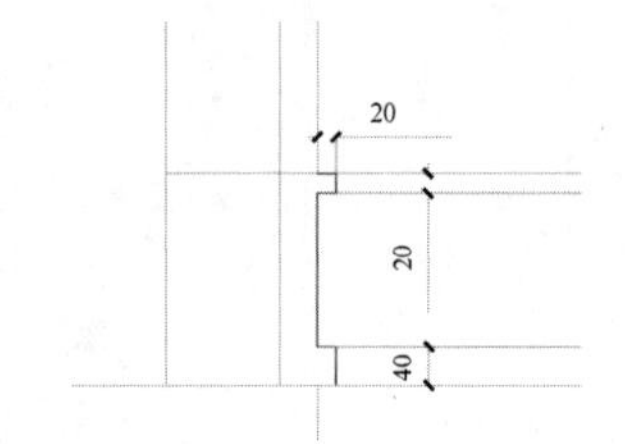

图 2－4－109 踢脚线切面尺寸图

（3）绘制壁灯背景图，输入“L”执行“直线”命令，取下边缘线中点绘制直线，如图 2－4－110 所示。输入“rec”执行“矩形”命令，如图 2－4－111 所示，绘制矩形。

（4）选择已绘制的矩形，输入“o”执行“偏移”命令，向里偏移 40，这个宽度表示为“黑橡木收边条”，删除原矩形。选择偏移后的矩形，输入“mi”执行“镜像”命令，选择中心线为镜像线，插入“壁灯”图块，如图 2－4－112 所示。

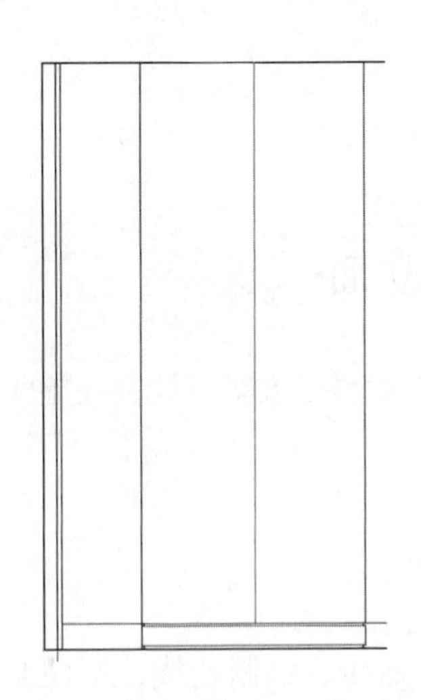

图 2－4－110 取中点绘制直线图

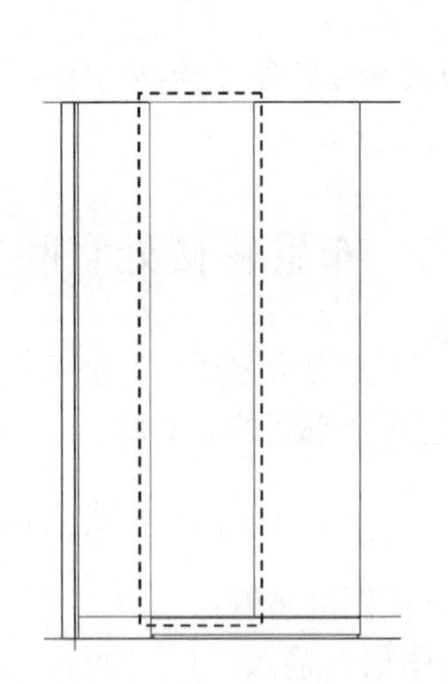

图 2－4－111 绘制矩形参考图

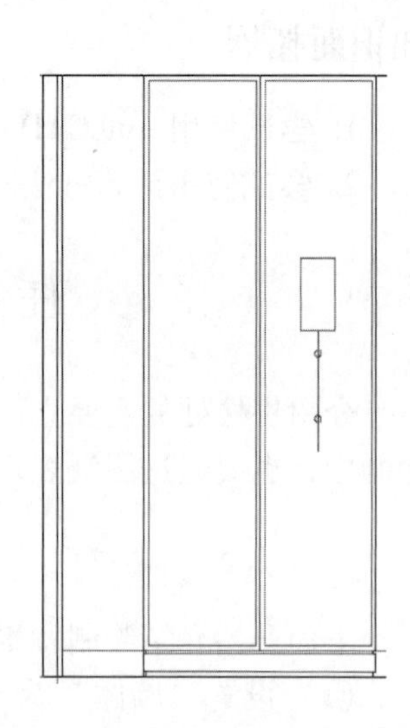

图 2－4－112 镜像后效果图

（5）输入“mi”执行“镜像”命令，将已绘制好的壁灯背景墙镜像到右侧中，如图 2－4－113 所示。

（6）输入“o”执行“偏移”命令，绘制如图 2－4－114 所示直线，表示为材质切线。

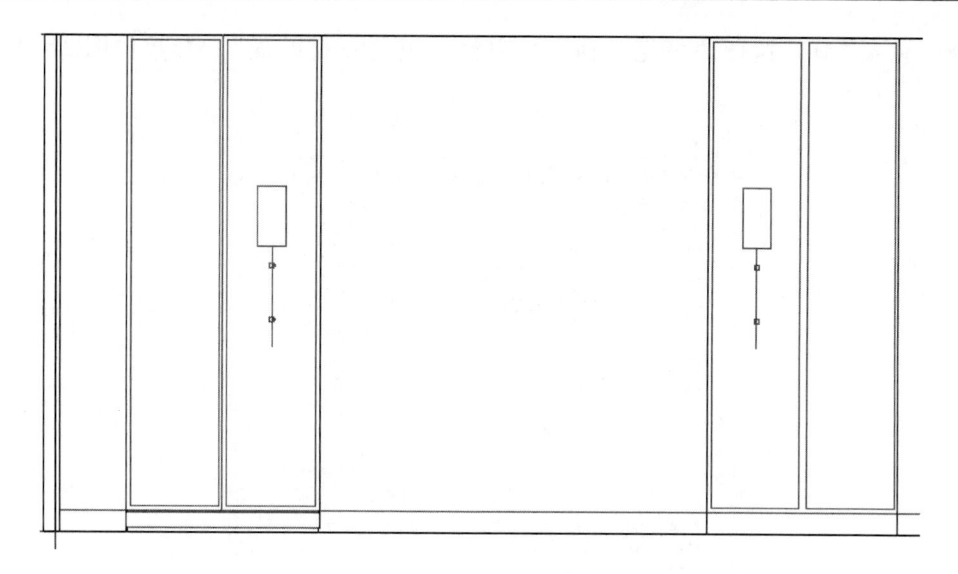

图 2－4－113　镜像后壁灯背景墙效果图

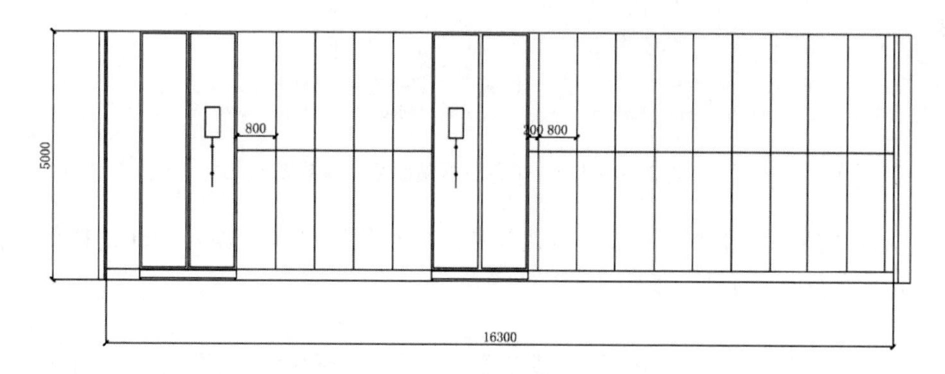

图 2－4－114　绘制墙面装饰隔断图

（7）输入“H”执行“填充”命令，表示“黑橡木饰面板”，参数如图 2－4－115 所示。

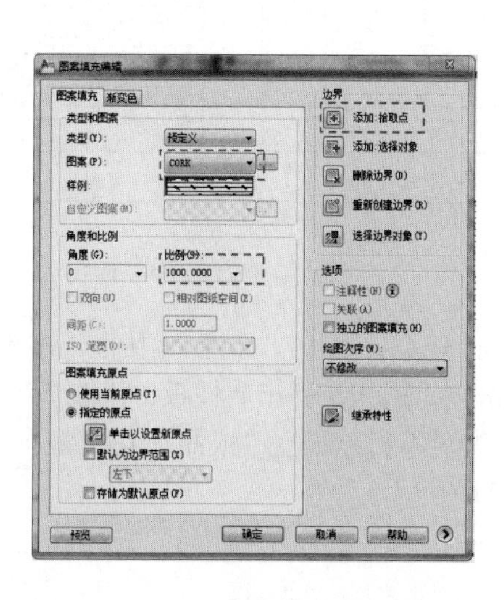

图 2－4－115　黑橡木饰面填充参数图

（8）输入“H”执行“填充”命令，表示“黑色石材贴面”，参数如图 2－4－116 所示。

图 2－4－116　黑色石材贴面填充参数图

（9）执行“插入”命令，插入“荷花”和“电视机”图块。输入“dli”执行“标注”命令，对立面造型进行标注。如图 2－4－117 所示。

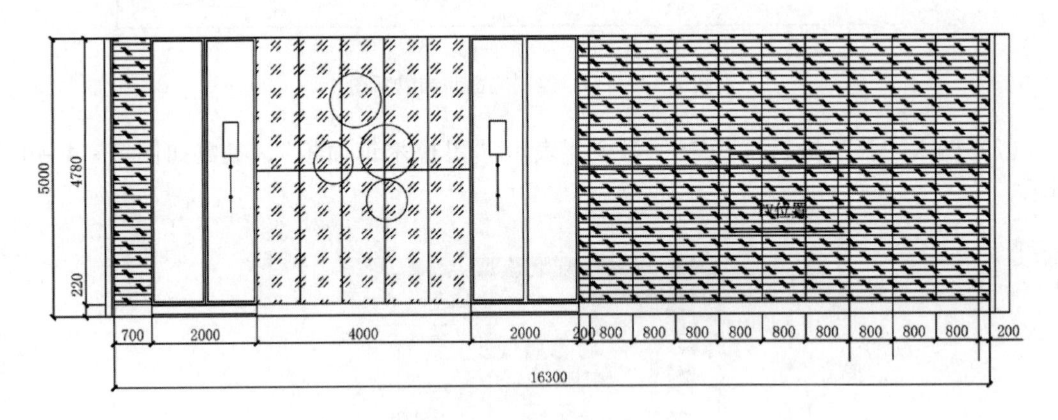

图 2－4－117　标注完成效果图

（10）对材质进行标注，打开工具栏中“标注”中的“多重引线”命令，对“黑橡木饰面板”进行标注，鼠标双击多重引线，弹出属性板，修改参数，如图 2－4－118 所示。

（11）依次对“壁纸”“黑色石材贴面”“成品荷花造型”“成品壁灯”“黑橡木踢脚线”进行标注，如图 2－4－119 所示。

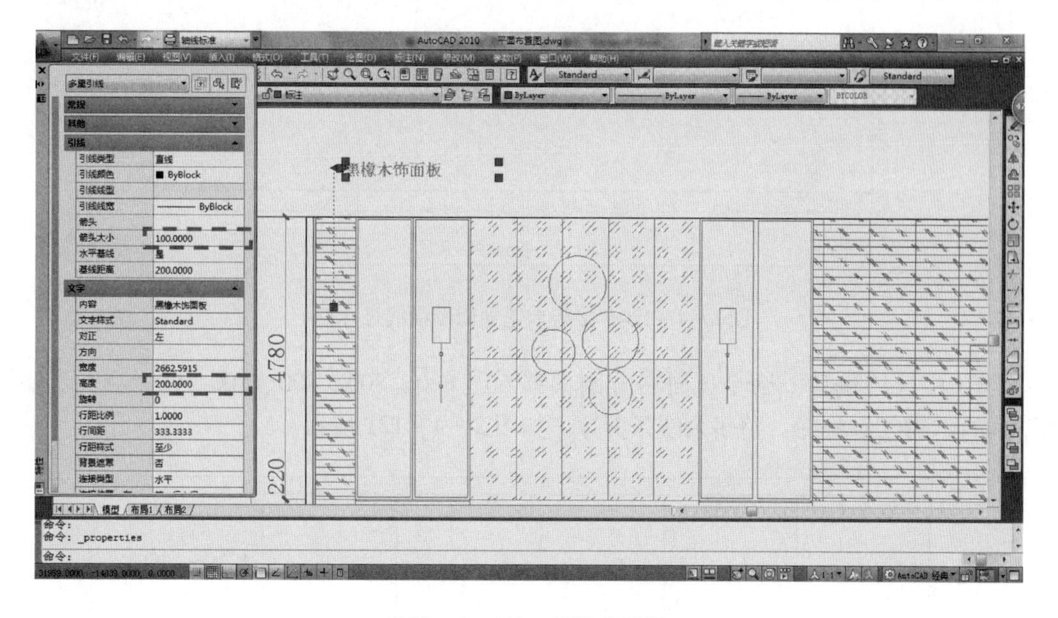

图 2－4－118　标注编辑器

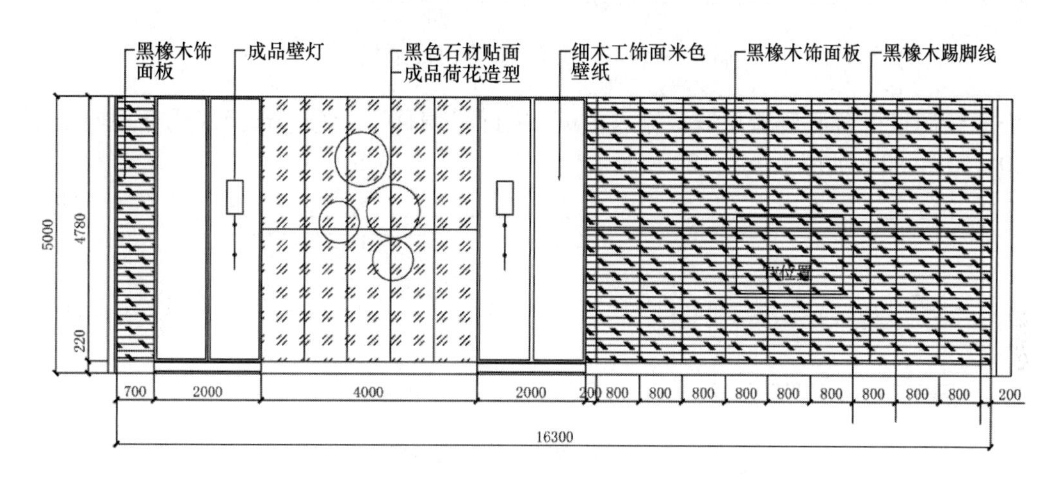

图 2－4－119　售楼处接待台背景立面完成图

随堂练习：前台背景墙立面图的绘制

实践目的：了解并掌握背景墙立面图的绘制方法和步骤，掌握相关命令。

实践内容：背景墙立面图的绘制。

实践步骤：请根据上述方法和步骤，绘制出背景墙立面图。

二、接待台立面

售楼处的接待台一般设置在入口最醒目的地方，可见其重要性，接待台都是迎合空间装饰而特殊设计的，下面介绍接待台立面图绘制的步骤：

（1）绘制接待台正立面图，输入“L”执行“直线”命令，将“家具”层设置为当前图层，绘制直线，长度为 4920，输入“o”执行“偏移”命令，分别向上偏移 150、800、100，如图 2－4－120 所示。

（2）选择第一条直线左侧端点，输入“L”执行“直线”命令，向上绘制一条直线，

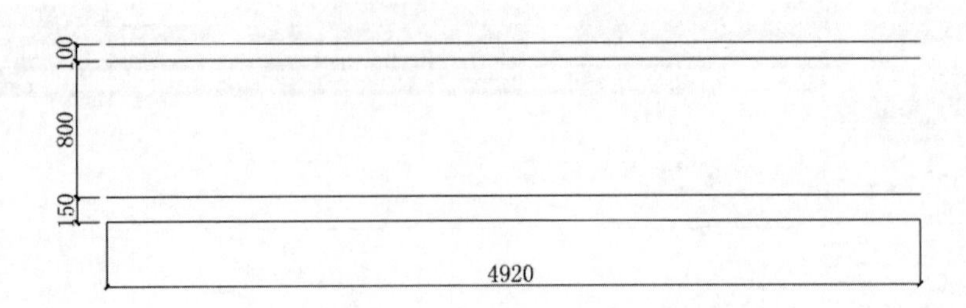

图 2－4－120　接待台正立面图横线尺寸图

输入“o”执行“偏移”命令，向右分别偏移 60、800、800、800、800、800、800。输入“tr”执行“剪切”命令，将多余线条剪掉。如图 2－4－121 所示。

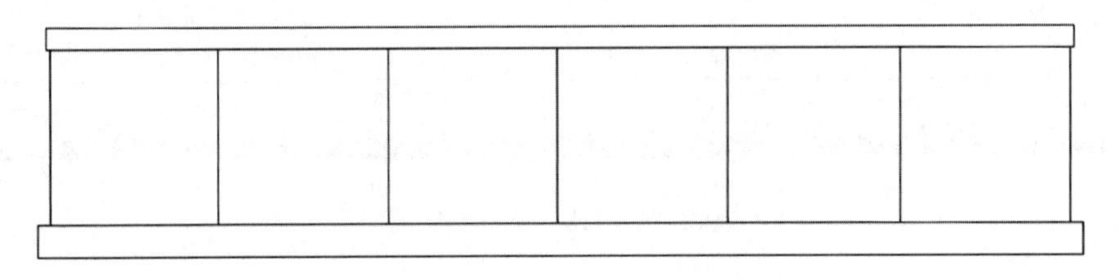

图 2－4－121　接待台正立面轮廓线图

（3）绘制接待台底座造型线，输入“o”执行“偏移”命令，选择底线分别向上偏移 30、20、50 和 50，如图 2－4－122 所示。

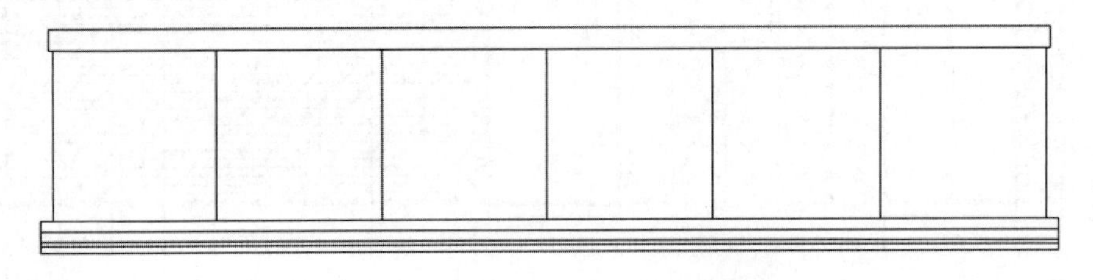

图 2－4－122　接待台底座造型线偏移后效果图

（4）绘制底座边线，输入“L”执行“直线”命令，如图 2－4－123 所示。

（5）绘制接待台细部，输入“rec”执行“矩形”命令，绘制 640×640 的矩形，至于正中位置，输入“o”执行“偏移”命令，选择矩形向外偏移 70，如图 2－4－124 所示。

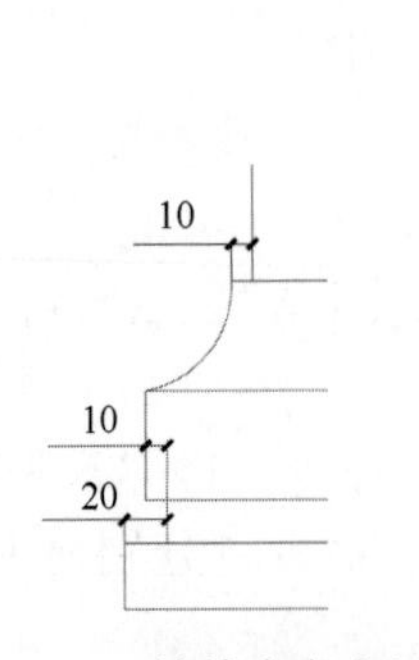

图 2－4－123　接待台底座细节图

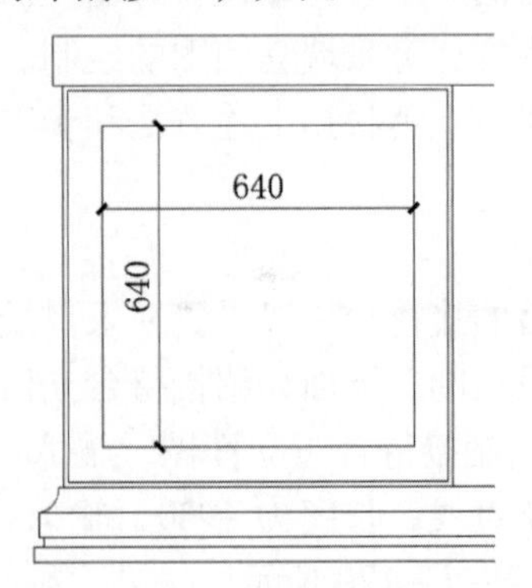

图 2－4－124　接待台立面造型图

（6）输入“H”执行“填充”命令，参数如图 2－4－125 所示。

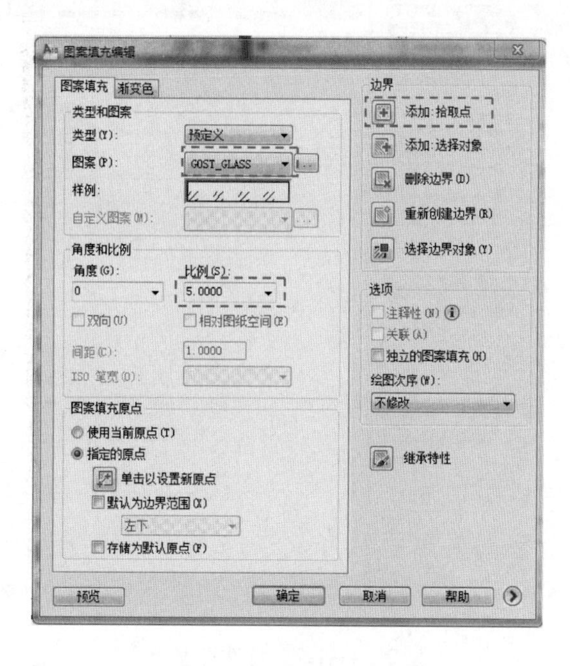

图 2－4－125　图案填充编辑器

（7）选择已绘制的矩形造型，输入“co”执行“复制”命令，依次复制，如图 2－4－126 所示。

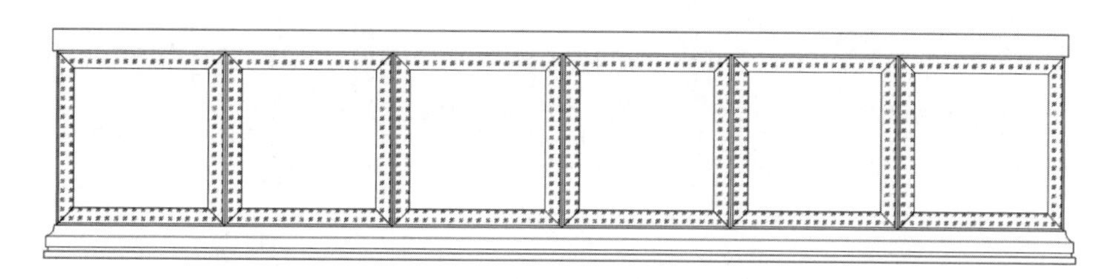

图 2－4－126　接待台立面造型完成图

（8）将“标注”作为当前图层，进行材质标注，输入“mleader”执行“多重引线”命令，双击引线，弹出引线属性板，修改参数，如图 2－4－127 所示。

（9）依次将材质标注出来，如图 2－4－128 所示。

（10）绘制接待台侧立面，输入“L”执行“直线”命令，绘制底线，输入“o”执行“偏移”命令，分别向上偏移 150、800 和 100，绘制边线，向右偏移 700，如图 2－4－129 所示。

（11）绘制接待台底座，同绘制立面图方法一样，输入“L”执行“直线”，然后输入“o”执行“偏移”命令。输入“mleader”执行多引线命令，进行材质标注，如图 2－4－130 所示。

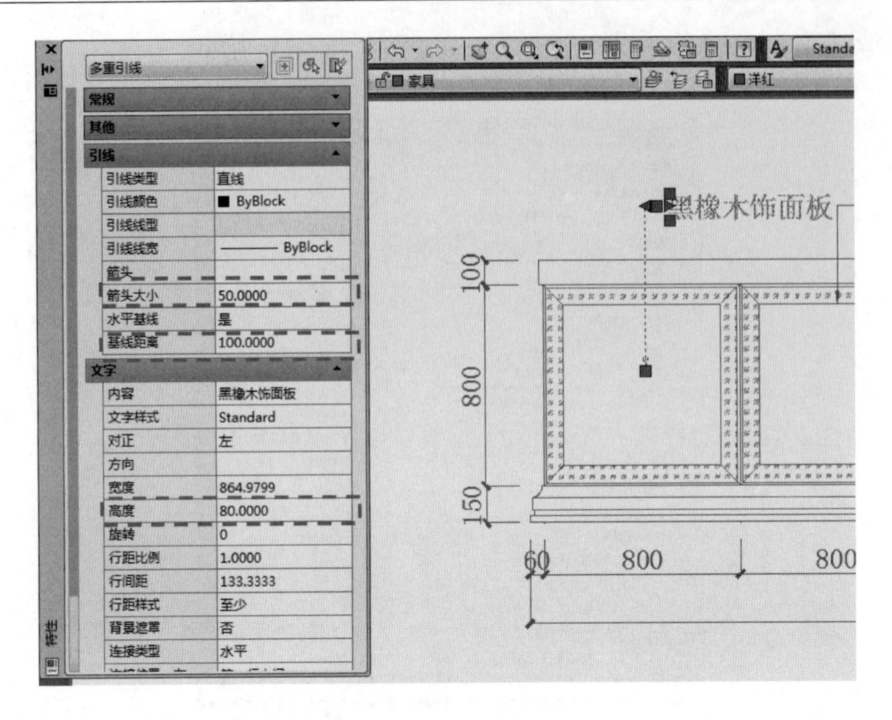

图 2-4-127　特性管理器

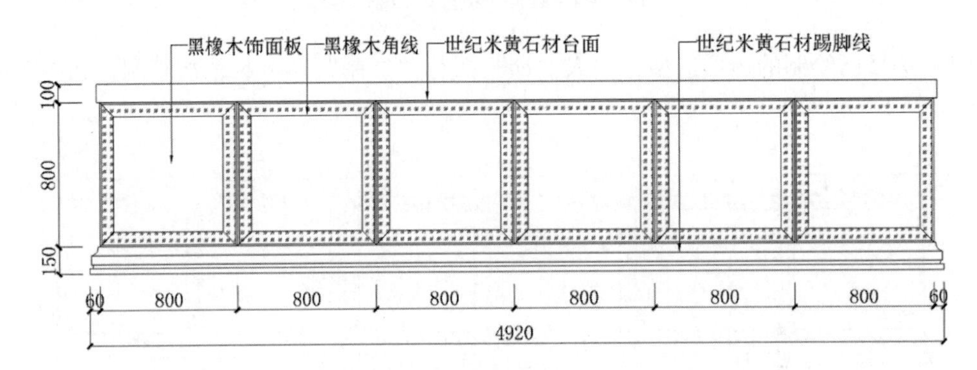

图 2-4-128　标注完成图

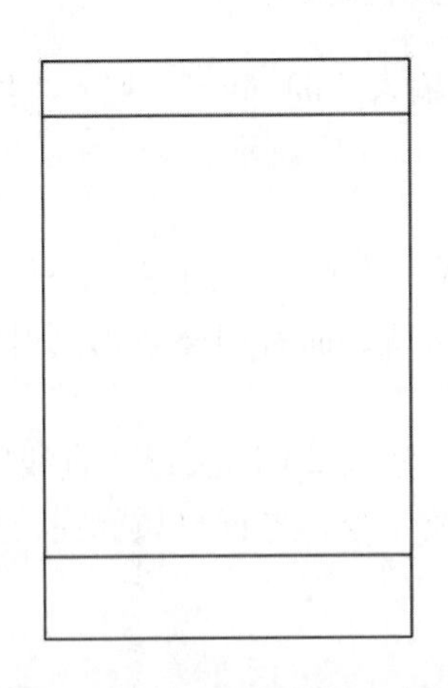

图 2-4-129　接待台侧面边线图

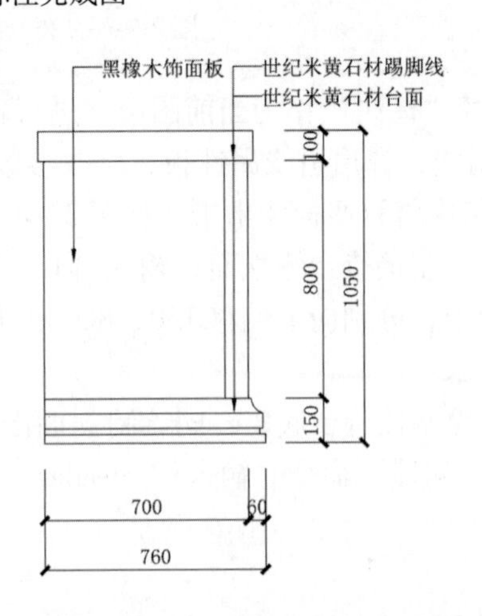

图 2-4-130　接待台侧面完成图

（12）完成接待台立面图绘制，如图 2－4－131 所示。

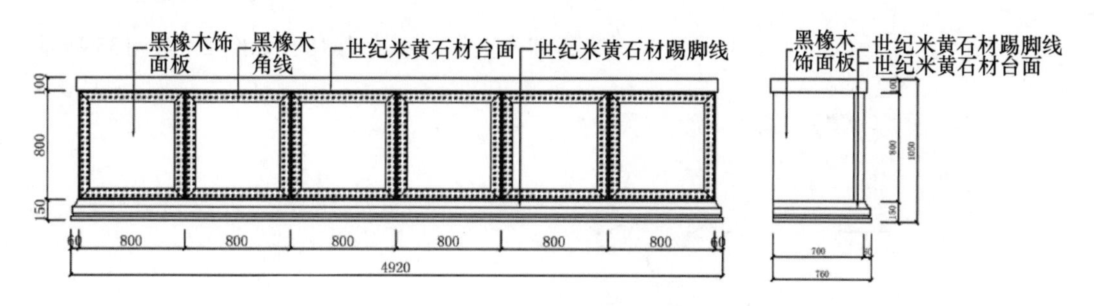

图 2－4－131　接待台立面图

随堂练习：接待台立图的绘制

实践目的：了解并掌握接待台立面图的绘制方法和步骤，掌握相关命令。

实践内容：接待台立面图的绘制。

实践步骤：请根据上述方法和步骤，绘制出接待台立面图。

任务三　绘制售楼处剖面、详图

下面介绍售楼处剖面及详图的画法，以天花吊顶、接待台背景墙和户模的详图为例来讲解在售楼处这类商业空间中的施工图画法。

一、顶面剖面图

下面介绍经理办公室的天花吊顶的施工图绘制步骤：

（1）输入“L”执行“直线”命令，绘制一条横线和一条竖线表示墙体和天花的边线，输入“H”执行“填充”命令，填充阴影表示墙体和天花。绘制边棚石膏板吊顶，输入“o”执行“偏移”命令，选择天花边线，向下偏移 520，再次偏移 10，石膏板厚度，选择墙边线，输入“o”执行“偏移”命令，向右偏移 850，输入“tr”执行“剪切”命令，将多余的线剪掉，如图 2－4－132 所示。

（2）输入“L”执行“直线”命令，继续绘制边棚石膏板，长分别为 52、32 和 100 的石膏挡板，如图 2－4－133 所示。

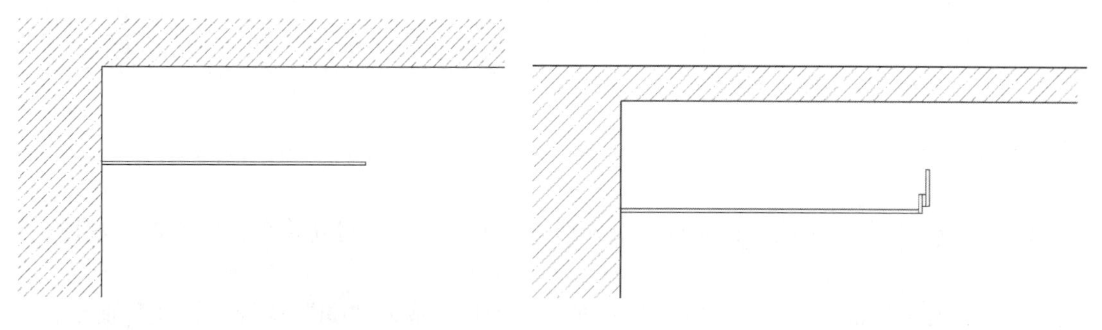

图 2－4－132　石膏板边棚剖面图　　　　图 2－4－133　石膏板挡板剖面图

(3) 输入“H”执行“填充”命令，填充到绘制好的石膏板中，参数如图 2－4－134 所示。

(4) 输入“L”执行“直线”命令，绘制细木工板，厚度为 18，如图 2－4－135 所示。

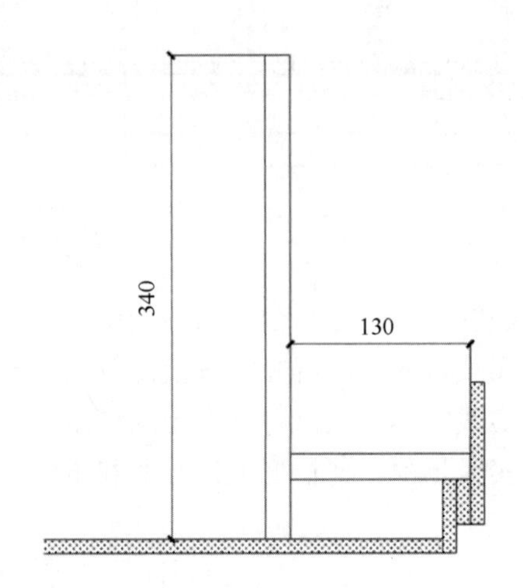

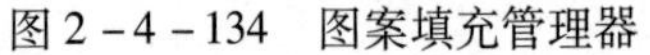
图 2－4－134　图案填充管理器

图 2－4－135　灯槽剖面图

(5) 输入“H”执行“填充”命令，填充细木工板，参数如图 2－4－136 所示。

(6) 插入“轻钢龙骨”图块，尺寸位置如图 2－4－137 所示。

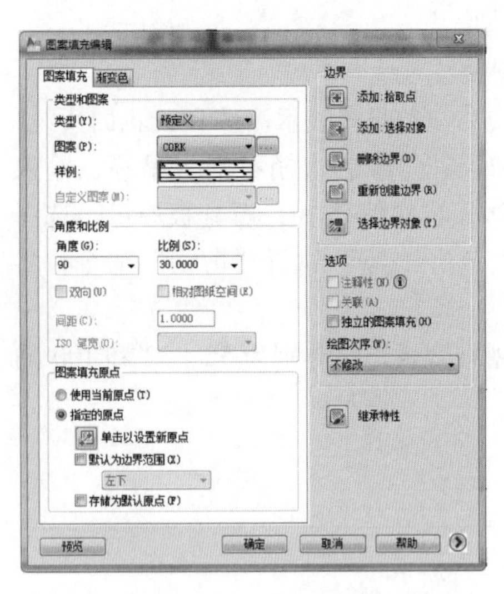

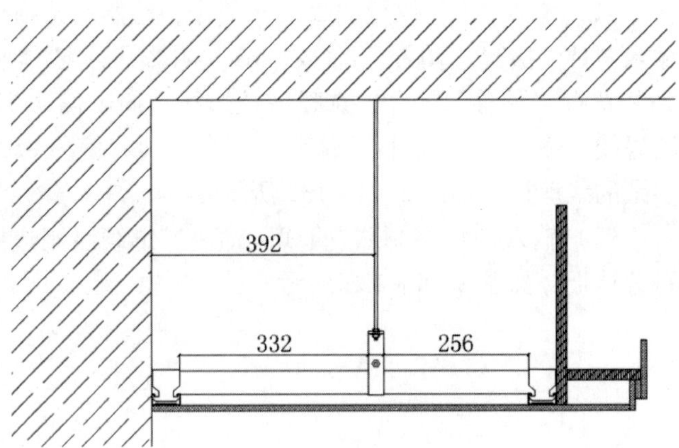

图 2－4－136　灯槽填充参数图

图 2－4－137　轻钢龙骨示意图

(7) 输入“L”继续绘制石膏板，长分别为 220、330，并将其填充，如图 2－4－138 所示。

(8) 插入“灯带”图块，插入“轻钢龙骨”图块。输入“dli”执行“标注”命令，执行“mleader”执行“多重引线”命令，进行材质标注。效果如图 2－4－139 所示。

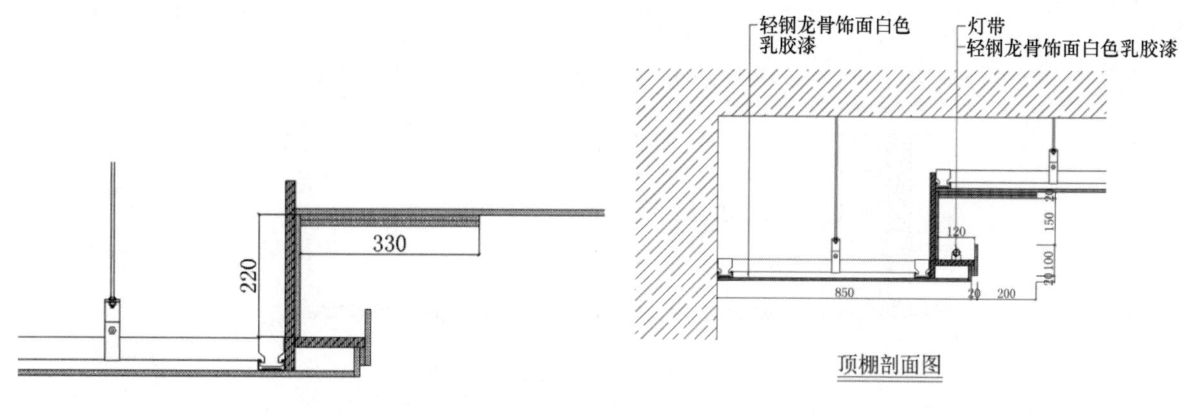

图 2－4－138　顶棚石膏板剖面图

图 2－4－139　顶棚剖面图

随堂练习：顶面剖面图的绘制

实践目的：了解并掌握吊顶施工工艺及构件规格尺寸。

实践内容：顶面剖面图绘制。

实践步骤：请根据上述方法和步骤，绘制出顶面剖面图。

二、背景墙剖面图

（1）输入“L”执行“直线”命令，填充，表示墙体。绘制“细木工板饰面黑橡木”，输入“L”执行“直线”命令，黑橡木饰面厚 1，细木工板厚 18，输入“H”并执行“填充”命令，如图 2－4－140 所示。

（2）绘制“细木工板饰面黑橡木挡板”，输入“L”执行“直线”命令，黑橡木饰面厚 1，细木工板厚 18，长 920，并执行“填充”命令，如图 2－4－141 所示。

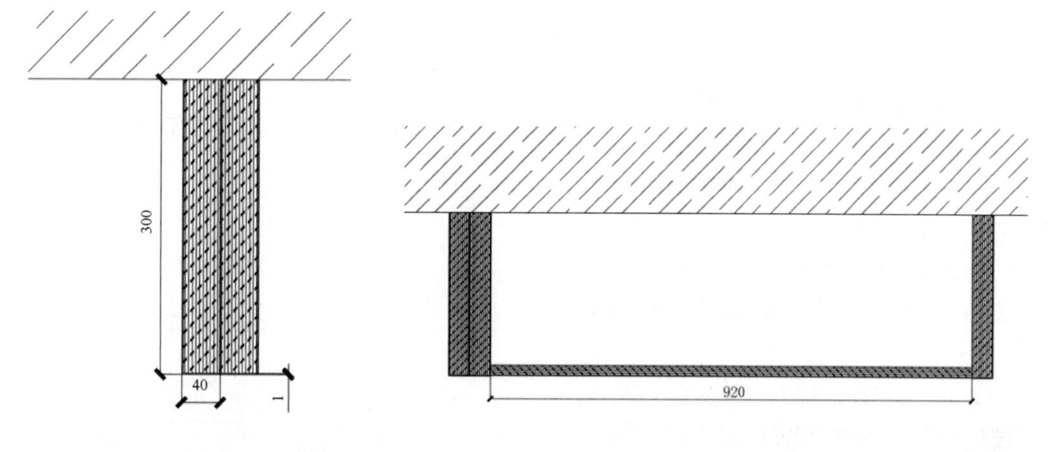

图 2－4－140　黑橡木板剖面图

图 2－4－141　黑橡木挡板剖面图

（3）绘制“木方”做支撑，输入“rec”绘制 30×40 的矩形为木方截面，如图 2－4－

142 所示。

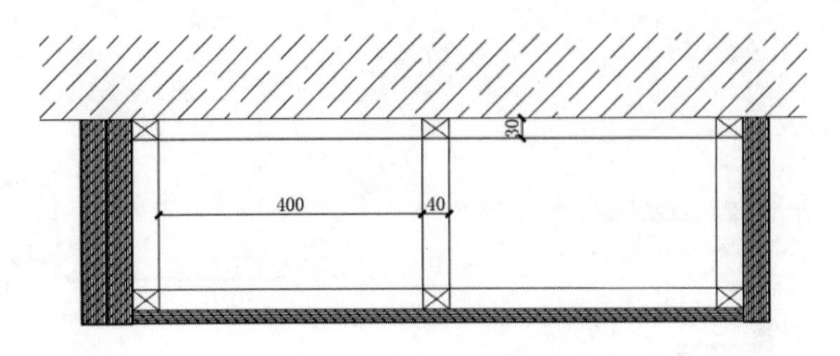

图 2－4－142　木方龙骨剖面图

（4）输入“dli”执行“标注”命令，输入“t”进行文字标注，如图 2－4－143 所示。

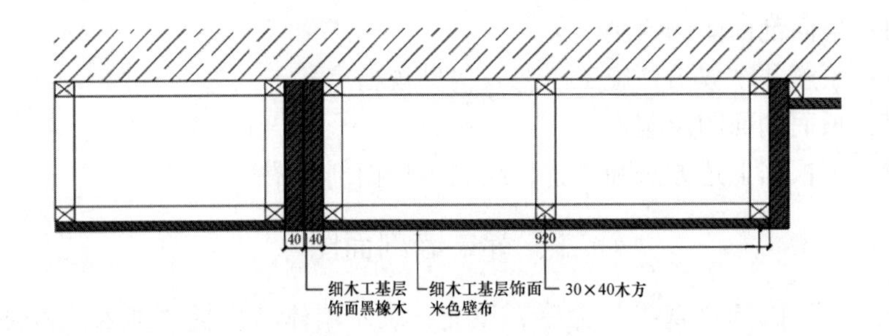

图 2－4－143　背景墙剖图

随堂练习：背景墙剖面图的绘制

实践目的：了解并掌握墙体饰面的施工工艺。

实践内容：背景墙剖面图的绘制。

实践步骤：请根据上述方法和步骤，绘制出背景墙剖面图。

三、户模详图

（1）绘制户模平面图，输入“rec”执行“矩形”命令，尺寸 500×500，输入“o”执行“偏移”命令，向内偏移 20，如图 2－4－144 所示。

（2）绘制户模立面图，输入“L”执行“直线”命令，尺寸如图 2－4－145 所示。

（3）输入“H”执行“填充”命令，填充玻璃材质，参数如图 2－4－146 所示。

（4）输入“H”执行“填充”命令，填充“黑橡木饰面”，如图 2－4－147 所示。

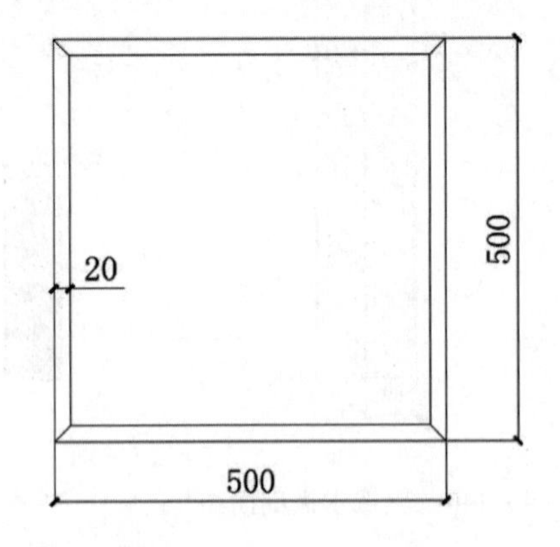

图 2－4－144　户模平面图

（5）输入“dli”执行“标注”命令，对户模立面进行标注，如图 2－4－148 所示。

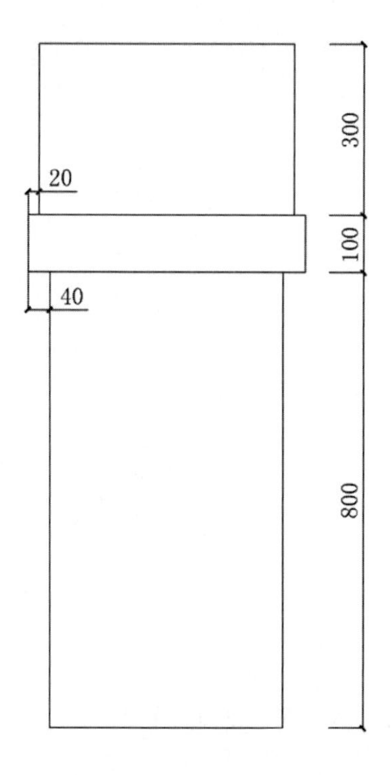

图 2－4－145　户模轮廓图

图 2－4－146　图案填充编辑器

图 2－4－147　填充“黑橡木饰面”

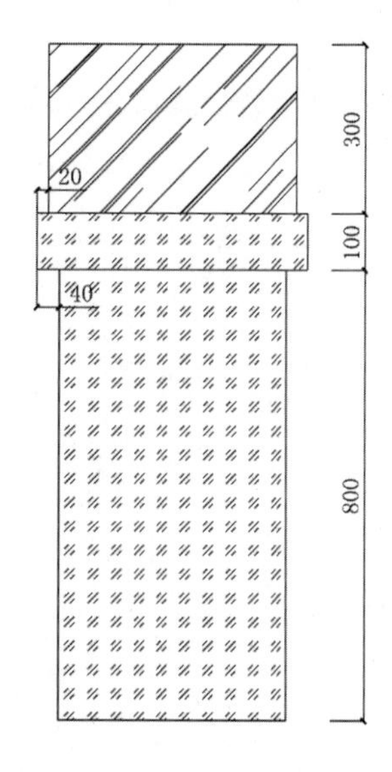

图 2－4－148　户模填充图

（6）绘制剖面线，输入“pl”执行“多线段”命令，指定第一点，输入“w”设置线条宽度，起点宽度为 10，终点宽度为 10，单击确定，如图 2－4－149 所示。

（7）绘制户模剖面，输入“L”执行“直线”命令，绘制细木工饰面板厚20，如图2－4－150所示。

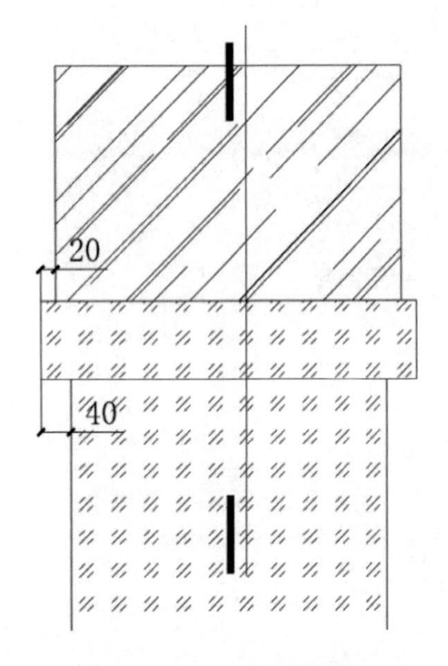

图2－4－149　剖切线图

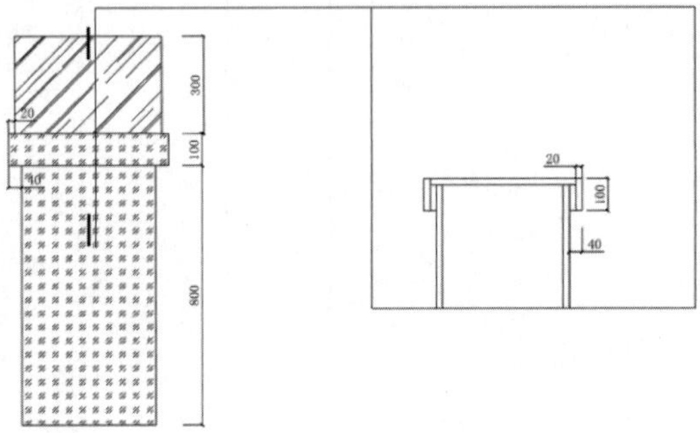

图2－4－150　剖面大样图

（8）输入“H”执行“填充”命令，点击“继承属性”，如图2－4－151所示。

（9）选择“细木工板填充”图案，输入“H”进行填充。绘制内部“木方”，输入“rec”。如图2－4－152所示。

图2－4－151　剖面填充参数图

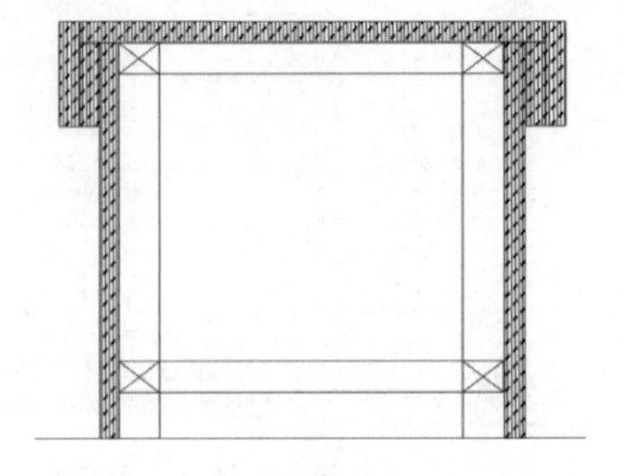

图2－4－152　户模底座木龙骨剖面图

（10）绘制户模玻璃，输入“L”执行“直线”命令。输入“dli”执行“标注”命令。输入“t”执行“文字标注”命令。如图2－4－153所示。

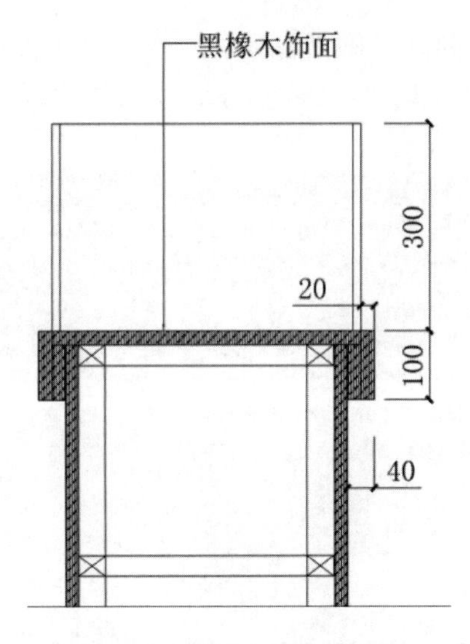

图 2-4-153　户模剖面图

随堂练习： 户模详图的绘制

实践目的：了解并掌握户模及沙盘的施工工艺。

实践内容：户模详图的绘制。

实践步骤：请根据上述方法和步骤，绘制出户模详图。

知识面拓展

尝试使用 AutoCAD 的其他命令绘制剖面图。

综合练习

1. 画出教材电子资源内的其他售楼处的施工图纸。画图时，可以参考电子资源内提供的售楼处施工图纸的范例和效果图进行绘制。也可以根据原建筑结构图自行设计，进行施工图的绘制

2. 掌握双线命令绘制墙体结构图。

3. 练习绘制洗手间墙面、天花剖面图。

4. 练习绘制水吧详图。

项目二　专卖店的设计

学习目标： 掌握专卖店施工图纸的绘制方法，灵活运用各种命令来绘制。

应知理论： 专卖店设计要考虑的基本要素及要求，AutoCAD 相关命令的运用。

应会技能： 能综合专卖店平面设计理论与 AutoCAD 相关知识绘制专卖店施工图纸。

学习任务描述

一、案例分析

本案例是以万家乐厨电专卖店为例，面积约为 55.5m^2。整个空间大致分为入口展示屏、

洽谈区、燃热陈列区、电热陈列区、御厨陈列区、燃热水生活体验区、电热水生活体验区、厨房生活体验区。入口区域如图 2－4－154 所示，生活体验区如图 2－4－155 所示。

图 2－4－154　入口区域

图 2－4－155　生活体验区

二、专卖店设计的基本原则

（1）创造主题意境　在室内设计中依据商品的特点树立一个主题，围绕它形成室内装饰的一套手法，创造一种意境，易给消费者以深刻的感受和记忆。比如在儿童动物玩具店中，设计师创造的主题是林中乐园，绒布动物在树上爬着、躺着、靠着，显得十分活泼可爱。这样的店铺装饰设计虽然朴素，但对小顾客的吸引力丝毫不弱。

（2）重复母题　一些专门经营某种名牌产品的商店，常利用该产品标志作装饰，在门头、墙面装饰、陈列装置、包装袋上反复出现，强化顾客的印象。经营品种较多的店铺也可以某种图案为母题在装修中反复应用，加深顾客的记忆。

（3）灵活变动　消费潮流不断地变化，所以商店应能随时调整布局。国外有的商店每星期都要做一些调整，给顾客以常新的印象。为此一些可灵活使用的设计也大量出现。如某书店的天花为网格型轨道，陈列架是从轨道上倒挂下来的 r 型钢丝架，它可以随意变换位置，店主调整起来非常便利。

（4）商品的陈列　商品的色彩和质感要求店面室内设计色调起到陪衬作用，尽量突出商品的色彩。此外，商品的质感也往往在特定的光和背景下才显出魅力。例如，玻璃器皿的陈列，就必须突出其晶莹剔透的特色，以吸引顾客。商品的性格决定室内设计的风格。室内设计的风格与经营特色的和谐与否直接关系着商品的销售。

本案例要求绘制出万家乐专卖店施工图纸，并进行尺寸标注。主要利用直线（l）、复制（co）、分解（x）、移动（m）、插入块（i）、偏移（o）等命令。

任务一　专卖店平面图的绘制

专卖店平面图主要包括专卖店原建筑结构平面图和专卖店平面布置图。通过本案例的学习，加深对二维绘图命令的掌握，能熟练绘制设计平面图纸。

一、绘制专卖店空间原建筑结构图

（1）启动 AutoCAD 软件，点击“常用”选项卡的“图层特性”按钮，打开其相应的选项板，新建图层，并设置其图层参数。如图 2 – 4 – 156 所示。

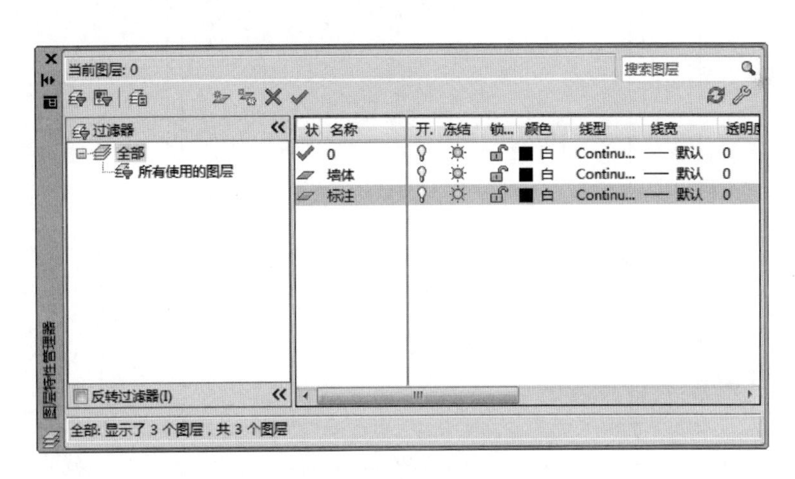

图 2 – 4 – 156　新建图层

（2）将“墙体”图层设置为当前图层，在命令行中输入“rec”，执行“矩形”命令，绘制尺寸为 7550 × 7350 的矩形。

（3）在命令行中输入“o”，执行“偏移”命令，将矩形向外偏移 240，得到墙体。在命令行中输入“x”，执行“分解”命令将墙体分解，并删除一侧墙体。如图 2 – 4 – 157 所示。

（4）在命令行中输入“l”，执行“直线”命令，在门口位置绘制虚线，左右两侧墙体位置绘制实线。在命令行中输入“tr”，执行“剪切”命令将多余的线剪掉。如图 2 – 4 – 158 所示。

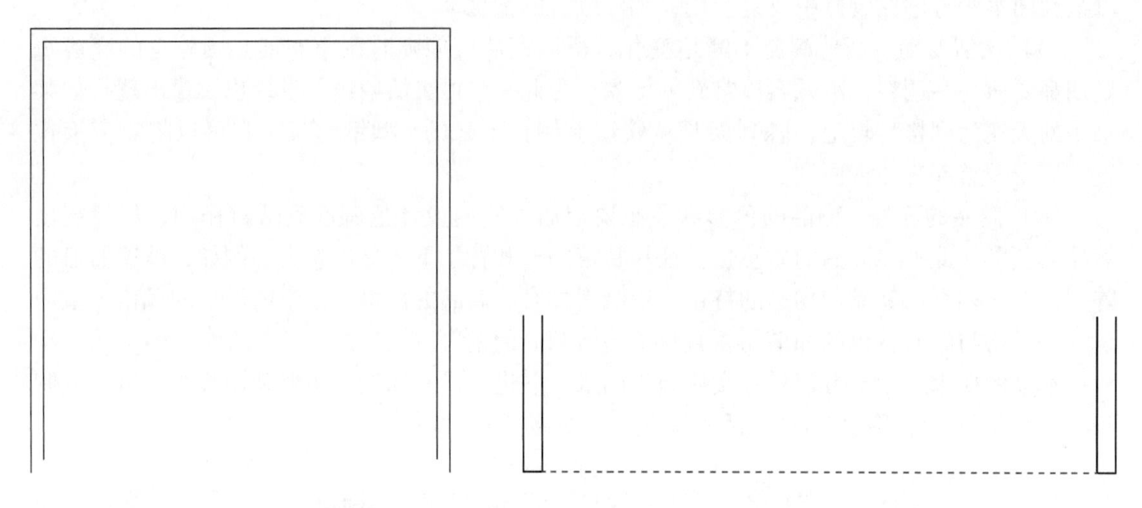

图 2－4－157　分解墙体　　　　图 2－4－158　门口处虚线

（5）将“标注”图层设置为当前图层，执行“线性标注”命令进行标注尺寸。完成专卖店建筑平面图绘制。如图 2－4－159 所示。

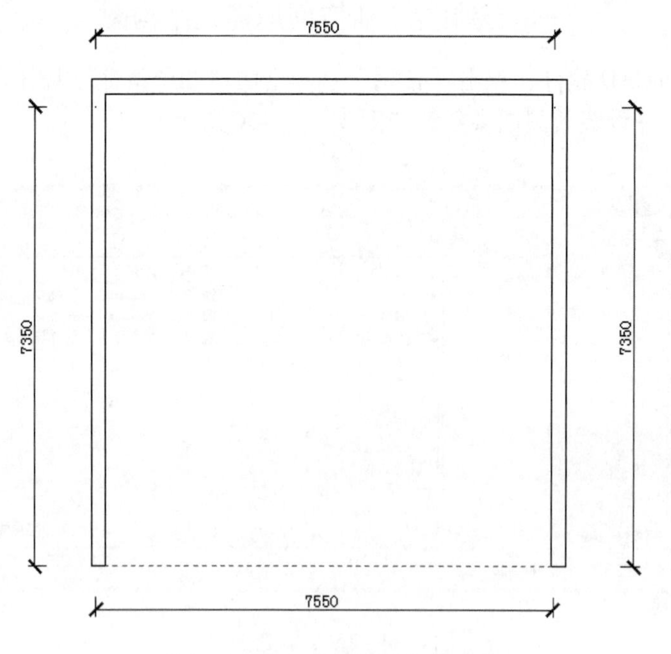

图 2－4－159　专卖店建筑平面图

随堂练习：服装店原建筑结构平面图的绘制

实践目的：了解并掌握服装店原建筑结构平面图的绘制方法和步骤，掌握相关命令。

实践内容：服装店原建筑结构平面图的绘制。

实践步骤：请根据上述方法和步骤，绘制出服装专卖店原建筑结构平面图（图 2－4－160）。

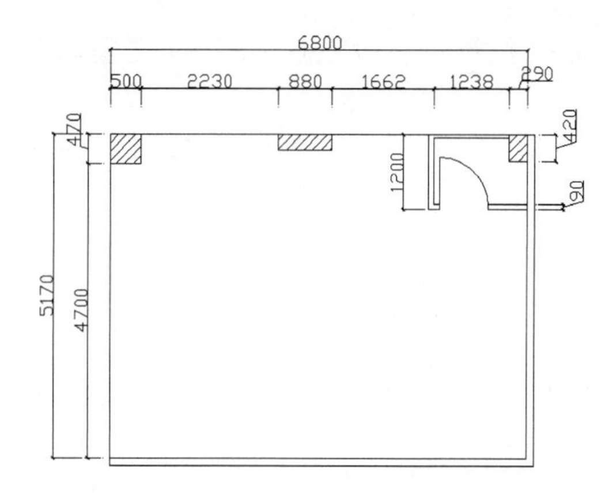

图 2-4-160　服装店原建筑结构平面图

二、绘制专卖店空间平面布置图

（1）打开“专卖店建筑结构平面图”。如前文中图 2-4-159 所示。

（2）点击“常用”选项卡的“图层特性”按钮，打开其相应的选项板，新建“装饰”图层，并设置为当前图层。

（3）在命令行输入“rec”，执行“矩形”命令，绘制尺寸为 100×400 矩形。并使用“移动”命令放置在图示位置。如图 2-4-161 所示。在命令行输入“H”，执行“图案填充”命令，在矩形内填充灰色。如图 2-4-162 所示。

（4）在命令行输入“l”，执行直线命令，按图示所标尺寸绘制 L 形隔板。在命令行输入“H”，执行“图案填充”命令，在 L 形内填充 45°斜线。如图 2-4-163 所示。

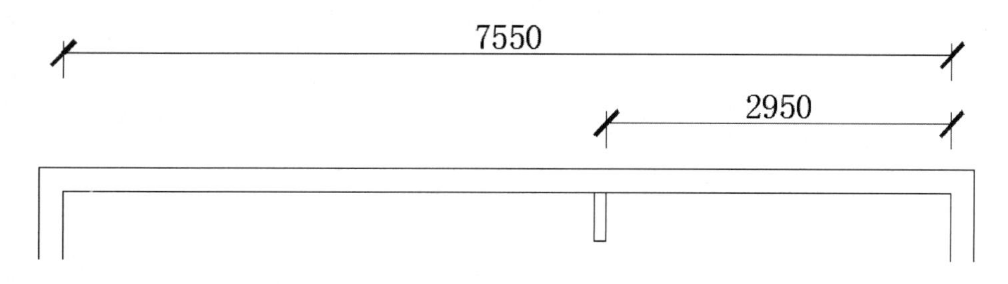

图 2-4-161　绘制矩形

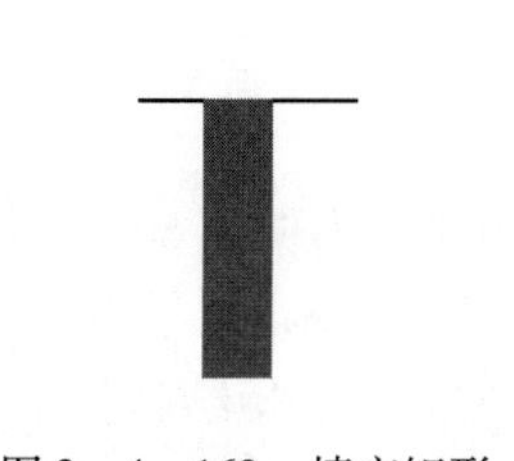

图 2-4-162　填充矩形

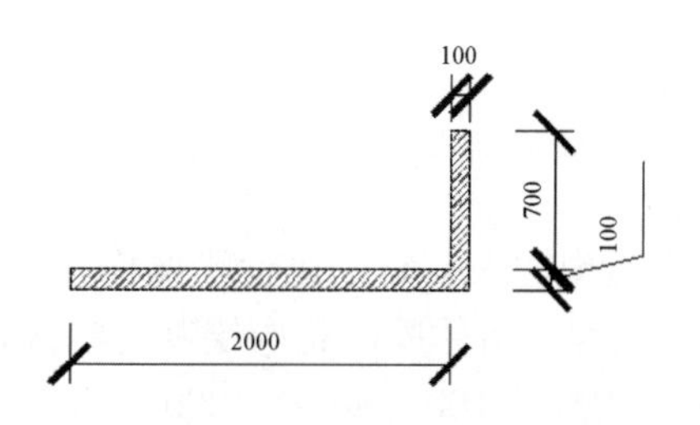

图 2-4-163　L 形隔板

（5）在命令行输入“m”，执行“移动”命令，将 L 形隔板放置如图 2 – 4 – 164 所示位置。

（6）在命令行输入“arc”，执行“圆弧”命令，按图 2 – 4 – 165 所标尺寸绘制弧线。并对弧线内区域进行图案填充。

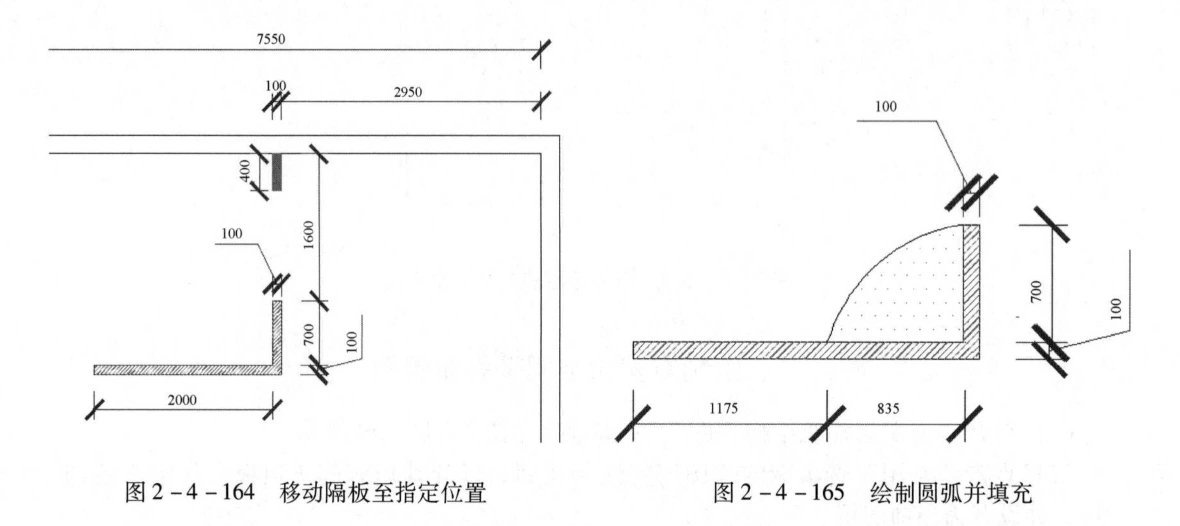

图 2 – 4 – 164　移动隔板至指定位置　　图 2 – 4 – 165　绘制圆弧并填充

（7）在命令行输入“l”，执行“直线”命令，按图 2 – 4 – 166 所标尺寸，绘制虚线。

（8）在命令行输入“i”，执行“插入块”命令，将热水器、水池图块调入到合适位置。完成生活体验区绘制。如图 2 – 4 – 167 所示。

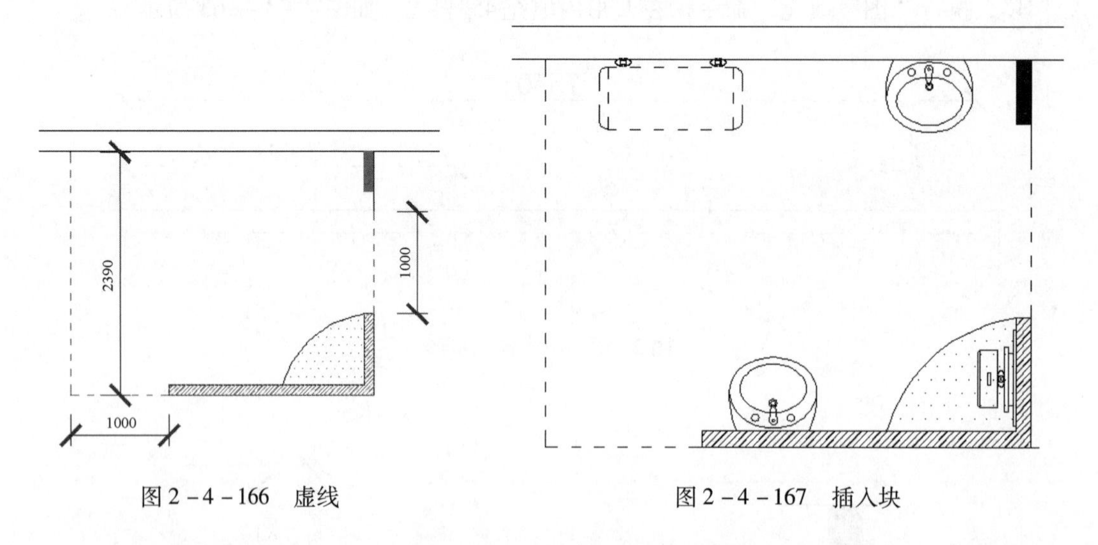

图 2 – 4 – 166　虚线　　图 2 – 4 – 167　插入块

（9）在命令行中输入“o”，执行“偏移”命令，将墙体线向内偏移 600，并进行修剪，完成御厨展柜及厨房生活体验区轮廓绘制。继续执行“偏移”命令，从下至上偏移距离依次为 100、1000、1000、100、1000、1000、1000、1000，完成御厨展柜绘制。在命令行输入“i”，执行“插入块”命令，将炉具、水池图块调入到合适位置。如图 2 – 4 – 168 所示。

（10）继续执行“直线”和“偏移”命令，并进行修剪，完成燃热区和电热区展柜绘制。如图 2－4－169 所示。

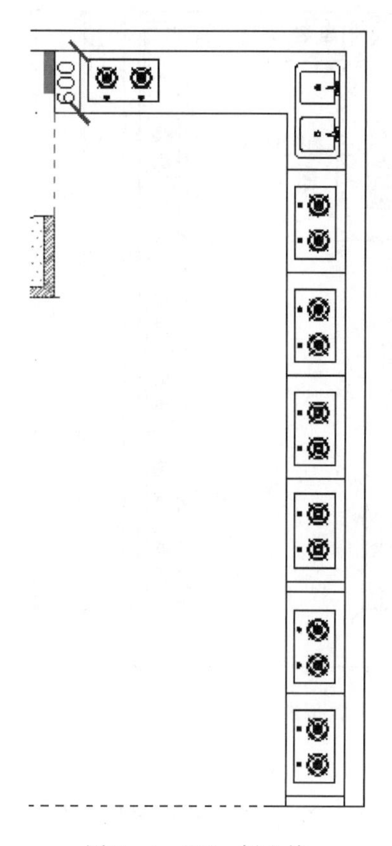

图 2－4－168　插入块

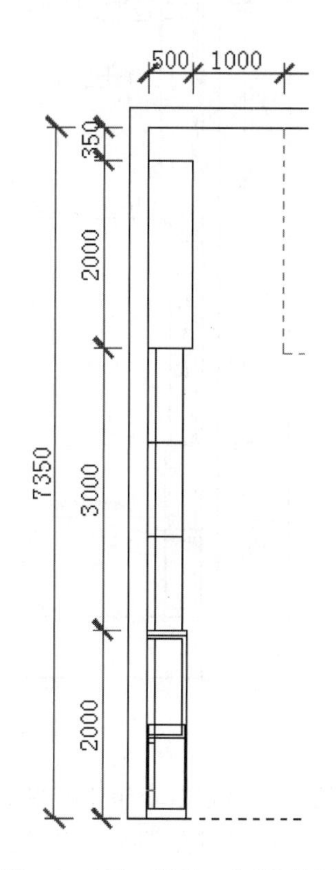

图2－4－169　燃热、电热区展柜

（11）在命令行输入“i”，执行“插入块”命令，将热水器图块调入到合适位置。如图 2－4－170 所示。

（12）在命令行输入“rec”，执行“矩形”，并进行图案填充，完成显示屏绘制。

（13）在命令行输入“i”，执行“插入块”命令，将洽谈桌图块调入到合适位置。将“标注”图层置为当前图层，执行“引线标注”和“文字标注”命令，完成文字注释。

（14）执行“线性标注”和“连续标注”命令，完成尺寸标注。至此专卖店平面布置图绘制完成。如图 2－4－171 所示。

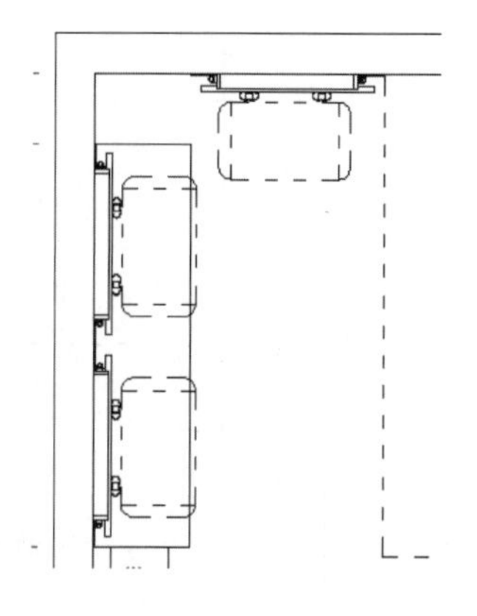

图 2－4－170　插入热水器图块

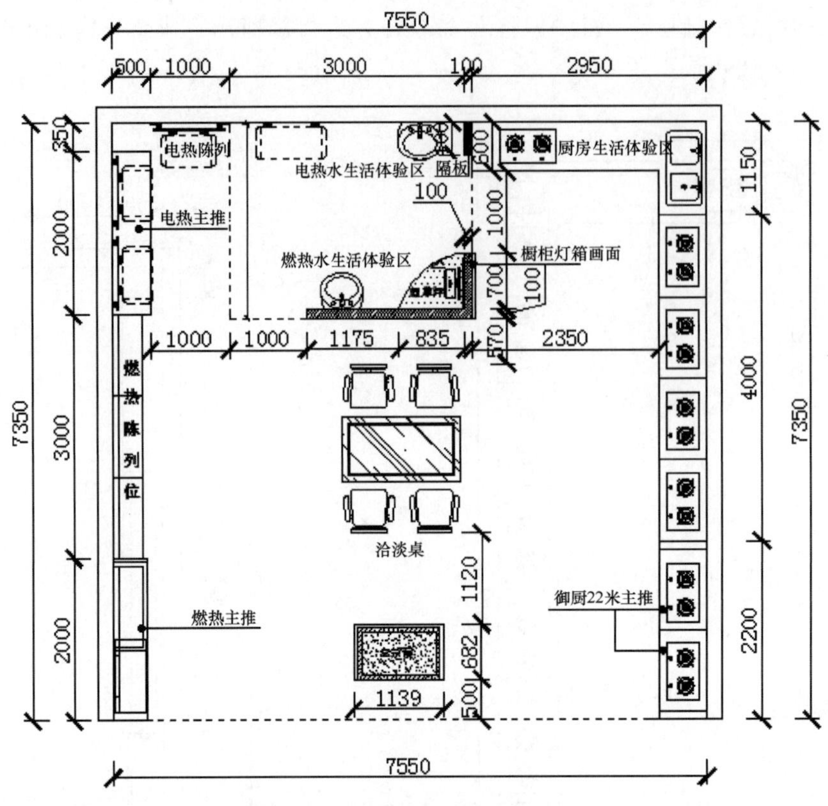

图 2－4－171　专卖店平面布置图

随堂练习：服装专卖店建筑平面布置图的绘制

实践目的：了解并掌握建筑平面布置图的绘制方法和步骤，掌握相关命令。

实践内容：服装专卖店建筑平面布置图的绘制。

实践步骤：请根据上述方法和步骤，绘制出服装专卖店建筑平面布置图（图 2－4－172）。

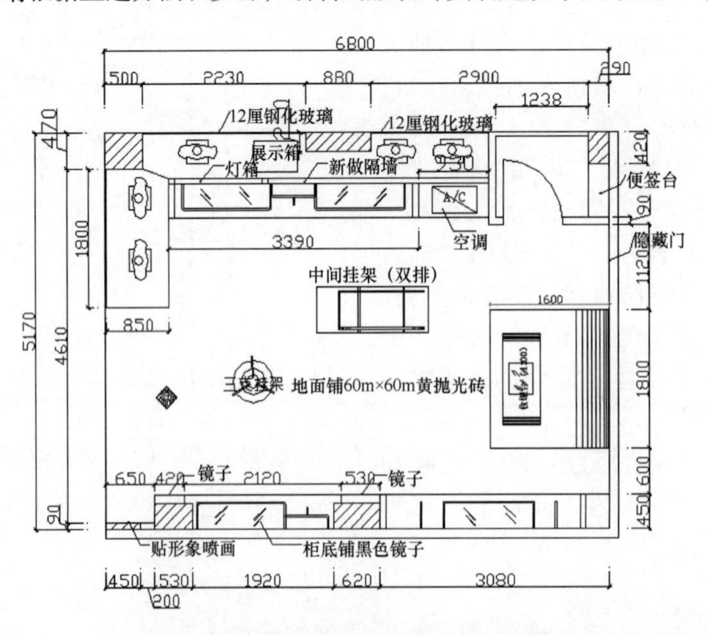

图 2－4－172　服装专卖店建筑平面布置图

任务二　专卖店立面图的绘制

一、绘制专卖店空间 A 立面图

（1）在命令行中输入“rec”，执行“矩形”命令，绘制 7350×3000 矩形，并使用“分解”命令，将矩形分解。

（2）在命令行中输入“o”，执行“偏移”命令，将上方直线向下偏移 600，绘制上方灯箱。

（3）在命令行中输入“o”，执行“偏移”命令，按照平面图尺寸，自左向右偏移图线，依次绘制出厨房生活体验区域、厨电常规区域和御厨主推区域范围。如图 2－4－173 所示。

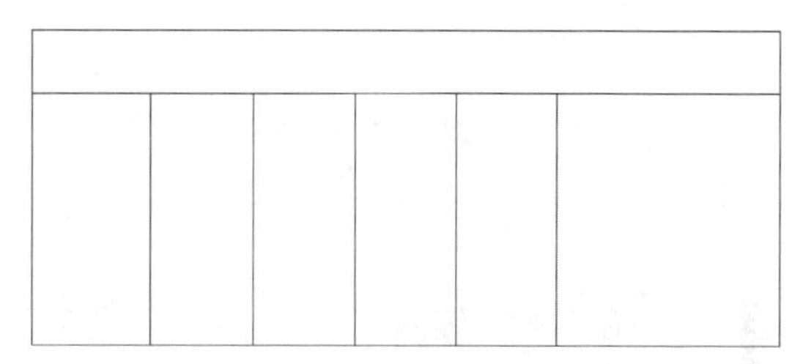

图 2－4－173　区域划分

（4）在命令行中输入“o”，执行“偏移”命令（或使用直线命令），偏移距离为 800、85、80，完成厨房生活体验区域水池台面及柜体绘制。如图 2－4－174 所示。

（5）在命令行中输入“i”，执行“插入块”命令，将水池及龙头图块调入合适位置。如图 2－4－175 所示。

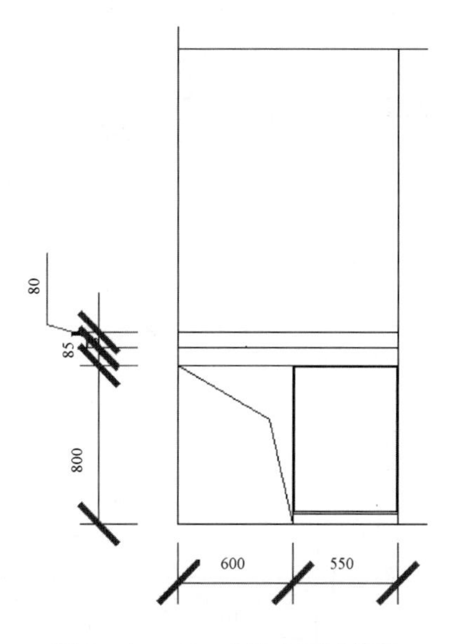

图 2－4－174　水池台面及柜体

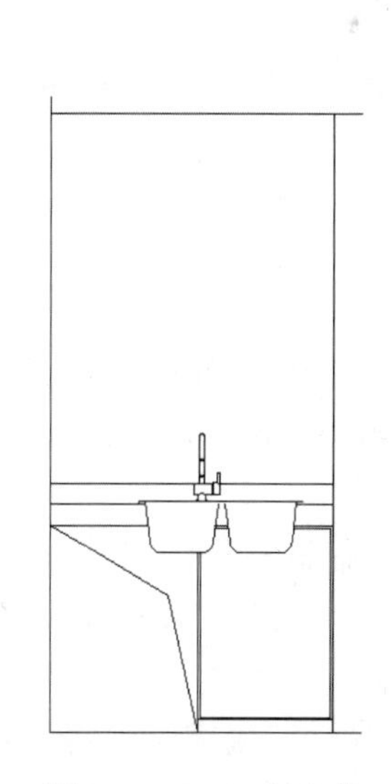

图 2－4－175　插入块

（6）在命令行中输入“o”，执行“偏移”命令，绘制厨电常规区域柜体立面，尺寸如图 2－4－176 所示。

（7）在命令行中输入“H”，执行“图案填充”命令，将 240 宽灰色背板区域进行图案填充。在命令行中输入“l”，执行“直线”命令，绘制消毒柜开孔。如图 2－4－177 所示。

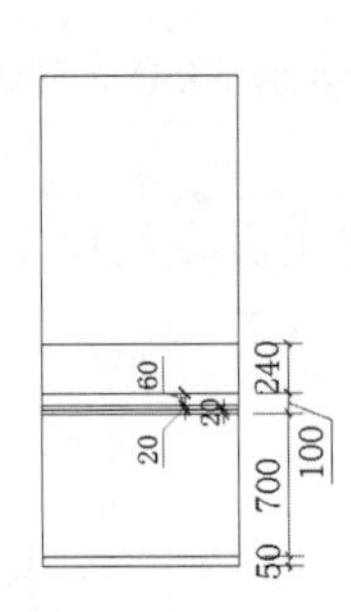

图2-4-176 厨电区柜体尺寸

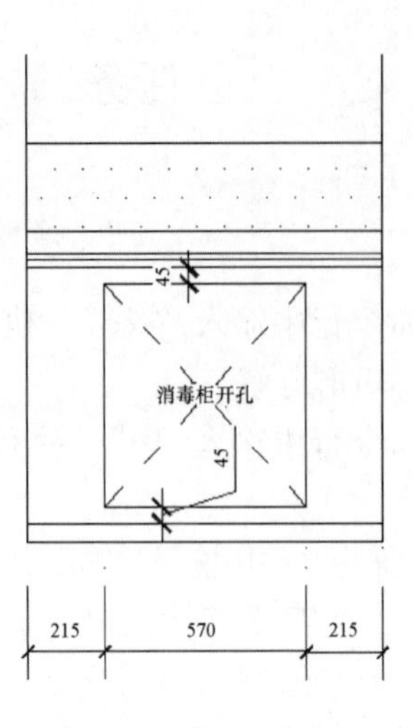

图2-4-177 消毒柜

（8）在命令行中输入“co”，执行“复制”命令，按绘制好的展柜立面进行复制。如图2-4-178所示。

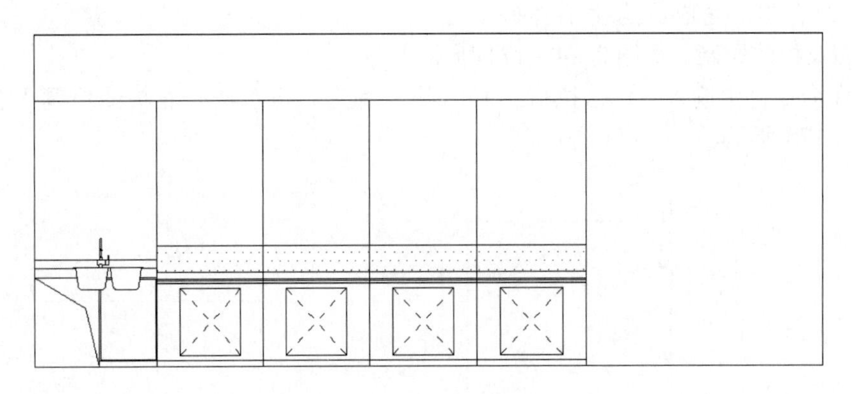

图2-4-178 复制展柜立面

（9）按照厨电区绘制方法，绘制御厨区域展柜立面，尺寸如图2-4-179所示。

（10）在命令行输入“i”，执行“插入块”命令，将插座图块调入合适位置。执行“引线标注”和“文字标注”命令，完成文字注释。执行“线性标注”和“连续标注”命令，完成尺寸标注。至此专卖店A立面图绘制完成。如图2-4-180所示。

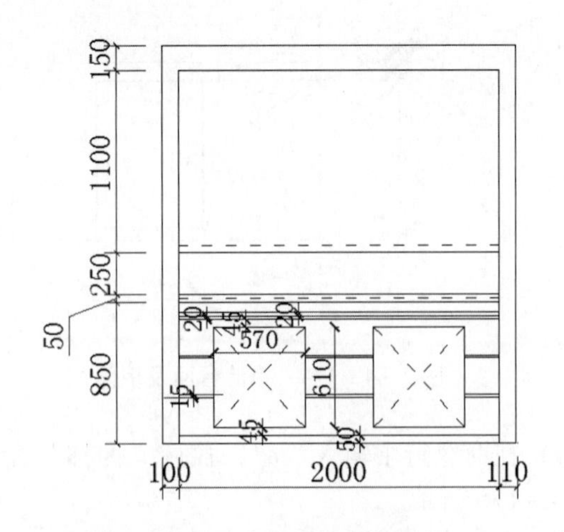

图2-4-179 御厨区展柜立面尺寸

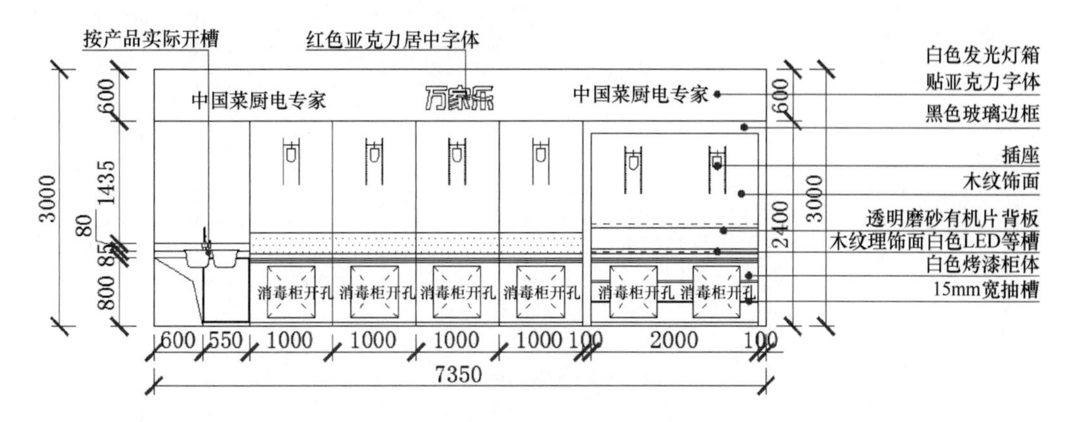

图 2－4－180　专卖店 A 立面图

随堂练习： 服装专卖店 B 立面图的绘制

实践目的：了解并掌握建筑立面图的绘制方法和步骤，掌握相关命令。

实践内容：服装专卖店 B 立面图的绘制。

实践步骤：请根据上述方法和步骤，绘制出服装专卖店 B 立面图（图 2－4－181）。

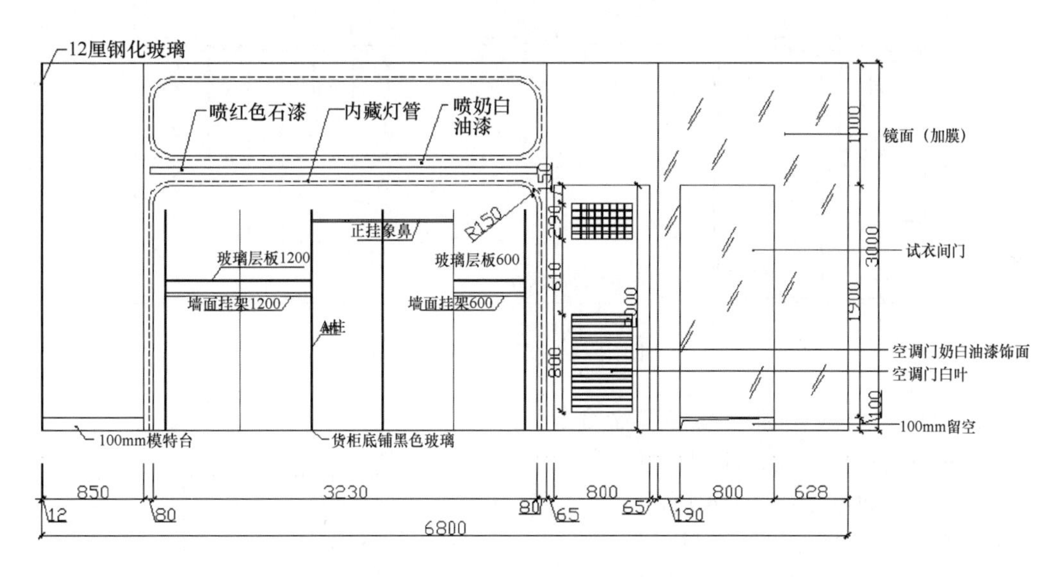

图 2－4－181　服装专卖店 B 立面图

二、绘制专卖店空间 B 立面图

（1）在命令行中输入“rec”，执行“矩形”命令，绘制 7350×3000 矩形，并使用“分解”命令，将矩形分解。

（2）在命令行中输入“o”，执行“偏移”命令，将上方直线向下偏移 600，绘制上方灯箱。

（3）在命令行中输入“o”，执行“偏移”命令，按照平面图尺寸，自左向右偏移图线，依次绘制出燃热主推区域、燃热常规区域和电热主推区域范围。如图 2－4－182 所示。

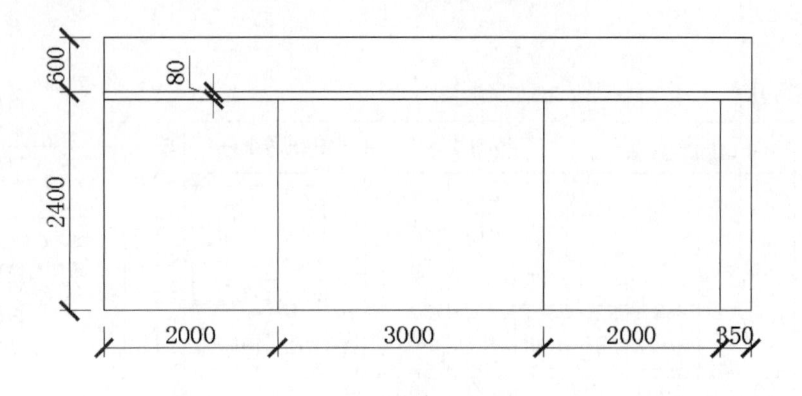

图 2－4－182　区域划分

（4）使用“直线”“矩形”“剪切”等命令，完成燃热主推区域展柜立面绘制。在命令行输入“Mi”，执行“镜像”命令，将燃热主推区展柜立面复制到电热主推区，再使用“矩形”和“偏移”命令修改展柜结构。在命令行输入“i”，执行“插入块”命令，将绘制好的插座图块调入到合适位置。如图 2－4－183 所示。

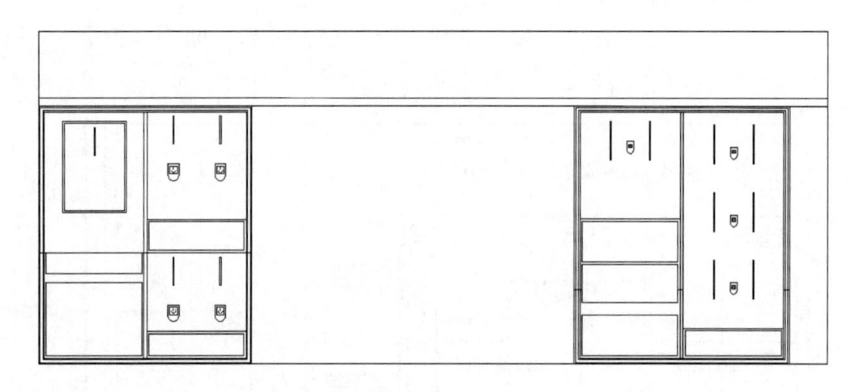

图 2－4－183　插入块

（5）使用“直线”和“偏移”命令绘制燃热陈列区展柜立面，并调入插座图块至合适位置。如图 2－4－184 所示。

（6）在命令行输入“co”，执行“复制”命令，完成全部燃热陈列区展柜绘制。执行“引线标注”和“文字标注”命令，完成文字注释。执行“线性标注”和“连续标注”命令，完成尺寸标注。至此专卖店 B 立面图绘制完成。如图 2－4－185 所示。

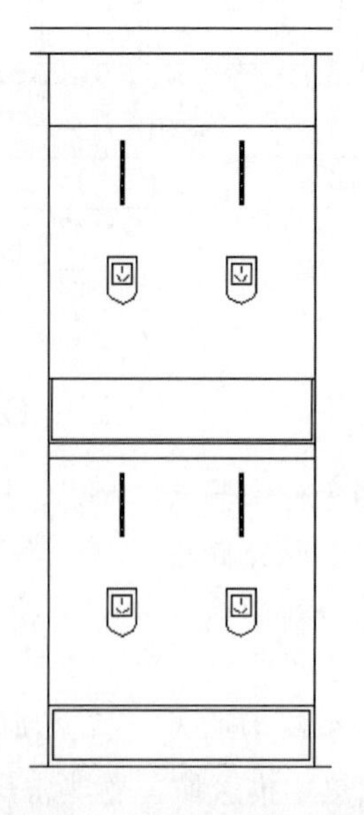

图 2－4－184　展柜立面

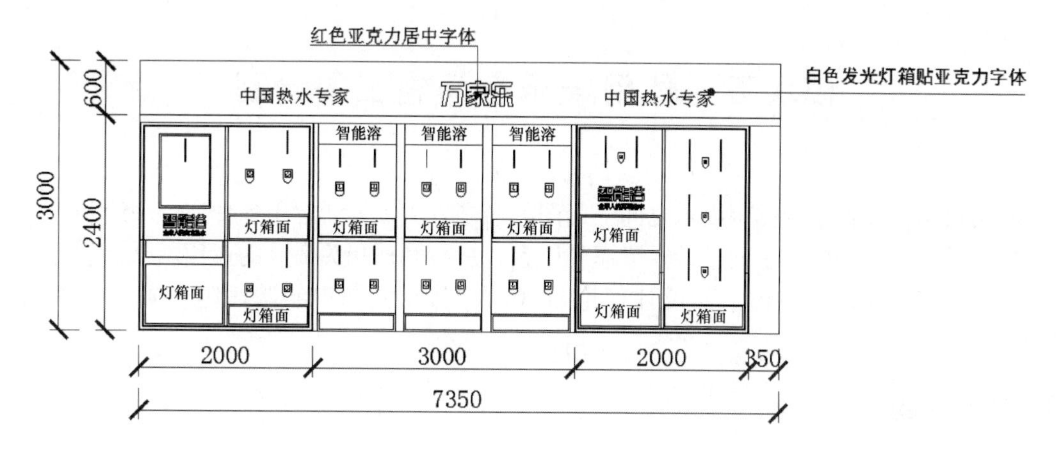

图 2－4－185　专卖店 B 立面图

随堂练习： 服装专卖店 D 立面图的绘制

实践目的：了解并掌握建筑立面图的绘制方法和步骤，掌握相关命令。

实践内容：服装专卖店 D 立面图的绘制。

实践步骤：请根据上述方法和步骤，绘制出服装专卖店 D 立面图（图 2－4－186）。

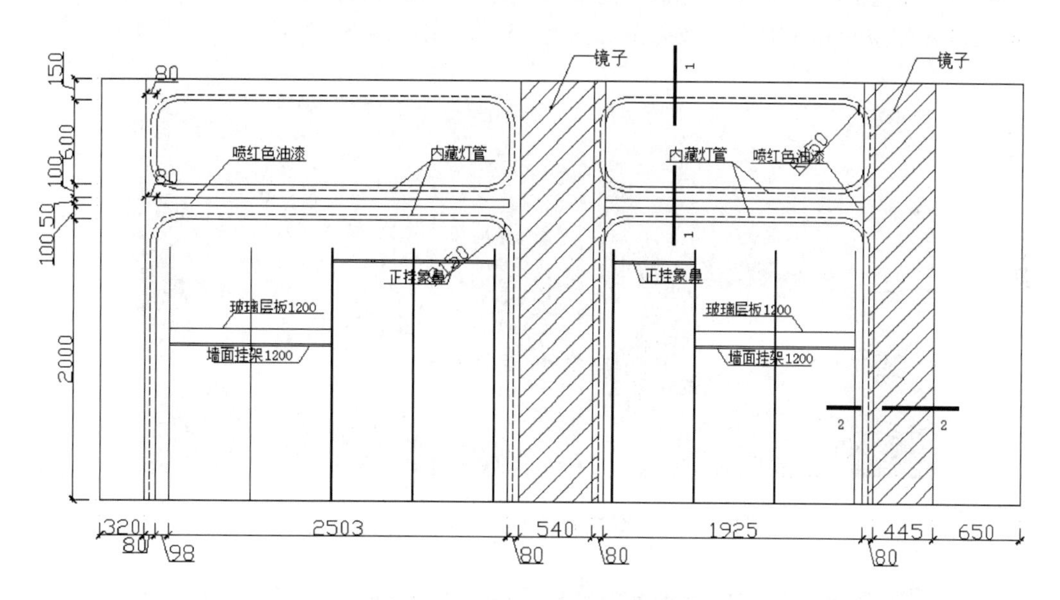

图 2－4－186　服装店 D 立面图

综合练习

画出教材电子资源内给出的服装专卖店的施工图纸。画图时，可以参考电子资源内提供的服装专卖店施工图纸的范例进行绘制。也可以根据原建筑结构平面图自行设计，进行施工图的绘制。

模块五　休闲娱乐空间施工图绘制

学习目标：掌握组合休闲娱乐空间平面图的绘制方法，灵活运用各种命令来绘制。

应知理论：休闲娱乐平面设计要考虑的因素，AutoCAD 相关命令的运用。

应会技能：能综合室内平面设计理论与 AutoCAD 相关知识绘制休闲娱乐空间平面布置图。

学习任务描述

案例分析

本案例所列举的为台湾地区某美容护肤品牌企业在内地开设的一所以“美容、纤体、养生”为主题的会馆，会馆服务项目涉及美容护肤、彩妆造型、美甲及芳香理疗等。

该会馆总面积约240m^2，总体呈“7”字形分布。需要在现有空间内规划出供接待和洽谈的客厅、更衣室和换鞋区域、供客人洗浴/桑拿的浴区、美容服务的 VIP 室（部分含卫浴）、设备间/储藏间、供员工休息的休息区和供办公使用的店长室等。

该案例客厅空间和 VIP 室的效果图如图 2-5-1 和图 2-5-2 所示。

图 2-5-1　案例中客厅及入口形象墙效果图

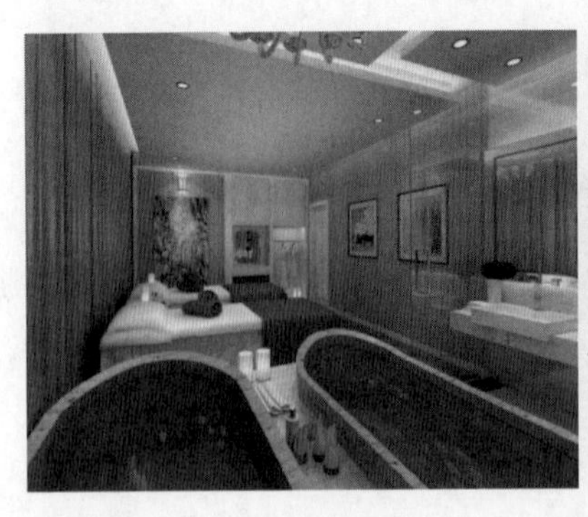

图 2-5-2　案例中 VIP 室效果图

在客户提供的建筑平面图的基础上，结合设计师对该休闲空间的现场勘测，便可按室内设计的一般流程进行有关设计和图纸绘制。

休闲空间的设计是室内装饰设计中一个重要的组成部分。休闲空间是指以进行休闲活动为主要功能的空间场所，是介于居住空间和商业空间之间的一种空间形式，其以人的“休闲文化”为主要特征，是休闲文化的物质载体。

一方面，伴随人们物质生活的逐渐殷实，现代人开始越来越注重休闲和养生，对休闲活动的场所具有了更多的需求；另一方面，生活节奏的加快使人们的情感沟通变少，在共同的休闲活动中有利于形成共有观念，产生认同感，进而增进彼此之间的感情；此外，有的休闲活动也被视为对冰冷的商业交往的补充，使商业活动中的合作方可以加深了解，同时也有助于提升团队的凝聚力。这些都推动了休闲空间的发展，使休闲空间的设计获得重视。

从室外羽毛球场到室内跆拳道馆，从瑜伽健身馆到美容养生会馆，从中老年喜爱的广场舞公园到年轻人热衷的迪厅舞厅，休闲空间的形式可谓多种多样、不胜枚举。不仅包括室外休闲场所，也包括室内休闲空间。这类空间的室外部分通常纳入城市规划和景观设计予以考虑，这里我们仅对其中的室内空间进行更具体的说明。

室内的休闲空间，可依其功能差异具体分为：休息空间、娱乐空间、餐饮空间、健身空间和文教空间等多种形式。

休息空间：在休息空间的设计中，要避免人流移动、外界声音等对休息者的影响，需要营造安静而有氛围的休息环境，适当的设置卧具、沙发、椅凳、茶几、饮水机、试听设备等公共设施以满足使用者的需要。

娱乐空间：在娱乐空间的设计中，需要考虑用灯光来营造环境氛围。而在会所、剧院、舞厅、卡拉 OK 包间等娱乐空间的设计中，需要考虑功能分区，避免相互之间的影响。娱乐空间的设计中有时候也含有健身空间的成分，二者之间的界限比较模糊。

餐饮空间：在餐饮空间的设计中，需要关注消费者就餐时的便利性和舒适性，也需要关注餐饮中的社交成分，为使用者营造良好的社交环境。

健身空间：健身活动本身对场地、设施、环境的要求差异性很大，应当根据健身空间的具体功能进行具体设计。

本模块将以一个美容会馆的设计为例，重点介绍休闲空间中休息空间和娱乐空间的施工图绘制方法。

下面将结合案例具体介绍施工图的绘制方法和步骤，在本部分中将具体介绍砌墙布置图、平面布置图、地面布置图、天花布置图、开关布置图、插座布置图及水路布置图的绘制。

任务一　休闲空间平面布置图的绘制

一、休闲空间砌墙布置图的绘制

客户提供的建筑图纸（若有）是进行方案设计的基础素材，但仅凭建筑图纸还不能准确地进行施工图的绘制。为获得比较准确的尺寸数据，设计师往往需要进行现场勘测和实地调查，在勘测的基础上绘制数据准确的原始建筑平面图。

（1）启动 AutoCAD 软件，单击左上角“新建 Ctrl + N”组合键，打开“选择样板”对话框，在对话框中“名称”列表框中选择 acad. dwt 样板文档，然后单击“打开（0）”按钮，即获得文件名为 drawing1 的图形文件。点击“］保存 Ctrl + S”组合键，修改文件名后，点击“保存（S）”按钮，完成空白图形文件的保存。

（2）执行“矩形 RECTANG（REC）”和“直线 LINE（L）”命令等，按照原始测量数据进行绘制，获得原始建筑平面图，如 2 – 5 – 3 所示。

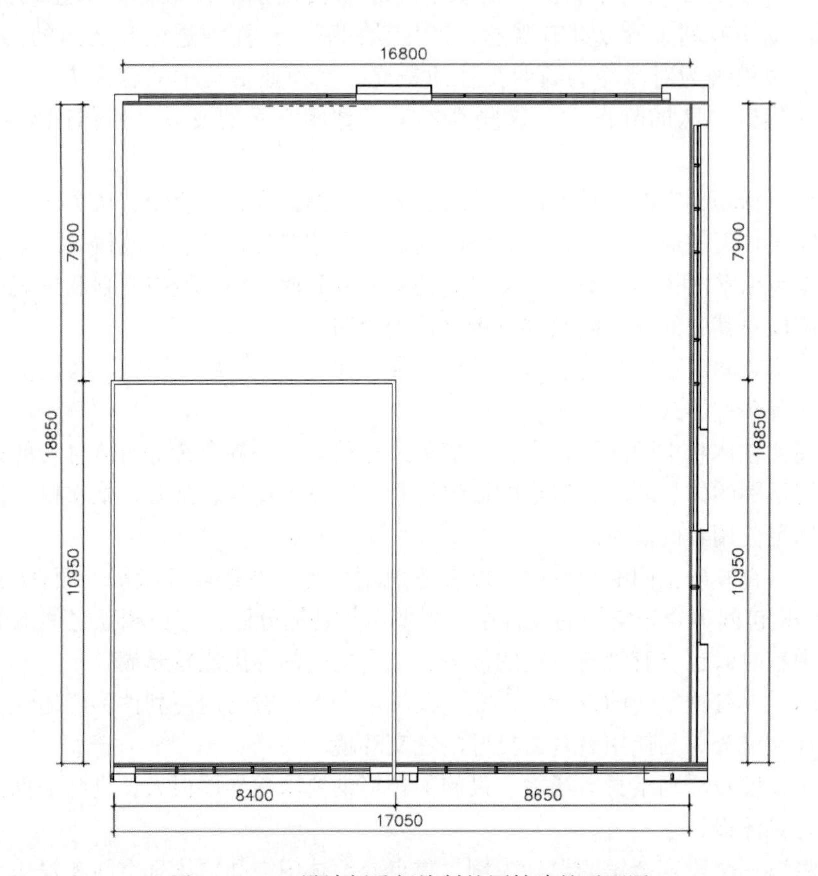

图 2 – 5 – 3　设计师重新绘制的原始建筑平面图

（3）执行“直线 LINE（L）”命令，绘制轴线。在命令提示栏中输入“多线 MLSTYLE（ML）”多线命令，设置多线的比例为 120，并绘制多线，如图 2 – 5 – 4 和图 2 – 5 – 5 所示。

（4）继续执行“多线 MLSTYLE（ML）”多线命令，设置多线的比例为 100，绘制左上角区域的墙体。并根据实际需要对空间进行划分，修改已经绘制好的墙体，并预留出门的位置。执行“填充 HATCH（H）”命令，对墙体进行填充并获得初步完成的砌墙图，如图 2 – 5 – 6 所示。

（5）执行“线性标注（DLI）”命令，对初步绘制的砌墙图尺寸进行详细的标注，获得最终的砌墙图，如图 2 – 5 – 7 所示。

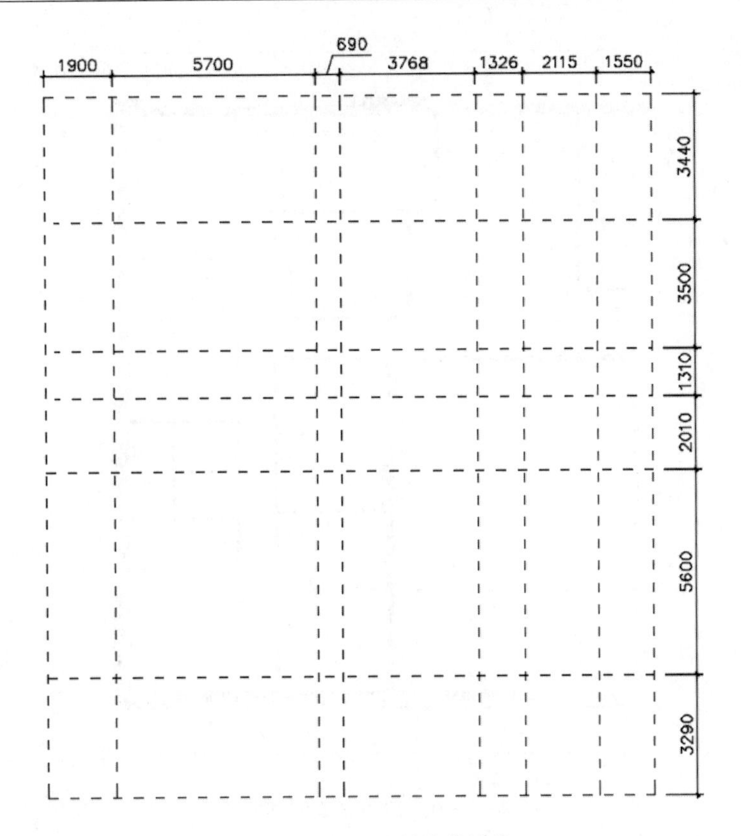

图 2－5－4　绘制墙体轴线

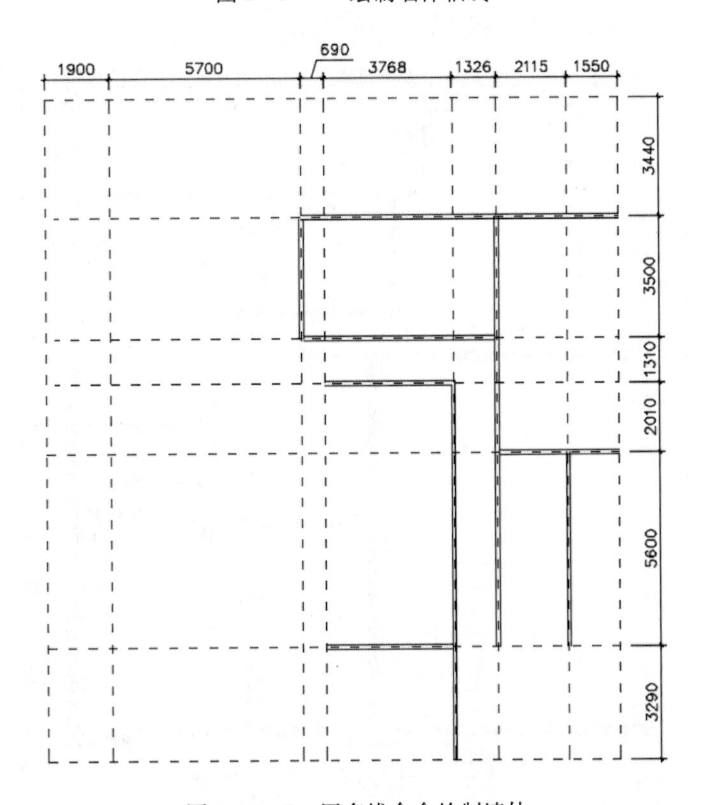

图 2－5－5　用多线命令绘制墙体

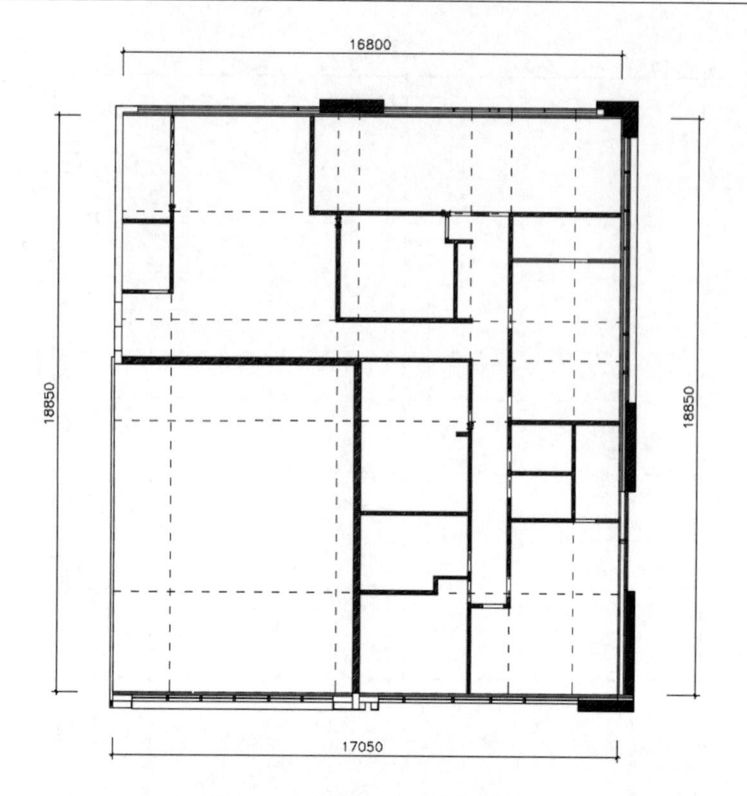

图 2－5－6　初步完成的砌墙图

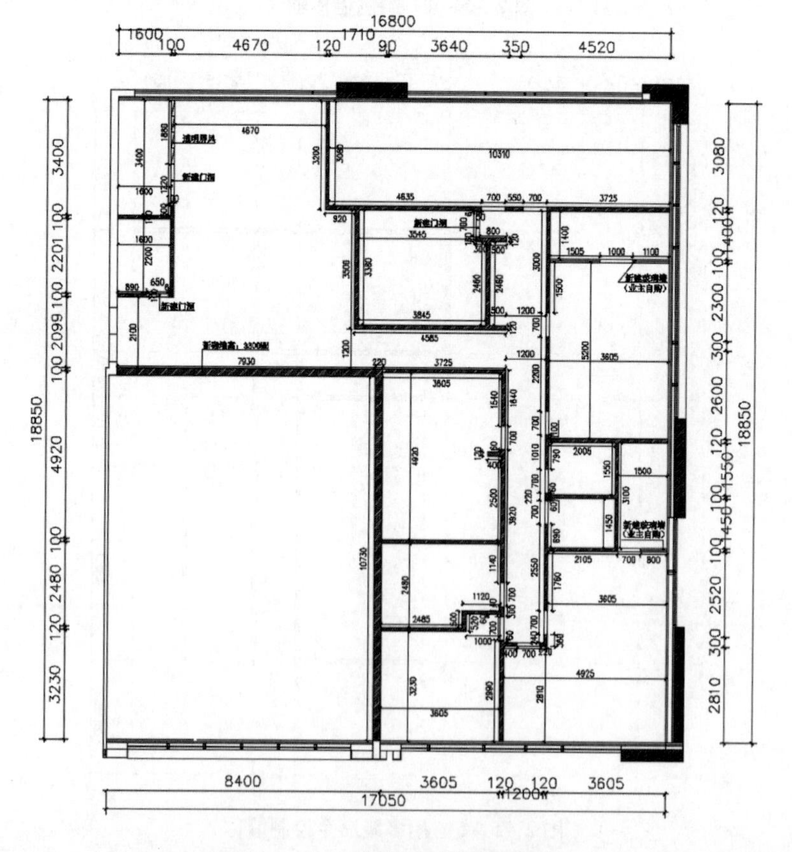

图 2－5－7　最终完成的砌墙图

随堂练习：休闲空间砌墙图的绘制

实践目的：了解并掌握休闲空间砌墙图绘制方法和步骤，掌握相关命令。

实践内容：休闲空间平面砌墙图的绘制。

实践步骤：请根据上述方法和步骤，绘制出休闲空间平面砌墙图。

知识面拓展

考虑休闲空间划分的原则。

二、休闲空间平面布置图的绘制

（1）执行“复制 COPY（CO）”命令，将图 2－5－6 所示的内容复制一份。执行“插入 INSERT（I）”和“复制 COPY（CO）”命令，将门图块插入图形中合适的位置，并将其复制到其他位置，完成门的绘制，如图 2－5－8 所示。

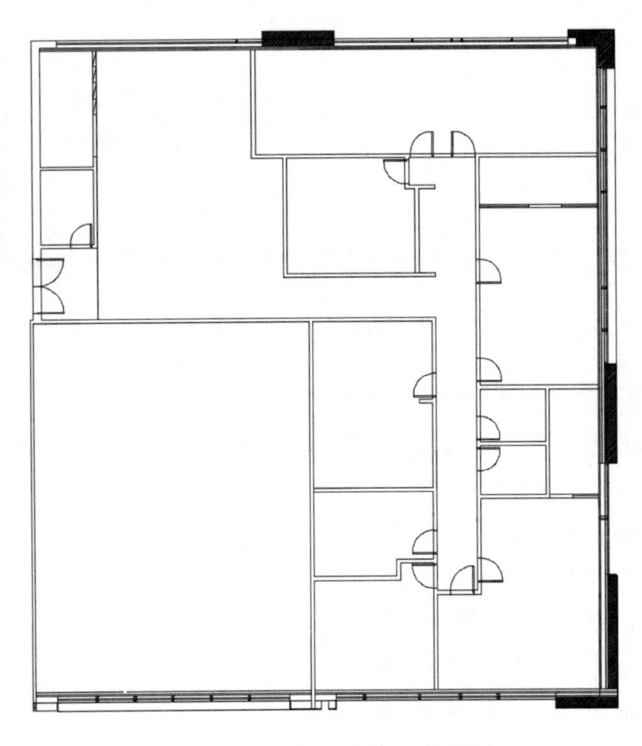

图 2－5－8　在图中插入/绘制门

（2）执行“矩形 RECTANG（REC）”命令，在图 2－5－8 的基础上绘制固定式的家具、壁柜、橱柜的轮廓。在绘制出的矩形上执行“偏移 OFFSET（O）”命令，向内偏移 20mm。执行“直线 LINE（L）”命令，在柜类家具中相对角顶点连线，形成交叉的“×”图形。如图 2－5－9 和图 2－5－10 所示。

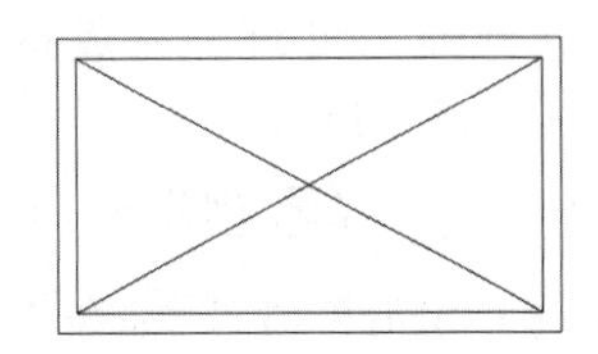

图 2－5－9　固定式柜类家具的表示方式

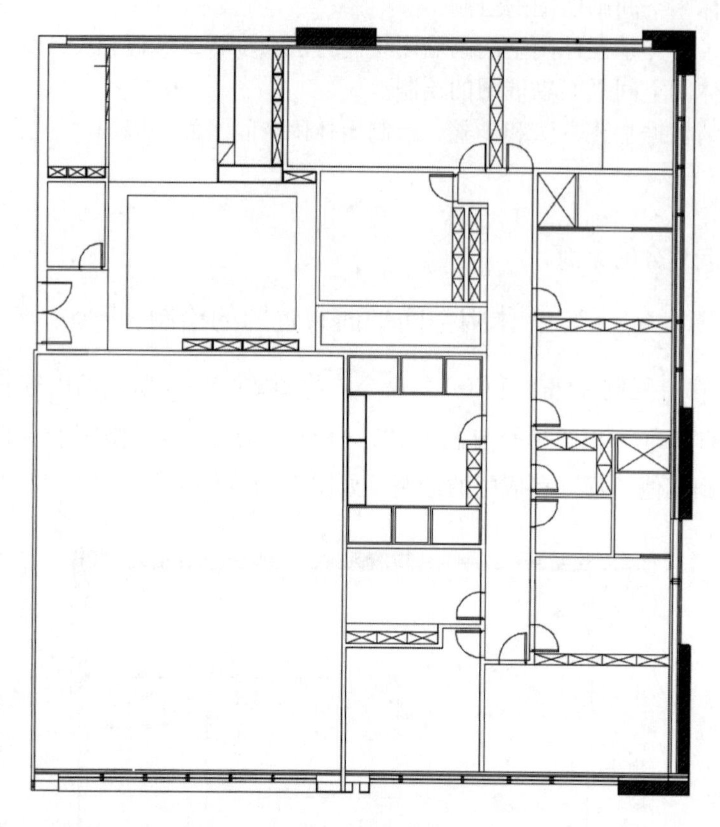

图2-5-10　完成固定式柜类家具的绘制

（3）执行“矩形 RECTANG（REC）”命令，绘制1800mm×800mm的矩形，并向内偏移20mm。执行“直线 LINE（L）”命令，在离床头内侧边310mm位置绘制直线，并进一步在该线条相距80mm处继续绘制直线。执行“椭圆 ELLIPSE（EL）”命令，绘制长轴为500mm，短半轴为100mm的椭圆形。执行“矩形 RECTANG（REC）”命令，绘制300mm×650mm的矩形，并在此基础上执行“圆角 FILLET（F）”命令，设定半径“100”，对矩形进行圆角处理。完成按摩床的绘制，如图2-5-11所示。

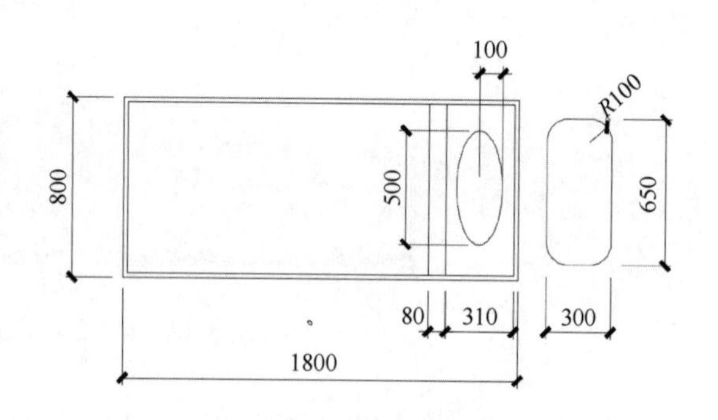

图2-5-11　绘制按摩床家具单元

（4）执行“创建块 BLOCK（B）”命令，将绘制得到的按摩床创建为图块。执行“插入 INSERT（I）”命令，在图2-5-10合适位置插入按摩床图块，获得图2-5-12所示效果。

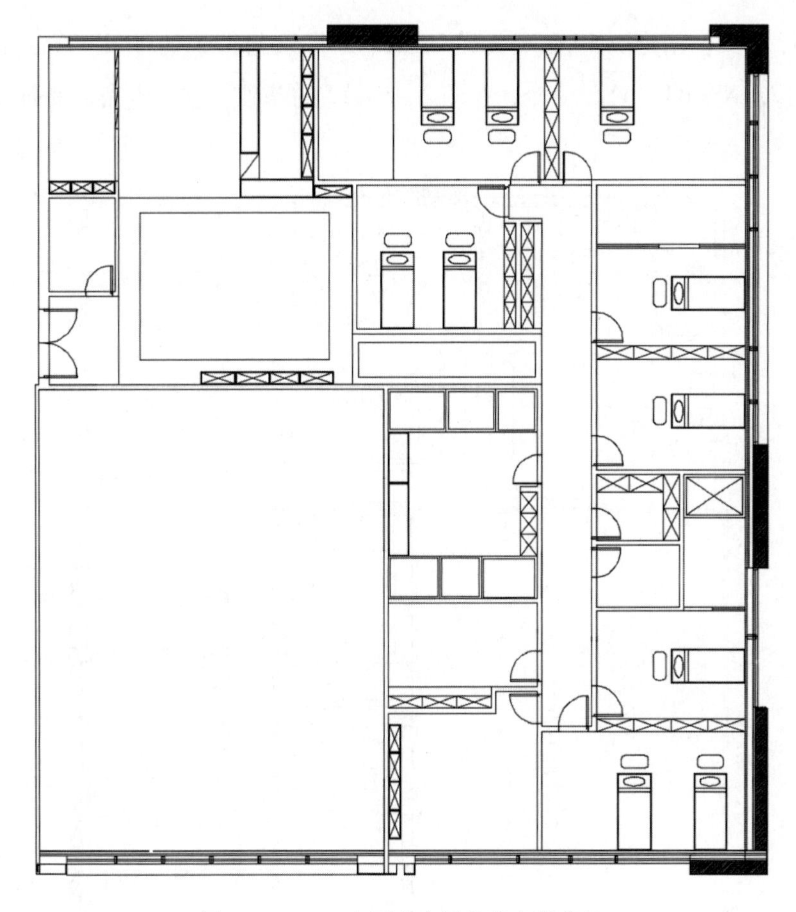

图 2－5－12　在图中布置按摩床等家具

（5）执行“矩形 RECTANG（REC）”“直线 LINE（L）”“圆弧 ARC（A）”等命令，完成沙发、椅子、茶几、台灯等家具的绘制。所绘制完成的家具如图 2－5－13 所示。

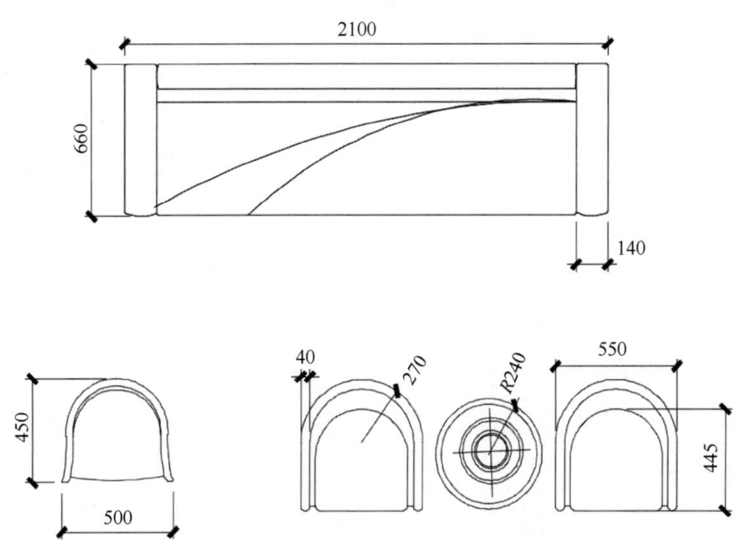

图 2－5－13　完成其他家具的绘制

（6）执行“创建块 BLOCK（B）”命令，将绘制得到的沙发等家具创建为图块。执行“插入 INSERT（I）”命令，在图 2-5-12 的基础上进一步完善平面布置图，如图 2-5-14 所示。

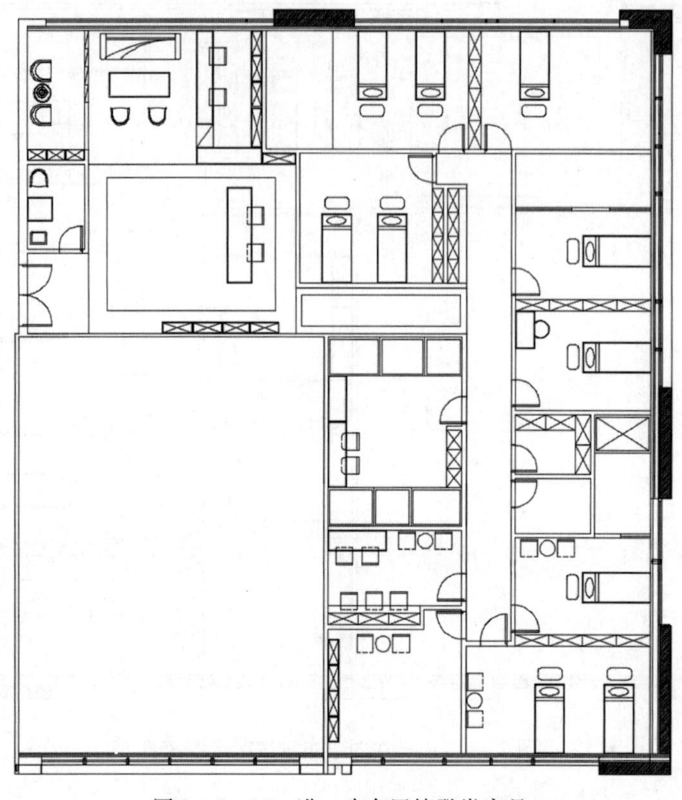

图 2-5-14　进一步布置椅凳类家具

（7）进一步绘制卫浴洁具、洗衣机以及办公桌等室内陈设品，如图 2-5-15 所示。当然，这些室内陈设品在室内设计中是常见的，建议在平时的学习和工作中进行积累。

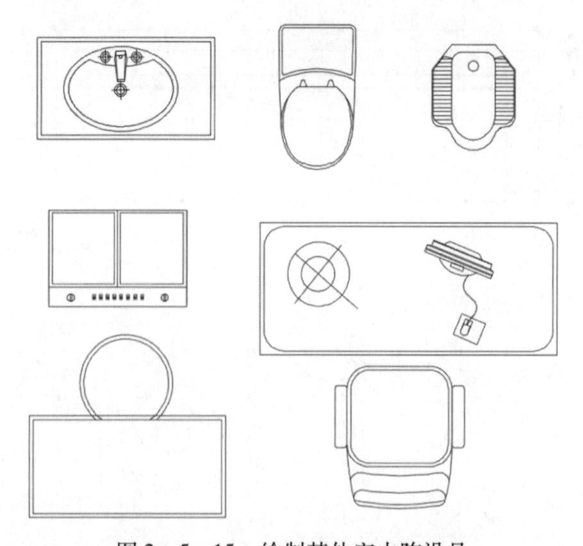

图 2-5-15　绘制其他室内陈设品

（8）在图 2－5－14 的基础上执行“插入 INSERT（I）”命令，完善室内陈设。执行“文字 TEXT（T）”命令，在图中补充文字注释。最终完成平面布置图，如图 2－5－16 所示。

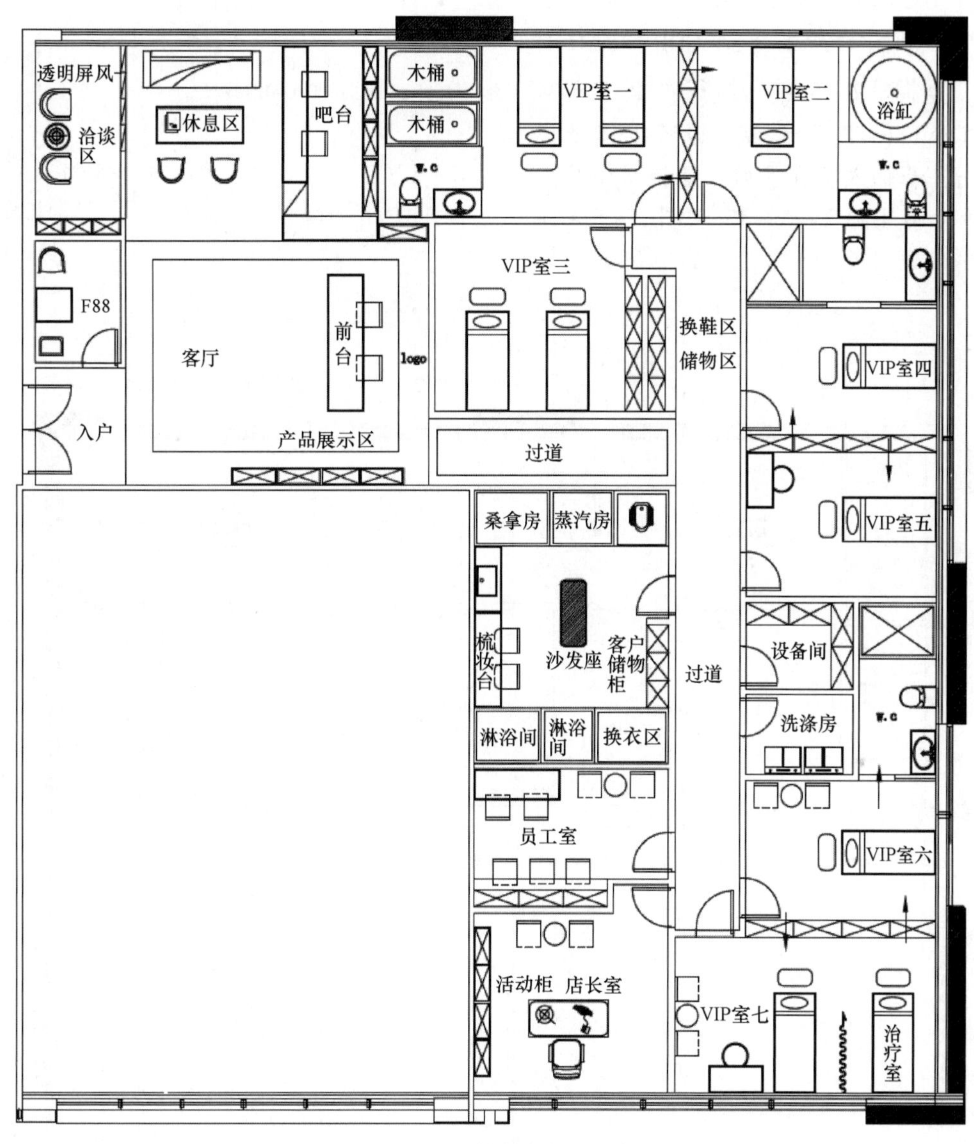

图 2－5－16　绘制完成的平面布置图

随堂练习：休闲空间平面布置图的绘制

实践目的：了解并掌握休闲空间平面布置绘制方法和步骤，掌握相关命令。

实践内容：休闲空间平面布置图的绘制。

实践步骤：请根据上述方法和步骤，绘制出休闲空间平面布置图。

知识面拓展

尝试根据原建筑结构图给出不同的平面布置方案。考虑此类养生会馆应该不止哪些家具？

三、休闲空间地面铺装图的绘制

下面将在绘制完成的平面布置图基础上，介绍地面铺装图绘制方法。

(1) 执行“复制 COPY（CO）”命令，复制图 2-5-3。执行“A 多行文字 MTEXT（MT）”命令，设置字体及字号，分三行输入所在区域、铺装材质及占地面积。获得图 2-5-17 和图 2-5-18 所示的效果。

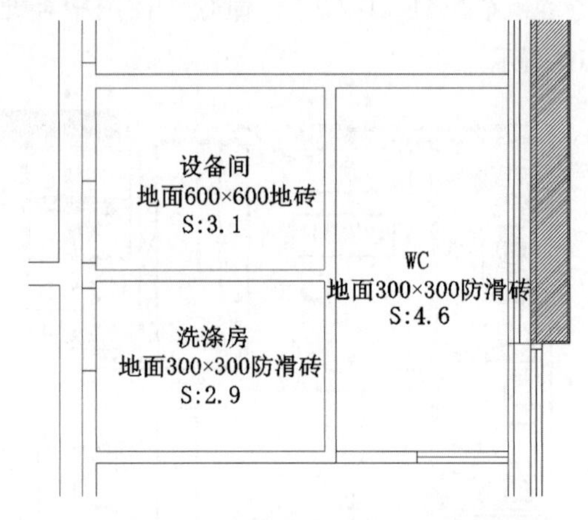

图 2-5-17　使用多行文字命令进行标注

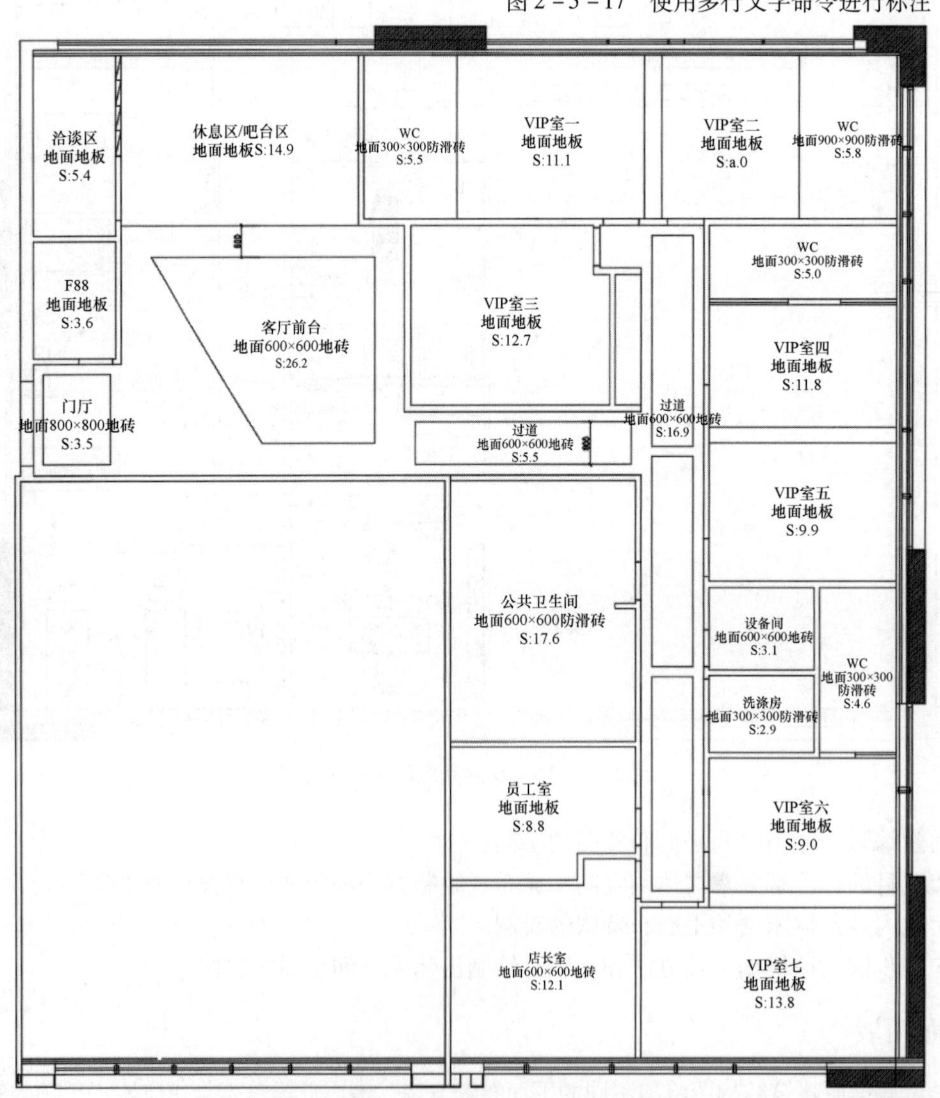

图 2-5-18　进行文字标注之后的地面铺装说明图

（2）执行“填充 HATCH（H）”命令，使用不同的图案对不同区域地面铺装进行填充。可以 DOLMIT 图案填充地板区域，以 USER 图案填充防滑地砖区域，以 AR－CONC 图案和 AR－SAND 图案填充过道地砖等。如图 2－5－19 所示。

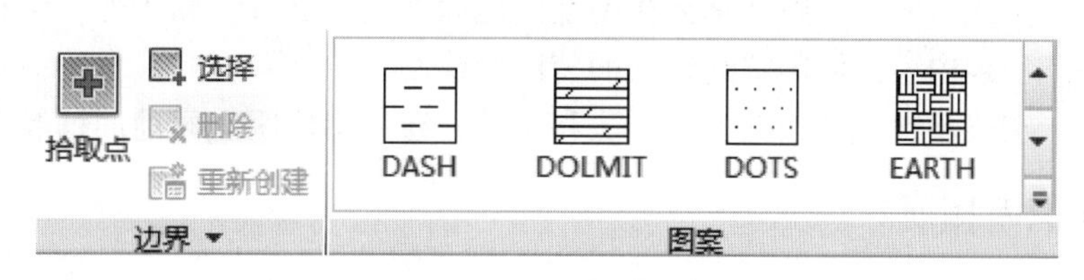

图 2－5－19　进行填充操作时的图案选界面

（3）调整地板或地砖的铺设方向，地板的铺设方向一般以房间的长边方向和入口所在方向来进行判断。在本案例中，采用与入口方向平行的方式铺设地板。经填充，最终获得地面铺装图，如图 2－5－20 所示。

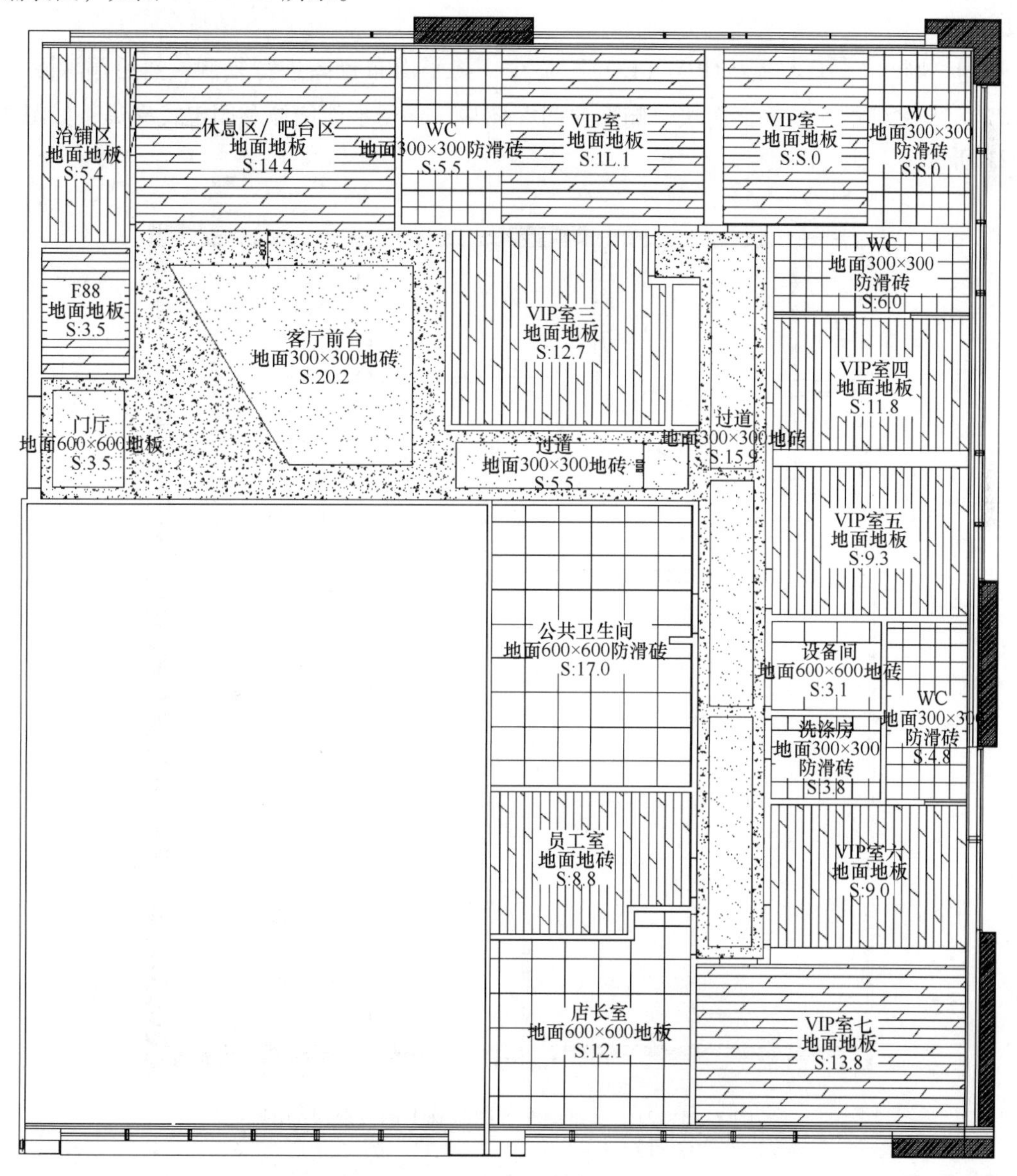

图 2－5－20　休闲空间地面铺装图

随堂练习：休闲空间地面铺装图的绘制

实践目的：了解并掌握休闲空间地面铺装绘制方法和步骤，掌握相关命令。

实践内容：休闲空间地面铺装图的绘制。

实践步骤：请根据上述方法和步骤，绘制出休闲空间地面铺装图。

知识面拓展

休闲空间常用的地面装饰材料有哪一些？地面铺装应该注意哪些问题？

四、休闲空间天花布置图与天花尺寸图的绘制

室内天花板的造型及灯具摆放的位置，需要通过天花布置图和天花尺寸图来展现，这些图纸将用于指导天花的加工和灯具的安装，是室内设计中重要的施工图之一。其主要步骤如下所述。

（1）执行“复制 COPY（CO）”命令，将平面布置图进行复制，然后删除除嵌入式固定家具之外的所有平面图块，删除“门”图块，保留平面墙体和固定式家具，如图 2－5－21 所示。

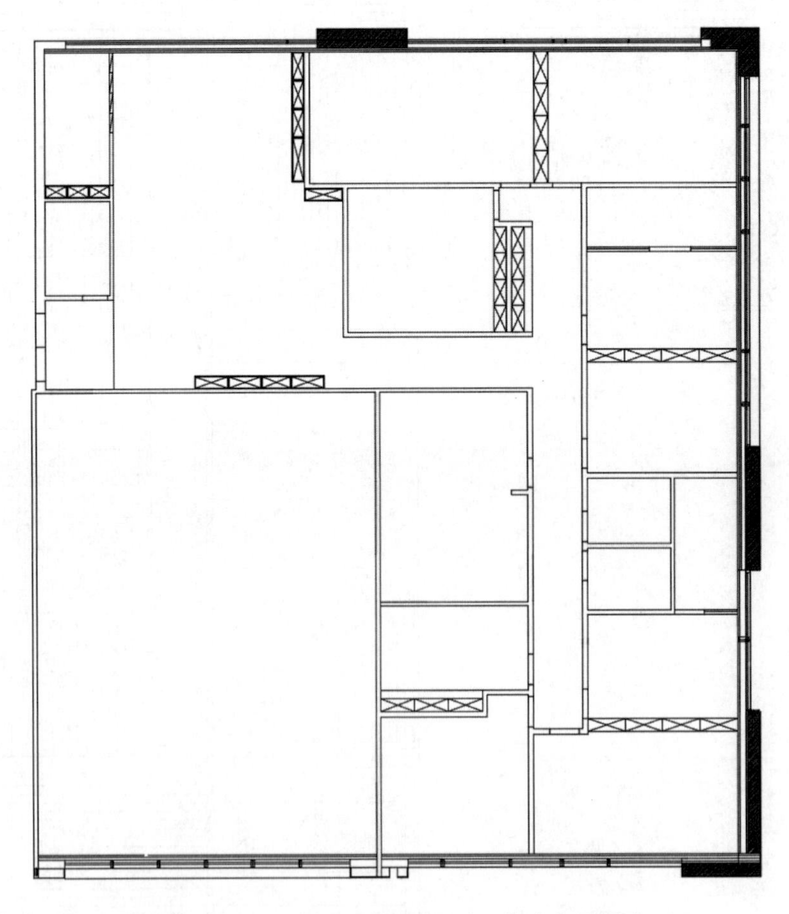

图 2－5－21　在平面布置图基础上修改获得的图

（2）执行“直线 LINE（L）”“偏移 OFFSET（O）”等命令，在图2－5－21的基础上为天花绘制顶棚线、窗帘盒等。如图2－5－22和图2－5－23所示。

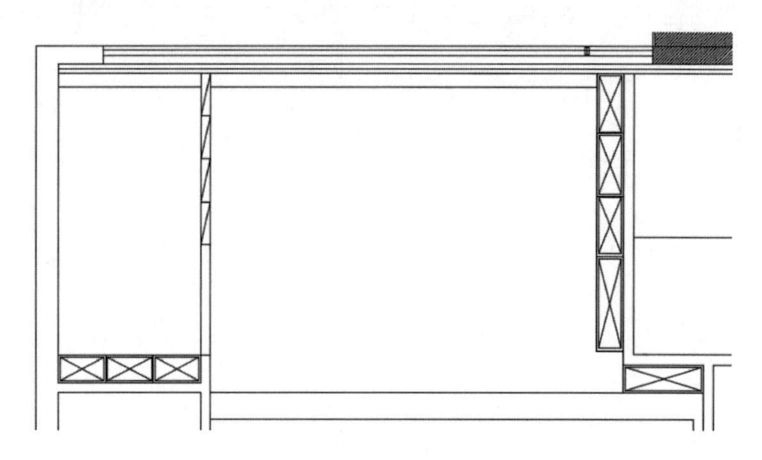

图2－5－22　绘制顶棚线和窗帘盒

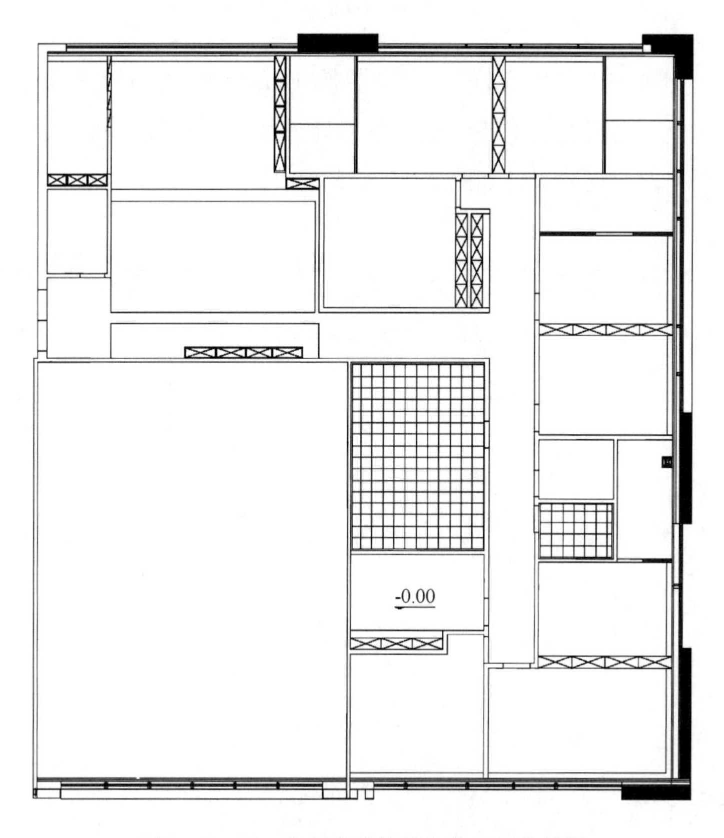

图2－5－23　绘制完顶棚线和窗帘盒的效果

（3）执行“偏移 OFFSET（O）”命令，对各房间的顶部边线向内侧进行偏移，偏移距离分别为150、50、20。调取“线型管理器”，修改后偏移出的两条边线的线型为“ACAD_ IS003W100”。如图2－5－24所示。

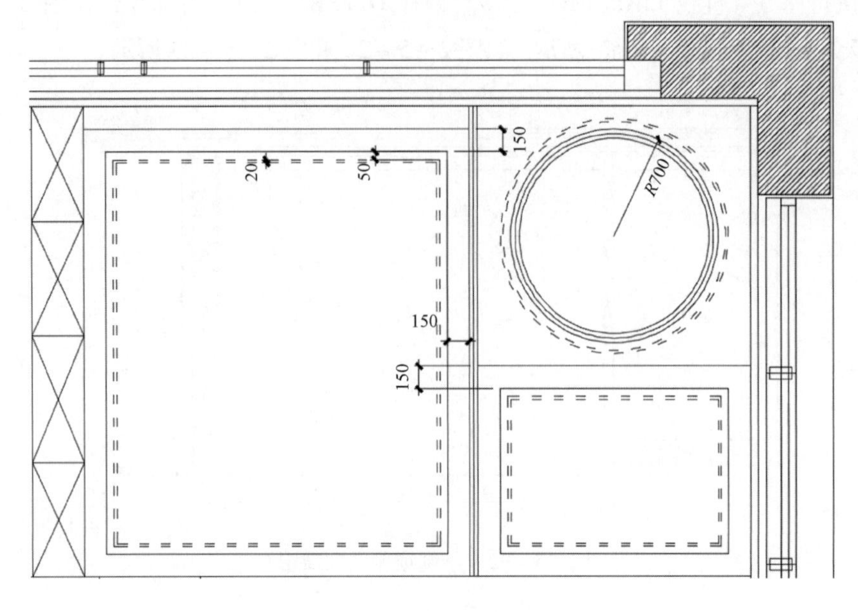

图 2-5-24　绘制各房间天花吊顶示意图

（4）执行“圆 CIRCLE（C）”、“椭圆 ELLIPSE（EL）”等命令，在合适的位置绘制圆形或椭圆形以丰富天花的造型，增加装饰性。如上一步骤，执行“偏移 OFFSET（O）”命令丰富和完善天花造型，如图 2-5-25 所示。

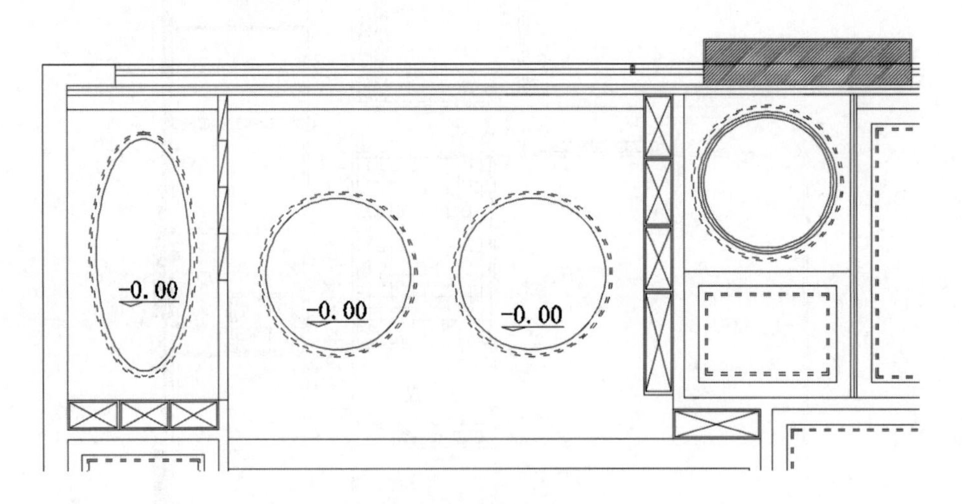

图 2-5-25　绘制各房间中带造型的天花吊顶

（5）重复上述步骤（3）和步骤（4），逐渐完善各房间的天花吊顶，如图 2-5-26 所示。

（6）执行“直线 LINE（L）”“圆 CIRCLE（C）”“偏移 OFFSET（O）”等命令绘制各种灯具。进一步将灯具在绘出的表格中排列，并使用“A 水平文字 MTEXT（T）”工具，在表格中注释文字，绘制成图例列表，如图 2-5-27 所示。

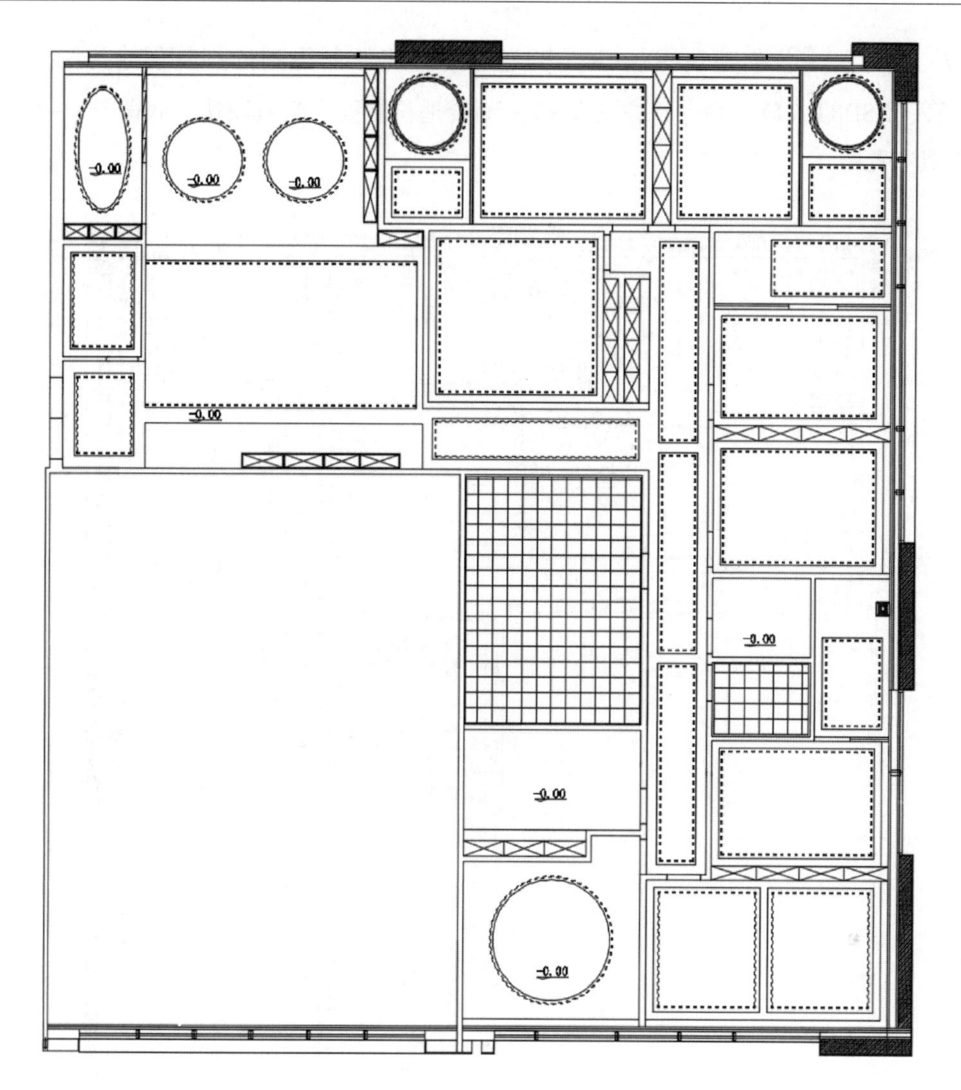

图 2-5-26　天花吊顶图

图例	名称	图例	名称
	豪华吊灯	B	壁灯/镜前灯
	艺术吊灯		筒灯
	小吊灯		石英射灯
	吸顶灯		导轨射灯
	防潮吸顶灯		日光灯带
	斗胆灯		吸顶排气扇
	浴霸		窗式排气扇

图 2-5-27　天花图中的图例

（7）执行“创建块 BLOCK（B）”命令，将绘制得到的灯具创建为图块。执行“插入 INSERT（I）”命令，在图 2－5－26 合适位置插入灯具图块。获得图 2－5－28 所示的灯具布置图。

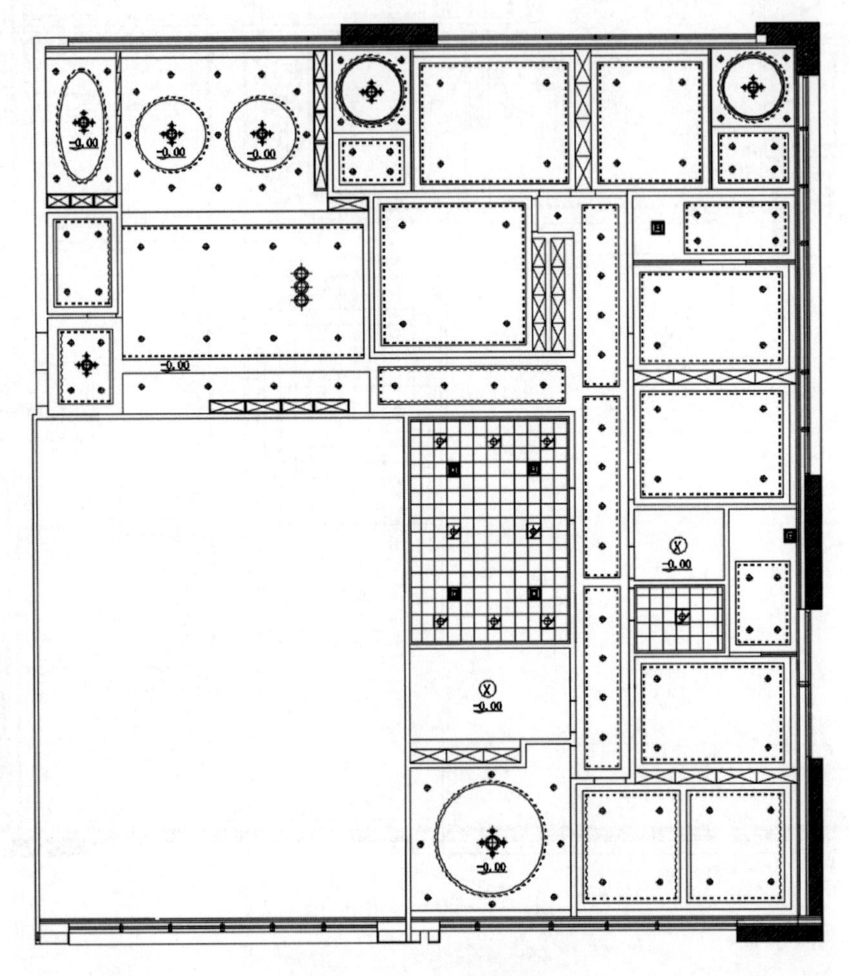

图 2－5－28　灯具布置图

（8）执行“圆 CIRCLE（C）”命令，划定详图绘制区域。执行“样条曲线 SPLINE（SPL）”绘制引出线，继续执行“圆 CIRCLE（C）”命令，绘制直径为“2700”的圆。就天花和前台背景之间的关系绘制详图。执行“水平文字 MTEXT（T）”命令，在图中标注部分工艺要点，如图 2－5－29 所示。重复上述步骤，获得天花布置图，如图 2－5－30 所示。

（9）在天花布置图的基础上，执行“线性标注 DIMLINEAR（DLI）”、“对齐标注 DIMALIGNED（DAL）”等标注命令，完成对天花图尺寸的标注，如图 2－5－31 所示。最终完成天花尺寸图。

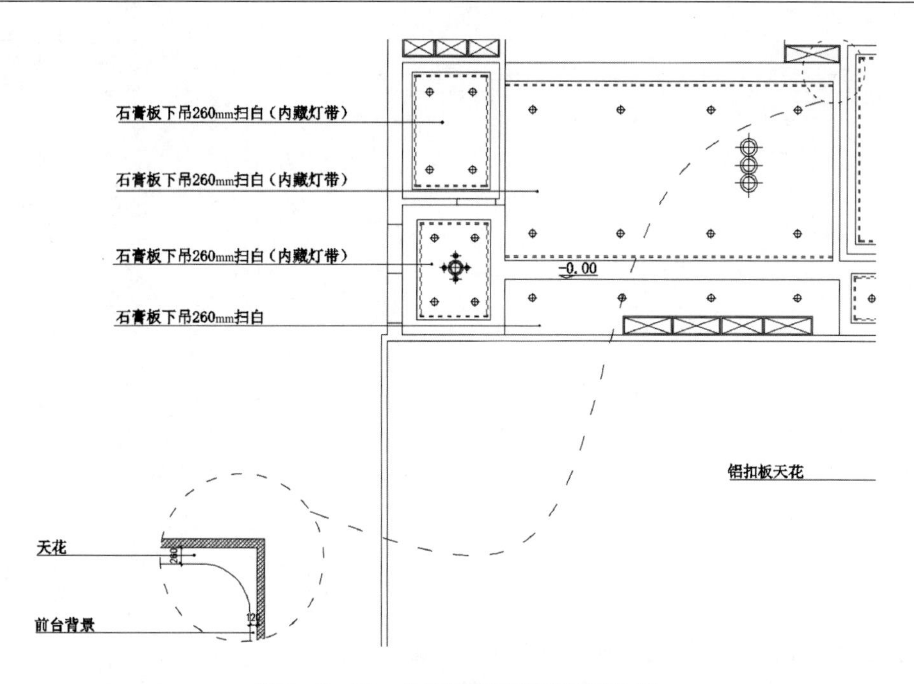

图 2－5－29　绘制局部详图并进行注释

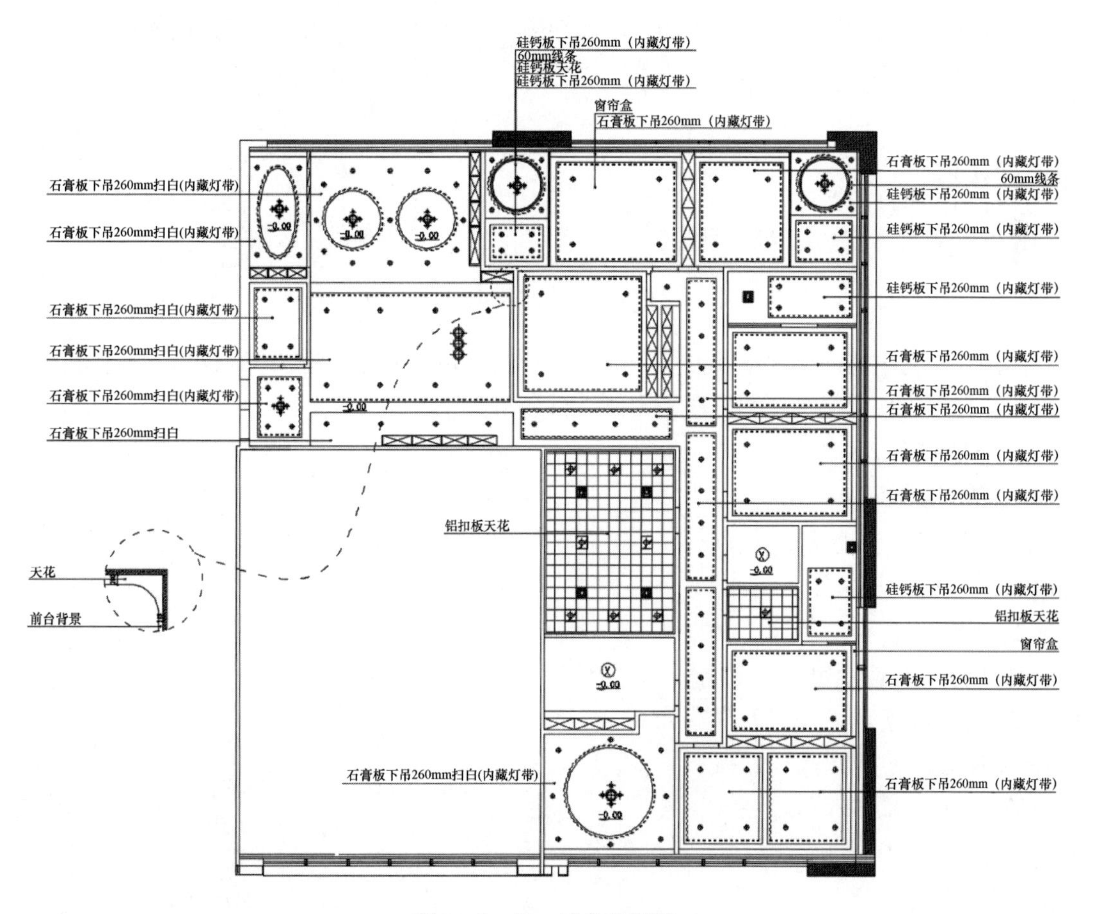

图 2－5－30　天花布置图

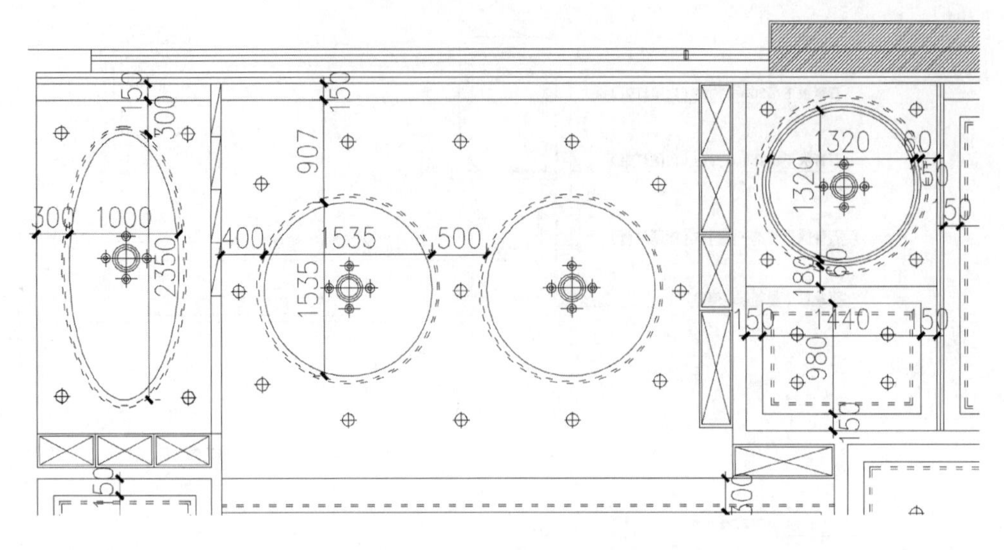

图 2－5－31　天花尺寸图的绘制

随堂练习：休闲空间天花布置图与天花尺寸图的绘制

实践目的：了解并掌握休闲空间天花布置图与天花尺寸图的绘制方法和步骤，掌握相关命令。

实践内容：休闲空间天花布置图、局部详图、灯具布置图、天花尺寸图的绘制。

实践步骤：请根据上述方法和步骤，绘制出休闲空间天花布置图、局部详图、灯具布置图、天花尺寸图。

知识面拓展

休闲空间常用的天花材料有哪些？灯具选择上应该重点考虑什么因素？

五、休闲空间电路图的绘制

休闲空间的电路图主要涉及开关和插座的布置，有时也会涉及音响、网络、监控线路的布置等。这里主要以开关图和插座图为例进行介绍。

（1）复制图 2－5－28 示出的灯具布局图，执行“样条曲线 SPLINE（SPL）”命令，将各灯具联系起来，并设定其开关的大致位置，如图 2－5－32 所示。需要注意的是，灯具开关的位置应当设置在入口附近，以方便使用。

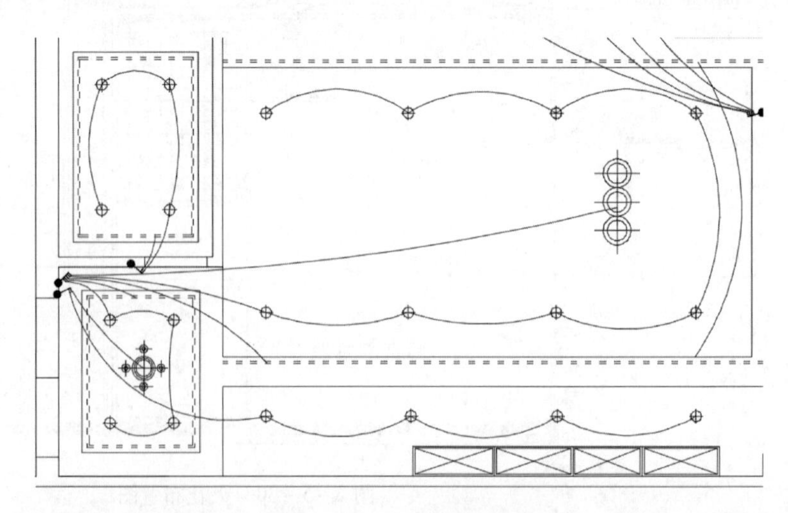

图 2－5－32　开关布置方式

（2）执行“ 矩形 RECTANG（REC）”及“ 偏移 OFFSET（O）”命令，绘制开关类型图，如图2－5－33所示。

（3）执行“ 复制 COPY（CO）”命令，将各开关控制器放置于对应位置，划分各开关控制灯具，获得开关控制图，如图2－5－34所示。

	单联暗装一位开关		双联暗装二位开关
	单联暗装二位开关		双联暗装三位开关
	单联暗装三位开关		双联暗装四位开关
	单联暗装四位开关		双联暗装五位开关
	单联暗装五位开关		配电箱
	双联暗装一位开关		

图2－5－33　开关类型图

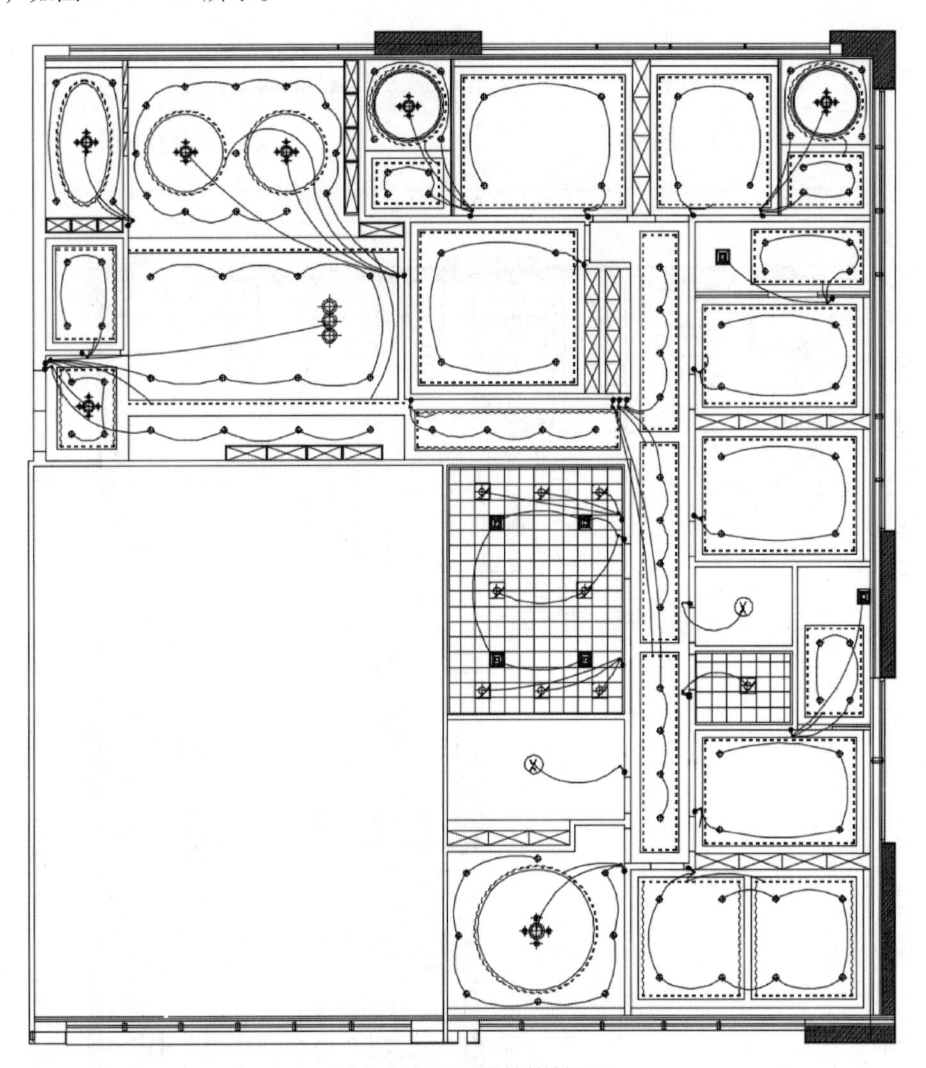

图2－5－34　开关控制图

（4）执行“ 矩形 RECTANG（REC）”及“ 偏移 OFFSET（O）”命令，绘制插座类型图，对各用途类型插座做出图示示意，如图2－5－35所示。

（5）执行“复制 COPY（CO）”命令，根据房屋功能需求，合理布置各类型插座，如图 2－5－36 所示。

（6）添加其余插座，最终效果图如图 2－5－37 所示。

	普通插座
G	冰箱插座
	防水插座
TV	电视插座
T	电话插座
N	网络插座
Y	音响插座
F	地　插
AC	空调插座

图 2－5－35　插座类型图

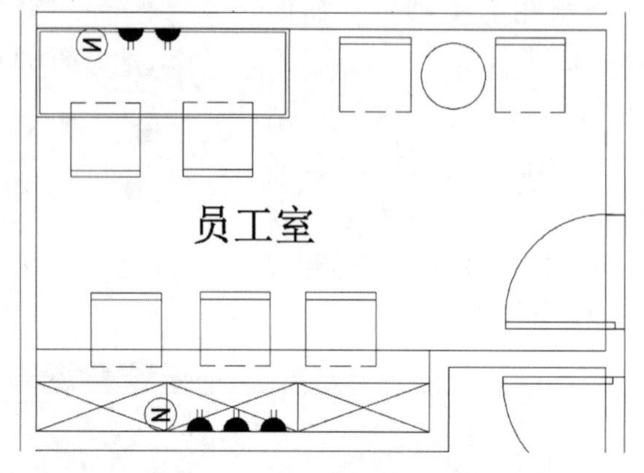

图 2－5－36　插座分布图

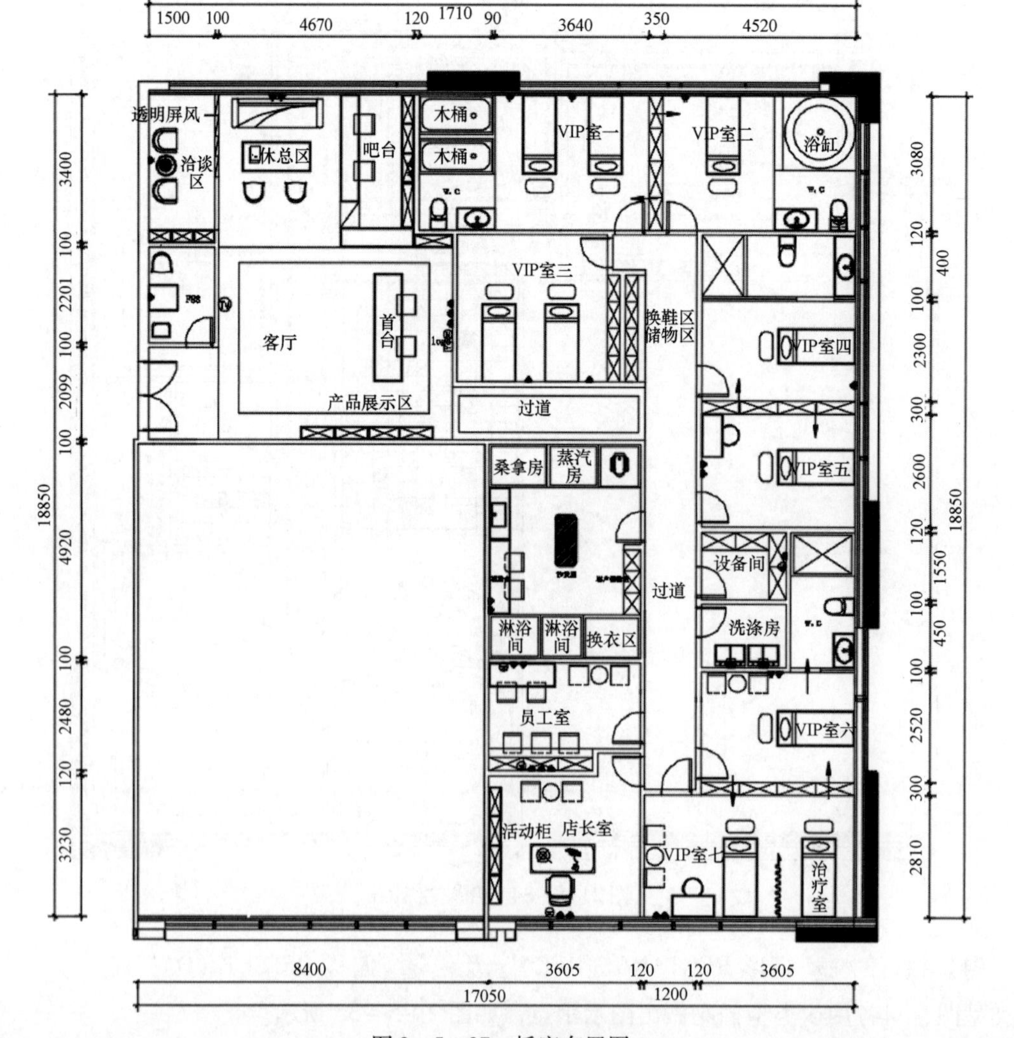

图 2－5－37　插座布置图

随堂练习：电路图的绘制

实践目的：了解并掌握开关布置图、插座布置图的绘制方法和步骤，掌握相关命令。

实践内容：休闲空间开关布置图、插座布置图的绘制。

实践步骤：请根据上述方法和步骤，绘制出开关布置图、插座布置图。

知识面拓展

开关布置、插座布置过程中应该考虑哪一些因素？

六、休闲空间水路图的绘制

该休闲空间涉及水路改造，需要考虑上下水的位置以及冷水和热水的布置。具体绘制过程如下：

（1）执行“复制 COPY（CO）”命令，将平面布置图进行复制。选中经复制得到的平面布置图，点击“对象颜色”将线条颜色修改为“索引颜色 8，RGB 色值为：128，128，128”。更改所在图层，设定冷水管的颜色为绿色，线型为 BYLAYER；设定热水管的颜色为红色，线型为 ACAD_ IS003W100。如图 2－5－38 所示。

（2）执行“直线 LINE（L）”“圆 CIRCLE（C）”“填充 HATCH（H）”等命令绘制水路图中的图例示意图。经排列，可绘得图 2－5－39 所示的图例。

冷水管:	——————————
热水管:	－ － － － － － － －

图 2－5－38　水管线型示意图

	入户水阀		坡度
	排水管位		冷水管口位
	水龙头		热水管口位
M	热水器		地漏

图 2－5－39　水路图图例

（3）执行“直线 LINE（L）”、“复制 COPY（CO）”命令，绘制出冷热水管，并使用特性匹配功能修改线条的线型。最终绘制出图2－5－40 和图 2－5－41 所示的水路图。

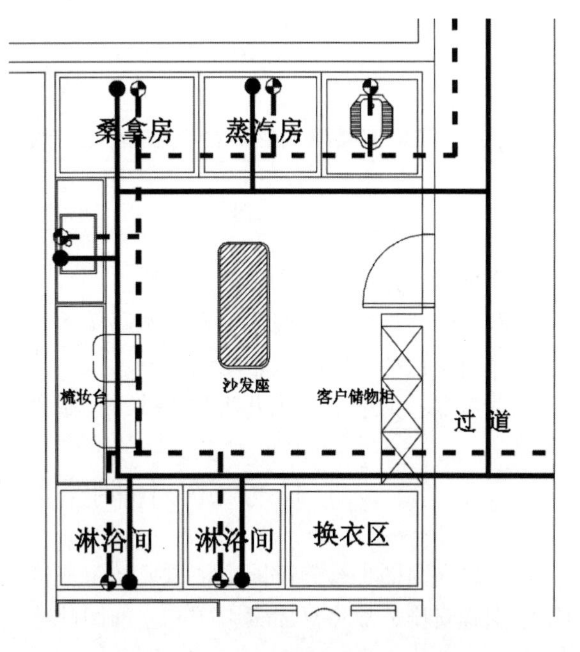

图 2－5－40　公共卫生间的水路图

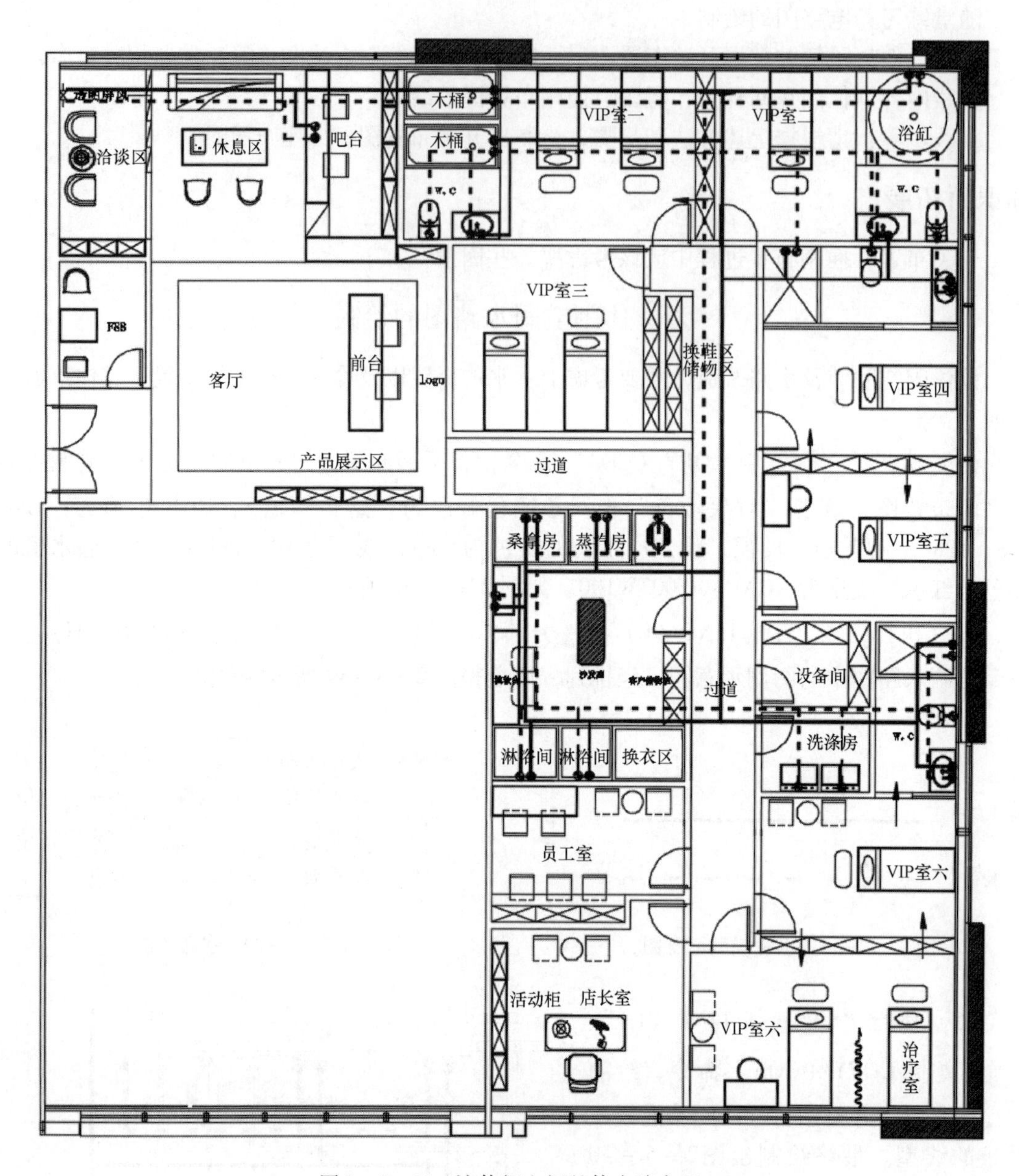

图 2-5-41　该休闲空间整体水路布置

随堂练习： 休闲空间水路图的绘制

实践目的：了解并掌握休闲空间水路图的绘制方法和步骤，掌握相关命令。

实践内容：休闲空间水路图的绘制。

实践步骤：请根据上述方法和步骤，绘制出水路图。

任务二　休闲空间立面图的绘制

当然，立面图也是施工图中很重要的组成部分。由于本案例中立面图的内容比较丰富，为便于课程安排，故将立面索引图和立面图的绘制作为一节进行专门的介绍。

一、立面索引图的绘制

（1）复制单个详图符号，执行“旋转 ROTATE（RO）”“镜像 MIRROR（MI）”命令，绘制剖面详图符号，如图 2－5－42 所示。

（2）执行“复制 COPY（CO）”命令，复制详图符号至室内各空间对应区域，指定需要绘制立面详图的区域，并完成各空间详图的编号，如图 2－5－43 所示。

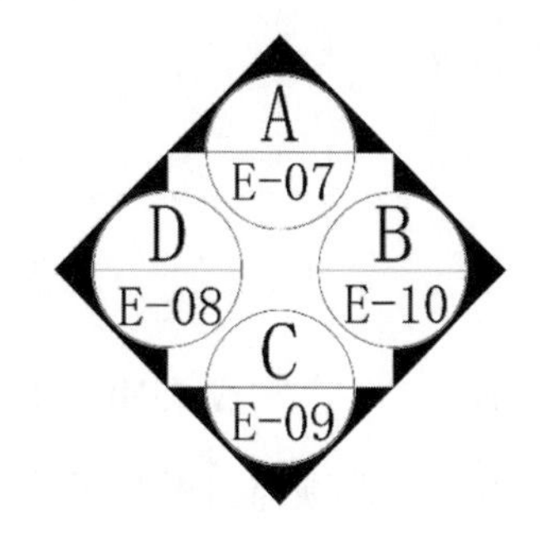

图 2－5－42　绘制剖面详图符号

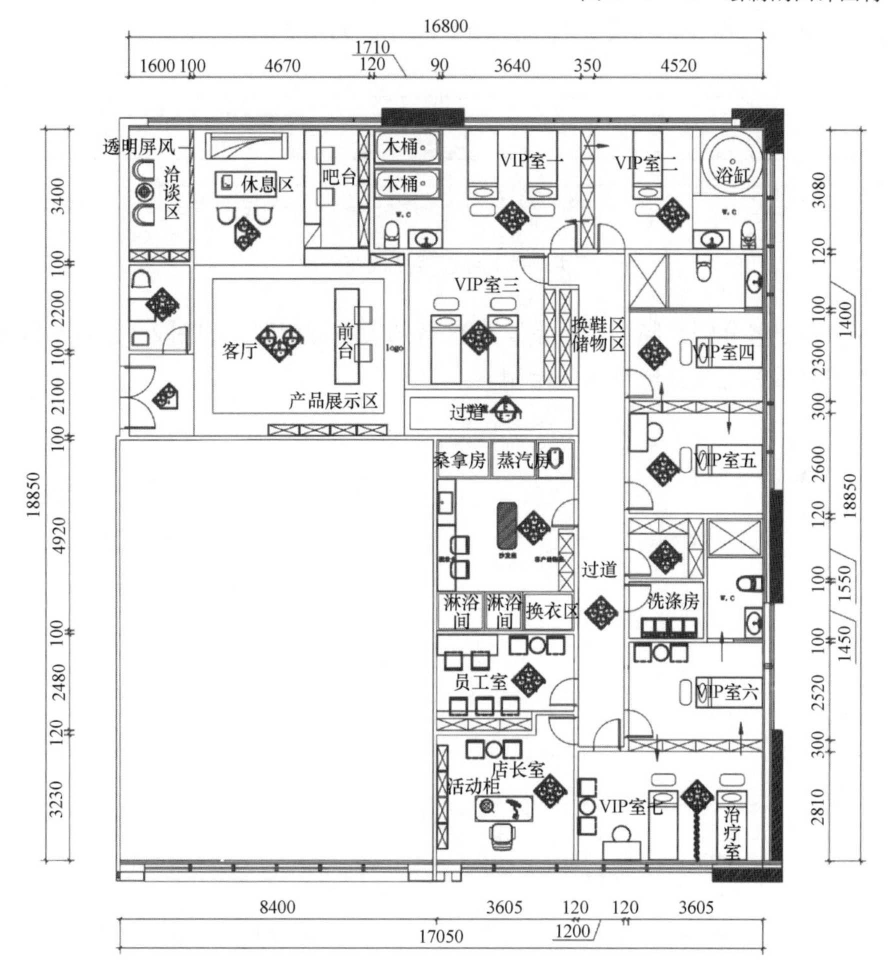

图 2－5－43　布置剖面详图符号

二、局部剖面图的绘制

（1）执行“复制 COPY（CO）”命令，复制“客厅天花图”，执行“矩形 RECTANG（REC）”命令，划定绘制剖切图的区域，如图 2－5－44 所示。

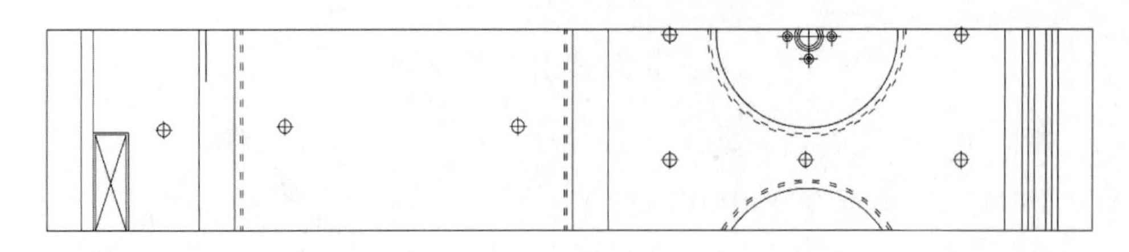

图 2－5－44　复制客厅天花图

（2）执行“直线 LINE（L）”命令，通过绘制纵向直线辅助线，绘制吊顶内部结构中不锈钢龙骨、吊顶饰面板等部件。并依据设计方案，绘制吊顶造型。执行“插入图块 INSERT（I）”命令，于对应位置插入“照明灯具”图块。执行“线性标注 DIMLINEAR（DLI）”命令，完成天花剖面图的标注，如图 2－5－45 所示。

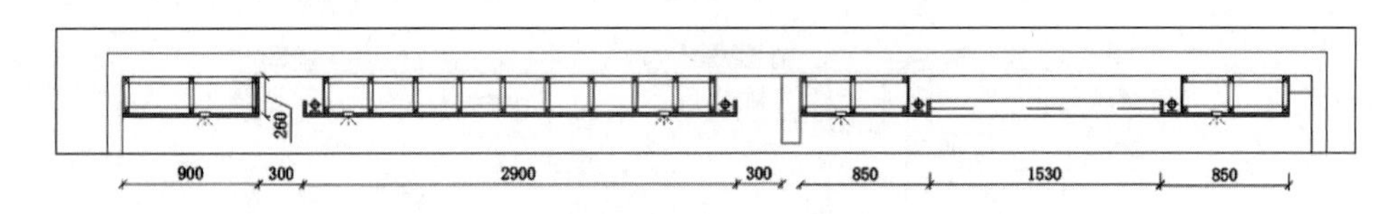

图 2－5－45　标注客厅天花剖面图

（3）按相同布置分别绘制“洽谈室”等区域的天花剖面图，如图 2－5－46 和图 2－5－47 所示。依次类推，完成其他空间的绘制。

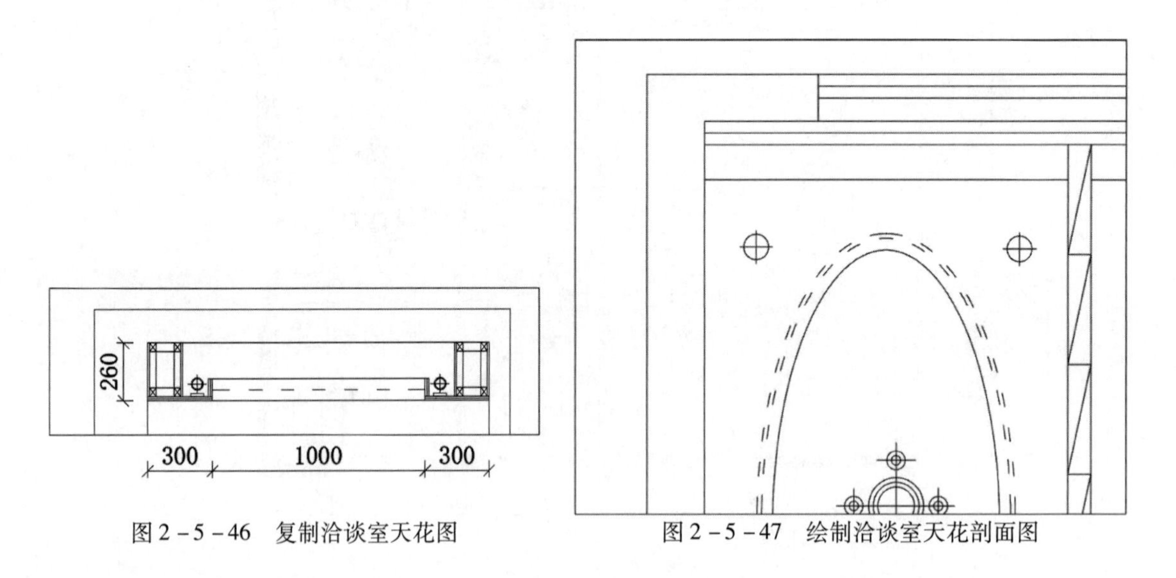

图 2－5－46　复制洽谈室天花图

图 2－5－47　绘制洽谈室天花剖面图

三、绘制 F88 空间立面图

（1）复制“F88 室”空间平面图，执行“直线 LINE（L）”命令，绘制分割线，将四个立面绘制在同一个立面区域。分别执行直线命令，绘制各平面对应墙体立面。执行“插入图块 INSERT（I）”命令，插入装饰框。执行“直线 LINE（L）”命令，绘制墙体踢脚线，如图 2－5－48 所示。

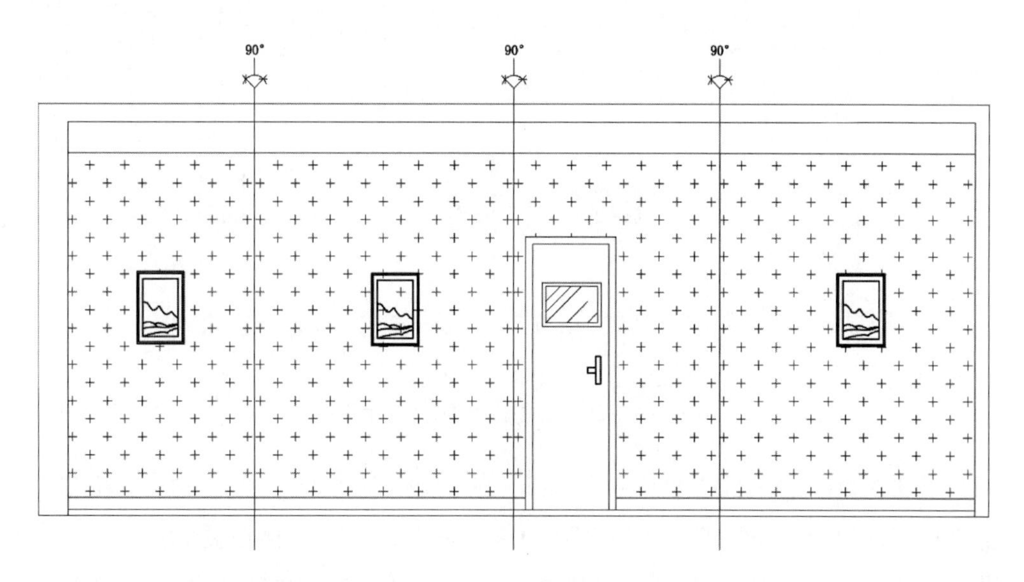

图 2－5－48　绘制 F88 空间立面图

（2）将“标注层”设置为当前层，执行“线性标注 DIMLINEAR（DLI）”命令，完成对该立面尺寸与材质的标注说明，如图 2－5－49 所示。

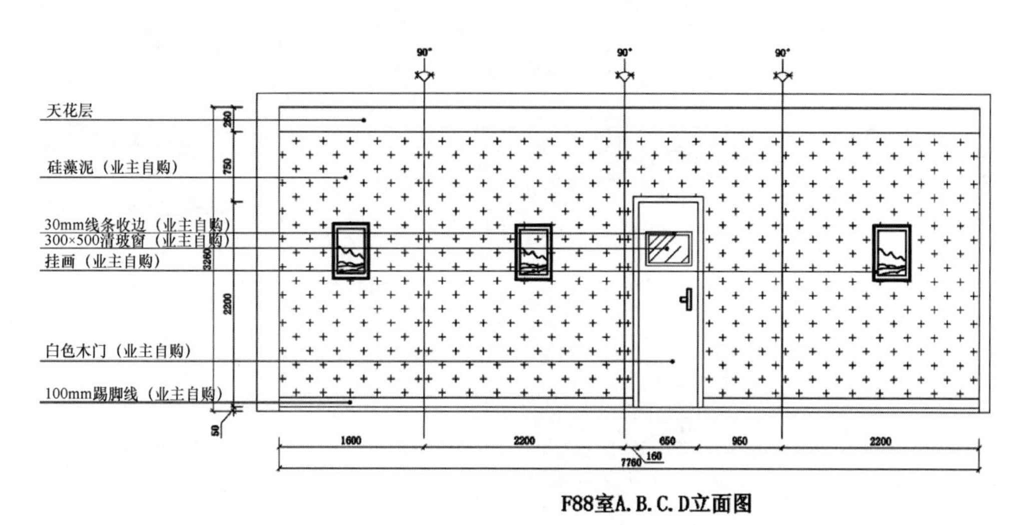

图 2－5－49　标注 F88 空间立面图

（3）执行“复制 COPY（CO）”命令，复制“过道详图 D、C”所指平面图区域。执行“直线 LINE（L）”命令，作纵向垂直辅助线，绘制立面图结构线。执行“直线 LINE（L）”命令，绘制“单开门”“灯饰”等物件，并创建成块。执行“复制 COPY（CO）”命令，将复制图块至对应区域，如图 2－5－50 所示。

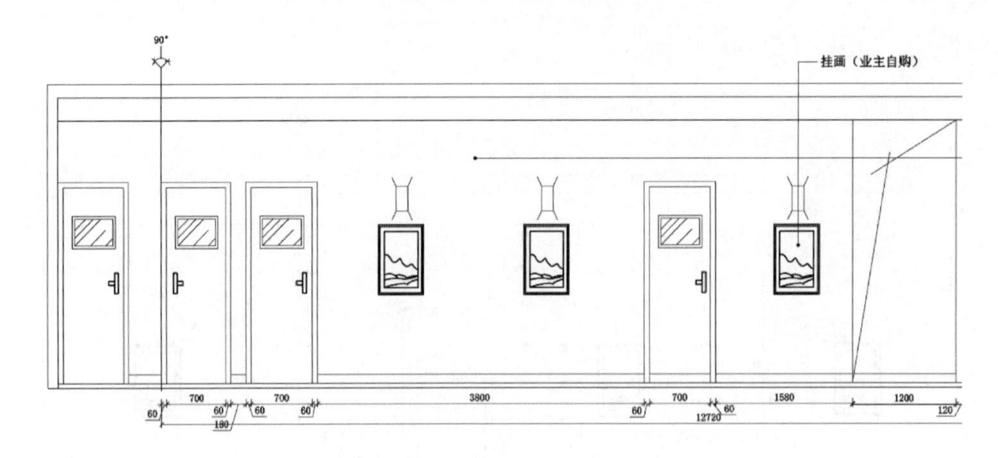

图 2－5－50　绘制过道 D、C 立面图

（4）继续执行“直线 LINE（L）”与“偏移 OFFSET（O）”命令，绘制“换鞋区”立面样式，执行“偏移 OFFSET（O）”命令，绘制柜体厚度。执行“填充 HATCH（H）”命令，“CROSS”图案，比例“70”，填充换鞋区背部墙体区域。执行“线性标注 DIMLINEAR（DLI）”命令，对该立面进行尺寸标注与材质说明，如图 2－5－51 所示。

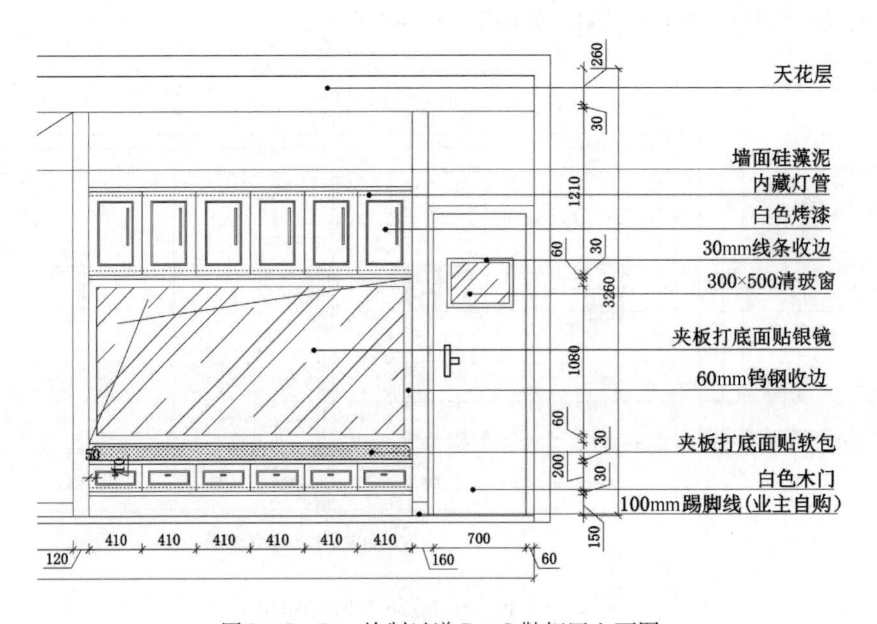

图 2－5－51　绘制过道 D、C 鞋柜区立面图

（5）执行“复制 COPY（CO）”命令，复制“VIP 室一详图 D”所指平面图区域。执行“直线 LINE（L）”命令，绘制立面图结构线。执行“插入图块 INSERT（I）”命令，插入“洗脸盆”图块。执行“填充 HATCH（H）”命令，对墙体等材质进行填充。执行“线性标注 DIMLINEAR（DLI）”命令，完成立面图的标注，如图 2－5－52 所示。

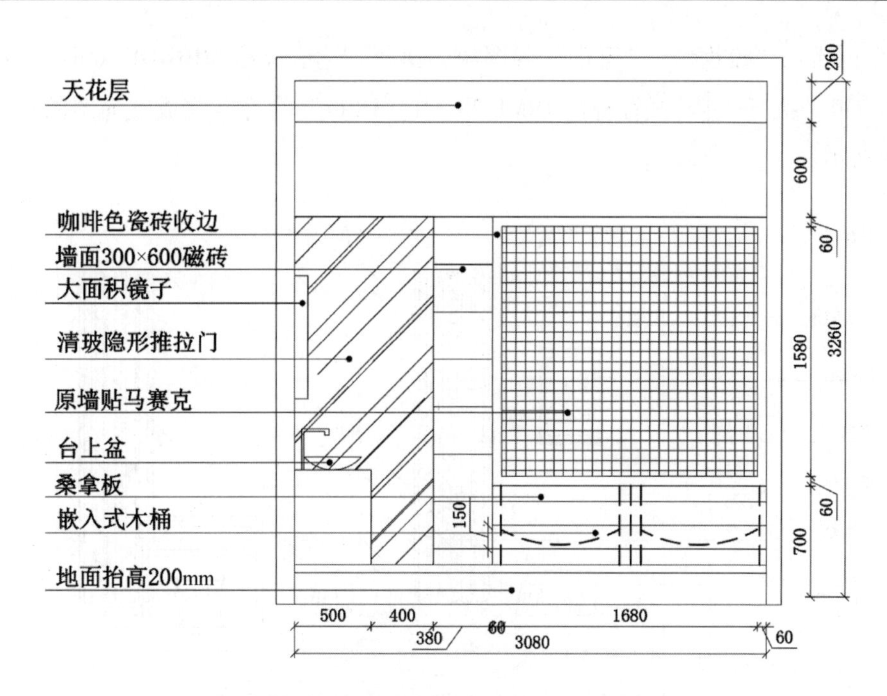

图 2－5－52　绘制 VIP 室一 D 立面图

（6）执行“复制 COPY（CO）”命令，复制“VIP 室六详图 B”所指平面图区域。执行“直线 LINE（L）”命令，绘制立面图结构线。执行“插入图块 INSERT（I）”命令，插入“洗脸盆”“花洒”“马桶”等图块。执行“直线 LINE（L）”与“偏移 OFFSET（O）”命令，绘制“窗帘”，执行“创建块 BLOCK（B）”命令，将“窗帘”创建成块。执行“镜像 MIRROR（MI）”命令，获得另一侧窗帘。执行“线性标注 DIMLINEAR（DLI）”命令，完成立面图的标注，如图 2－5－53 所示。

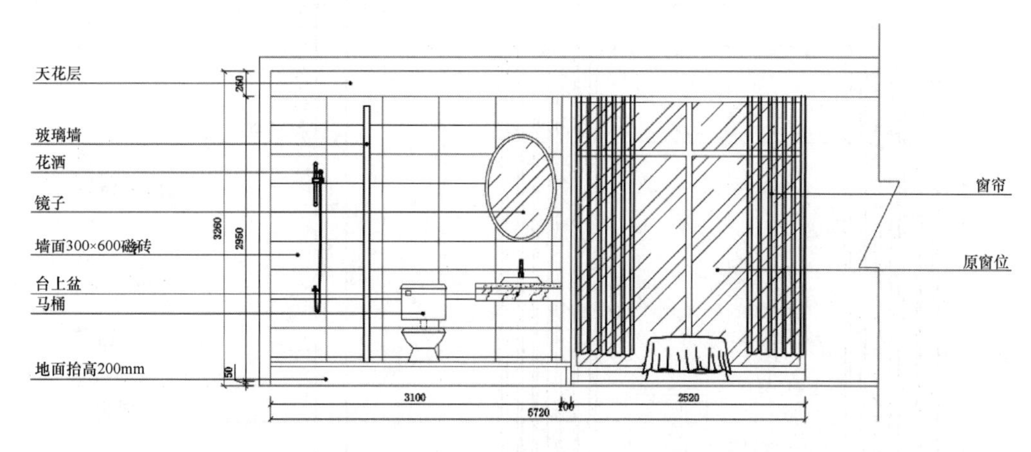

图 2－5－53　绘制 VIP 六 B 立面图

（7）执行“复制 COPY（CO）”命令，复制“VIP 七柜子详图编号 C”所指平面图区域。执行“直线 LINE（L）”命令，绘制立面图结构线。执行“插入 INSERT

(I)”命令，插入“梳妆台”“窗帘”等图块。执行“镜像 MIRROR（MI）”命令，获得另一侧窗帘。执行“线性标注 DIMLINEAR（DLI）”命令，完成立面图的标注，如图 2－5－54 所示。

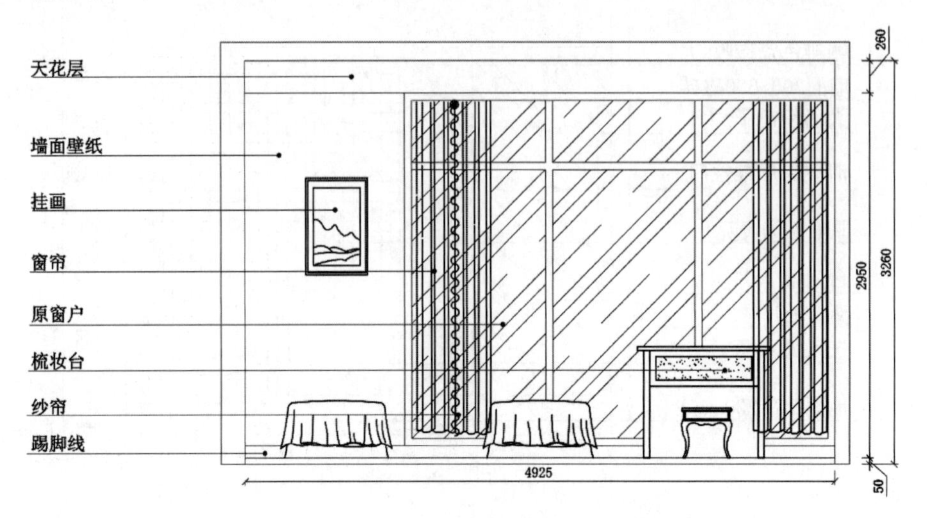

图 2－5－54　绘制 VIP 七柜子详图 C 立面图

（8）执行“复制 COPY（CO）”命令，复制“店长室详图 C 所指平面区域”。执行“直线 LINE（L）”命令，绘制立面图结构线。执行“插入图块 INSERT（I）”命令，插入“办公桌”图块。执行“插入图块 INSERT（I）”命令，插入“梳妆台”“窗帘”等图块。执行“线性标注 DIMLINEAR（DLI）”命令，完成立面图的标注，如图 2－5－55 所示。

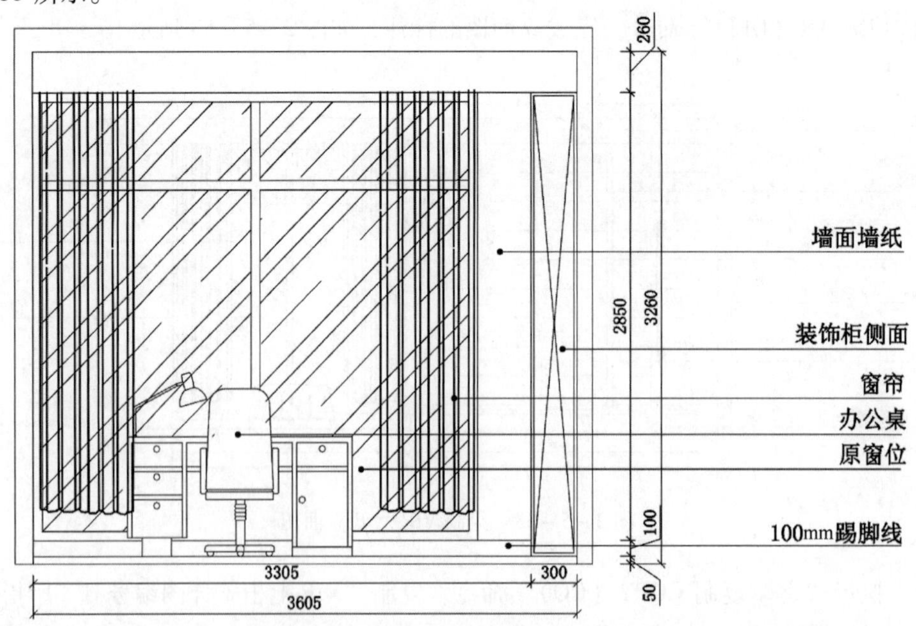

图 2－5－55　绘制店长室 C 立面图

(9) 执行“复制 COPY (CO)”命令，复制“卫生间详图 B 所指平面区域”。执行“直线 LINE (L)”命令，绘制立面图结构线。执行“偏移 OFFSET (O)”命令，偏移获得墙体非标准瓷砖的填充样式。执行“插入图块 INSERT (I)”命令，插入化妆桌等图块，并执行“修剪 TRIM (TR)”命令，修剪多余直线。执行填充命令，分别填充“镜子”与“理石”材质并完成立面图的标注，如图 2-5-56 所示。

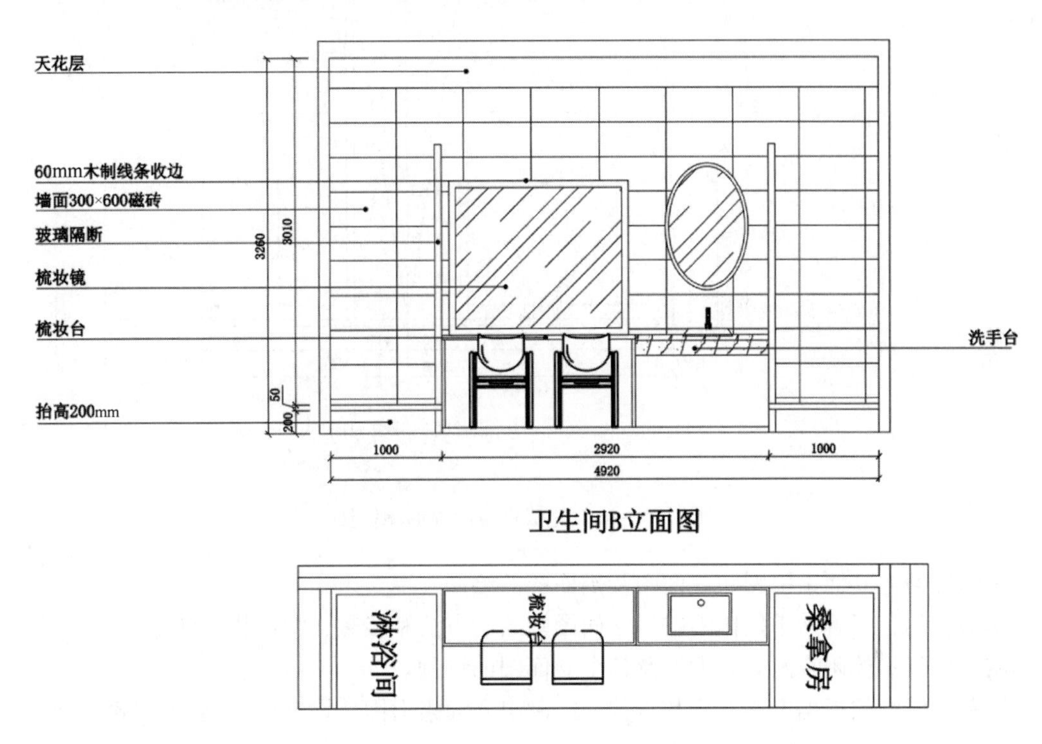

图 2-5-56　绘制卫生间 B 立面图

(10) 执行“复制 COPY (CO)”命令，复制“设备间平面图”，依据详图编号指示，绘制设备间 A、B 立面图。执行“直线 LINE (L)”命令，沿平面图尺寸绘制墙体立面图，执行“偏移 OFFSET (O)”命令，偏移获得立面顶部墙线及房顶厚度，继续执行“直线 LINE (L)”命令，绘制立面 A、B 分隔线。按既定尺寸，执行“偏移 OFFSET (O)”与“直线 LINE (L)”命令，绘制柜体并对柜体绘制“折线”示意及柜门开关方向，如图 2-5-57 所示。

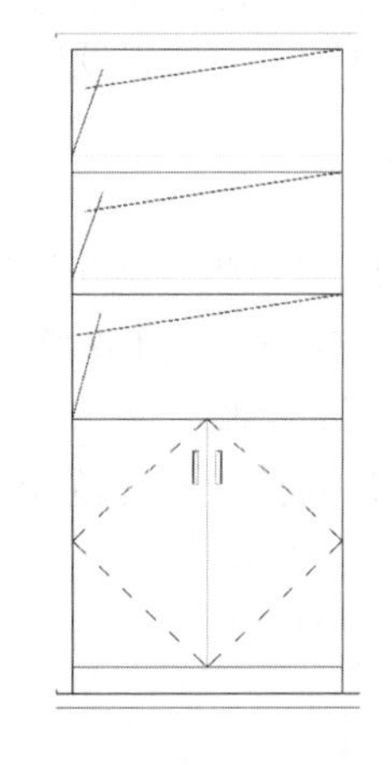

图 2-5-57　绘制柜体

(11)“修改标注样式 DIMSTYLE (D)”命令，设置标注样式，确定合理的标注样式，执行“线性标注 DIMLINEAR (DLI)”命令，完成立面图与使用材质的标注，最终效果如图 2-5-58 所示。

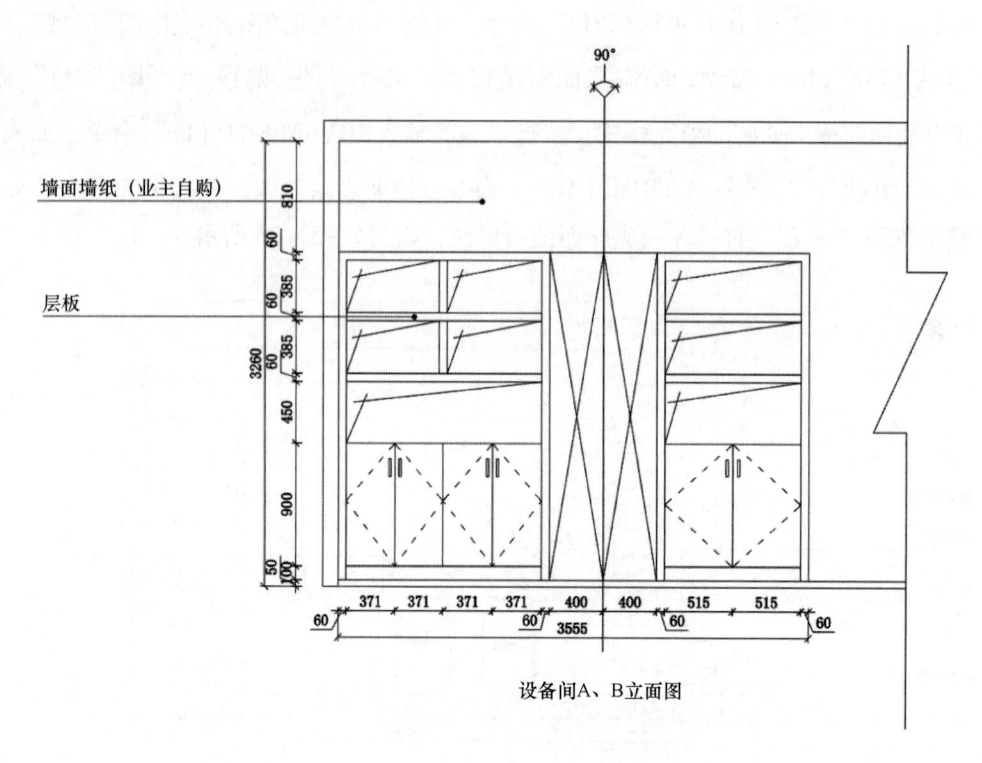

图 2-5-58　完成设备间立面图标注

随堂练习：立面索引图和立面图及剖面图的绘制

实践目的：了解并掌握休闲空间立面图的绘制方法和步骤，掌握相关命令。

实践内容：休闲空间立面索引及各个立面图的绘制。

实践步骤：请根据上述方法和步骤，绘制出立面索引图、设备间立面图、F88 空间立面及源文件中的其他立面图、剖面图。

知识面拓展

熟练掌握有关立面索引制图的国家规范。

休闲空间装修设计中立面可以使用哪些装饰材料？

综合练习

1. 画出教材电子资源内的其他休闲空间的施工图纸。画图时，可以参考电子资源内提供的休闲空间施工图纸的范例和效果图进行绘制。也可以根据原建筑结构图自行设计，进行施工图的绘制。

2. 考虑此类休闲养身会馆在设计过程中应该注重哪些方面的设计问题。

模块六　图纸的输出与打印

图纸绘制完成以后，我们可将其打印成纸质文件或者是输出成其他格式文件以供保存。所以，图纸的打印和输出是绘图工作的最后一步，也是 AutoCAD 操作的一个重要环节。

任务一　配置绘图设备

学习目标：掌握 AutoCAD 打印时绘图设备的配置方法。

应知理论：AutoCAD 图纸保存，计算机基础知识。

应会技能：能够在打印时进行绘图设备的配置。

学习任务描述

一、案例分析

本案例是在打印时对绘图设备进行配置。

二、添加新的输出设备

单击 AutoCAD 软件中“文件”菜单栏中的“绘图仪管理器”选项，打开“Plotters”文件窗口，如图 2－6－1 所示。双击“添加绘图仪向导”图标，弹出“添加绘图仪—简介”对话框，点击“下一步”按钮，弹出“添加绘图仪—开始”对话框，如图 2－6－2 所示。

图 2－6－1　“Plotters”文件窗口

如果需要添加系统默认的打印机，可以点选图 2－6－2 中的“系统打印机”选项，点击下一步，然后按照提示完成打印设备的添加。

如果需要添加已有打印机，可以点选图 2－6－2 中的“我的电脑”选项，弹出“绘图

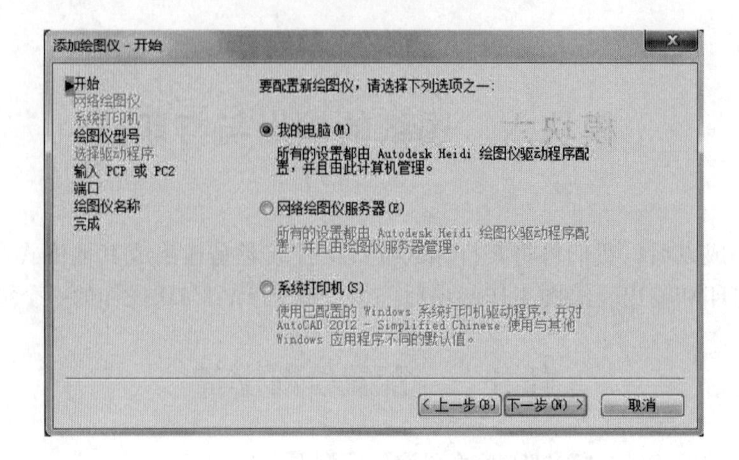

图2-6-2　“添加绘图仪—开始”菜单

仪型号”对话框，如图2-6-3所示。选择打印机的生产商、型号，然后按照提示完成已有打印设备的添加。

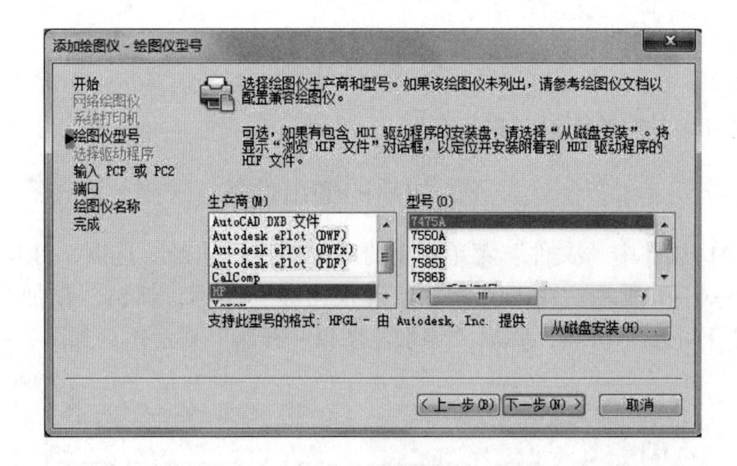

图2-6-3　“绘图仪型号”对话框

（1）打开前面绘制完成的“普通居室施工图.dwg”文件为当前图形文件。

（2）输入组合命令 Ctrl + P，弹出【打印 - 模型】对话框。

（3）在【打印 - 模型】对话框中的【打印机/绘图仪】选项区域中的【名称】下拉列表框中选择系统所使用的绘图仪类型，本例中选择“DWF6 ePlot -（A3 - H）.pc3”型号的绘图仪作为当前绘图仪。

（4）在【图纸尺寸】选项区域中的【图纸尺寸】下拉列表框内选择“ISO A3（420.00mm × 297.00mm）”图纸尺寸。

（5）在【打印比例】选项区域内勾选【布满图纸】复选框。

（6）在【打印区域】选项区域的【打印范围】下拉列表框中选择“窗口”进入窗口选择要打印的图纸“开关布置图”。

（7）在设置完的【打印 - 模型】对话框中单击【预览】按钮，进行预览，如图2-6-4所示。

（8）如对预览结果满意，就可以单击预览状态下工具栏中的打印按钮进行打印输出。

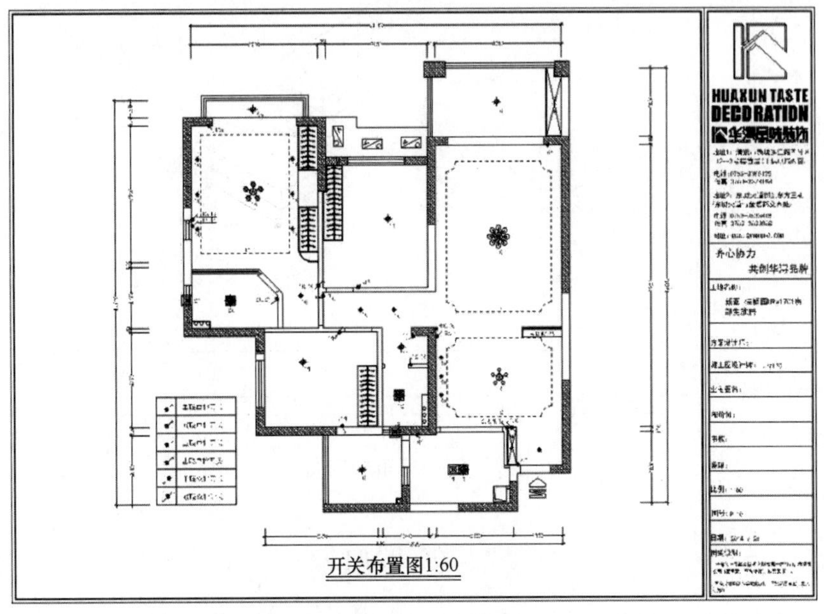

图 2－6－4　开关布置图预览

知识面拓展

尝试添加系统默认打印机和网络绘图仪器服务器。

作业思考

AutoCAD 绘图完成后应怎样配置绘图设备？

任务二　布局设置

学习目标：掌握 AutoCAD 打印时布局设置的方法。
应知理论：AutoCAD 图纸保存，计算机基础知识。
应会技能：能够在打印时进行布局设置。

学习任务描述

一、案例分析

本案例以打印沙发图纸为例，对图纸进行布局设置。

二、打开图纸，切换到布局空间

点击“文件”菜单栏中的“打开”选项，选择已绘制好的“沙发三维造型图”，将其打开。点击软件下方的“布局选项卡”按钮，切换到布局空间，如图 2－6－5 所示。

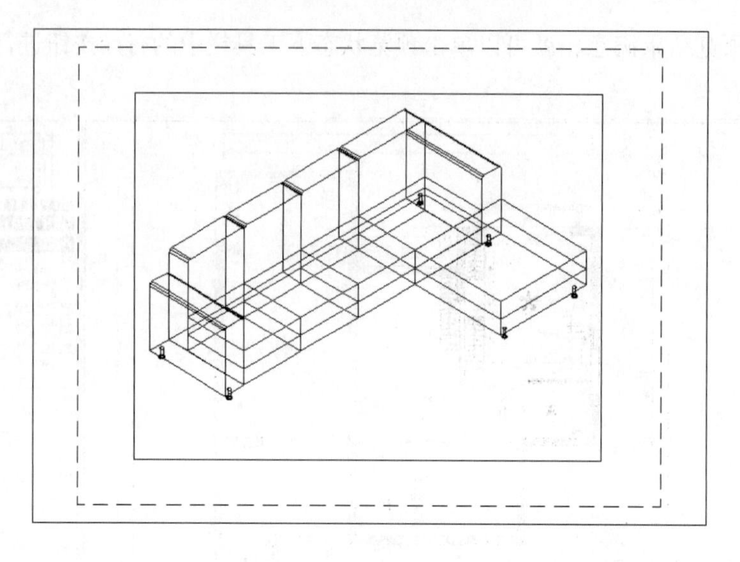

图 2－6－5　布局空间

三、创建视口

鼠标点击沙发视口的框线，删除该视口。然后点击“视图”菜单中的“视口”选项，选择四个视口，按回车键让四个视口布满整张图纸，如图 2－6－6 所示。点击状态栏中的“图纸” 图纸 按钮或者双击视口，切换到模型空间，利用“三维视图（v）”命令将四个视口中的图形转换到合适的视角，如图 2－6－7 所示。

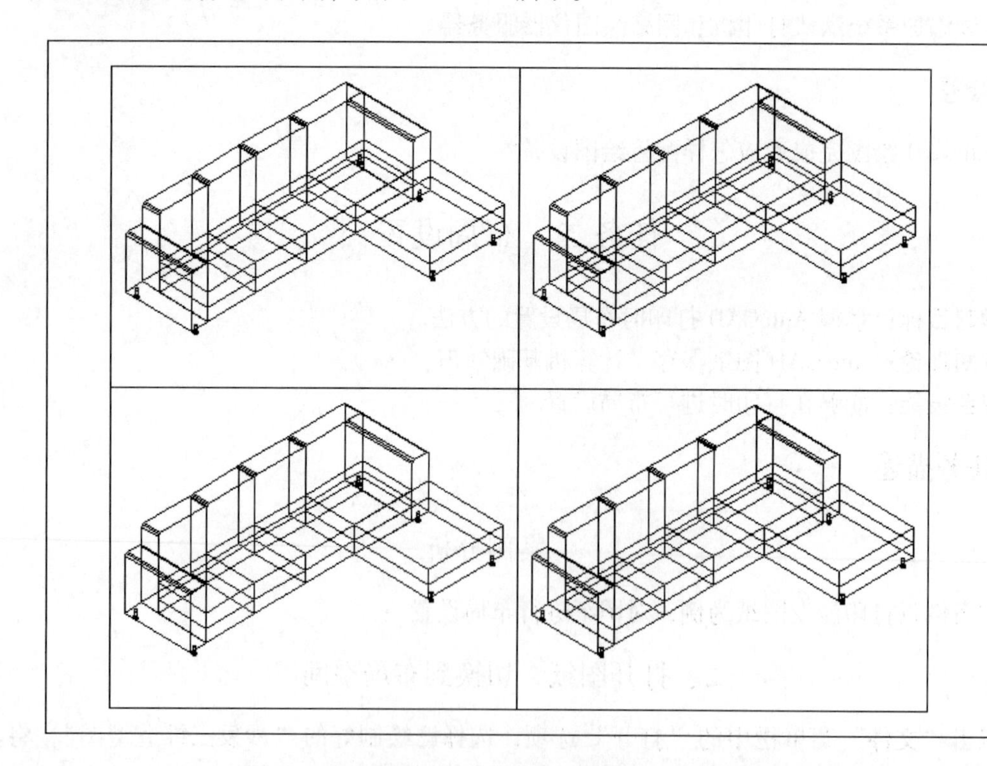

图 2－6－6　创建四个视口

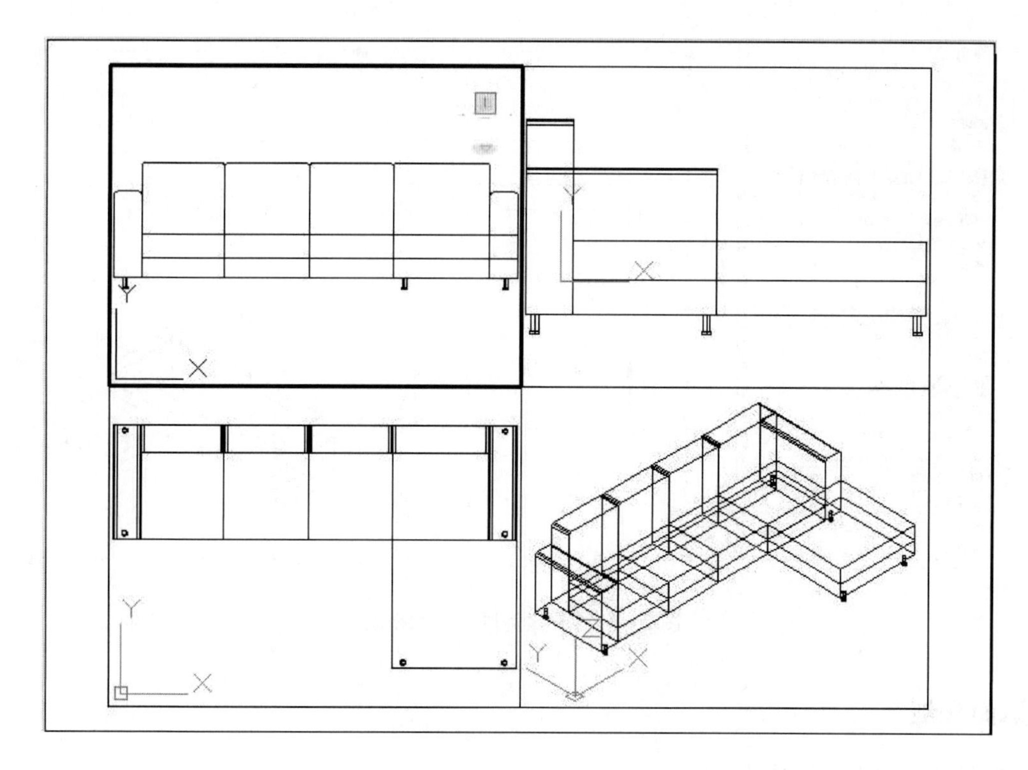

图2－6－7　沙发的三视图

四、调整布局，完成设置

此时，四个视口中的图形并不符合三视图的“三等规律”，需要进行布局调整，主要包括比例的调整和图形的锁定。

点击状态栏中的“模型” 模型 按钮，切换到图纸空间，用鼠标选中四个视口，然后，点击“修改”菜单栏中的“特性”选项或者键盘中的“Ctrl＋1”按键弹出“特性”窗口，如图2－6－8所示。

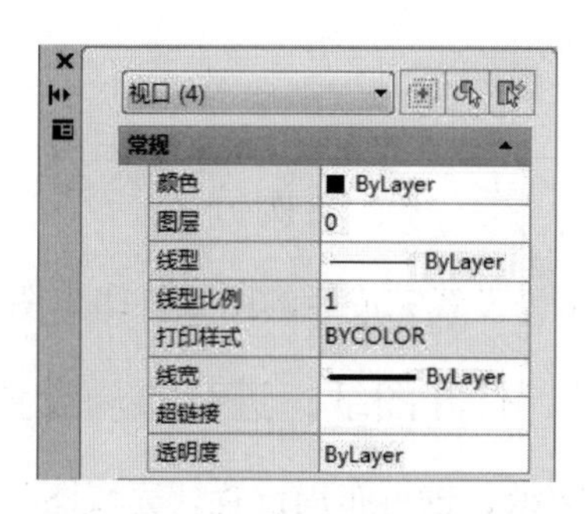

图2－6－8　特性窗口

在“注释比例”选项中选择合适的比例，比如本图选择1∶30；在“显示锁定”选项中选择“是”，将视口中的图形锁定，完成布局的设置。如图2－6－9所示。

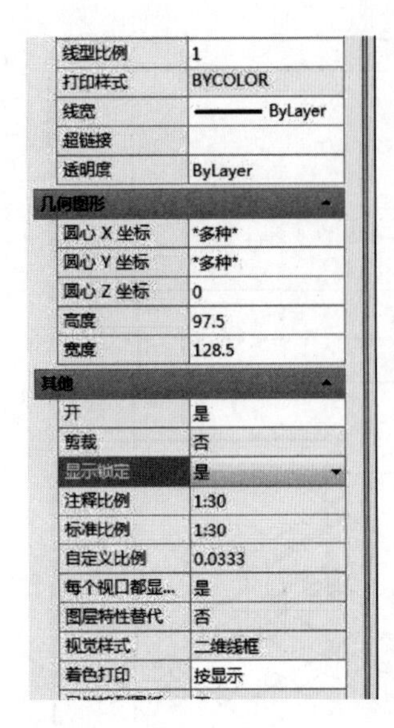

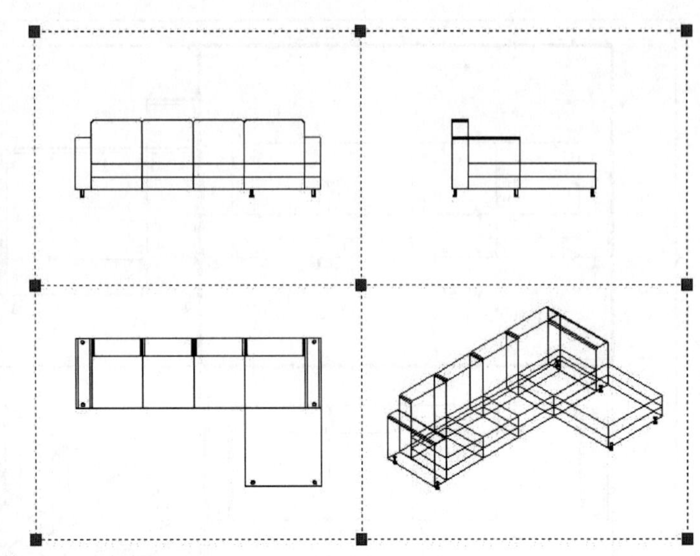

图 2 -6 -9　比例调整后的视图

知识面拓展

尝试布局设置中的其他选项。

作业思考

打印时应怎样进行布局设置?

任务三　打印图纸

学习目标: 掌握 AutoCAD 打印图纸的方法。
应知理论: AutoCAD 图纸保存，计算机基础知识。
应会技能: 能够进行打印图纸操作。

学习任务描述

一、案例分析

本案例继续上一任务，将布局设置完成后的图纸打印出图。

二、打开图纸，进行布局设置

打开“沙发三维造型图”图纸，进行布局设置，完成图 2 -6 -9 所示的步骤。

三、页面参数设置

点击“文件”菜单中的“页面设置管理器”选项，弹出“页面设置管理器”对话框，如图 2 -6 -10 所示。

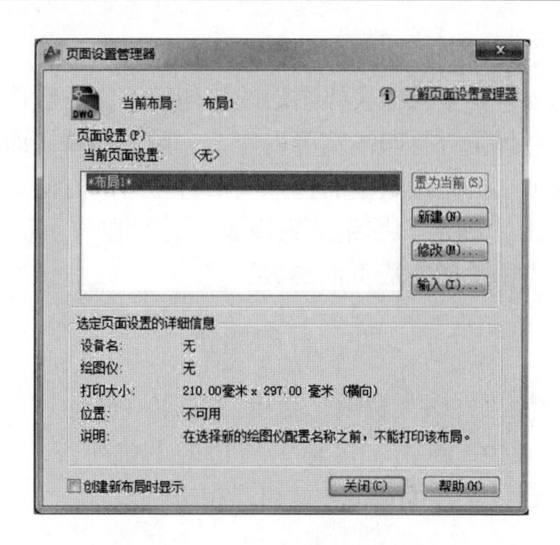

图 2－6－10　页面设置管理器

点击“新建”按钮，弹出“新建页面设置”对话框，页面名称和基础样式均可进行调整。然后，点击“确定”按钮，弹出“页面设置—布局 1”对话框，如图 2－6－11 所示。

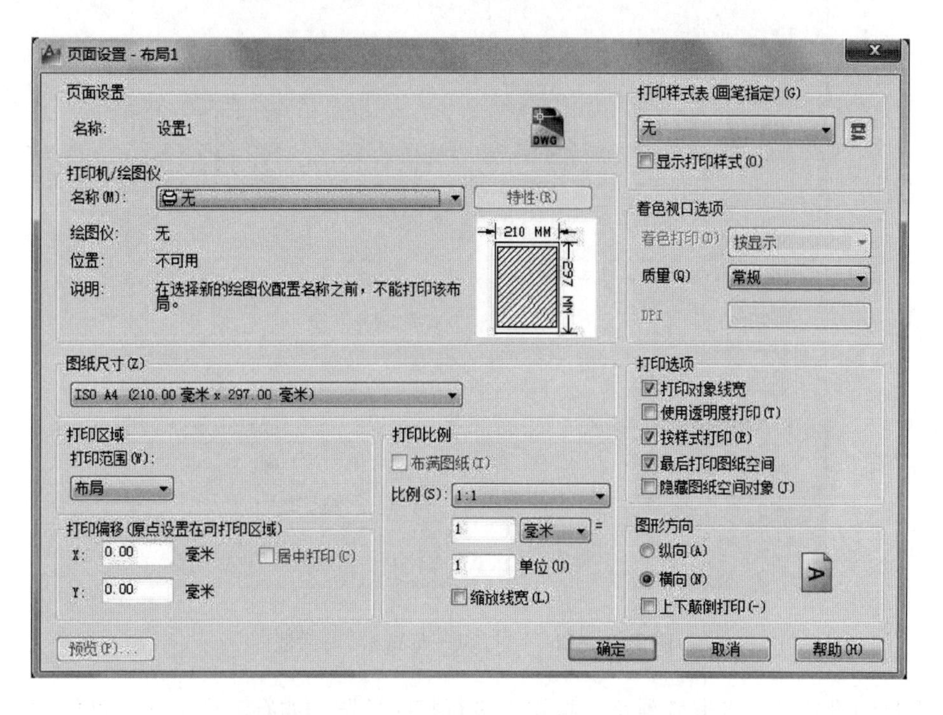

图 2－6－11　“页面设置—布局 1”对话框

在此对话框中，我们可以进行调整的选项如下：

（1）“打印机/绘图仪”选项　选择下拉列表中的某一设备作为打印设备；

（2）“图纸尺寸”选项　调整图纸幅面；

（3）“打印区域”选项　根据具体情况选择合适的打印范围；

（4）“打印偏移”选项　调整图纸左下角点的偏移量，一般选择默认值即可；

（5）“打印比例”选项　调整图纸的打印比例以适应图纸幅面；

（6）“打印样式表”选项　调整图线的颜色及线宽；

（7）“着色视口”选项　调整三维实体图形的打印模式，一般选择默认即可；

（8）“打印”选项　选择是否打印线宽等内容，一般选择默认即可；

（9）“图形方向”选项　根据图纸幅面选择图形打印时的方向。

完成以上设置后，点击“确定”按钮结束设置，此时在“页面设置管理器”对话框中增加了“设置 1”选项，点击关闭完成页面参数设置。

四、打印图纸

点击“文件”菜单中的“打印”选项，弹出“打印—布局 1”对话框，如图 2－6－12 所示。在“页面设置”选项中，点击“名称”后边的下拉列表，选择设置好的“设置 1”即可。如之前没有进行页面设置，可直接在此窗口中进行设置。

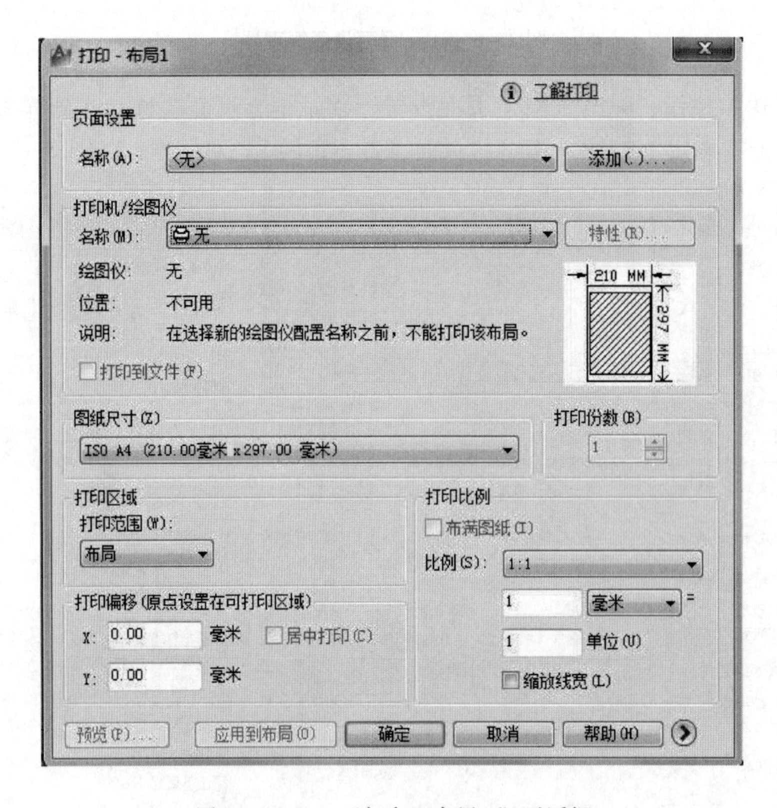

图 2－6－12　“打印—布局 1”对话框

完成打印设置后，点击“预览”按钮，进行打印预览，如有不合适之处可按“Esc”键返回打印设置界面继续调整，如没有问题，可直接打印出图。

知识面拓展

尝试打印设置中其他选项的调整。

作业思考

如何进行打印设置？

任务四　输出其他格式文件

学习目标： 掌握 AutoCAD 输出其他格式文件的方法。
应知理论： AutoCAD 图纸保存，计算机基础知识。
应会技能： 能够利用 AutoCAD 进行输出其他格式文件操作。

学习任务描述

一、案例分析

本案例是利用 AutoCAD 将完成的图纸输出成其他格式的文件。

二、调整打印设置、输出图形

打开一张完成的图纸，点击“文件”菜单中的“打印”选项，直接在模型空间下进行打印设置。

首先，选择打印设备。在“打印机/绘图仪”选项的下拉列表中选择设备型号，如图 2－6－13 所示。如果选择“PublishToWeb JPG. pc3”型号，输出的图形文件为“JPG”格式；如果选择“PublishToWeb PNG. pc3”型号，则输出的图形文件为“PNG”格式。

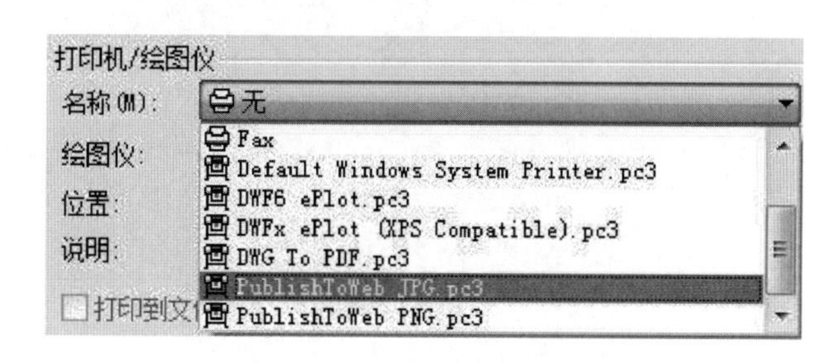

图 2－6－13　选择打印设备型号

然后，调整“打印区域”。在“打印范围”选项中选择“窗口”模式，用鼠标框选图形，此时框选到的区域为图形输出的范围。完成后可用点击“预览”按钮进行预览，如果不合适可返回继续调整，如果没有问题，点击“确定”按钮，弹出“浏览打印文件”对话框，调整文件名称和保存的路径，确定后，即可在相应的位置找到输出的图形文件，完成图形输出。

知识面拓展

尝试输出更多格式的文件。

综合练习

1. 如何将绘制的图纸输出成 png 格式的文件？
2. 如何将绘制的图纸输出成 JPEG 格式的文件？
3. 如何将绘制的图纸输出成 PDF 格式的文件？

案例欣赏篇

售楼处案例欣赏（节选）

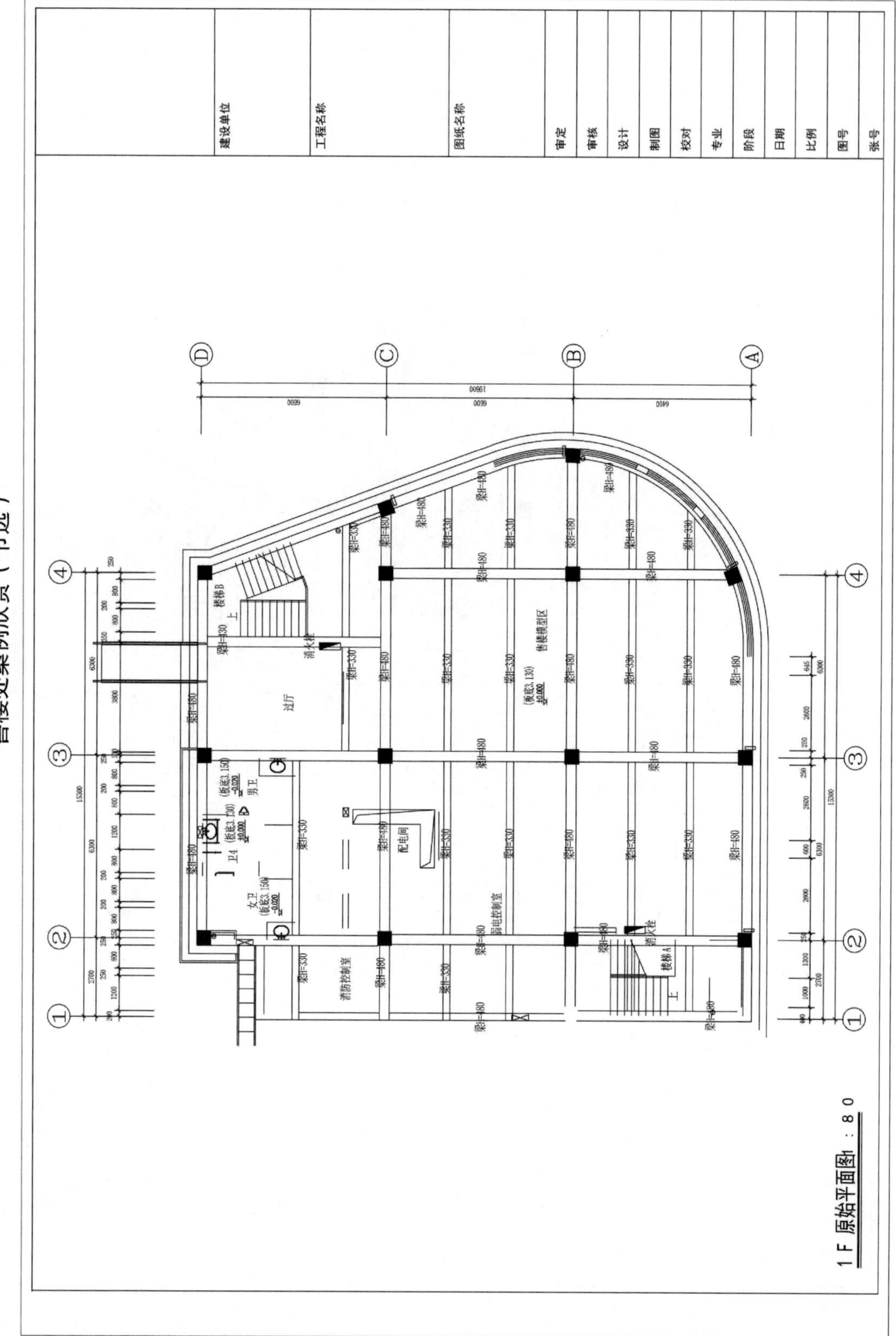
建设单位
工程名称
图纸名称
审定
审核
设计
制图
校对
专业
阶段
日期
比例
图号
张号
过厅
售楼模型区
配电间
消防控制室
弱电控制室
楼梯A
楼梯B
男卫
女卫
1F 原始平面图 1：80

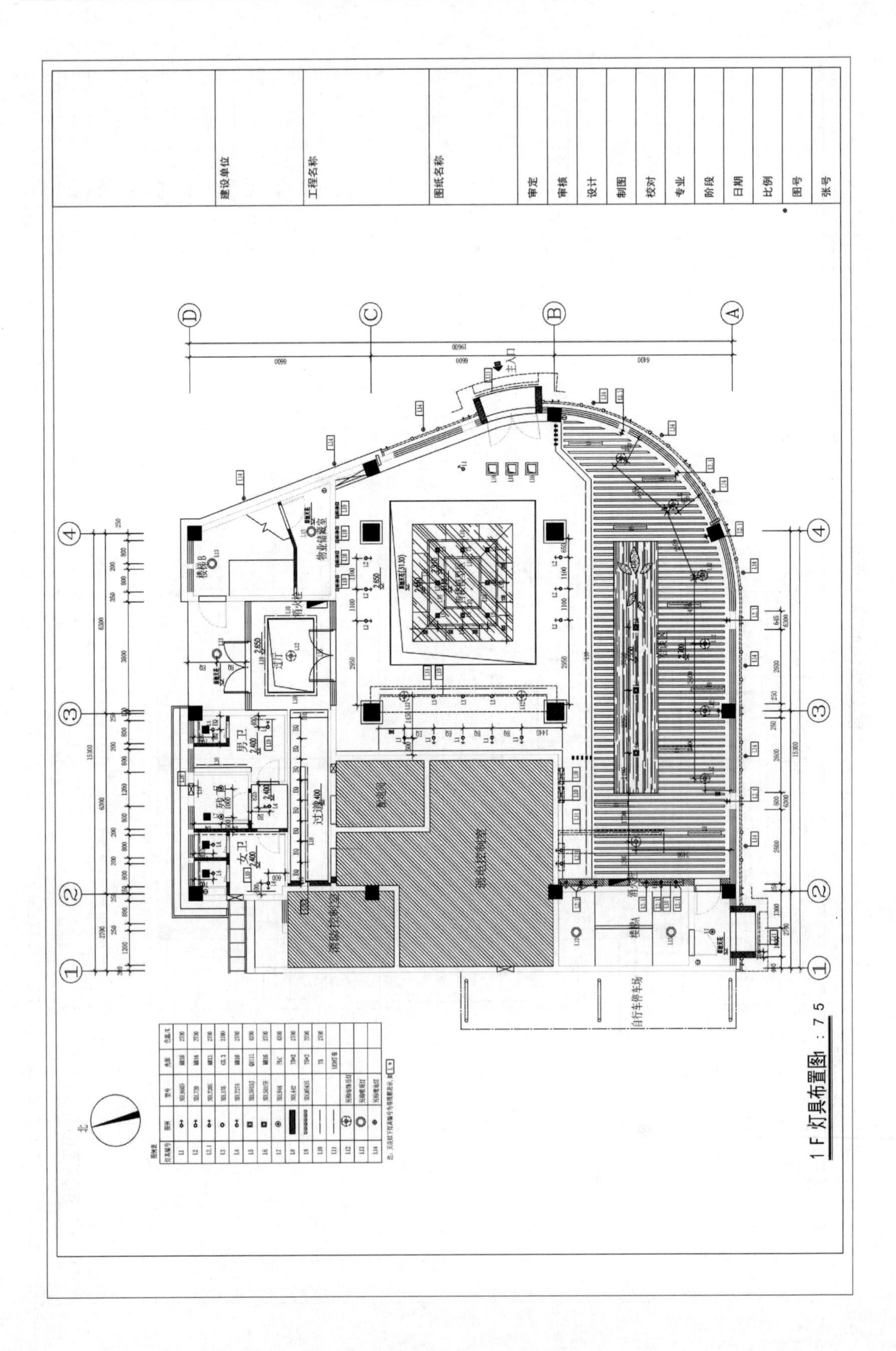
建设单位
工程名称
图纸名称
审定
审核
设计
制图
校对
专业
阶段
日期
比例
图号
张号
主入口
物业储藏室
楼梯B
楼梯A
男卫
女卫
过道
自行车停车场
北
1F 灯具布置图 1：75

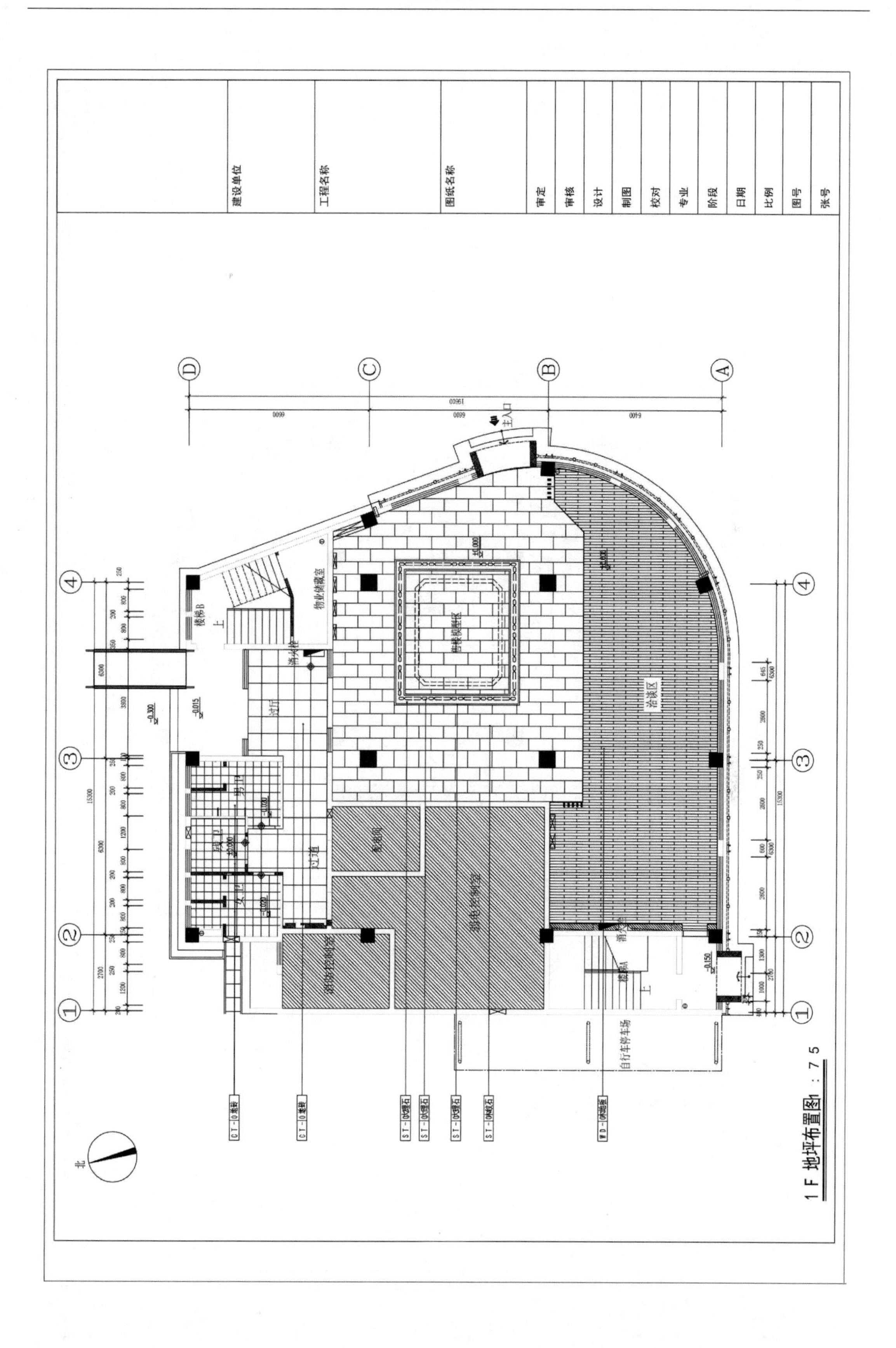
建设单位
工程名称
图纸名称
审定
审核
设计
制图
校对
专业
阶段
日期
比例
图号
张号
主入口
洽谈区
售楼模型区
物业储藏室
楼梯B
楼梯A
过厅
过道
男卫
女卫
自行车停车场
北
1F 地坪布置图 1：75

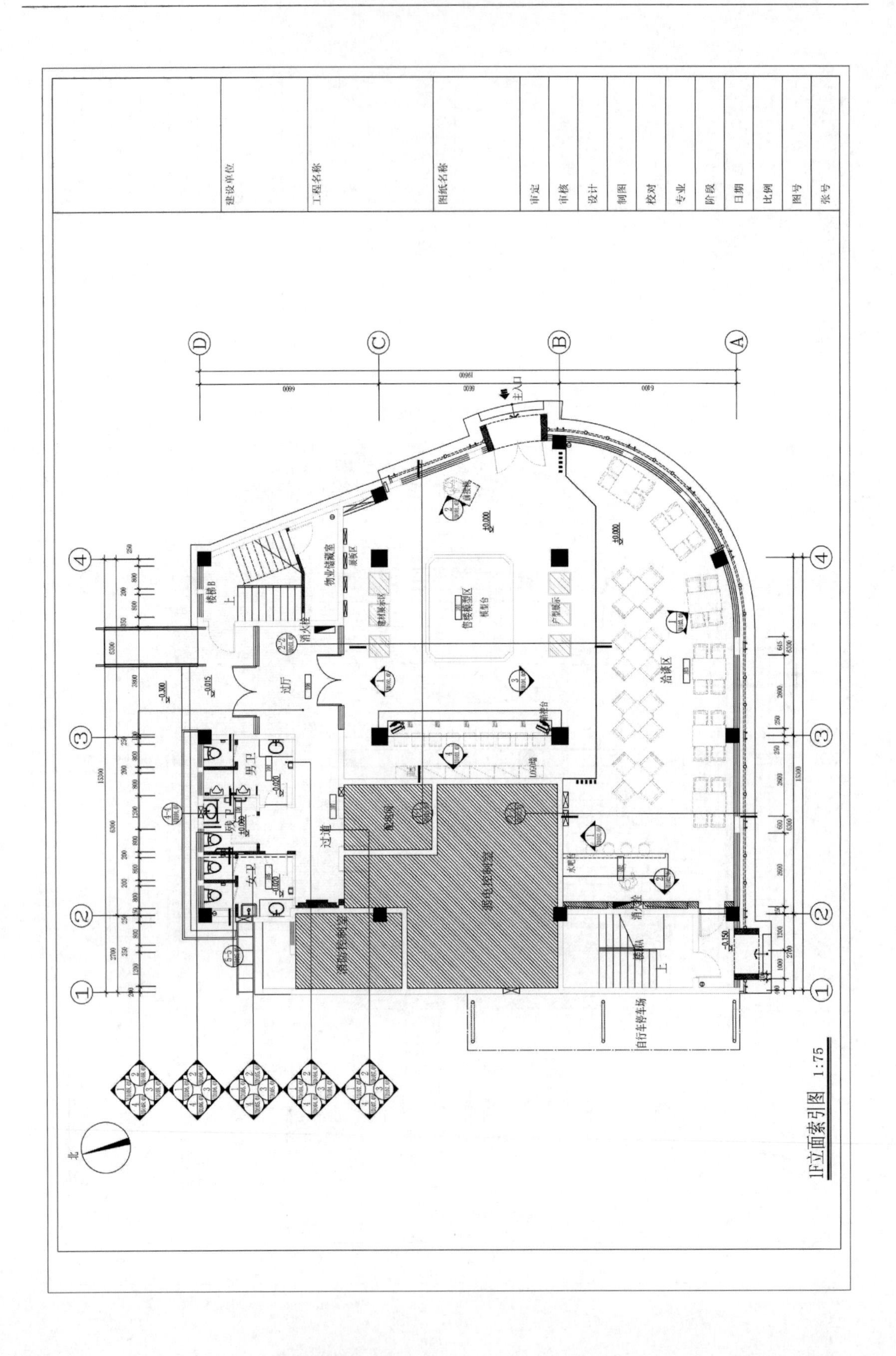

建设单位
工程名称
图纸名称
审定
审核
设计
制图
校对
专业
阶段
日期
比例
图号
张号
主入口
物业储藏室
楼梯B
消火栓
过厅
售楼模型区
模型台
洽谈区
男卫
女卫
过道
弱电控制室
消防控制室
自行车停车场
北
1F立面索引图 1:75

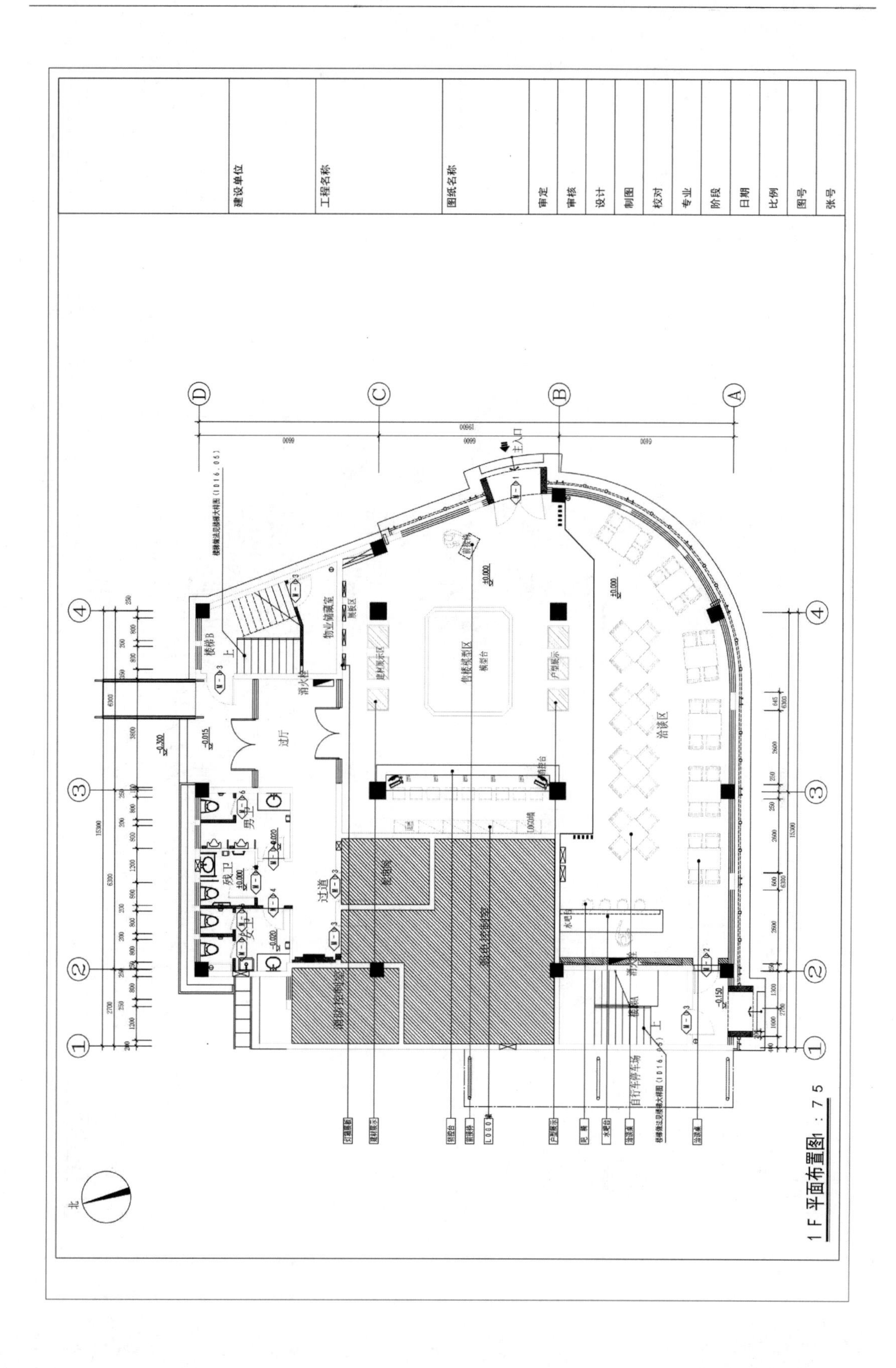

建设单位
工程名称
图纸名称
审定
审核
设计
制图
校对
专业
阶段
日期
比例
图号
张号
主入口
售楼模型区
模型台
洽谈区
过厅
物业储藏室
楼梯B
男卫
女卫
残卫
过道
消火栓
水吧台
户型展示
自行车停车场
1F 平面布置图 1:75
北

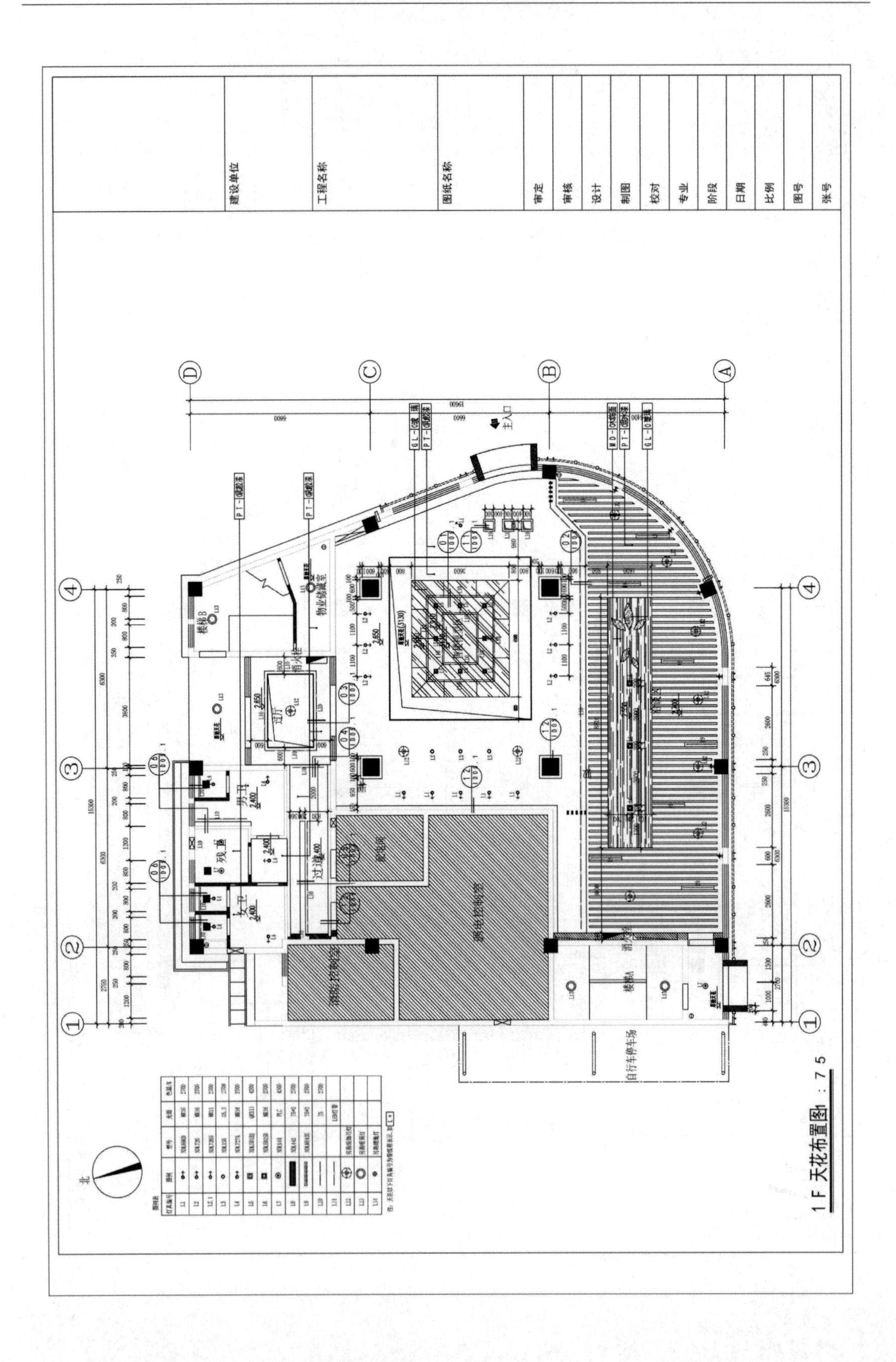
建设单位
工程名称
图纸名称
审定
审核
设计
制图
校对
专业
阶段
日期
比例
图号
张号
主入口
自行车停车场
北
1F 天花布置图 1：75

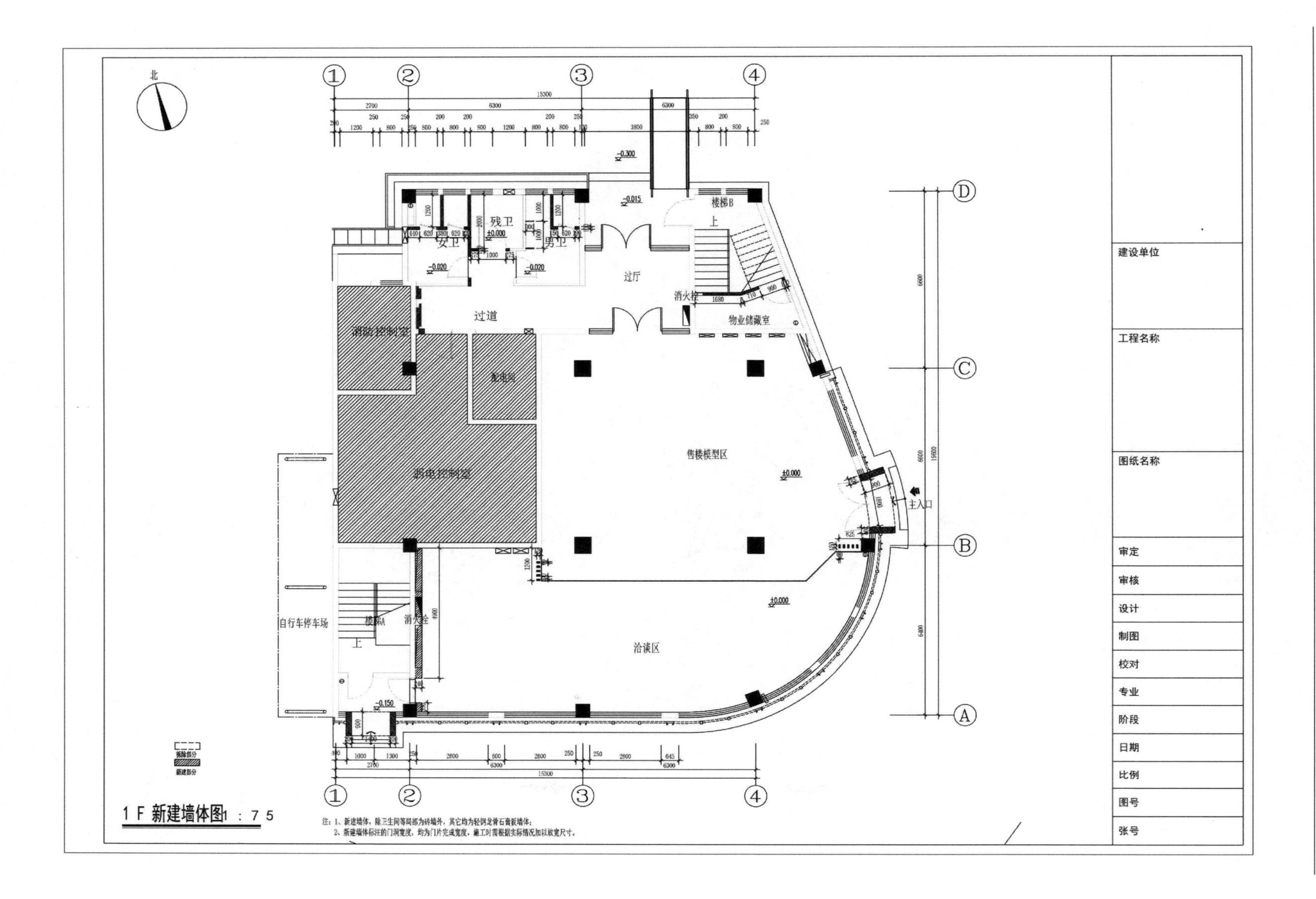
北
建设单位
工程名称
图纸名称
审定
审核
设计
制图
校对
专业
阶段
日期
比例
图号
张号
主入口
售楼模型区
洽谈区
物业储藏室
楼梯B
楼梯A
消火栓
过厅
过道
男卫
女卫
残卫
配电间
弱电控制室
消防控制室
自行车停车场
拆除部分
新建部分
1 F 新建墙体图 1 : 7 5
注：1、新建墙体，除卫生间等局部为砖墙外，其它均为轻钢龙骨石膏板墙体；
2、新建墙体标注的门洞宽度，均为门片完成宽度，施工时需根据实际情况加以放宽尺寸。

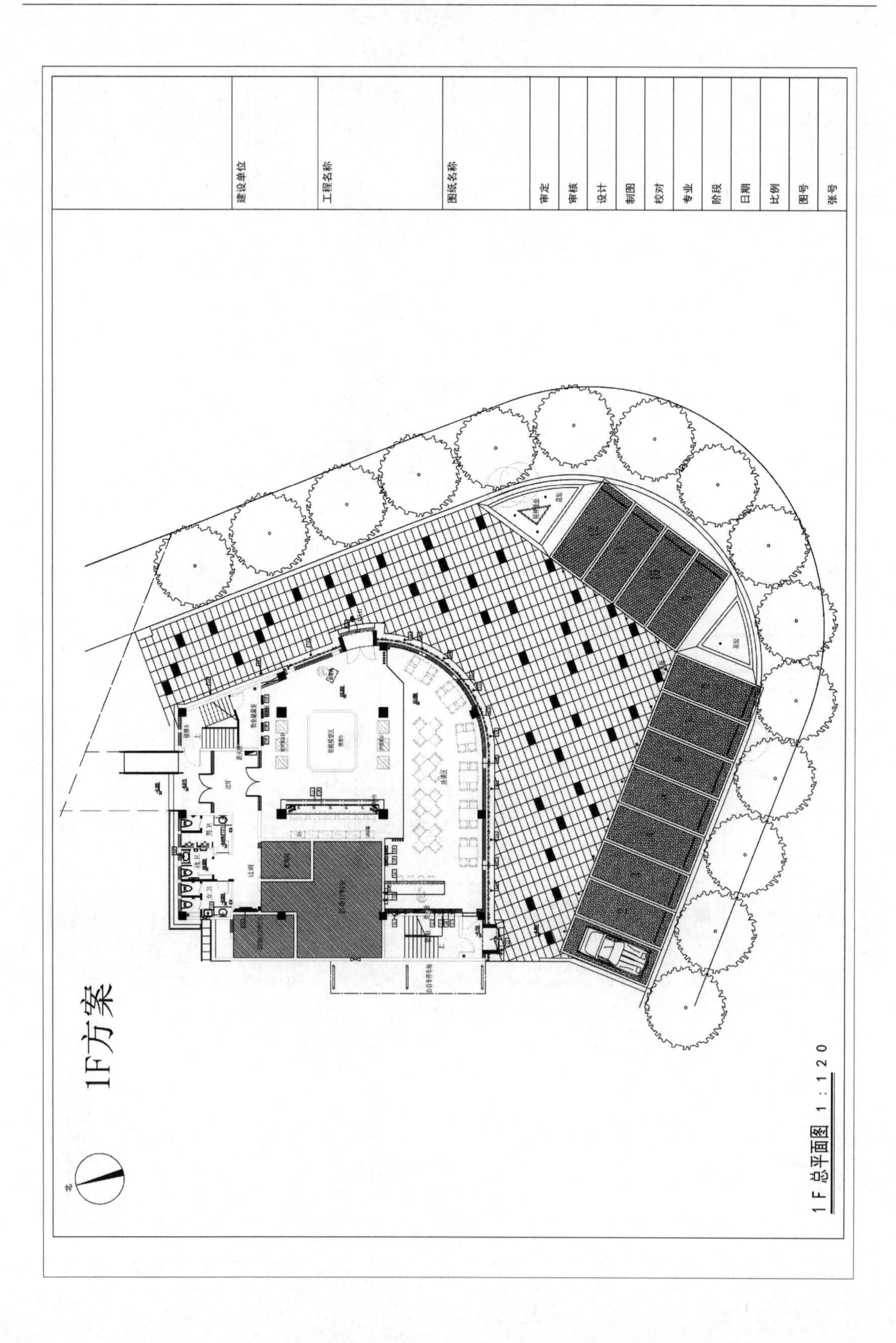
建设单位
工程名称
图纸名称
审定
审核
设计
制图
校对
专业
阶段
日期
比例
图号
张号
1F方案
北
1F总平面图 1:120

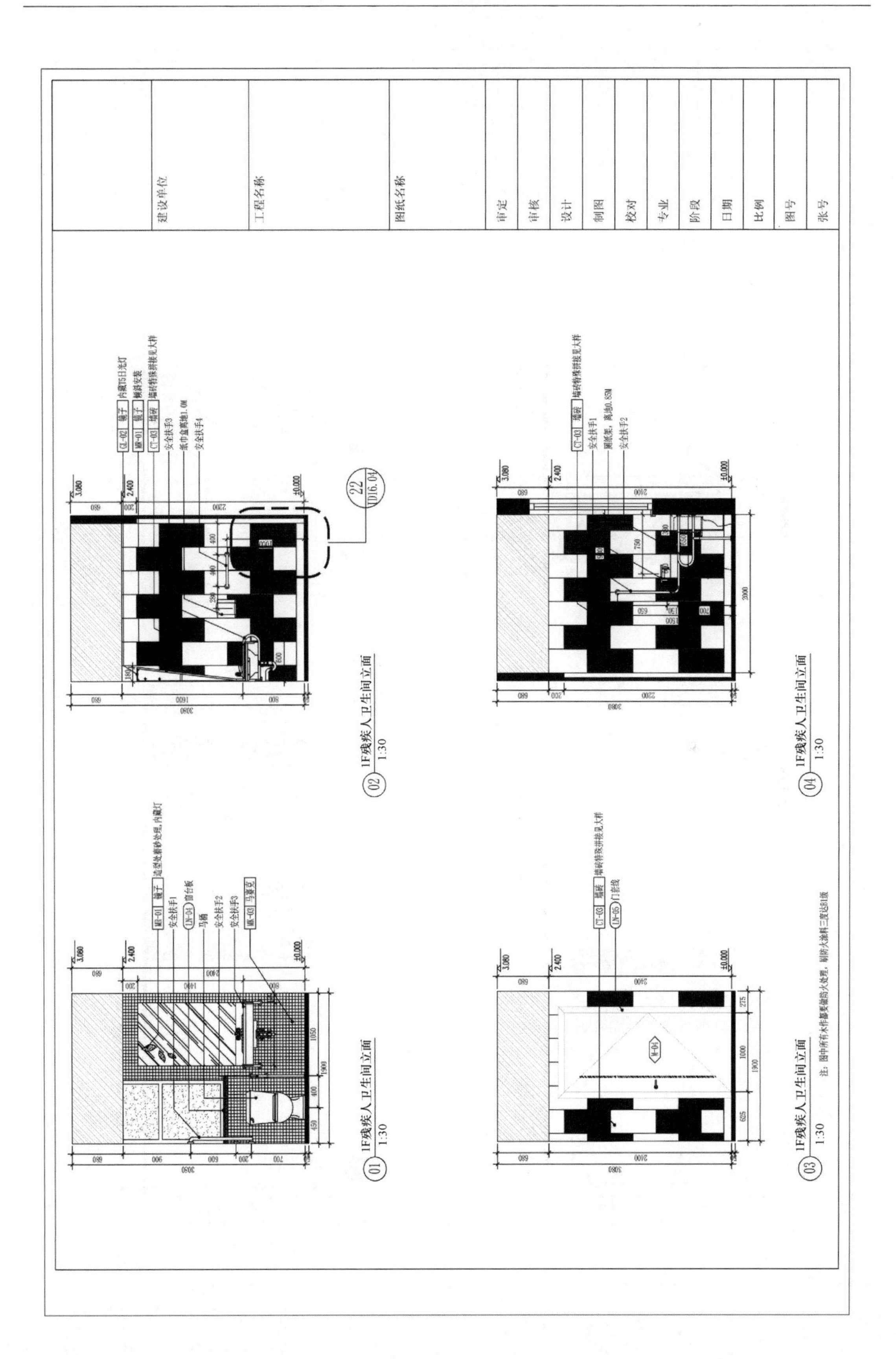

建设单位
工程名称
图纸名称
审定
审核
设计
制图
校对
专业
阶段
日期
比例
图号
张号
01 1F残疾人卫生间立面 1:30
02 1F残疾人卫生间立面 1:30
03 1F残疾人卫生间立面 1:30
04 1F残疾人卫生间立面 1:30

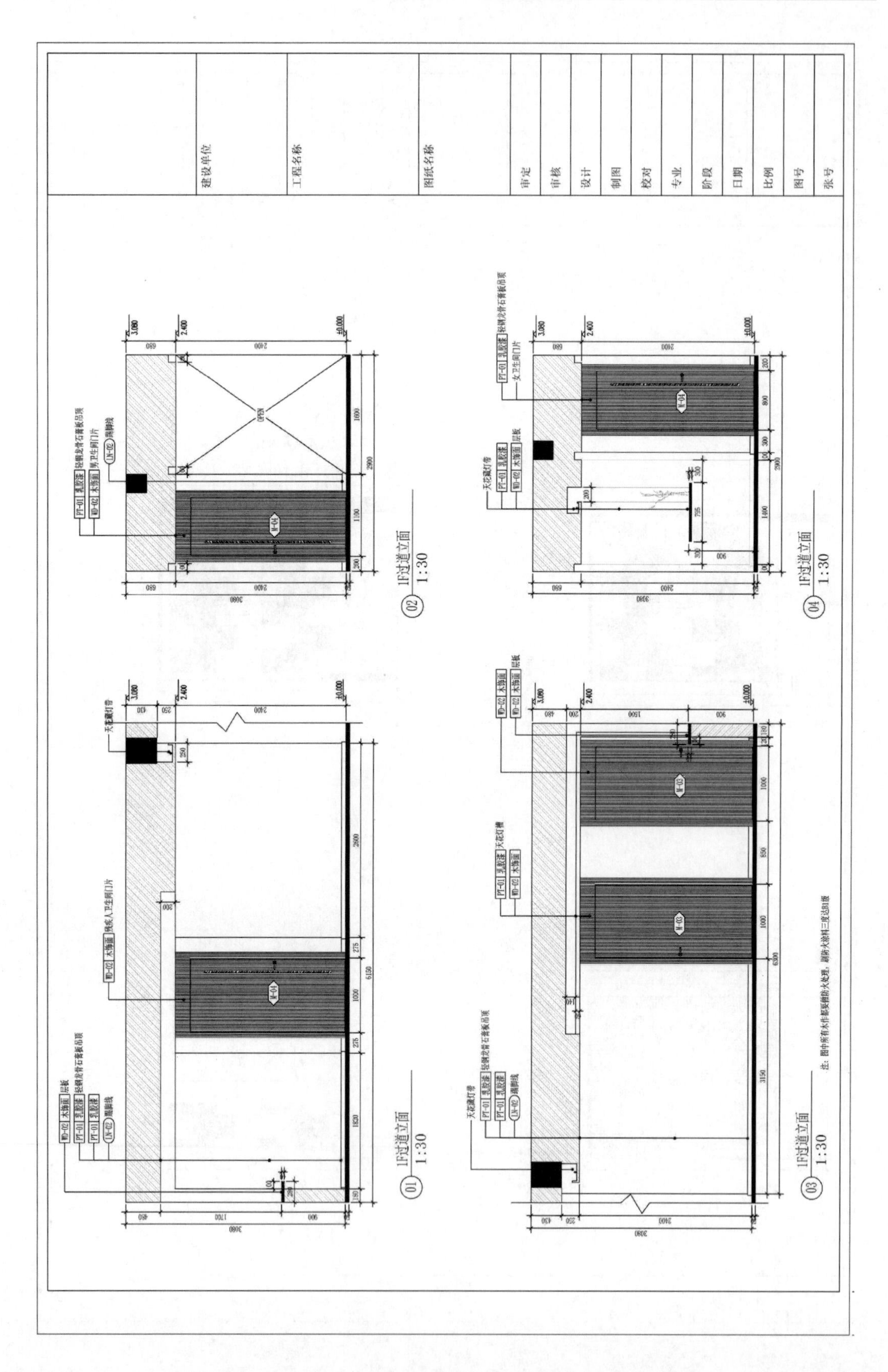

建设单位
工程名称
图纸名称
审定
审核
设计
制图
校对
专业
阶段
日期
比例
图号
张号
1F过道立面
1:30
注：图中所有木作都要刷防火处理，刷防火涂料三度达B1级

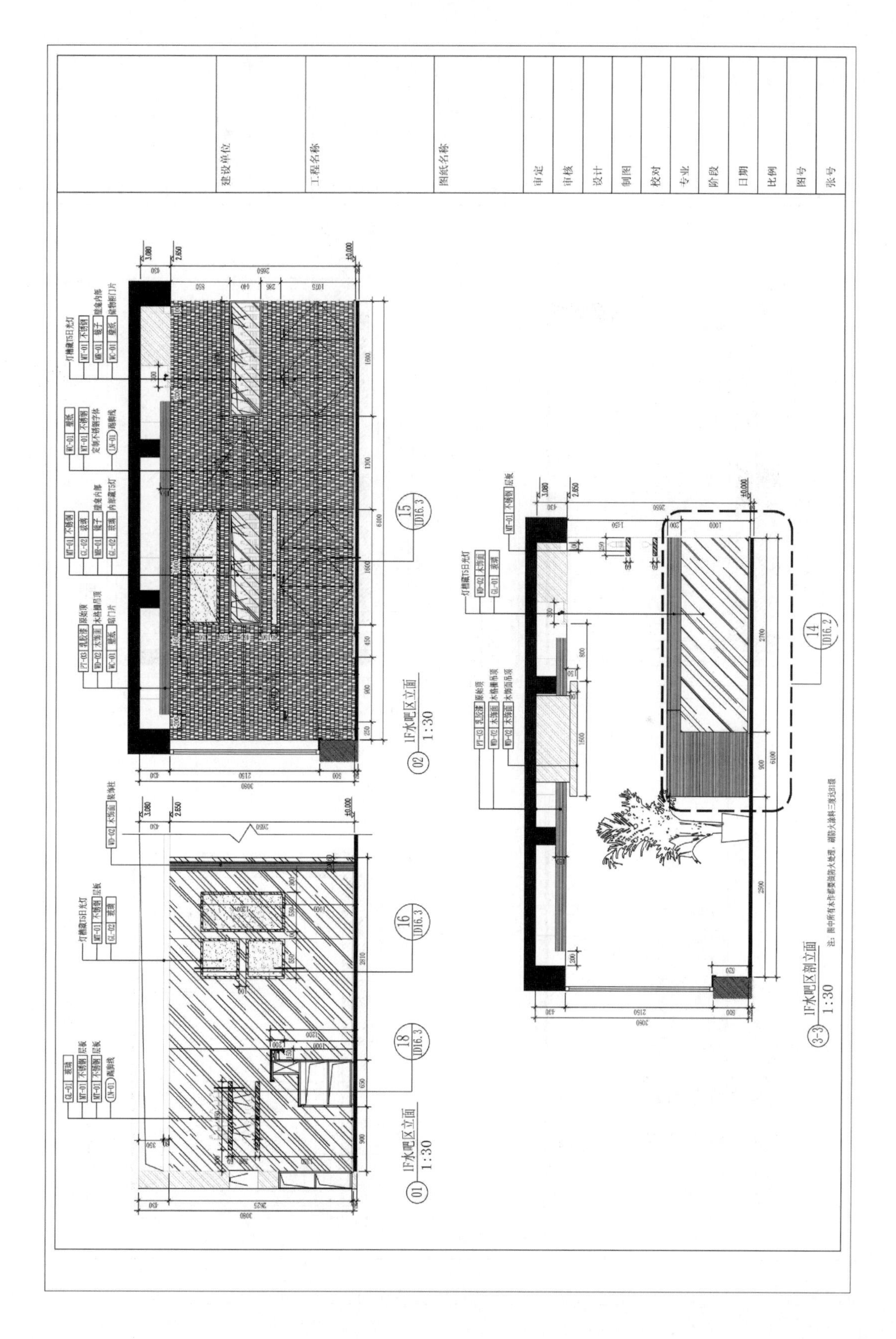
建设单位
工程名称
图纸名称
审定
审核
设计
制图
校对
专业
阶段
日期
比例
图号
张号
1F水吧区立面
1:30
1F水吧区立面
1:30
1F水吧区剖立面
1:30

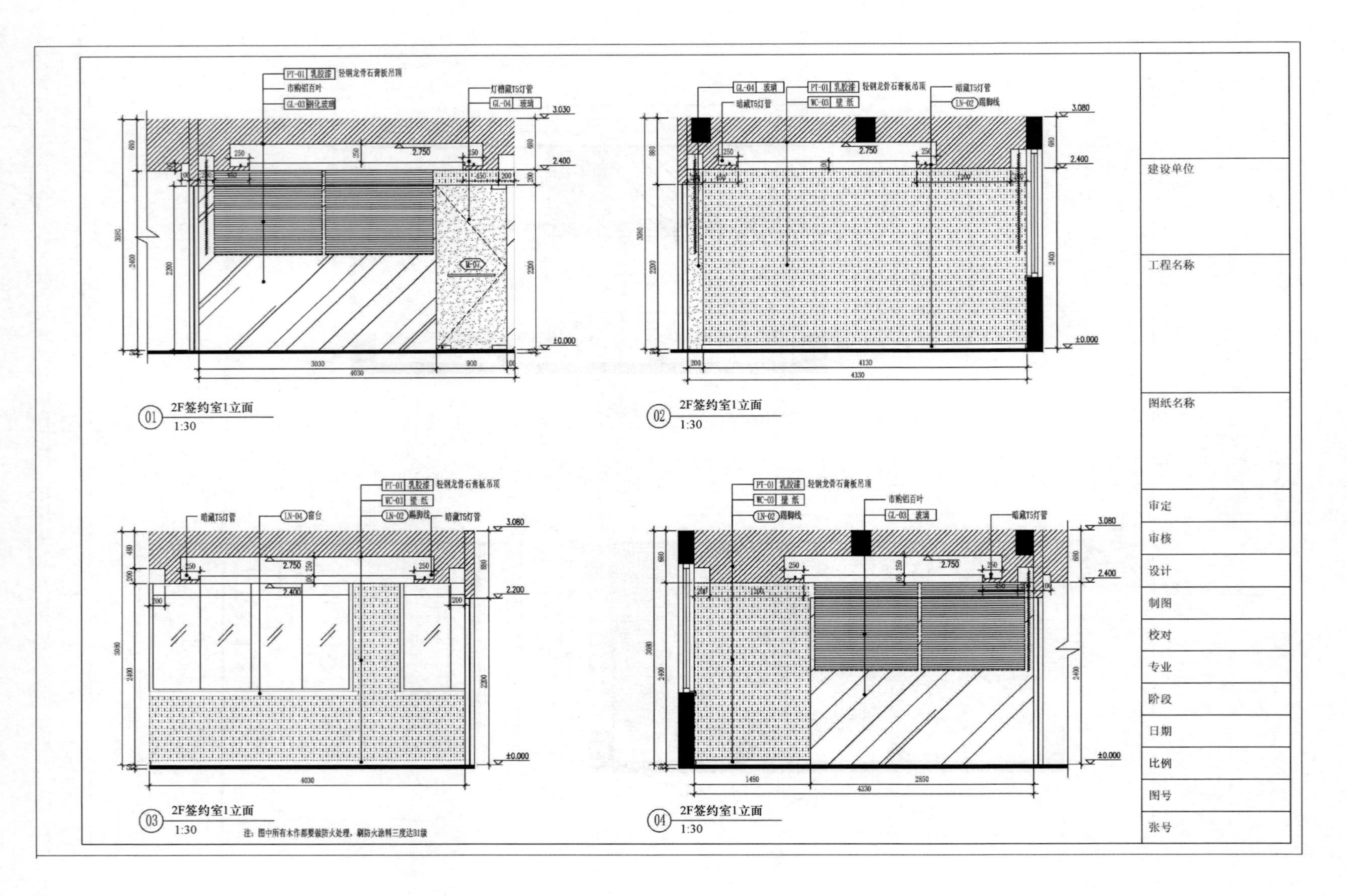

PT-01 乳胶漆 轻钢龙骨石膏板吊顶
市购铝百叶
GL-03 钢化玻璃
灯槽藏T5灯管
GL-04 玻璃
GL-04 玻璃
暗藏T5灯管
WC-03 壁纸
LN-02 踢脚线
LN-04 窗台
GL-03 玻璃
3.030
3.080
2.750
2.400
2.200
±0.000
01 2F签约室1立面 1:30
02 2F签约室1立面 1:30
03 2F签约室1立面 1:30
注：图中所有木作都要做防火处理，刷防火涂料三度达B1级
04 2F签约室1立面 1:30
建设单位
工程名称
图纸名称
审定
审核
设计
制图
校对
专业
阶段
日期
比例
图号
张号

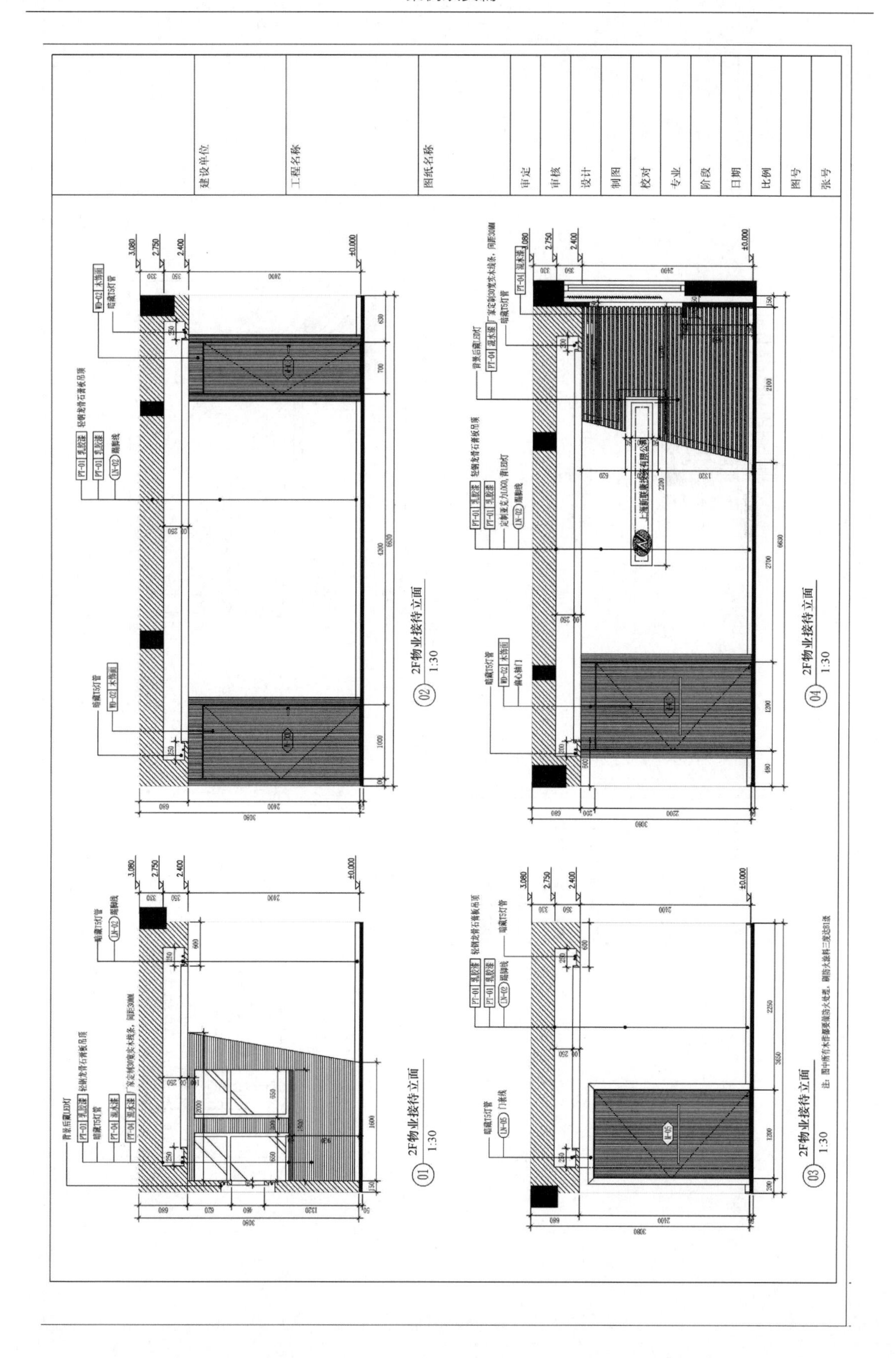
2F物业接待立面
1:30
建设单位
工程名称
图纸名称
审定
审核
设计
制图
校对
专业
阶段
日期
比例
图号
张号

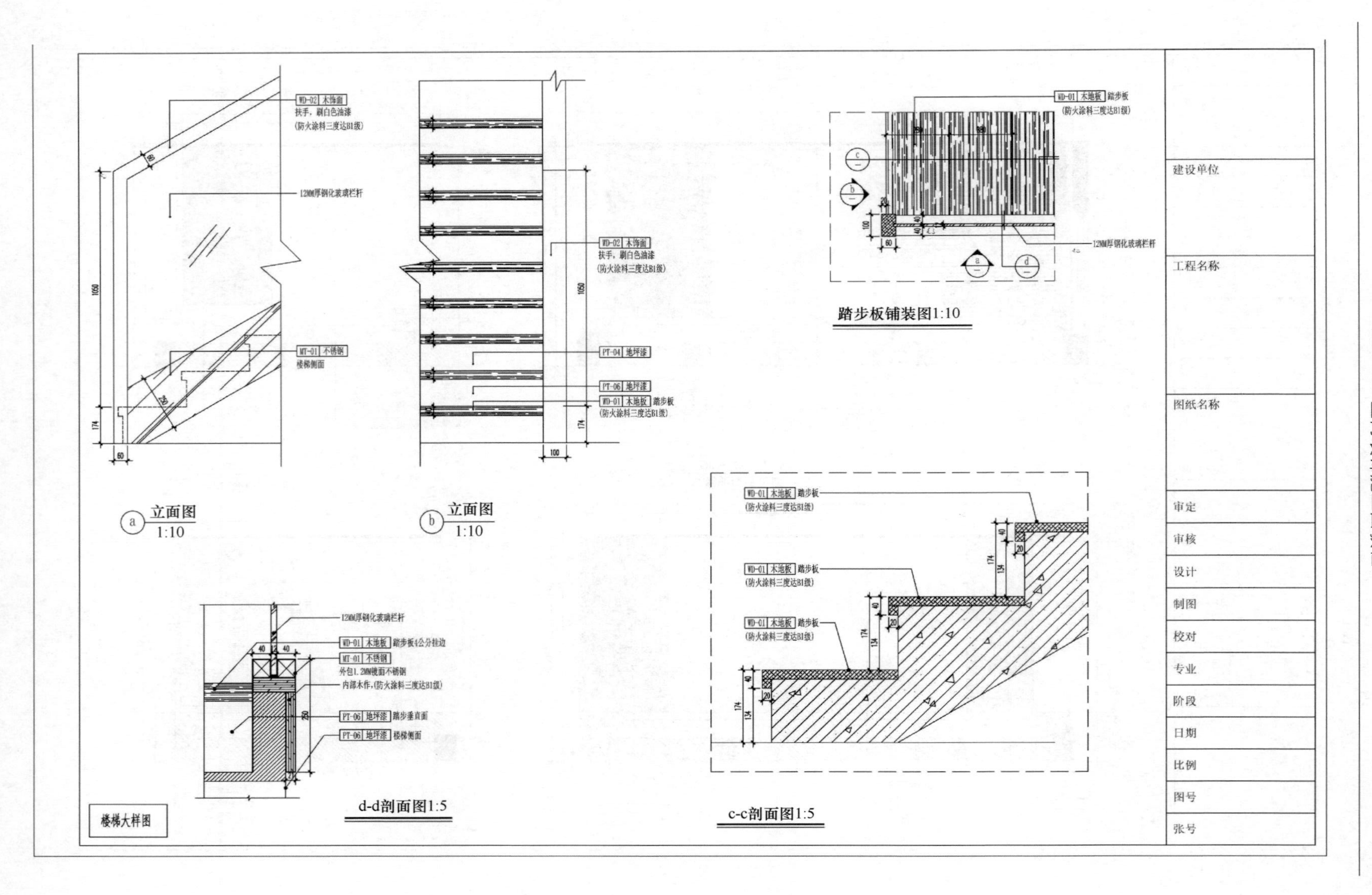
WD-02 木饰面
扶手，刷白色油漆
(防火涂料三度达B1级)
12MM厚钢化玻璃栏杆
MT-01 不锈钢
楼梯侧面
PT-04 地坪漆
PT-06 地坪漆
WD-01 木地板 踏步板
(防火涂料三度达B1级)
a 立面图 1:10
b 立面图 1:10
踏步板铺装图1:10
d-d剖面图1:5
WD-01 木地板 踏步板4公分挂边
外包1.2MM镜面不锈钢
内部木作，(防火涂料三度达B1级)
PT-06 地坪漆 踏步垂直面
PT-06 地坪漆 楼梯侧面
c-c剖面图1:5
楼梯大样图
建设单位
工程名称
图纸名称
审定
审核
设计
制图
校对
专业
阶段
日期
比例
图号
张号

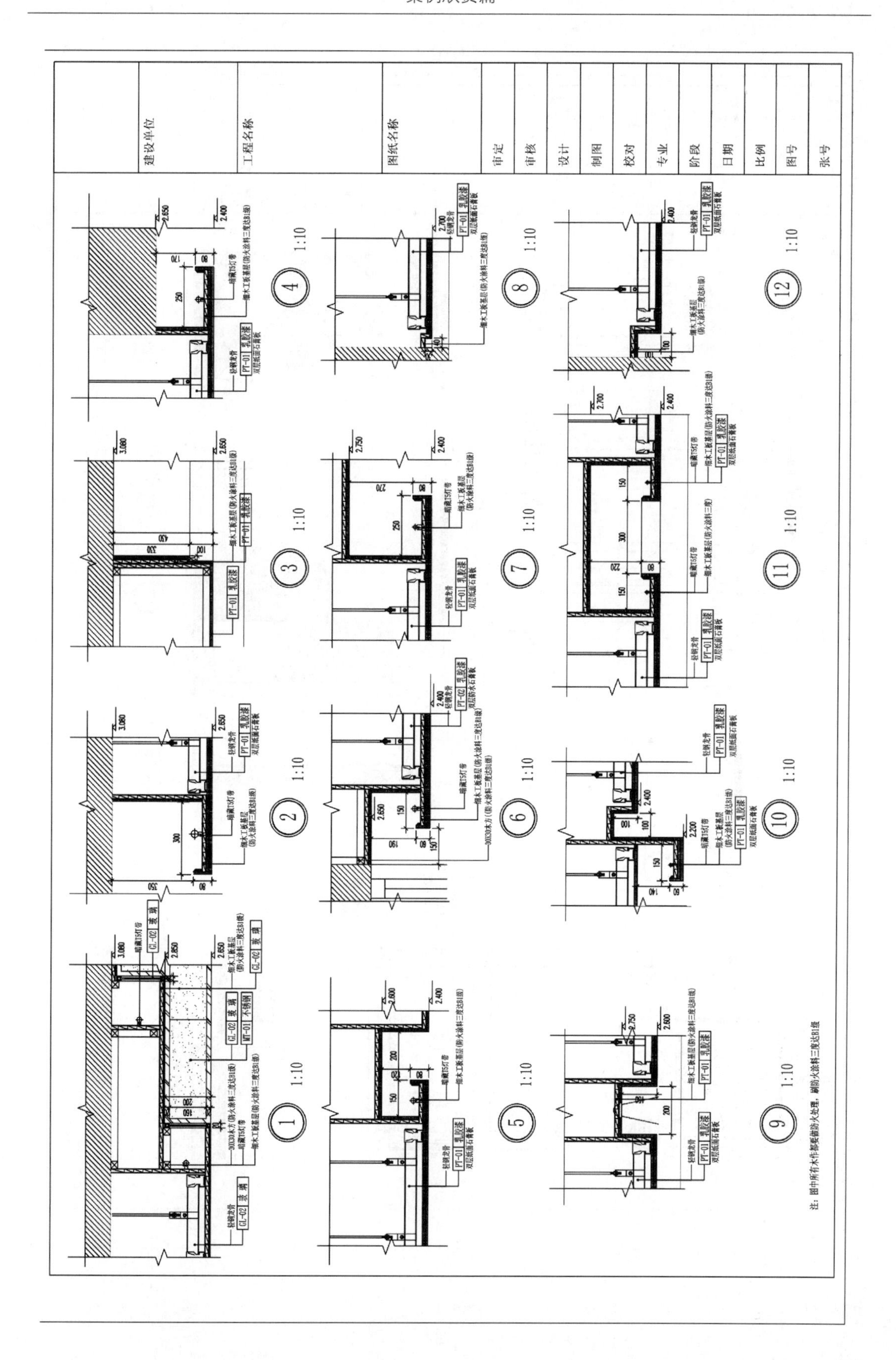
建设单位
工程名称
图纸名称
审定
审核
设计
制图
校对
专业
阶段
日期
比例
图号
张号
1:10
轻钢龙骨
PT-01 乳胶漆
双层纸面石膏板
暗藏T5灯带
细木工板基层(防火涂料三度达B1级)
注：图中所有木作基层做防火处理，刷防火涂料三度达B1级

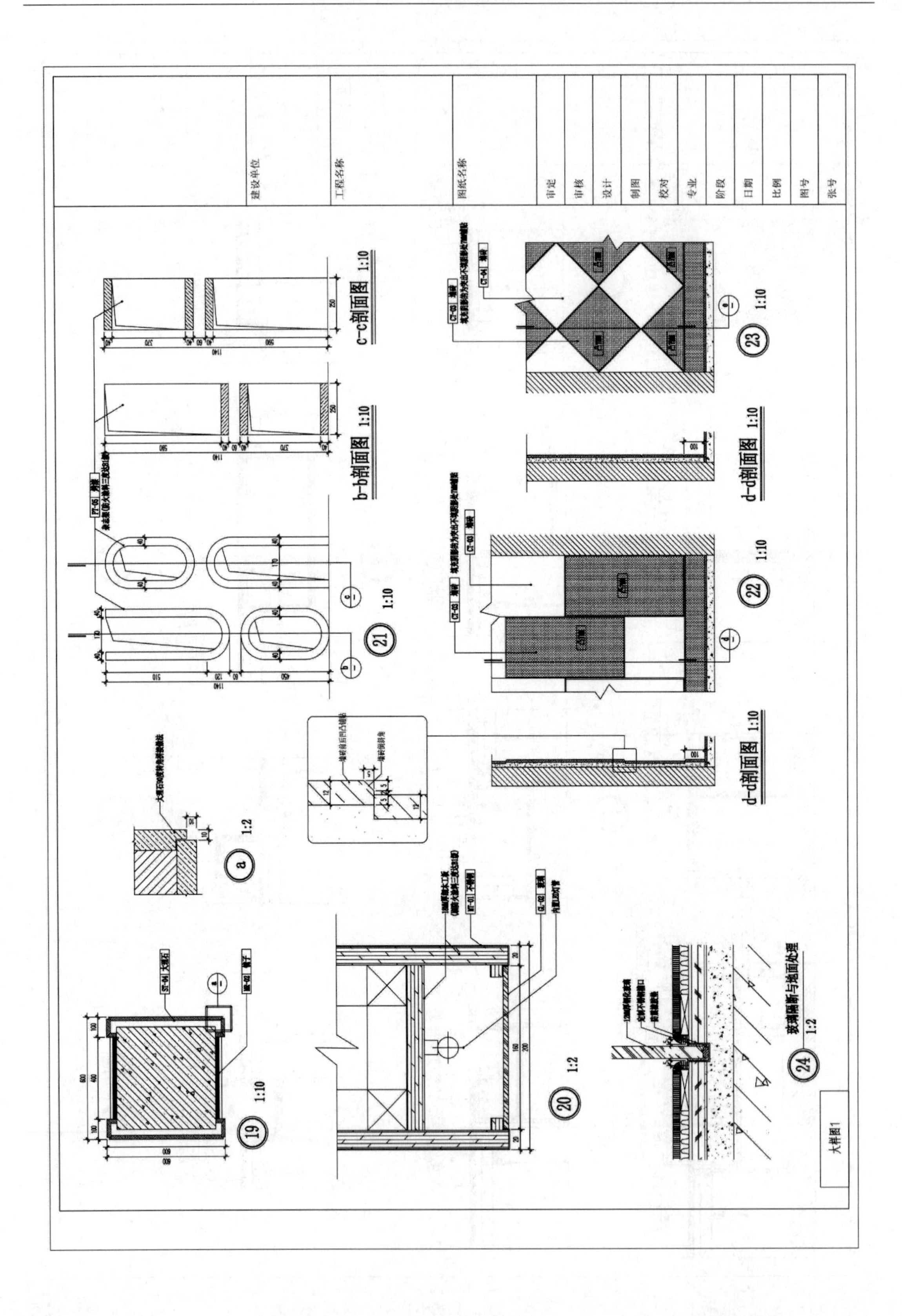

建设单位
工程名称
图纸名称
审定
审核
设计
制图
校对
专业
阶段
日期
比例
图号
张号
c-c剖面图 1:10
b-b剖面图 1:10
d-d剖面图 1:10
d-d剖面图 1:10
玻璃隔断与地面处理 1:2
大样图1

附录一　AutoCAD 快捷键

表 1　AutoCAD 功能键

序号	功能键	功能说明	序号	功能键	功能说明
1	F1	获取帮助	7	F7	栅格显示模式控制
2	F2	实现作图窗和文本窗口的切换	8	F8	正交模式控制
3	F3	控制是否实现对象自动捕捉	9	F9	捕捉开关
4	F4	数字化仪控制	10	F10	极轴模式控制
5	F5	等轴测平面切换	11	F11	对象追踪式控制
6	F6	动态 UCS 开关			

表 2　AutoCAD 快捷组合键

序号	功能键	功能说明	序号	组 合 键	功能说明
1	CTRL + A	选择图形中的对象	13	Ctrl + 6	打开图像数据原子
2	Ctrl + B	栅格捕捉模式控制	14	Ctrl + O	打开图像文件
3	Ctrl + C	将选择的对象复制到剪切板	15	CTRL + R	在布局视口之间循环
4	Ctrl + F	控制是否实现对象自动捕捉（F3）	16	Ctrl + P	打开打印对话框
5	Ctrl + G	栅格显示模式控制（F7）	17	Ctrl + S	保存文件
6	Ctrl + J	重复执行上一命令（回车）	18	Ctrl + U	极轴模式控制（F10）
7	Ctrl + K	超级链接	19	Ctrl + V	粘贴剪贴板上的内容
8	CTRL + L	切换正交模式（F8）	20	Ctrl + W	对象追踪式控制（F11）
9	Ctrl + N	新建图形文件	21	Ctrl + X	剪切所选择的内容
10	Ctrl + M	打开选项对话框	22	Ctrl + Y	重做
11	Ctrl + 1	打开特性对话框	23	Ctrl + Z	取消前一步操作
12	Ctrl + 2	打开图像资源管理器			

表 3　AutoCAD 常用命令功能表

序号	命令说明	命　　令	快 捷 键	序号	命令说明	命　　令	快 捷 键
1	画线	LINE	L	7	画弧	ARC	A
2	参照线	XLINE	XL	8	画圆	CIRCLE	C
3	多线	MLINE	ML	9	样条曲线	SPLINE	SPL
4	多段线	PLINE	PL	10	椭圆	ELLIPSE	EL
5	多边形	POLYGON	POL	11	插入图块	INSERT	I
6	绘制矩形	RECTANG	REC	12	定义图块	BLOCK	B

续表

序号	命令说明	命　令	快 捷 键	序号	命令说明	命　令	快 捷 键
13	画点	POINT	PO	47	建外部图块	WBLOCK	W
14	填充	HATCH	H	48	跨文件复制	COPYCLIP	CTRL + C
15	面域	REGION	REG	49	跨文件粘贴	PASTECLIP	CTRL + V
16	多行文本	MTEXT	MT，T	50	线性标注	DIMLINEAR	DLI
17	删除实体	ERASE	E	51	连续标注	DIMCONTINUE	DCO
18	复制实体	COPY	CO，CP	52	基线标注	DIMBASELINE	DBA
19	镜像实体	MIRROR	MI	53	斜线标注	DIMALIGNED	CAL
20	偏移实体	OFFSET	O	54	半径标注	DIMRADIUS	DRA
21	图形阵列	ARRAY	AR	55	直径标注	DIMDIAMEIER	DDI
22	移动实体	MOVE	M	56	角度标注	DIMANGULAR	DAN
23	旋转实体	ROTATE	RO	57	圆心标注	DIMCENTER	DCE
24	比例缩放	SCALE	SC	58	引线标注	QLEADER	LE
25	拉伸实体	STRECTCII	S	59	快速标注	QDIM	
26	拉长线段	LENGTHEN	LEN	60	标注编辑	DIMEDIT	
27	修剪	TRIM	TR	61	标注更新	DIMTEDIT	
28	编辑多线	MLEDIT		62	标注设置	DIMSTYLE	D
29	编辑参照	ATTEDIT	ATE	63	编辑标注	HATCHEDIT	HE
30	编辑文字	DDEDIT	ED	64	编辑多段线	PEDIT	PE
31	图层管理	LAYER	LA	65	编辑曲线	SPLINEDIT	SPE
32	特性匹配	MATCHPROP	MA	66	圆锥体	EXTRUDE	
33	属性编辑	PROPERTIES	CH，MO	67	球体	SPBTRACT	
34	新建文件	NEW	Ctrl + N	68	实体求差	SUBTRACT	SU
35	打开文件	OPEN	Ctrl + O	69	交集实体	INTERSECT	IN
36	保存文件	SAVE	Ctrl + S	70	剖切实体	SLICE	SL
37	回退一步	UNDO	U	71	编辑实体	SOLIDEDIT	
38	实时平移	PAN	P	72	实体体着色	SHADEMODE	SHA
39	延伸实体	EXTEND	EX	73	设置光源	LIGHT	
40	打断线段	BREACK	BR	74	设置场景	SCENE	
41	倒角	CHAMFER	CHA	75	设置材质	RMTA	
42	倒圆	FILLET	F	76	渲染	RENDER	RR
43	分解	EXPLODE	EX	77	实时缩放	ZOOM + ［　］	Z + ［　］
44	连接、合并	JION	J	78	窗口缩放	ZOOM + W	Z + W
45	图形界限	LIMITS		79	恢复视窗	ZOOM + P	Z + P
46	建内部图块	BLOCK	B	80	计算距离	DIST	DI

续表

序号	命令说明	命　令	快捷键	序号	命令说明	命　令	快捷键
81	打印预览	PRINT / PLOT	C + P	114	控制填充	FILL	
82	定距等分	PREVIEW	PRE	115	重生成	REGEN	RE
83	定数等分	MEASURE	ME	116	网线密度	ISOLINES	圆柱
84	图形界限	DIVIDE	DIV	117	立体轮廓线	SISPSILH	打印效果好
85	对像临时捕捉	TT	TT	118	高亮显被选	HIGHLIGHT	
86	参照捕捉点	FROM	FROM	119	插入图块	INSERT	I
87	捕捉最近端点	ENDP	ENDP	120	对象特性	PROPERTIES	MO
88	捕捉中心点	MID	MID	121	草图设置	DSETTINGS	RE
89	捕捉交点	INT	INT	122	鸟瞰视图	DSVIEWER	AV
90	捕捉外观交点	APPINT	APPINT	123	创建新布局	LAYOUT	LO
91	捕捉延长线	EXT	EXT	124	设置线型	LINETYPE	LT
92	捕捉圆心点	CEN	CEN	125	线型比例	LTSCALE	LTS
93	捕捉象限点	QUA	QUA	126	属性格式刷	Matchprop	MA
94	捕捉垂点	PER	PER	127	加载菜单	MENU	MENU
95	捕捉最近点	NEA	NEA	128	图纸转模型	MSPACE	MS
96	无捕捉	NON	NON	129	模型转图纸	PSPACE	PS
97	建立用户坐标	UCS	UCS	130	设自动捕捉	OSNAP	OS
98	打开 UCS 选项	DDUCS	US	131	删没用图层	PURGE	PU
99	消隐对像	HIDO	HI	132	自定工具栏	TOOLBAR	TO
100	互交 3D 观察	3DORBIT	3DO	133	命名的视图	VIEW	V
101	表面基本形体	3D	多种表面	134	创建三维面	3DFACE	3F
102	三维旋转	ROTATE	RO	135	设计中心	ADCENTER	ADC
103	三维阵列	3DARRAY	3D	136	定义属性	ATTDEF	ATT
104	三维镜像	MIRROR		137	创建选择集	GROUP	G
105	三维对齐	ALIGN	AL	138	拼写检查	SPELL	SP
106	拉伸实体	EXTRUDE		139	捕捉设置	OSNAP	OSNAP
107	旋转实体	REVOLVE	REV	140	设置图层	LAYER	LA
108	并集实体	UNION	UNI	141	设置颜色	COLOR	COL
109	长方体	BOX	BOX	142	文字样式	STYLE	ST
110	圆柱体	CYLINDER		143	设置单位	UNITS	UN
111	二维厚度	ELEV		144	选项设置	OPTIONS	OP
112	三维多段线	3DPOLY	3P	145	楔体	WEDGE	
113	曲面分段数	SURFTAB（1 或 2）		146	退出 CAD	QUIT 或 EXIT	

表 4　　　　Vpoint 下的特殊视点

名称	视点	与 xy 平面的夹角	在 xy 平面内的角度
仰视图	0，0，1	90	270
底视图	0，0，－1	－90	270
左视图	－1，0，0	0	180
右视图	1，0，0	0	0
前视图	0，－1，0	0	270
后视图	0，1，0	0	90
西南等轴测视图	－1，1，1	45	225
东南等轴测视图	1，－1，1	45	135
东北等轴测视图	1，1，1	45	45
西北等轴测视图	－1，1，1	45	135

表 5　　　　AutoCAD 中特殊字符的表示

控制代码	结果
%%C	直径（□）
%%d	摄氏度（°）
%%60	小于号（<）
%%61	等于号（=）
%%62	大于号（>）
%%146	小于等于号（≤）
%%147	大于等于号（≥）
%%p	正负号（±）

附录二　AutoCAD 常见问题及解决办法

本附录是本书主编在多年教学过程中，学生经常遇到的问题（本附录中的“→”符号代表下一步操作，在此统一说明，文中不再赘述），现总结如下。

1. 如何修改背景颜色？调整十字光标大小？

工具→选项→显示→改变背景颜色 | 十字光标大小，调整就可以了。

2. 如何修改自动保存时间和默认保存格式？

工具→选项→打开和保存→另存为 2004DWG 格式 | 修改自动保存时间。

3. 后缀为 . bak 的是什么格式文件？它的用法是什么？

. bak 文件是的一种备份文件。一般会自动生成。如果我们 AutoCAD 的文件遭到破坏或者丢失，但是 . bak 文件还在的话，直接将此文件的后缀名 . bak 改为 . dwg 即可恢复。

4. 在 AutoCAD 软件中如何设置自动保存 . bak 文件？

方法一：工具→选项→打开和保存选项卡→每次保存均创建备份。

方法二：命令行输入命令 ISAVEBAK，将 ISAVEBAK 的系统变量修改为 0，系统变量为 1 时，则每次保存都会创建“. bak”备份文件。

5. 我的 . dwg 文件损坏了怎么办？

方法一：文件→绘图实用程序→修复→选中要修复的文件即可。

方法二：启用 . bak 文件，直接修改 . bak 文件后缀即可。

6. 我的文件很重要，我想给这个文件添加密码怎么办？

文件另存为→工具→安全选项→在密码的输入框中输入密码并重复确认即可。

7. 如何改变拾取框的大小？

工具→选项→选择→拾取框大小，调整就可以了。

8. 如何改变自动捕捉标记的大小？

工具→选项→草图→自动捕捉标记大小，调整就可以了。

9. 好多参数被调整了，工具栏也都找不到了，我该怎么办？

OP 选项→配置→重置

10. 保存或者另存为的时候不显示对话框，只显示路径怎么办？

命令提示行输入 FILEDIA ，根据命令提示输入 1 即可。

11. 图形里的圆形怎么突然变成多边形了？

命令提示行输入 RE 即可恢复原状。

12. 为什么在机房练习的作业文件到宿舍电脑上打不开了呢？

排除中毒原因后，应考虑版本的原因，AutoCAD 版本只向下兼容，如果在保存的时候选择 2004 或者以下的版本，基本上在任何电脑上都打得开了。

13. 为什么如果在标题栏显示路径不全怎么办？

OP 选项→打开和保存→在标题栏中显示完整路径（勾选 ）即可。

14. 复制图形粘贴后总是离的很远怎么办？

复制时使用带基点复制：点编辑→带基点复制。

15. 复文字输入框没有了，怎么办？

打开状态栏上的“DYN”即可。

16. 命令提示行没有了，怎么办？

同时按下 Ctrl +9 组合键即可出现。

17. 绘图区域太小了，我想把所有的工具条全部关掉，怎么办？

同时按下 Ctrl +0（数字），清除屏幕。如果要全部召回，重复执行 Ctrl +0，即可恢复。

18. 有的衣柜、鞋柜等图纸的尺寸标注后面带 EQ 是什么意思？

EQ 代表均分，各段相等。

19. 如何添加自定义填充文件？

将下载的自定义填充文件复制到 AutoCAD 安装文件下的 support 文件夹下即可。本书随书附赠的电子版文件内就有数百种自定义图案填充文件，大家可以直接复制添加。

20. 为什么有的文件不能显示汉字或者汉字变成了问号？如何添加 AutoCAD 字体？

不能正常显示的原因对应的字型没有使用汉字字体，如 HZTXT. SHX 等。或者当前系统中没有汉字字体文件；

将下载的 AutoCAD 字体复制到 AutoCAD 安装文件下的 fonts 文件夹下即可。本书随书附赠的电子版文件内就有 AutoCAD 字体文件，大家可以直接复制添加。

对于某些符号，如希腊字母等，同样必须使用对应的字体文件，否则会显示成？号。如果找不到错误的字体是什么，重新设置正确字体及大小，重新写一个，输入特性匹配 MA 命令，用新输入的字体去刷错误的字体也可以看到相应的文字。

21. 图形界限、单位、文字样式、标注样式等每次都要设置吗？

不需要，我们可以创建图形样板文件图形界限、图层单位、点样式、文本样式、标注样式以及图例、图框等设置好后另存为 DWT 格式（CAD 的模板文件）。在 CAD 安装目录下找到 DWT 模板文件放置的文件夹，把刚才创建的 DWT 文件放进去，以后使用时，新建文档时提示选择模板文件选那个就好了。或者直接把这个文件取名为 acad. dwt（CAD 默认模板），替换默认模板，以后只要打开就可以了。

22. AutoCAD 绘制的图形可以插入到 Word 文档吗？怎么操作？

可以。有三种方法：

方法一：文件菜单→输出→AutocAD 图形以 BMP 或 WMF 等格式输出→将 BMP、WMF 文件插入 Word 文档→裁剪到合适尺寸。

方法二：Ctrl + P 打印→在“打印机/绘图仪”选项的下拉列表中选择设“PublishToWeb JPG. pc3”型号→输出的图形文件为“JPG”格式→将 JPG 文件插入到 Word 文档→裁剪到合适尺寸。

方法三：AutoCAD 图形背景颜色改成白色→选中 AutoCAD 图形执行 Ctrl + C→在 Word 文档中执行 Ctrl + V 粘贴→裁剪到合适尺寸。

23. 如何减少文件大小？

在图形完稿后，执行清理（PURGE）命令，清理掉多余的数据，如无用的块、没有实体的图层，未用的线型、字体、尺寸样式等，可以有效减少文件大小。一般彻底清理需要 PURGE 二到三次。 - purge，前面加个减号，清理的会更彻底些。

24. 对话框提示“Drawing file is not valid ”该怎么办？

有时在打开 dwg 文件时，系统弹出“AutoCAD Message”对话框提示“Drawing file is not valid”，告诉用户文件不能打开。这种情况下你可以先退出打开操作，然后打开“File”菜单，选“Drawing Utilities/Recover”，或者在命令行直接用键盘输入“recover”，接着在“Select File”对话框中输入要恢复的文件，确认后系统开始执行恢复文件操作。

25. 打开 AutoCAD 文件，找不到字体，出现乱码怎么办？

从别处拷来的图在本机找不到相应的字体，从而出现各式各样的乱码，造成找不到字体的原因是别人使用的字体存放位置和自己机器中的位置不一样，一般的解决办法是重新定义，但有时这种办法并不总是有效，并且在此过程中还可能造成意外错误而使 AutoCAD 崩溃，更可能造成图形文件被毁。这个时候可以使用修复（recover）命令。先运行 AutoCAD，选取文件菜单中的“recover”命令，选取要处理的图形，进行修复，在修复过程中会出现要求选取字体的对话框，此时即可点取正确的字体文件以重新定义，修复完毕后文字即可正常显示。但是，如果图形文件使用的中文是非 GB 编码的字体文件，则你要有相应的字体文件才可正常显示出文字。

26. Ctrl 键突然失效了怎么办？

有时我们会碰到这样的问题。比如 CTRL + C（复制），CTRL + V（粘贴），CTRL + A（全选）等一系列和 CTRL 键有关的命令都会失效。这时你只需到 OP（选项）里调一下操作：

OP（选项）→用户系统配置→Windows 准加速键（打上勾）。Windows 标准加速键打上勾后，和 Ctrl 键有关的命令则有效，反之失灵。

27. 图案填充不了怎么办？

填充时会填充不出来，除了系统变量需要考虑外。还要去 OP 选项里检查一下：

OP→显示→应用实体填充（打上勾）。

28. CTrl + N 无效时的解决办法。

CTRL + N 是新建命令，但有时候 CTRL + N 则出现选择面板这时只需到 OP 选项里调下设置操作：

OP（选项）→系统→右侧有一个启动（A 显示启动对话框 B 不显示启动对话框）。选择 A 则新建命令有效，反则无效

29. AutoCAD 系统变量改过了，调不回去了怎么办？

如果 CAD 里的系统变量被人无意更改或一些参数被人有意调整了怎么办这时不需重装，也不需要一个一个的改操作：

OP（选项）→配置→重置即可恢复。

但恢复后，有些选项还需要一些调整，例如十字光标的大小等。

30. 没有办法加选了怎么办？

AutoCAD 正确的设置应该是可以连续选择多个物体，但有的时候，连续选择物体会失效，只能选择最后一次所选中的物体，如果出现这种情况应该根据下面进行操作：

进入 OP（选项）→选择→SHIFT 键添加到选择集（把勾去掉）。

用 SHIFT 键添加到选择集“去掉勾”后则加选有效，反之加选无效。

命令：PICKADD 值：0/1

31. 图形里的圆不圆了，看起来像多边形，怎么办？

经常作图的人都会有这样的体会，所画的圆都不圆了，突然都变成了多边形。这个时候只需要输入命令：RE，圆形即可恢复原状。

32. 使用 AutoCAD2016 版本做的图在别的版本上打不开怎么办?

修改一下 AutoCAD 保存的格式以后就不会去现这种情况:

OP→打开和保存→另存为 2004 格式。这样每次保存都会自动保存成 2004 的格式。

为什么要存 2004 格式呢?

因为 AutoCAD 版本只向下兼容，这样无论是 2004、2006、2010 还是 2016 都可以打开了。

33. 为什么有的图形能够显示，打印的时候去打印不出来，应该怎么办?

如果图形绘制在 AutoCAD 自动产生的图层（DEFPOINTS、ASHADE 等）上，就会出现这种情况。应避免在这些图层上绘制图形。如果已经出现这种情况，将打印不出的图形修改为其他图层，即可打印。

34. 如何将 AutoCAD 图插入 WORD 中?

Word 文档制作中，往往需要各种插图，Word 绘图功能有限，特别是复杂的图形，该缺点更加明显，AutoCAD 是专业绘图软件，功能强大，很适合绘制比较复杂的图形，用 AutoCAD 绘制好图形，然后插入 Word 制作复合文档是解决问题的好办法，可以用 AutoCAD 提供的 EXPORT 功能先将 AutoCAD 图形以 BMP 或 WMF 等格式输出，然后插入 Word 文档，也可以先将 AutoCAD 图形拷贝到剪贴板，再在 Word 文档中粘贴。须注意的是，由于 AutoCAD 默认背景颜色为黑色，而 Word 背景颜色为白色，首先应将 AutoCAD 图形背景颜色改成白色。另外，AutoCAD 图形插入 Word 文档后，往往空边过大，效果不理想。利用 Word 图片工具栏上的裁剪功能进行修整，空边过大问题即可解决。

参考文献

［1］JGJ/T 244—2011，房屋建筑室内装饰装修制图标准［S］.

［2］李庆祥．基于典型工作任务的《室内设计施工图》课程设置与开发［J］．艺术科技，2016，04：15－16.

［3］张付花．AutoCAD 家具制图技巧与实例［M］．北京：中国轻工业出版社，2014.